WORDS AND BUILDINGS
A Vocabulary of Modern Architecture

词语与建筑物
现代建筑的语汇

U0178157

AS 当代建筑理论论坛系列读本

WORDS AND BUILDINGS
A Vocabulary of Modern Architecture

词语与建筑物
现代建筑的语汇

[英] 阿德里安·福蒂　著

李华　武昕　诸葛净　等译

中国建筑工业出版社

总序

　　"AS当代建筑理论论坛系列读本"的出版是"AS当代建筑理论论坛"的学术活动之一。从2008年策划开始，到2010年活动的开启至今，"AS当代建筑理论论坛"都是由内在相关的三个部分组成：理论著作的翻译（AS Readings）、对著作中相关议题展开讨论的国际研讨会（AS Symposium），以及以研讨会为基础的《建筑研究》（AS Studies）的出版。三个部分各有侧重，无疑，理论著作的翻译、解读是整个论坛活动的支点之一。因此，"AS读本"的定位不仅是推动理论翻译与研究的结合，而且体现了我们所看重的"建筑理论"的研究方向。

　　"AS当代建筑理论论坛"，就整体而言，关注的核心有两个：一是作为现代知识形式的建筑学；二是作为探索、质疑和丰富这一知识构成条件的中国。就前者而言，我们的问题是：在建筑研究边界不断扩展，建筑解读与讨论越来越多地进入到跨学科质询的同时，建筑学自身的建构依然是一个问题——如何返回建筑，如何将更广泛的议题批判性地转化为建筑问题，并由此重构建筑知识，在与建筑实践相关联的同时，又对当代的境况予以回应。而这些批判性的转化、重构、关联与回应的工作，正是我们所关注的建筑理论的贡献所在。

　　这当然只是面向建筑理论的一种理解和一种工作，但却是"AS读本"的选择标准。具体地说，我们的标准有三个：一、不管地域背景和文化语境如何，指向的是具有普遍性的建筑问题的揭示和建构，因为只有这样，我们才可以在跨文化和跨越文化中，进行共同的和有差异性的讨论，也即"中国条件"的意义；二、以建筑学内在的问题为核心，同时涉及观念或概念（词）与建筑对象（物）的关系的讨论和建构，无论是直接的，还是关于或通过中介的；三、以第二次世界大战后出版的对当代建筑知识的构成产生过重要影响的著作为主，并且在某个或某些个议题的讨论中，具有一定的开拓性，或代表性。

　　对于翻译，我们从来不认为是一个单纯的文字工作，而是一项研究。"AS读本"的翻译与"AS研讨会"结合的初衷之一，即是提倡一种"语境翻译"（contextural translation），和与之相应的跨语境的建筑讨论。换句话说，我们翻译的目的不只是在不同的语言中找到意义对应的词，而且要同时理解这些理论议题产生的背景、面对的问题和构建的方式，其概念的范畴和指代物之间的关系。于此，一方面，能相对准确地把握原著的思想；另一方面，为理解不同语境下的相同与差异，帮助我们更深入地反观彼此的问题。

　　整个"AS当代建筑理论论坛"的系列活动得到了海内外诸多学者的支持，并组成了Mark Cousins教授、陈薇教授等领衔的学术委员会。论坛的整体运行有赖于三个机构的相互合作：来自南京的东南大学建筑学院、来自伦敦的"AA"建筑联盟学院，和来自上海的华东建筑集团股份有限公司（简称"华建集团"）。这一合作本身即蕴含着我们的组织意图，建立一个理论与实践相关联而非分离的国际交流的平台。

李华　葛明

2017 年 7 月于南京

学术架构

"AS当代建筑理论论坛系列读本"主持

李华	葛明
东南大学	东南大学

"AS当代建筑理论论坛"学术委员会

学术委员会主席

马克·卡森斯	陈薇
"AA"建筑联盟学院	东南大学

学术委员会委员

斯坦福·安德森	阿德里安·福蒂	迈克尔·海斯
麻省理工学院	伦敦大学学院	哈佛大学
戴维·莱瑟巴罗	布雷特·斯蒂尔	安东尼·维德勒
宾夕法尼亚大学	"AA"建筑联盟学院	库伯联盟
刘先觉	王骏阳	李士桥
东南大学	同济大学	弗吉尼亚大学
王建国	韩冬青	董卫
东南大学	东南大学	东南大学
张桦	沈迪	
华建集团	华建集团	

翻译顾问

王斯福	朱剑飞	阮昕
伦敦政治经济学院	墨尔本大学	新南威尔士大学
赖德霖		
路易威尔大学		

"AS当代建筑理论论坛"主办机构

东南大学	"AA"建筑联盟学院	华建集团

译注说明

翻译：

李 华：前言、绪论、现代主义的语言、语言和图、特征、文脉、设计、功能

鲁安东：论差异、语言隐喻

武 昕："空间力学"——科学隐喻、"是死是活"——描述"社会"、灵活性、透明性、用户

刘东洋：形式

李 华 邵星宇：形式的、秩序、简约、类型

诸葛净：历史、记忆、自然、真实

朱 雷：空间

李 华 曹梦原：结构

统稿校阅：

统稿总校：李 华

统稿助理：邵星宇

章节校阅：武昕（绪论、现代主义的语言）；王正（功能）

章节校阅第一版参与：丁绍恒、李阳（第一部分）；邵星宇（论差异、语言隐喻、"空间力学"、文脉、设计、形式、功能、结构、透明性）、周寒晓（特征、用户）、耿士玉（特征）、何涛波（文脉）、李阳（历史）、曹梦原（空间）。

章节校阅第二版参与：严继鹏（绪论、现代主义的语言、文脉、灵活性、记忆），方歆月（语言和图、功能、历史），吴昌杰（论差异、真实、用户），张扬帆（语言隐喻、秩序、简约），耿欣欣（"空间力学"、形式、形式的），李烁（"是死是活"、设计、空间、透明性），宋婧璇（特征、自然、结构），陈姣兰（类型）。

姓名索引：邵星宇

译注说明：

1．人名、书名、文章名和一些主要概念的翻译，尽可能采用已公认或约定熟成的译法；

2．本书中出现的引文，尽可能采用或参照已出版的中译本；引用译文会根据本译本的上下文略作调整；

3．本书核心概念的译法除特别情况外，尽可能保持前后一致，随语境变化时，加配原文；主要概念尽可能保持必要的一致，出现多个中文对应词时，尽可能采用惯常用法，需突出其用法的，加配原文。

4．为保持全文的一致，总校对各章节的一些概念、译法、注释等略有些调整，或增减，并对由此带来的问题和全书的连贯性负责。

献给我的父母蕾（Ray）和杰尔拉德·福蒂（Gerald Forty），
从他们那里我发现了语言的乐趣。

致谢

　　本书的写作得到了很多人的帮助，或许有些人是出于无意。但我在此特别希望感谢以下诸位的贡献、建议和鼓励。感谢在开始本书计划时与David Dunster，Andrew Saint和Mark Swenarton的讨论；感谢Robert Gutman，Richard Hill，Peter Kohane，Katerina Rüedi，Andrew Saint，Mark Swenarton，Alex Potts，Jeremy Till，以及我在巴特雷特建筑学院的同事：Iain Borden和Bill Hillier对各章和各部分早期草稿的慷慨阅读和建议。Robin Middleton曾阅读了本书的早期版本，对整本书的形式和方向提出了宝贵的建议。Neil Levine阅读了本书最终的初稿，给予了有助益的建议和批评。感谢和Davide Deriu，Robert Elwall，Susannah Hagan，Jonathan Hill，Tains Hinchcliffe，Robert Maxwell，Jeremy Melvin，Alessandra Ponte，Jane Rendell，David Solkin，Philip Steadman及Tom Weaver在不同问题上进行的对话和帮助。感谢我的母亲Ray Forty在翻译上的建议。虽然在此我不可能提及在过去数年间为我提供了素材或思路建议的所有巴特雷特学生的名字，但我想特别感谢Halldora Anna，Alex Buchanan，Romaine Govett，Javier Sanchez-Merina和Ellie de Gory（为"灵活性"这个词条提供的想法和一些素材）。感谢Thames and Hudson出版社的Nikos Stangos在整个研究和写作过程中给予的鼓励和对我完成书稿的信心，以及时任巴特雷特院长的Patrick O'Sullivan，使我有时间完成本书。我对我的孩子Francesca和Olivia在写作期间对我的包容，和我妻子Briony在整个过程中的耐心、建议和支持的感谢，无以言表。

　　本书第4章较早一版曾发表在由Katerina Rüedi，Sarah Wigglesworth和Duncan McCorquodale编辑、黑狗出版社于1996年出版的《欲望实践》（*Desiring Practice*）中，第6章曾发表在由Peter Galison和Emily Thompson编辑、MIT出版社于1999年出版的《科学建筑》（*The Architecture of Science*）中。

　　本书的早期研究曾获莱弗尔梅基金会（Leverhulme Trust）研究员资金的资助，并且基金会承担了图片版权的费用。

本书分为两个部分。第一部分是对现代建筑的口语和书面语的探讨，有关语言的一些基本任务——语言在建筑中所起的作用；与建筑相关的语言自身的发展过程；以及隐喻的形成。本部分试图探寻语言给建筑带来了什么，又在哪里对建筑无能为力。

第二部分是一个历史和批判性的词典，词典中的词条构成了现代主义建筑批评的核心语汇（vocabulary）。这一部分讲述的是一个词从不达意，意义总是游离出词语，去找寻新的隐喻的故事。这一部分参照的范本之一是雷蒙·威廉斯（Raymond Williams）的《关键词》（Keywords）。如果它最后看起来与威廉斯那本令人钦佩、简明扼要的著作不太一样的话，部分原因在于威廉斯关注的是普遍性的语言，而我们这里探讨的是"现代建筑"这个具体实践的语言体系，而且，质询现代建筑中词语所完成的任务也必然成为这个实践本身的一个话语。

在语言的世界里，几乎没有什么是确切无疑的，这本书的内容并不是终极的结论；我相信每一位读者都会在书中发现一些与他们观点相左的地方。

目录

第一部分

"当我使用一个词,它就是我说的那个意思,一分不多,一分不少。"矮胖子用一种相当傲慢的口气说。

"问题是,你能不能让那些词包含许多种不同的意思。"爱丽丝说。

路易斯·卡罗(Lewis Carroll),《爱丽丝镜中奇遇记》

(*Through the Looking Glass*),第六章

乔瓦尼·巴蒂斯塔·莱昂纳迪（G. B. Lenardi），各种建筑再现艺术的寓言（局部）。来自：乔瓦尼·朱斯蒂诺·钱皮尼（G. G. Ciampini），古代纪念碑（*Vetera Monimenta*），罗马，1690年。

当人们谈论建筑时，会出现什么情况？我们挥洒在沉郁的混凝土、钢和玻璃体块上的词语会使它们生气勃勃吗？还是说出或写下的每一个词会削弱一座建筑，失去它自己的某个部分？这些都不是新的问题。17世纪，法国作家弗雷亚特·德·尚布雷（Fréart de Chambray）在第一部对柱式进行比较研究的著作《古今建筑之比较》（*Parallel of the Antient Architecture with the Modern*）中，曾直言不讳地写道，"建筑艺术不存在于词语中；它的存在应该看得到感觉得到"（11）。然而，弗雷亚特《比较》一书的英译者，约翰·埃弗兰（John Evelyn），却给他的英译本附上了一篇文章"建筑师与建筑的说明"（Account of Architect and Architecture），在这篇文章中，他表达了不同的看法。埃弗兰声称建筑的艺术体现在四种不同的人中。第一种是*architectus ingenio*，主创建筑师。这种人满脑子想法，谙熟建筑历史，熟练地掌握了几何与绘图的技法，并拥有足够的天文、法律、医学、光学等方面的知识。第二种是"钱包鼓胀"的*architectus sumptuarius*——主顾（patron）。第三种是*architectus manuarius*，"这类人中包括了工匠和体力劳动者"。他将自己划归为第四种人——*architectus verborum*——文字建筑师。这种人具有高超的语言技巧，专司品评和向他人阐释建筑作品。埃弗兰对建筑各个部分的角色化表述了一个重要的观点：建筑不只是由上述活动中的一个或两个组成，而是它们四个共同协作的总和。作为建筑的一部分，揭示作品建筑品质的批判性语言与主创建筑师的构思和工匠的技艺同等重要。在是把语言视为蕴藏于建筑之中，还是与建筑毫不相干的分歧中，本书所要讨论的内容背后我们有一个问题。以埃弗兰的角色化来说，我们会承认文字建筑师是建筑师中的一员吗？还是说他必定永远是局外人？我们要怎么考虑这些问题？这些问题真的重要吗？

尽管正如建筑理论家汤姆·马库斯（Tom Markus）最近指出的，"语言是建造、使用和理解建筑物的核心"，但建筑和语言之间的关系却从来没有被深入讨论过。这种关系一直不受重视的部分原因，来自于那种将建筑首先看成是创造发明的思维活动——埃弗兰所说的主创建筑师的工作，而贬抑其他活动的现代倾向。更具体地说，像其他艺术实践一样，建筑一直受到西方思想中一个由来已久的假设的影响，即通过感官获得的经验与通过语言获得的经验互不相容：所见与所闻之间不存在任

12

"别说了，建吧"。对语言的怀疑，伴随着无法克制的谈论建筑的冲动，一直是现代建筑师的共同特征。密斯·凡·德·罗正与斯蒂芬·韦佐特（Stephan Waetzoldt）交谈，后面的是德克·罗汉（Dirk Lohan），柏林，1967年。

何关系。这一假设在20世纪早期现代主义艺术中的影响比其他任何地方更为显著。20世纪早期的现代主义艺术认为，每一种艺术的独特性在于提供由自身媒介产生的独一无二的体验，这种体验无法通过其他媒介传达。对视觉艺术来说，这造成一种观念，即如包豪斯艺术家和教育家，拉兹洛·莫霍利-纳吉（László Moholy-Nagy）在《新视界》（*The New Vision*，1928）中所写的，"语言无法完全表述感官体验的准确含义和丰富的多样性"（63）。在每一种视觉艺术中，语言都受到了怀疑，建筑学也不例外：你也许会想起密斯·凡·德·罗（Mies Van der Rohe）那句精炼的评论，"别说了——建吧"（Build——don't talk。Bonta，1990，13），一种遍及了整个现代主义建筑圈的情绪。在这些情形下，对建筑——语言关系的认真考查很难顺利进行。

尽管最近语言在绘画艺术中所起的作用受到了质疑，同时认为艺术可以是纯视觉的现代主义信条也被蒙上疑云，但这些都无法与建筑领域内部发生的一切相提并论。[1]就目前这一问题思考的整体而言，人们普遍认为对建筑作品的口头或书面描述仅仅是对它们的描绘，总是不足以真正反映作品的"现实"。然而，语言自身构筑了一个"现实"，这个"现实"虽然与通过其他感官形成的现实不同，但却是等价的。

如果语言是建筑必不可少的一部分，那么困难在于，我们不能将语言当作建筑的附加物来描述两者之间的关系，因为在作为建筑的一部分的同时，语言本身也是一个体系。在如何思考语言在复杂的社会实践中的地位方面，罗兰·巴特（Roland Barthes）的《时尚体系》（*The Fashion System*，1967）堪称典范，它提出了一个至今无以匹敌的分析模式。巴特在全书开篇提出

①本书有中文版，《流行体系：符号学与服饰符码》，（法）巴特著，敖军译，上海人民出版社出版，2000年。从内容上看，书名似译成《时尚体系》更准确。——译者注

的问题——"为什么时尚可以将服装表述得如此丰富？为什么它可以在物品与使用者之间插入一个这样的词语盛宴（更不用说图像了），一个这样意义的网络？"（xi）——也许同样适用于建筑。尽管建筑和时装大相径庭，但它们的相似之处已足以使巴特对时装的分析为考察与建筑相关的同样问题带来启示。尤为重要的是，时尚是由三个部分——产品（衣服）、图像（时装摄影）和词语（时装评论）——组成的一个体系，与之相似，建筑也是由三个部分组成：建筑物、建筑物的图像（照片或图）以及与之相伴的批判性话语（无论说话的人是建筑师、客户还是评论家）。以《时尚体系》来类推建筑清楚地表明，语言并不是建筑的妨碍，而是一个与建筑物等量齐观的自为的体系。

不过，建筑在两个重要方面比巴特的时尚体系更为复杂。首先，建筑的图像有两种。一种是具有通用代码（universal code）的照片；而另一种是仅限于建筑体系中使用的代码——图。这两类图像的差别非常大，大到足以将建筑更准确地描述为四个部分组成的系统。在第2章中，我们将看到这个系统的主要矛盾之一是语言和图。建筑与时尚体系第二个不同之处在于，在时尚体系中，言语几乎全部是由时装评论员和记者制造的，而在建筑中，建筑师自己做了大量的讲述和书写工作，这些工作实际上构成了他们"产品生产"中具有重要意义、有时甚至是主要的组成部分。建筑体系具有一个时尚体系明显缺乏的特色，即建筑师与媒体为控制建筑词语而进行的争斗。尽管语言对建筑师来说至关重要——他们在赢得设计任务和实施方案的过程中，经常要依靠语言的表述和说服力——，但是与建筑的另一个主要媒介"图"相比，有关语言的讨论令人难以置信地少。造成这种差距的部分原因，无疑是因为建筑师对图这种代码具有强大的控制力，而他们对语言的使用却总会遭到语言的其他使用者质疑。

14

华伦天奴·格拉瓦尼（Valentino Garavani）的套装，1964年。"为什么时尚可以将服装表述得如此丰富？为什么它可以在物品与使用者之间，插入一个这样的词语盛宴？"巴特的问题同样适用于建筑。

语言和历史

如果将语言看成是一个体系，那么本书主要关注的是语言中词汇和意义之间不断变化的现象——意义对词语的追寻和词语对意义的摆脱。我们可以看到，这两种变化既发生在历史的过程中，也发生在一种语言和另一种语言之间。与当下的实践和评论不同，建筑历史面对的独特问题是，要以前人的眼光理解建筑作品，并且试图还原当时人们的经验。这项工作困难重重，看上去近乎不可能完成。[2]我们成功还原了谁的经验？这些人在为谁说话？我们如何把握他们看问题的不同方式？这种方式既不永恒，也不普适，而是由历史决定的，因此必然有别于我们自己的。那么以什么方式，我们能够获得逝去已久的人的生活经验？仅仅考虑最后一个问题，最合理、也最经常采用的办法是查阅当年的绘画或照片，尤其是人们当时或其他人为他们写的东西。然而，即便这样的证据也不是直接的。正如建筑是一种历史现象，绘画和照片也是如此，它们蕴含的意义只能通过当时可用的表达惯例来解释，——语言也是如此。语言，15这个最有希望帮助我们还原过去经验的媒介自身，却是最难把握的，因为没有什么比语言更短暂、更容易随着历史的改变而改变。就语言来说，回到过去就如同身在异域一样陌生。我们无法想象，一个19世纪的人对"设计"或"形式"这些词的理解和我们是一样的。几乎可以肯定是不同的。

于是，我们要做的是还原词语过去的意义，以使我们能够解释曾经使用这些词的人想说的是什么。但这不是一件简单的工作，因为语言的历史不像汽车型号的更替，以一个意义直接取代另一个意义；相反，它是一个不断累积的过程，新的意义和词形的变化被添加到已有的词语中，而不一定要取代原有的意义。要找出一个词在任何一个时期里的意义就要尽可能了解它不同的使用方式：意义不是查字典能查到的。批判性的词汇不是说事物是什么，而是关于与事物发生的对抗。它首先是一种手段，用来系统地组织语言所能表述的那些经验。语言自身作为一个差异体系，其独特的能力就在于把一个事物与另一个事物，一种经验与另一种经验区别开。大多数批判性语汇的重要性不在于一个词的具体含义，而在于所有它不指代的东西，所有它要排除在外的东西。建筑师和评论家选择使用的词，不一定是因为这些词的正面含义，而是因为它们具有对抗其他想法或术语的力量——比如，建筑中对"历史"和"类型"的使用即是这种情况。因此，第二部分中对批判性词语的历史追溯不是一个简单的词语意义的记载，它同时记录了这些词不断变化的对立面和"不指代的意义"。

语言之间（Language and Languages）①

在欧洲的各种语言之间，关键词汇的交换一直很活跃。本书第二部分讨论的词语中，没有几个是在英语中最先作为建筑术语使用的，并且没有一个词不曾受到过其他语言中的意义和

①原文中的languages为复数，直译不太符合中文的习惯。根据文章的意思，讲的是不同语言之间的翻译。——译者注

词形变化的影响。如果解释建筑中的"空间"一词而不考虑它的德语起源，或者"结构"一词而忽略了其意义在法语中的发展的话，那么任何有关它们的说明都显然是不完整和不充分的。因此，我们必须要认真考虑这些词在

正如照片——依其自身惯例制作的图像——不是"现实的描绘"一样，语言也不是。勒·柯布西耶，瑞士馆，巴黎，1930年。© FLC L3（10）3-21

英语以外的其他语言中的形成和发展，而且，无论讨论哪一种艺术，都是如此——批判性语汇的传播快速而便捷，经常比用它们来谈论的作品的知识传播得更快。就某些方面来说，这是一个问题，也许有人会问，这本书主要讨论的是什么语言？我并不想要造成这种印象，即建筑的语言是"国际性的"，无论在哪里说都具有相同意义的世界语。事实是，我们在同一个时间只能说一种语言，而词语必然表达使用它们的那种语言中的意义。假设德语中的"形式"和英语的"形式"具有相同的意义显然是不明智的，但同时，由于建筑中"形式"的英语用法大量地来自德语的翻译，忽视它在德语中的意思也是错误的。虽然在本书中，不同语言之间的交流在某些方面是一个难题，但在另一种意义上，翻译的难处只是意义短暂性的另一种表现，而这种短暂性是本书研究的核心：思想和词语从一种语言迁移到另一种语言所发生的事情，就像同一种语言中一个隐喻被另一个所取代一样，是语言内部发生变化的另一个方面。因为本书是以英语写作，所以它考查的是英语中的术语。引自其他语言的文字均翻译成了英语，尽管这样做违背了词语在其使用的语言中具有特定指代的基本观点，而且会造成一种普适性建筑语言的印象，但为了阅读的畅顺，这样做似乎不可避免。不过，我们不应该像经常认为的那样，将翻译看成是"一个问题"，因为在翻译的过程中，词语的意义有增也有减。

16

1. 参见Baxendall，Patterns of Intention，1985；W. J. T. Mitchell，Iconology：Image，Text，Ideology，1986；和W. J. T. Mitchell，Picture Theory，1994。
2. 参见Podro，The Critical Historians of Art，1982，对这个问题的讨论尤见第一章。

现代建筑是一种新的建筑风格，也创造了一种新的和与以往不同的谈论建筑的方式。[来自：庞特（Pont），《居家的英国人》（ *The British at Home* ），1939]

"威尔逊（Wilson）小姐，用'一个安逸的角落'形容你希望我为你设计的住宅，我的理解对吗？"

第1章 现代主义的语言

　　现代主义建筑是一种新的建筑风格，也是一种新的谈论建筑的方式，它可以由一套独特的语汇立刻识别出来。无论在什么地方，只要"形式"、"空间"、"设计"、"秩序"或"结构"中的两个词或几个词同时使用，你便能肯定你进入了现代主义的话语世界。当凯文·林奇（Kevin Lynch）在《城市意象》（*The Image of the City*）的开始宣称"赋予城市视觉形式是一个特殊的设计问题"时，我们就知道我们是在一个为现代主义思想辩护的语境里——当他随后声明"这里的目的是揭示形式自身的角色（role）"时，我们便能完全肯定这一点。[①]在本书的第二部分，我们分别讨论了这5个构成现代主义建筑话语格局的词语，但是单独阐释它们的意义并不容易：它们经常相互定义，——如"形式是设计的最终目标"（Alexander，1964，15），或者"设计是有序的形式生成"（Kahn，1961）等，彼此间保持着微妙且不确定的平衡关系，牵一发动全身。恰恰是语汇的这个特点说明了现代主义话语是一个*体系*。

　　一种建筑风格拥有独特的批判性语汇本身并非不同寻常。从16世纪到19世纪，主导着欧洲建筑的古典传统即有一套自己的术语（terminology）。这套术语到18世纪晚期已发展得相当成熟，甚至形成了规范化的体系（codified）。最近出版的三本书——沃纳·赞比恩（Werner Szambien）的《对称、品味、性格》（*Symetrie, Goût, Caractére*，1986），安东尼·维德勒（Anthony Vidler）的《克劳德—尼古拉斯·勒杜》（*Claude-Nicolas Ledoux*，1990）和大卫·沃特金（David Watkin）的《约翰·索恩爵士》（*Sir John Soane*，1996）对古典语汇做了颇有建树的分析，但还没有类似的对现代主义的研究。尽管一些现代的评论家，尤其是艾伦·科洪（Alan Colquhoun）曾对具体的词语做过敏锐且引人入胜的短评，本书的目的之一却不只是考查单个词语的意义，而是同时将现代主义的语言现象作为一个整体的系统来考虑。然而，现代主义批判性语言存在着一个古典体系中没有的问题，因为现代主义最与众不同的一个特点就是它对语言的怀疑。无论我们以什么方式处理现代主义的批判

[①]本书有两个中译本：凯文·林奇，《城市的印象》，项秉仁译。北京，中国建筑工业出版社，1990。凯文·林奇，《城市意象》，方益萍，何晓军译。北京：华夏出版社，2001。

性语汇，我们都要考虑在语言讨论的实践中拒绝语言的这种矛盾。在这种情况下，现代主义中的语言被赋予了什么角色呢？

尽管鉴于作品的实体形象，现代主义创造的新的建造方式也许看起来更经得起时间的考验，但最"真实"的情况似乎是，表面上显得更短暂、更转瞬即逝的现代主义语言，结果却颇具讽刺意味地成为它更持久的特点。即使现在，那些声称脱离了现代主义的人在谈论建筑时，沿用的全部是现代主义的语汇。事实上，他们别无选择，因为现代主义摒除了以前所有的语汇，至今无可替代。当我们自由地选择这种或那种建造方式时，曾经浸入我们脑海的词语和概念已经无条件地征服了我们思维的工具，没有为以前的思考方式留下任何的生存空间。这种情形将不会改变，直到有一天现代主义思考和谈论建筑的方式被某个新的话语征服和压制。尽管有些人在推动这种改变，但到目前为止，新的方式还没有出现。

语言的恐惧

对语言的怀疑是所有现代主义视觉艺术的一个特点。当毕加索（Picasso）这样说时，"对于我，一幅画，会自己说话。解释到底有什么好处？一个画家只有一种语言……"（Ashton，97），他已经能同样好地谈论任意一种艺术形式了。现代主义普遍期望，每一种艺术能够通过自己的媒介，自己独一无二的媒介，证明自身的独特性，而不借助语言的帮助。如果，如莫霍利–纳吉所说，"任何艺术创作若要获得一种固有的'有机性'，就必须考虑其媒介所具有的独特潜力"（1947，271），那么，除了文学以外的其他地方，语言会有什么样的位置？

建筑中对语言的怀疑不只发生在现代主义时期。更早的一些建筑师和评论家都曾抵制过语言对建筑的侵入，18世纪法国建筑师艾蒂安–路易·布雷（E. –L. Boullée）在《建筑，艺术随笔》（Architecture，Essay on Art）一文中，即表达了这种抵制：

> 艺术家之间交流的唯一方式，应该是通过强烈而鲜活地唤起那些刺激他们感性的东西；这种只属于他们的感性魅力将会点燃他们天才的激情。他们要谨防进入属于理性王国的解释，因为当我们条分缕析地叙述效果产生的原因时，图像给我们感观造成的印象就受到抑制。描述一个人的愉悦将会终止愉悦的影响，终止对愉悦的享受，终止愉悦本身。（114）

但布雷并没有全盘否定语言的意义，而只是想区分建筑中哪些方面能够用语言描述，而哪些方面不能或不应该。我们从18或19世纪找不到任何征兆，预示了现代主义建筑师对语言所表现出的偏执多疑的程度。在此，有必要反思一下导致这种状况的过程，与可能的起因。

从18世纪晚期到20世纪早期，批评自身发生了转变。在18

世纪，批评关注的是对象物。如布雷所说，对艺术家来讲，讨论"刺激他们感性"的对象物是完全正当的，而试图描述感观的愉悦则是完全错误的——因为这样做"终止了愉悦本身"。但到20世纪，布雷所说的传统几乎被倒了个个：描述对象物不再被认为是批评应当担负的工作，而"描述愉悦"成为了它最重要的活动领域。语言跨界可能是它受到敌视的部分原因，但与此同时，颇具讽刺意味的是，正是对这块特别领域的占领，语言在现代主义的版图里找到了它的合法地位。

批评的这种转变，一部分来自伊曼努尔·康德（Immannuel Kant）的《判断力批判》（*Critique of Judgment*）在美学中所引发的革命。康德对美学的定义，即美学建立的是与主体而非客体的相关性，将关注点引向了由艺术作品带来的独特的体验形式。这种体验的独特性在于它排除了所有的理性认识，一个人可能了解的有关某个对象的事实：举例来说，"大海的景象也不是如同我们在以各种各样的知识（但这些知识却不包含在直接的直观中）去丰富它时对它所思考的那样，例如把它思考为一个广阔的水中生物王国……相反，我们必须像诗人做的那样，按照映入眼帘的印象……觉得它是崇高的"（122）。[①]但是，如康德所见，"映入眼帘的印象"同样借助了某种归属性，是"一种多种不完全再现的复合"，这种复合"使概念通过词语无法确切表达的东西获得了思想上的重要补充"（179）。康德美学的实质即存在于"映入眼帘的印象"和它激发出的无法清晰解释的局部再现的复合之间。

这既是哲学的兴趣领域，也同样成为了艺术批评的领域。然而，如康德已经告诫的，"语言，作为唯一的精神物，也束缚了精神"（179）：艺术的终极体验是语言无法触及的。语言面对的这种困难，即艺术最有趣的东西在语言之外，产生了一个问题，一个至少是康德美学的德国传统中某些评论家和历史学家非常清楚的问题。例如，1921年，历史学家海因里希·沃尔夫林（Heinrich Wölfflin）写道，"如果用词语能够表述艺术作品最深的内容或想法，那么艺术自身就是多余的，所有的建筑物、雕塑和绘画就可以不用建造、不用加工、不用绘制"（引自Antoni，244）。然而，对语言最终无法表述艺术的认识，如前文中毕加索的评论，却是在批评已经在经验的王国占据了一席之地以后。像人类学家到访居住在偏远地区的原始人，却发现一旦他知道他希望研究的陌生感是由什么组成，陌生感便消失

①本段引自康德的《判断力批判》。在《判断力批判》一书中，康德将审美经验分为两个范畴：美（beautiful）与崇高（sublime）。Sublime在中文中也可翻译成庄严，用来描述由于超越了人可丈量、控制的尺度所带来的审美经验。在康德看来，崇高与美属于两种不同的审美机制。本段译文引自邓晓芒的译本，并根据本书的上下文略作修改，见：［德］康德 著 邓晓芒 译，《判断力批判》，北京：人民出版社，2002：110。——译者注

了时所感到的虚空一样，沃尔夫林的话是在告诫，不要试图解释批评意欲揭示的最真实的面目。也许，艺术家和建筑师对语言的极度反感可以看成是对这种矛盾的回应。

在看见与理解之间

现代主义批判性写作的特点是什么？我们说过，在现代主义的语汇中，"空间"、"形式"、"设计"、"结构"和"秩序"这五个词比其他的词都重要。与采用这些词相对应的，是普遍性的对隐喻的清除，尤其是来自文学和艺术批评的那些词，它们曾经在古典的批评语汇中占据着重要的位置。遭到弃用的是描绘性格特征的词，如"大胆的"、"高贵的"、"男性的"和"矫揉造作的"，以及构图性词语，如"静止"、"力量感"和"厚重感"等。在追求没有隐喻的语言中，现代主义只容许了两种特殊的隐喻，一种来自语言，另一种来自科学。这些问题会在第4和第5章进行详细的讨论。从另一方面来说，批评是通过一系列抽象进行的，不仅是通过那5个关键词，而且是通过一种明显的将具体指代转变为抽象普遍性的过程，比如，各种各样的墙变成了"墙体"，街变成了"街道"，小巷变成了"路径"，而居住的房屋变成了"居所"等。[①]

就我们所能识别的现代主义批判性写作中的一种方法而言，一个相同的普遍性倾向是描述实在的抽象之物。如果我们从经典的现代主义文本，埃德蒙·培根（Edmund Bacon）的《城市设计》（*Design of Cities*，1967）中选取一段为例，就能够看到这种抽象的过程。现代主义批评决不仅限于现代建筑，它的许多典范之作都与历史建筑有关。培根这段话讲的是意大利的中世纪城市托迪的城中心：

> 在中世纪的城市建筑中，最引人注目的是托迪城的两个相互穿套的广场设计。其中较小的那个广场，中心仁立着加里波第的雕像，俯视着绵延起伏的翁布里亚平原，将乡村的精神引入到城市中。它被构想为一个一角与中央广场人民宫的主体搭接的空间，从而建立起两个广场共享的一个小的空间容积，具有非同寻常的强度和冲击力。人民宫的塔楼和执行宫的塔楼位于这个抽象限定的空间两侧，形成了垂直方向的力，控制住设计上强度最大的两个角部。
>
> 代表公共生活两大主要功能的建筑物的位置，在平面和垂直关系的设计中都做出了明确的界定。人民宫和教堂的入口被抬到高于公共广场水平面的同一个

23

[①] 这句话的原文是 "walls become 'the wall', streets 'the street', a path becomes 'the route', a house 'the dwelling', and so on"。前一个词是指具体的物，而后一个词是其抽象的名称，中文中并不与此完全对应。——译者注

高度上，经由一段大台阶出入。其总体设计是如此简洁，以至于当市民在行使他作为教会的会员或政治团体的成员的职能时，从来不会感到他失去了与城市这个设计元素的关系。（1978，75）①

如果暂且不考虑我们对培根所认为的广场建造者的"设计"意图的怀疑，那么这段话中特别引人注意的是，每一个他描述的东西都做了相应的抽象化。两个广场的共用部分成为了"一个空间的容积"；两座建筑的塔成为了"垂直方向的力"；广场的铺地是一个"水平面"；而城市是一个"设计元素"。为什么要将每一个实物描述成空洞的抽象概念呢？纵观全文，培根不满足于眼见之物，不愿意只是描绘它们。他的目的是揭示隐藏在物体表层的变化下不可视的秩序；在引用的这段文字中，培根不下5次地使用了"设计"这个最为理念化的词，完全彻底

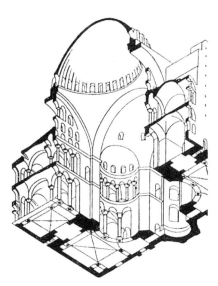

奥古斯特·舒瓦西，圣索菲亚大教堂（Hagia Sophia），来自《建筑史》。舒瓦西的图展现了眼睛永远无法看到的建筑——从中间切开，从地下向上看。

地透露了他对无法直接感知的东西的迷恋。

就像培根书中出色的图解排除了城市高密度居住区中所有的生活内容，将密集的建筑块体变成了空空的白纸一样，他的文字也不涉及任何实际的经验。如罗伯特·马克斯韦尔（Robert Maxwell）指出，他在此不断重复的是"现代建筑师一直坚守的处理方式，他总是追求透过树看到木，去揭示作品的灵魂"（1993，107）。就像奥古斯特·舒瓦西（Auguste Choisy）在《建筑史》（Histoire de l'Architecture，1899）中的分析图画的是眼睛永远无法看到的建筑一样——从中间切开，从地下向上看，现代主义的写作自身固守着一个抽象的世界，一个只能看得到"理念"（ideas）的世界。但是，如果我们这里"典型的"现代主义作家培根，为支持一种"设计结构"而忽视了目之所见的托迪城的话，他也没有试图解释它的"含义"。就像描绘建筑的实体部分只会证明语言的多余一样——因为它只是变成了一个

①此处的翻译参照了黄富厢与朱琪的《城市设计》中译本（2003年版），并做了部分修正。这两段来自书中"中世纪的城市设计"的第一节"广场的设计"，原书的插图对理解培根的描述和后文中福蒂的分析非常有帮助，见：埃德蒙·培根，《城市设计》，黄富厢、朱琪译。北京：中国建筑工业出版社，2003，pp. 94-98。——译者注

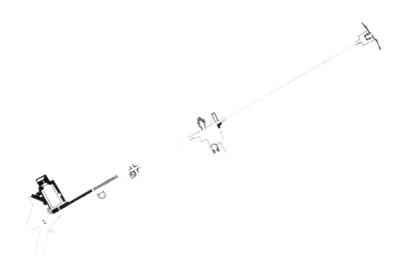

罗马，阿夸·费利切输水道喷泉（Acqua Felice）与奎里纳莱大道（Via Quirinale），来自埃德蒙·培根，《城市设计》（1967年）。现代主义分析的特点是将复杂的现象简化为几个普遍性的抽象概念。

建筑自身的替代媒介，任何以文字描述作品含义的企图也表明语言完全是多余的：因为，如罗兰·巴特所说（与文学的关系），"评论家无法声称'翻译'了作品，尤其不能说使之更加清楚明白，因为没有什么比作品本身更清楚"（1987，80）。

没有人比英国评论家柯林·罗（Colin Rowe）更了解现代主义加诸在语言上的限制，并利用那些制约获取更大的效果。罗极具影响力的作品，自1940年代后期写的一系列、主要针对勒·柯布西耶作品的批判性论文和文章，是现代主义建筑评论的杰出范例，具有与克莱芒·格林伯格（Clement Greenberg）的绘画评论相当的地位。

在罗的论文中，反复出现的主题是建筑作品在感观体验与知性理解之间产生的张力；"一个具有中等理解力的人"（1982，175）在眼睛所看到的东西与从仔细阅读平面和剖面中所获得的知识之间产生的张力。罗这样解释"看"（seeing）建筑的两种方式之间的区别：

> 因为以心智理解的平面永远是首要的概念，而映入眼帘的垂直面则永远是首要的知觉，并永远是理解的开始。（1984，22）

在写建筑时，罗总会描绘视觉的经验，但是因为很清楚仅仅这样做是不够的，无法充分发挥语言在建筑上所起的作用，所以他会出其不意地转入思维概念的讨论，并且从这两种"看"的方式的差异中提出自己的论点。这种从视觉到思维认知的转换没有哪里比他写的柯布西耶的《拉图雷特》（La Tourette，1961）一文中更加突然。只有通过将关注点转入建筑物的概念，语言讲述的视觉经验才具有意义，因为在从概念出发的交互考查下，眼见的事实开始弱化并遭到质疑。只有"当感觉在显而易见的随意性中变得茫然不知所措之时，思想更倾向于相信直觉，更倾向于认为，尽管矛盾重重，但是在这里，问题不仅已经被认识到，而且已经得到解决，并且，这里存在着一个合理的秩序"（1982，15）①时，作品就开始具有了批评的意趣。讲述这种辩证关系是语言独一无二的优势，而且正是语言的这种独特作用确保了它在现代主义艺术体系中所具有的价值。

在"理想别墅的数学"（The Mathematics of the Ideal Villa，1947）中，我们可以看到罗是怎样利用视觉与思想之间的张力的。这篇论文是比较两对别墅——安德烈亚·帕拉第奥（A. Palladio）的圆厅别墅与柯布西耶的萨伏伊别墅（Villa Savoie），以及帕拉第奥的马尔肯坦达别墅（Villa Malcontenta）与柯布西耶在加歇（Garches）的斯坦因别墅（Villa Stein）。从后一对别墅的差异对比中，论文的中心主题逐渐清晰。在比较了正立面的不同韵律后，罗转向了内在差异的比较，即由截然不同的结构体系——马尔肯坦达别墅的承重墙体系和斯坦因别墅的钢筋混凝土板式体系——所产生的差异。柯布西耶别墅的钢筋混凝土板式结构造成的影响是，建筑的自由全都发生在平面的水平向上，而在帕拉第奥的别墅中，自由发生在纵向的立面和剖面上。罗对这一点进行了如下文所示的展开：

> 加歇别墅大胆的空间设计依然令人震撼；但是有时看起来，似乎只有智性——那种在真空状态中运作的智性——才能理解这样的内部空间。因此，在加歇别墅，秩序元素与明显的偶然元素持续冲突。概念上，一切清澈如镜；但是感性上，一切又那么晦涩难解。既有等级观念的陈述，又有均质观念的反陈述。从外部看，两栋住宅似乎都一目了然；但是，在其内部，马尔肯坦达别墅的十字形中厅为理解整个建筑提供了一把钥匙；而在加歇别墅，无论站在那里，都不可能获得一个整体印象。这是因为，在加歇，地面和顶板的关系必须平行，从而使其间的一切体量变得势均力敌；这导致绝对焦点的形成即便不是绝无可能，也只能是一个任意的过程。这是体系上的两难；柯布西耶对之作出了回应。他接受了水平延展的原则；因此，在加歇别墅，中心焦点不断被打破，向一点集中的一切可能均被瓦解，支离破碎的中心向边缘离散，平面的周边妙趣横生。

> 但是，正是这个概念上符合逻辑的水平延展体系与感觉上必不可少的建筑体块的严格边缘之间产生了矛盾；结果就是，柯布西耶在水平延展受阻的情况下不得不反其道而行之。也就是说，通过在巨大的建筑体块内挖出露台和屋顶花园，他引进了相反的力量；通过内聚元素与外向元素的抗衡，通过在延展的趋势中引进收敛

---

① 来自王骏阳本篇文章翻译的末刊稿——译者注。

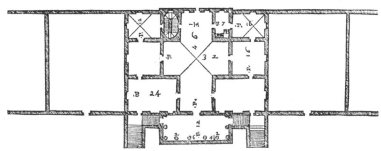

马尔肯坦达别墅（弗斯卡利），米拉（Mira），威尼斯，安德烈亚·帕拉第奥（1550—1560年），及一层平面。

的姿态，他再次同时采用了相互冲突的策略。

鉴于它的复杂性，最终的体系（或者说不同体系 26
的共存）大大削弱了建筑的基本几何结构；随之而
来的是，边缘情节取代了帕拉第奥式的中心，它们与
（露台和屋顶花园的）反转体相结合，成为与帕拉第
奥的垂直展开策略本质上颇为相似的一种发展策略。[①]
（1982，12）

这种长篇的论述过程是罗独具特色的写作方法，它对读者
提出了很高的要求。文章没有描述建筑物，它不是对目之所见 27
的再现。为了能够阅读这篇文章，你必须已经在你的脑海中既
对这些作品，也对它们的抽象表现，如平面，有了视觉的印象。
罗并不准备将语言乔装打扮成与视觉感知相等同的东西来使用。
这一段讲的不是看见了什么，甚至不是看的活动本身，而是关
于视觉感觉与思想认知之间的空间。而康德美学的实质恰恰存

---

① 来自王骏阳本篇文章翻译的未刊稿——译者注

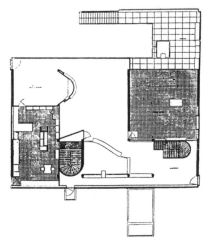

斯坦因别墅的花园立面，加歇，勒·柯布西耶，1926—1928年，一层平面。

柯林·罗对斯坦因别墅和马尔肯坦达别墅的比较，小心翼翼地避开对建筑物的描述，而且完全专注于目之所见与（来自平面的）心之所知之间的关系上。

在于"映入眼帘的印象"与先验的审美属性之间的这块空间里。罗的写作兴趣几乎只局限在这个区域里，他既不复制视觉的印象，也不试图描述先验的理念，因为他非常清楚这两者都是语言力所不及的。

对于18世纪的建筑师或评论家布雷来说，"描述一个人的快乐就是在他们的影响下停止生活"，所以语言只能恰当地应用于物体。现代主义的"革命"却正好相反，它声称描绘事物是对语言的不恰当使用，并且将以前的禁区变成了批判性语言最重要的自留地。如果在一方面，如克莱芒·格林伯格在他的经典论文"现代主义绘画"中指出的，康德美学的传统是"每一门艺术必须通过自己独一无二的运作方式控制自己与众不同的影响效果"（755）的话，那么语言在视觉艺术中没有任何位置；然而，也是康德美学的一个传统，在看见与理解之间，为语言划拨了一块特殊的、能够发挥语言特长的狭小区域。正是在这块区域里，现代主义的批判性语言蓬勃兴盛。

建筑师和他的顾主，约翰·莫尔特比（John Maltby）摄，《现代女性》（*Modern Women*），1958年7月。自意大利文艺复兴以来的视觉传统中，建筑师手中的图是其身份的标识。正是建筑师对图的精通，习惯上将他们与建筑业中的其他职业区别开来。

> 无论怎样，我不需要画我的设计。好的建筑，建筑如何建造，是可以写出来的。你能写出帕提农神庙。
> 阿道夫·路斯（Adolf Loos），1924，139

> 没有图，建筑便不存在。同样，没有文字，建筑也不存在。伯纳德·屈米（Bernard Tschumi），1980—1981，102

　　语言能做什么，而图——建筑师的另一种主要媒介，不能做什么？探询与建筑相关的语言和图的区别，就要更加强调各自某些东西的不同。幸运的是，如果探究语言和建筑的关系遇到的是一片不毛之地的话，那么，图与建筑的关系就是一个丰裕富饶的山谷。我毫不犹豫地借鉴了已有的研究成果，尤其是爱德华·罗宾斯（Edward Robbins）的《建筑师为什么画图》（*Why Architects Draw*，1994）、罗宾·埃文斯（Robin Evans）的《投射之范》（*The Projective Cast*，1995），以及埃文斯此前的文章，思考这两种媒介之间的一些差异。

　　图与建筑的关系非常紧密，以至于一般认为，至少对建筑师来说，如屈米所言，没有图，就没有建筑。仅举一个在现代重复了无数次的观点为例，意大利建筑师卡洛·斯卡帕（Carlo Scarpa，1906–1978）的话，"我的建筑是用图这种建筑师的媒介来完成的，而且仅仅是图"（转引自Teut），就能说明图所处的优越地位。尽管这种情况在20世纪晚期依然如故（也许有人对这个时间有怀疑），但毫无疑问，它并非一直如此。在更早的历史时期，如古代和中世纪时，图几乎没有或根本没有在建筑物的生产中发挥过作用，尽管有人会说那时的建筑生产因此而不是"建筑"（Architecture），但这种分类方式恐怕是过于严苛了。只是随着意大利的文艺复兴，图在15和16世纪才成为建筑生产的一个具有重要意义的特色，和新出现的建筑"艺术"的表现方式。这些变化发生在这个时期的意大利，在相当长的时间之后，才出现在欧洲的其他地方。这些变化的基础是，不懂建造工艺、却受过特别的绘画与雕塑的视觉训练的人，开始承担某些建筑生产的一部分工作。这类人除了谙熟建造行会的成员通常不了解的理念，并拥有不受建造行业惯例的约束思考建筑的自由外，他们表现出的特殊技能是绘图及以图形表达想法的能力，通过图这种方式，他们既能和顾主讨论想法，也能将想法转变成建筑物。从菲拉雷特（Filarete）开始，很多文艺复兴的论著都特别强调图的重要性，认为它是任何有志成为建筑师的人需要掌握的首要技能。16世纪最受欢迎的建筑著作《建筑与透视全集》（*Tutte l'opere d'architettura e prospectiva*）的作者塞巴斯蒂亚诺·塞利奥（Sebastiano Serlio）在第二书的开始，就明确地写道："没有建筑，就没有透视图，而没有透视图，就没有建筑师"（37），并特

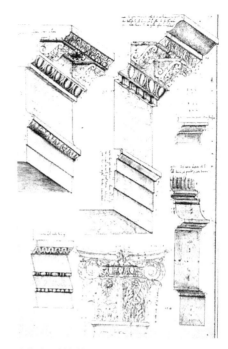

安德烈亚·帕拉第奥，狮子门细部测绘图，维罗纳。首先，正是帕拉第奥对绘图技巧的掌握，他既用图来记录目之所见，又用它来发明新的创造，使他脱离了体力劳动的石匠业。

别指出，他同时代的伟大建筑师——伯拉孟特（Bramante），拉斐尔（Raphael），佩鲁齐（Peruzzi）和朱利奥·罗马诺（Giulio Romano），其职业生涯都是从画家开始。如历史学家约翰·奥尼恩斯（John Onians）所指出的，塞利奥决定以建筑绘图的原理，而不是以建筑原理、建筑局部、技术和材料作为书的开篇，是前所未有的；并且建立了一种后来许多建筑论著所遵循的写作模式（Onians，264）。在15世纪和16世纪出现的新的劳动分工中，区分建筑师这种新的行业与建造业的标准首先是他们对图的掌控。图不仅将建筑师的工作与建筑物的建造相分离，而且因为图与几何在新发现的透视科学中的联系，使建筑获得了一个将自己与抽象思想相联系的手段，并由此，赋予了建筑知性的地位，而不再是体力劳动。同时，在新的劳动分工中，也只有图是建筑生产过程中，建筑师能够完全控制的那个部分；它是（并一直是）建筑师自己生产的主要物质对象。在16世纪时，对特别关注图的论著的作者来说，图的重要性仍然是一个新鲜的话题，而在随后的世纪里，这已被认为是理所当然了。例如，在19世纪早期，法国理论家让-尼古拉斯-路易·迪朗（J. N. L. Durand）写道，"图是建筑天生的语言"，并接着强调建筑图需要具备的独特品质：

> 所有的语言，为了实现它的目标，必须与它要表达的想法完全一致。在本质上简单质朴的建筑，是所有无用［*inutile*］的东西和矫揉造作的敌人，因此它使用的图必须是容易理解的、没有任何矫饰和多余东西的那

种类型；那么，它会使图的学习超乎寻常地快捷和轻松，并帮助思想的发展；否则，它只会使手笨拙，想象力迟钝，甚至经常使判断出错。（vol. 1，32）

在这里，我们看到的是一种信念，即图可以是一个中立的媒介，思想经过它就像光穿过玻璃一样不受干扰。至少到最近，这种信念仍是建筑实践里对图的最普遍的认识。

然而，如果我们接受图是建筑真正的媒介，建筑的第二自我（alter ego）的话，那么同样，建筑师对它可能造成的结果也颇为审慎，其原因，柯布西耶1930年的一段评述讲得很清楚：

> 我愿意告诉你我对渲染图的憎恶……建筑在于空间、宽度、深度、高度：它是容积和流线。建筑产生于头脑中。那张纸只是在确定设计、将设计传达给顾主和建造商时，才有用。（230）

柯布西耶对渲染图的排斥属于长期以来的新柏拉图主义的传统，新柏拉图主义将头脑中产生的理念，看成是判断由它而生的所有事物的衡量标准。柏拉图（Plato）对艺术的轻蔑众所周知。在《理想国》（*The Republic*）第十书中，他以再现永远低于再现之物的理念为由，对此做了详细的解释。文艺复兴的新柏拉图主义者将柏拉图反对的理由倒了个个，声称艺术的独特性在于它描绘了除此之外无可获知的理念。应用到建筑上，其结果就体现在阿尔伯蒂（Alberti）著名的宣言里："不依赖任何物质材料，完全有可能将整个形式投射在头脑中"（7）。作为对建筑目的的宣言，我们也许可以引用17世纪艺术理论家乔瓦尼·彼得罗·贝洛里（Giovanni Pietro Bellori）的话："我们说，建筑师必须要构想一个高尚的理念，并在头脑中将它建立起来，这样，它就可以作为法则和前提为建筑师服务"（Panofsky，171）。柯布西耶所重复的学术正统，正是来自这种及很多与之相似的观点。艺术是头脑中理念的外在表达这种观念无论产生的其他影响是什么，对建筑图来说，其结果既意义重大，又相互矛盾：一方面，图被委以了至关重要的责任，将建筑师头脑中的理念贯彻到建筑物的实施中；但另一方面，它却不得不受制于能力的缺陷，总是被认为没有理念重要，降低了理念的价值。在实践中，解决这种矛盾的方式，通常是抬高正交投影的真实性，和夸大透视投影的虚假性。阿尔伯蒂是这样做的第一人：

> 画家的画和建筑师的图的区别在于：前者煞费苦心地用阴影和逐渐变小的线和角，来强调画中物体的形象；而建筑师拒绝使用阴影，而是从底层平面上生成他的投影，并通过不改变线的长短和保持真实的角度，揭示出每一个立面与侧面的大小与形状。（34）

可以想见，柯布西耶反对的是"阴影"，被渲染的图，而不是所有的图。这种反对本身是出于同样的传统。然而，如埃文斯指出的，正交投影和透视投影这两种图之间的差别并没有

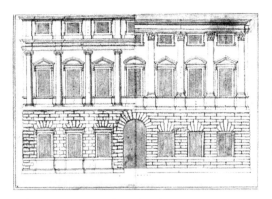

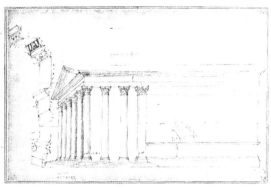

安德烈亚·帕拉第奥，波尔图节庆宫的比较设计，维琴察，1549年。似乎每一点都可以从垂直于它的某个位置上看到的正交投影图，是建筑师最喜欢采用的表现方式。然而，尽管比透视投影更受欢迎，但就其本身的方法而言，其人为的和虚拟的成分并比透视投影少。

安德烈亚·帕拉第奥，安托尼努斯和法乌斯提那神庙（Temple of Antonius Pius and Faustina）的透视图。自文艺复兴以来，透视图——帕拉第奥几乎不用的图——的"非真实性"普遍被建筑师夸大，从而强化了正交投影是建筑师"思想"纯粹再现的观念。

那么大（1995，110）；通过惯例上对正交投影不真实性的忽略，和对透视投影虚构性的过度强调，建筑师使图自身存在的矛盾看起来消失了。

于是，出于各种不同的原因，我们可以说斯卡帕的声明，"图是建筑师唯一的媒介"，并不那么坦诚；它当然也不是一个永远不变、放之四海而皆准的真理，相反，它是一个有关境况的宣言，在此境况下，建筑师找到了自己，同时它也是一个有关新柏拉图主义传统的宣言。对此，用一个图示来总结建筑过程的"传统"的观点也许有所帮助，尽管这个图示的谬误立时可见，但它为我们提供了一个讨论构成整个建筑实践的各种活动之间关系的机会。

构思→图→建筑物→体验→语言

这个图示概括的过程始于顾主告诉建筑师他的要求；建筑师将这些需求转变成作品的构思，然后他或她把它画出来；最后，图被转化成了一座建筑物，人们或在那里居住或与之相遇，并通过谈论或写作（或者可能通过画图或拍照）表述他们的体验。这个图示的另一个版本或许可以以环状表示，以说明在最后的阶段，主体在他或她的脑海中实现了产生于建筑师的头脑中的构思。整个图解中一个普遍且明显的错误是，语言不仅仅出现在最后的阶段，而是也出现在前面的每一个阶段里：顾主告诉建筑师想要什么；建筑师不仅要画出建筑物，他或她还要以不同的方式向甲方、向其他建筑师、向制定规范的机构、向承包商、向材料商、向媒体描述它；甚至与一个建筑作品的遭遇本身——它的使用——也很难是一件与语言完全无关的事情（"不，那是消防门——主入口在这边"）。

如果我们逐一考查这个图示的每个阶段，那么第一步，"构思→图"，很明显已经因新柏拉图的理想主义的假设，而存在缺陷。假定思想先于图或语言中的再现而存在，需要对形而上学的信赖远高于其他境遇下大多数人通常能接受的程度。就像莫里

33

斯·梅洛-庞蒂（Maurice Merleau-Ponty）在讨论写作时所说的，"作家的思想无法从语言之外控制他的语言"，并重申，"我自己的文字会让我意想不到，教会我思考的东西"（摘自Derrida，1978，11），图可以说也一样。就像埃文斯坚持认为的，图与其说是一个构思的投射，不如说它创造了一个属于它自己的现实。

艾尔诺·戈德芬格（Erno Goldfinger）在他皮卡迪利街（Piccadilly）的办公室里，1960年代初。"建筑师的媒介……是图，而且仅仅是图"——然而，戈德芬格正在通过电话进行讨论。

　　埃文斯特别关注"构思→图"和"图→建筑物"这两个阶段。他的著作首先是对思考这些过程的定式的批判，这种定式将这些过程"看成是试图在最大限度上，保持意义和形象以最小的损失从构思通过图传送到建筑物上"（1986，14）。不过，他也承认，"图和词语永远不及它们指代的东西"（1995，xxi）。他解决这种两难状况的方法是，论证建筑物和建筑画不应该采用同样的判断标准，画在成为画而不是建筑物的替代品时，成就更大，反之，亦然。他寻求以建筑图自身的方式思考它。与其将图看成是永远差强人意的搬运工，倒不如承认"产出的结果和输入的东西并不总是保持一致"（1986，14）。的确，在考虑图与物的关系时，柏拉图对思想与画的关系的观点尽管已成为西方思想的一个负累，但他曾经谈到的对我们现在思考的事情却有极大的帮助。在《智者篇》（Dialogue of the Sophist）中，柏拉图问，"我们难道不是以建造艺术建一栋房子，以绘画艺术建另一栋梦中的房子吗？"，并接着说，"人类仿制的其他产品也是双重的，成双成对地出现，一个是物，而另一个是图像"（266）。以此来看，我们不应该将图仅仅看成是物的缺陷版，而是应该将它视为虽然不同却地位相当的现实。那么，我们能不能以相似的方式思考建筑的言语评论？如果与实体的房子相比，房子的图"是一种梦"的话，言谈里的房子是什么？

　　以传统的观点，在建筑过程的前半段，语言的影响通常被认为是第二位的：首先要画出图，然后人们才谈论它和它的内容。由于多种原因，这个观点似乎并不令人信服。首先，对很多建筑师来说，画和说并不是这样截然分开的：例如，彼得·库克（Peter Cook）曾说，

　　　　我喜欢画和说。你拿出笔，对你的甲方或学生说，"嗯，它可能是这样，它也可能是那样，顺便提一下，如果你知道一座这样的建筑的话"，并且会问"你去过邱

园（Kew）的棕榈屋吗？"然后，你画了一点作提示，并从那个建筑引申到其他东西……（Cook 和 Parry，42）

在很多情况下，建筑师似乎也不认为仅靠图就能完全表现他们的设计：不仅讲图是建筑传统的一部分，无论听众是甲方还是其他人；而且，一些建筑师还从事写作，有时还写得非常多，有时甚至写在图上，以便用文字说明视觉图像不能完全描述的东西。例如，菲利普·韦伯（Philip Webb）总体上对图不以为然，认为"画出栩栩如生的草图的能力是给建筑师的一个致命礼物"（Lethaby，1935，137）。他会在自己的图上，写大量的有关效果和表面处理的指导说明；或者如巴塔萨·纽曼（Balthassar Neumann），他的图包括了很长的、对预计达到的光色效果的描述。

在建筑中，一直存在着完全不用图而只用文字来表达建筑的可能性。1960年代晚期，意大利小组阿基佐姆（Archizoom）曾以口头描述介绍一个方案：

听我说，我真的认为它将会完全与众不同。你知道，它很宽敞、很明亮，布置得非常合理，没有任何死角。它的照明精巧细腻，着实非比寻常，所有不按秩序排列的东西将无处遁形。

你知道，事实上，每个物品都简单明了，既不会莫测高深，也不会扰人心绪。真是妙不可言！它真的非常、非常、非常美，而且非常大。完全与众不同！此外，它很酷，无比沉静。

天啊，我简直无法向你描述那些奇妙的色彩！你看到很多难以描述的东西，特别是因为它们要以如此新的方式使用……你看，它有很多妙不可言的东西，但看上去却几乎什么也没有，那么大，那么美……简直棒极啦！花一整天不做事，不工作或无所事事……你知道，简直好极了！（Ambasz，234）

值得注意的是，这段描述中没有包含任何具体的细节——既没有提及空间的用途，是"住宅"、"办公"、"图书馆"还是"酒吧"，也没有提到任何实体的形象。阿基佐姆想要达到的结果是，世界上有多少人听到这番话，并准备尝试和建造它——无论是在他们心里，还是在实体上，方案就有多少种不同的版本。阿基佐姆的试验并非独一无二；英国建筑师威廉·阿尔索普（William Alsop）曾用文字写了一个方案，"别间"（The Other Room，见Alsop，1977）；法国建筑师让·努维尔（Jean Nouvel）的毕业设计显然全是以文字完成的。建筑作品的言语投射（verbal projection），这种在中世纪似乎不那么特别的事，首先要对工匠有非同一般的信任；要么，像中世纪的情况一样，将规矩规定得清楚到可以预见结果；要么，像墨菲西斯（Morphosis）的CDLT住宅（1989）一样，必须把方案当成一个

（上图）菲利普·韦伯，与很多建筑师一样，他的图上写有文字说明。这是1884年为云屋的橡木雕所画的图，延伸出了有关图、词语和最终作品之间关系的讨论："画这张草图主要是为了说明预期的效果：木雕的观视距离在最远28英尺、最近18英尺之间，因此，它必须要刻得强壮有力，甚或有些粗犷，但绝不能拙劣。图面上柔和的渐变并不必要，它只是用于表现从这个距离想要看到的效果。这样做实出无奈，但是就图来说，没有其他的方法可以说明木雕产生的效果……雕刻师需要运用他的判断、以他的方式实现图中的设想。要达到这个效果，应该尽可能地少费工力：分面确定好之后，应该深凿利刻，凿痕磨去即可，但图上的脉络和其他的标示应该清晰可见。重复图案时，只要保持总体的尺寸、形式和特征，不要求绝对的一致。"

（右图）云屋大厅的室内，威尔特郡，1890年代摄。上图所绘的1∶1的橡木雕在画廊窗户的正上方一字排开。

不知结果的实验对待。在CDLT住宅里，墨菲西斯不画施工图，工匠根据每天画的草图施工；"每天下班时，承包商将灯对准他一直在施工但需要解决的地方"。不过，颇有意味的是，建筑师补充说，"那个工匠曾获得过文学和作曲方面的学位，所以才可能和他谈构思理念"（Mayne，152–163）：结果，不需要图的传送，"构思"便能够从建筑师的头脑传到工人的手上。因此，由言语投射生产建筑作品不是不可能，但它们的结果可能不同于由图生产的建筑作品。

　　如果说对语言在建筑创作中从属于图的假设的一个反对，是它过分简化了这个过程的话，那么另一个则更为历史。对语言和设计关系的一个共识是先有设计，后有讨论，如果用设计这个比仅仅准备图纸更具包容性的词来描述这一过程的话。或许，以更概括的话来说，设计先于它的言语表达。保罗–艾伦·约翰逊（*Paul-Alan Johnson*）在《建筑理论》（*Theory of*

36

Architecture）一书中，对这一观点进行了仔细探究。他写道：

> 在我们寻找谈论建筑的方式时，词语经常不能与
> 当前实践中发生的变化保持同步……能不能这样说，
> 理论指导实践的观念是一个误解，由假定设计言谈中
> 使用的词恒久不变，从而具有优先权而引起的误解，
> 而事实上，词语滞后于设计呢？能不能说这种滞后实
> 际上是理论应用于实践的局限，是一种天生的保守主
> 义，按惯常的说法就是，不是理论指导实践，而是实
> 践先于理论呢？（45-46）

约翰逊的观点，认为设计或实践是引导者，而"理论"（他
指的似乎是批判性言语对实践的介入）是它影响下的结果，是
一个比他自己料想的、更为正统的有关建筑—语言关系的看
法。不过，它与事实并不完全相符：也许的确有这种情况，为
描述新设计中的某种品质而杜撰出一个词或一个范畴，但在大
多数情况下，过程正好相反，是建筑师和评论家借用已有的
批判性范畴和语汇，来描述他们希望其他人在作品中看到的
东西。反驳约翰逊断言的一个众所周知的例子是"空间"，这
个被看成是20世纪建筑最与众不同的特色（见第二部分，"空
间"）。然而，"空间"发展成为一个批判性的范畴，却是在公
认的"空间"建筑出现以前，和建筑师开始以空间描绘他们
自己的作品以前。虽然不能说，"空间"在建筑批判性语汇里
的先期存在，使建筑师认识到了他们建筑中的空间性，但毫
无疑问，在谈论他们的工作时，建筑师借用了一个大家已接
受的词汇，并为己所用。如同这个和与之相似的案例所表明
的，将语言仅仅看成是设计的后效应是错误的：语言已更广泛
地存在，但被拉进到设计中，以完成图的梦幻世界无法达到的
事情。

37

这带给我们一个问题，什么是语言能做而图做不了的？罗
兰·巴特在分析时尚体系时，为我们如何思考这个问题提供了
一些建议。他写道：

> 显然，语言的功能之一，是对抗视知觉的专制，
> 将意义与其他知觉或感觉方式联系在一起。在形式的

CDLT住宅，银湖，加利福尼亚州，墨菲西斯/迈克尔·罗通迪（Michael Rotondi），1989年。没有图，仅仅靠给工匠的口头指令建成。

秩序中，言说能创造图像无法构筑的价值：言说比图像使整体效果和运动更具能指的意义（我们不是说，使它们更易感知）：词语能在服饰语义体系的处理上，施加其抽象与综合的影响力。（1990，1991）

如果确如巴特所说，相对于图像，语言的力量在于"抽象与综合"及提炼"整体效果和运动"的意义的能力上，那么，建筑中语言的特殊能力是什么？我认为，我们可以考察语言和图之间5个方面的不同。

1. 如果在词与图之间做一个选择的话，建筑师一般会选择图。原因很明显，图准确而语言含义模糊：就像建筑师汤姆·梅恩（Thom Mayne）所说的，"图和模型具有言辞上经常无法描述的某种精确度"（9）。然而，就此得出结论说，图或模型因而是建筑中更完美的媒介，而语言是有瑕疵的，却只不过是对视知觉霸权的屈服而已。语言本身承认含意的模糊，具有不受图严苛精确性约束的自由；在图要求精确限定的地方——无论有或没有一条线存在——语言使建筑师得以处理他们发现难以精确、或选择不精确表述的所有事物——微妙的差别、情绪、气氛等。在图自命投射了现实的地方，语言却将现实抛诸脑后。语言允许意义的指代，鼓励一件事"被看作是"另一件事，激发建立在意义基础上潜在的模糊感，而这种意义，图只能以直来直去的方式表达。正是由于以上这些原因，要求"直白的建筑语言"似乎有些不合时宜：语言关注的不是直接性，而是隐喻和意义的含混。只有一种图可以表现出语言含糊不清和朦胧暧昧的特质，即草图；我们或许可以从建筑草图在20世纪被赋予更大的价值上，看到使图更像语言的尝试。

2. 如弗迪南·德·索绪尔（Ferdinand de Saussure）所说，语言和图像（无论图还是照片）最根本的区别在于"在语言中，只存在差异"（120）。语言能且最长于表达的就是差异；在图中，尽管其技艺是由差异体系（有线/无线）组成，但整体完成的结

弗兰克·盖里（Frank O. Gehry），凯斯西储大学韦瑟海德管理学院设计草图，1997年。作为向公众介绍建筑物建成后预期效果的一种方式，建筑草图（盖里是特别积极的倡导者）在20世纪变得越来越普遍，并且可以看成是一种试图使图更像语言的不确定性。

果本身，并不会使人立刻关注它与其他再现的区别。而在语言里，"重"或"复杂"称谓的全部意义在于与"轻"或"简单"相对立，一张图却没有显而易见的对立面。图主要是唤起它的再现之物，尽管画图时，你可能会想到以其他风格或其他投影方式绘制的图，会怎样使人们以不同的方式看被再现之物，但这是意义的第二个层次，当然也不准确。而在另一方面，"复杂"一词所援引的每一个东西都包含在不"简单"之中。

简而言之，语言远比任何类型的图或图像都更擅于表达差异性。任何从事建筑或建筑批评的人，都必须完全知晓语言在建筑中的这种日常职能。

3．语言的一个公认特点是目标语言（object language）与元语言（metalanguage）的区别，即词语本身的指涉与使人得以以某种既定语言交流的意义领域的区别。在一般的谈话中，我们经常用"你知道我的意思"，"你明白我说的吗？"这类话，来确认其他人正在使用同样的元语言。"失语障碍症"是一种特殊类型的言语失忆，其特点之一是患者失去了元语言，因此，词语无法"通过类似性生发出与其原意相关联的意义的衍生和转换。"（Jakoboson，249）。建筑图的世界与失语症的很像：尽管在某些艺术的领域里，存在有大量的目标语言和元语言之间的游戏，如毕加索的拼贴画和立体派的浮雕；但建筑绘图中，至少传统上，并不鼓励这样做。自然，当口语和书面语常常诉诸元语言，容许它既模糊又准确时，建筑图通常以坚守"目标语言"、限制"意义的衍生与转换"为目标。

4．语言的天性在于，词语必须以线性的顺序说或写。相反，图却可以立时展现其整体。在这个方面，建筑物更像语言而不是图，因为我们无法立刻体验建筑的整体——要了解它们就得依次从它们中间穿过、围绕它们走动；而用语言远比用图更容易表述这种连续的运动。人们常常在谈论一张图的"阅读"时，通常是将想象中的身体运动投射到平面图或剖面图上，描述他们遇到的情形；他们所做的是一个类似于语言行为的图像阐释。而图远比语言更擅于传达的是"一目了然"的印象，这一品质一直被大力地挖掘。长期以来，建筑图便企望通过一个图像，同时展现一座建筑的每一个方面，内与外、前与后等等。在这场特殊的竞技中，语言毫无还手之力，但这并不会削弱语言的价值。

5．我们普遍接受的一个说法是，图比语言容易理解，所谓"一画抵千言"。这种说法在什么意义上是对的？图和语言在理解上各有什么要求？传统的建筑绘图体系，无论依赖的是正交投影还是透视投影，对观看的主体有一些相当特别的要求。正交投影图，从垂直于纸面的无穷多个点投射而来，要求观看者将他们想象成无数个悬浮在建筑前空间里的自己；相反，透视图要求观看者假定他们用一只眼、站在一个点上一动不动。这两种图都是虚构的，没有一个与事实完全相符。需要特别强调

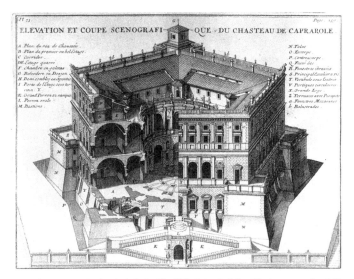

维尼奥拉（Vignola）的法尔奈斯庄园鸟瞰剖透视，卡普拉罗拉（Caprarola），出版于1617年。这些图为同时展现建筑的内部和外部提供了可能——这在现实中是不可能看到的，并且自建筑绘图术开始形成以来，这一直是它们惯用的方式之一。

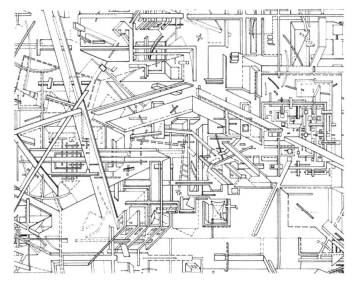

丹尼尔·里伯斯金（Daniel Libeskind），"洞穴法则"（细部），微巨（Micromegas），1979年。传统的绘图术造成了观看主体与再现客体之间的分离，而非正交投影图的实验试图将感知的行为与感知客体融为一体：它们在运作方式更像语言。

的是，像所有的图一样，这两种投射都预先设定人在物之外：纸面轻易地将主体和客体分开来。图自身变成了一个知觉的拟象，其相对于我们的外在性要求我们假定，知觉及被感知之物存在于我们的头脑之外。而语言对我们却没有这样的要求：词语自己不带有任何幻觉，而是直接作用于头脑；语言使知觉发生在它所属的地方——头脑中。至少在这个方面，语言不需要各种各样知性的曲解，而这些曲解对我们理解一张图却是必需的（尽管我们几乎意识不到它们的存在）。

维也纳建筑师阿道夫·路斯没有解释，他说的"好的建筑可以撰写出来"是什么意思。像路斯的很多评论一样，它既刺激又难以捉摸——但绝非荒诞不经。

科林斯柱式的诸神秘起源。来自16世纪一份对弗朗西斯科·迪·乔治（Francesco di Giorgio）
原作于1478—1481年的建筑论文的手抄摹本。

第3章 论差异：男性化的与女性化的

在语言中仅有差异存在。索绪尔，120

语言，自身即是一种差异系统，长于使用图和照片都无法 43
企及的方式描述差异。对于批评语汇的权衡大多在于如何选
择特定的隐喻来组织思维和经验。我们如何说"此"，而不是
"彼"？在说"此"而不是"彼"时有多少种不同的方式？以及
为何某些隐喻较其他的更为成功？

在建筑学的历史中，首次有意识地提出并加以清晰表述的、
用于批评的成对词语体系是塞巴斯蒂亚诺·塞利奥出版于1575
年的《论建筑》（Treatise on Architrcture）的第七册。约翰·奥
尼恩斯（John Onions）指出，由于塞利奥关注建筑作为一种艺
术，他在多个方面反映出对这一工作的"现代"方法，这相当
有别于他的前辈们。特别是塞利奥对"判断"的强调："很明显，
建筑师最优秀的品质在于他不放弃判断 [giudicio]，而大多数
人则相反"（196）。为了帮助正确的判断，塞利奥在第七书中提
出了一个包括六组成对语言概念的系统，从而区分了：

> 一种坚固的 [soda]、简单的 [semplice]、朴素的
> [schietta]、亲切的 [dolce]、温和的 [morbida] 建筑，
> 和一种衰弱的 [debole]、浮夸的 [gracile]、纤细的
> [delicata]、做作的 [affettata]、粗糙的 [cruda] 建筑，
> 换句话说即晦涩的 [oscura] 和令人迷惑的 [confusa]，
> 我将用下面四幅插图来帮助读者理解。（Onions，266）

接下来，塞利奥将他的批评系统用于对柱式的讨论，在这
个过程中，他进一步提出了三个术语：secca或干涩的，robusta
或坚固的，以及tenera或柔软的。从这段陈述，以及奥尼恩斯
对它的阐释，我们可以列出塞利奥的体系： 44

Soda坚固的	Debole衰弱的 ＝有或无结构强度
Semplice简单的	Gracile浮夸的
Schietta朴素的	Delicata 纤细的 ＝关于细部
Dolce亲切的	Affettata做作的
Morbida温和的	Cruda粗糙的；secca干涩的 ＝统一程度，以及过渡的柔和性

右侧所有的品质都属于整体分类中晦涩的和令人迷惑的；
而更进一步的对应，将robusta（坚固的）对应delicata（纤细
的）和tenera（柔软的），则在第一组的整体体系之外。

奥尼恩斯认为，塞利奥的术语来自修辞学，但正如他指出的，塞利奥在将这些隐喻联系到图像示例上并赋予它们特定的建筑意义时是很谨慎的。从塞利奥相对繁复的系统中我们看到一种语言所能作用于建筑的模式：它区分"此"和"非此"。然而塞利奥的体系的特殊之处在于，他在平衡成对语言概念时的谨慎，在对每对概念的讨论中给了负面价值与正面价值同等分量。而在绝大多数对差异的隐喻中，只有对立的一方受到

大陵寝，霍华德城堡，约克郡，霍克斯穆尔，1729—1736年。霍克斯穆尔写道："多立克柱式更适于我们想要的男性化的力量。"

关注，而另一方仅被粗略的谈及，或经常压根儿不被命名，仅简单地提供一种含糊的差异性。

在塞利奥划分差异的不同隐喻中，一个未被使用的隐喻是性别，男性和女性的区别。像大多数文艺复兴以来的艺术一样，在建筑中有一个按照性别特征来区分作品的传统；这种将建筑作品描述为"男性化的"或者"女性化的"惯例——直到现代主义的到来才骤然消失——是最经常被用来表示差异的体系之一。我们现在将针对这个传统，以及它的突然终结，来探究一种仍在活跃中的制造差别的隐喻。

在古典传统中对建筑的性别化开始于柱式的神话起源，基于这点，贝尼尼（Bernini）在17世纪写道："柱式的种类源自男人和女人身体的差别"（Fréart de Chantelou，9）。贝尼尼当然是在指涉维特鲁威（Vitruvius）对不同柱式的说法，关于希腊人如何"开始用两种方式发明柱式；一种［多立克］在外观上像男性，几乎不加装饰；另一种［爱奥尼］是女性化的……但是第三种，被称为科林斯的柱式，则在模拟少女的苗条身材"（第四书，第一章，§7-8）。维特鲁威对柱式的性别化在意大利文艺复兴期间成为一个常识，出现在任何采用了古典建筑的地方。[1]因此，例如尼古拉斯·霍克斯穆尔（N. Hawksmoor）在1735年写给卡莱尔勋爵（Lord Carlisle）的信中这样描述霍华德城堡中的大陵寝，"我认为多立克柱式更适于我们想要的男性化的力量"。有时，这种分类被详加讨论，例如亨利·沃顿爵士（Sir Henry Wotton）在1624年写道：

多立克柱式在被用于公共之处时是最庄严的，和其他柱式相比，它保留着一种更为男性化的特点……

45

"柱式的种类源自男人和女人身体的差别。"约翰·舒特（John Shute）在《建筑的最先和主要基础》（*The First and chief Groundes of Architecture*，1563）中绘制的多立克、爱奥尼和科林斯柱式。

> 爱奥尼柱式确实表达了一种女性化的苗条，但是正如维特鲁威所说，她不像随意的家庭主妇，而是更为接近身着盛装的贵妇……*科林斯柱式被花哨地装饰，类似一个艺妓……*（35-37）

沃顿区分的不仅仅是男性化的和女性化的，同时也是在不同的女性特质之间，在贵妇的庄重和艺妓的花哨之间。从中我们看到，当性别的语言从对性别差异的简单分类，扩展到对性别取向甚至性变态的描述时的丰富可能性。从沃顿的时代开始，性反常开始成为一种隐喻的来源，其价值不亚于直接的性别区分。

从古典传统的起源开始，柱式的性别化就是建筑师和评论家使用的惯例；当黑格尔（G. W. F. Hegel）写道："柏埃斯图姆和科林斯的神庙体现出的那种简单、严肃和不加装饰的男性特质"（第二卷，678）时，这不过是对多立克建筑常见的称谓。对于我们的研究目的来说，更有意思的是从性别差异和性反常的角度对建筑的其他元素和整个建筑物的特征描述。这至少早在17世纪初就已经存在了，可以由伊尼戈·琼斯（Inigo Jones）在1614年写在他的素描本上的笔记来证实——"在建筑中，外表装饰常常［应该］是坚固的、比例合乎规则、男性化的和持重的"（Harris and Higgott，56）。这段陈述的背景是对米开朗琪罗（Michelangelo）和他的追随者设计的那些随意和放肆的装饰的批评，琼斯认为这些装饰适用于室内和园林建筑，但是正如"每个明智的人在公共场合都会在外表上保持庄重"，它们不适于建筑外部。"男性化的"在这里暗示为得体，尽管琼斯很可能是从瓦萨里（Vasari）那里借用的这个词（瓦萨里在有明显物理强度的艺术品中使用了其常规含义，"男性的、坚固的和简单的"），[2]琼斯赋予这个词一个更有意思的变义，"与男人相称的行为"。贯穿于整个18世纪，延伸到19世纪，"男性

46

萨默塞特宫的沿河面，伦敦，威廉·钱伯斯爵士，1776—1801年，"浑厚的和男性化的"。

化"一直是评论语汇中常用词，被用于建筑、装饰、甚至园林：在1825年，建筑师托马斯·哈德维克（Thomas Hardwick）如此写他以前的导师威廉·钱伯斯爵士（Sir William Chambers），"他的建筑的外观以一种浑厚的和男性化的风格为特征，既不笨重、也不衰弱"（Chambers，1825，L）。在表面上，当哈德维克将钱伯斯的风格称为"男性化的"时，似乎并没有说太多东西，但是任何熟知法国18世纪建筑的人——例如钱伯斯和哈德维克——都会有另一种理解。

在法国，从18世纪中开始，"男性化"（常用词是男性的 *mâle*）一词被频繁使用，特别被用来攻击洛可可风格：例如雅克–弗朗索瓦·布隆代尔（J. F. Blondel）将洛可可与他称许的建筑物的那种"男性化的简约性"相对比（1752，116）。洛吉耶（Laugier）写道："在教堂里不应该有任何不简洁、不男性化［*mâle*］、不庄重和不严肃的东西"（1755，156）。

更具系统性思维的批评家在定义"男性化的"一词时遇到一些问题——其中没有比布隆代尔更为彻底的了，钱伯斯曾参加了他在巴黎的建筑学院。在布隆代尔出版于1771年，但写于1750年代的《建筑学教程》（*Cours D' Architecture*）一书中，他对三个词："男性的"［*mâle*］、"坚固的"［*ferme*］和"有力的"［*virile*］进行了如下区分：

> 一个男性建筑可以被理解为这样一种建筑，它在构成中保持一种与场地的宏伟程度和建筑的类型相适应的坚固感，而不显得沉重。它在整体形式上是简约的，并没有过多的装饰细节；它有直线的平面、垂直的交角，以及产生较深阴影的凸出体量。男性的建筑适用于公共市场、会展、医院，以及最重要的，军事建筑，在它们中需要注意避免低级的构图——衰弱的和伟大的不能共存。而通常，在想要创造一种男性的

47

萨瓦莱里扎中庭（Cortile della Cavallerizza），曼托瓦（Mantua），朱利奥·罗马诺，1538—1539 年。伊尼戈·琼斯不同意罗马诺那种放肆的创新："正如每个明智的人在公共场合都会在外表上保持庄重……"外部装饰应该是"男性化的和持重的"。

建筑时，它被认为是沉重的、巨大的和粗野的——这个词如此理解是错误的。（第一卷，411）

布隆代尔使用的例子包括米开朗琪罗的作品、法国的卢森堡宫、凡尔赛宫的马厩和温室，以及凯旋门。

48

一个坚固的建筑和一个男性建筑的不同之处在于它的体量；坚固的建筑重量更轻，但在它的构图和分割中以平面和直角表达出坚定的形式；它在任何地方都显示出一种确定性和清晰性，压迫并冲击着有思想的人的眼睛。（第一卷，412）

凯旋门，巴黎，雅克-弗朗索瓦·布隆代尔，1672年：18世纪建筑师布隆代尔使用的"男性化的"建筑案例之一。

坚固建筑的例子包括在迈松（Maisons）、万塞讷（Vincennes）和黎赛留（Richelieu）的城堡。

第3章 论差异：男性化的与女性化的   35

虽然一座雄壮的建筑似乎和前两种特性没有太多差别，但这个词被用于以多立克柱式为主的建筑。建筑中的男性感和坚固感通常只需要通过朴拙感或者密实感来表达，而并不需要出现这种柱式。（第一卷，413）

当布隆代尔转而讨论建筑的女性特征时，他就像对雄壮的建筑那样，主要依赖对特定柱式的使用来界定它：

当某种建筑的表现是基于爱奥尼柱式的比例时，我们称之为女性化建筑。通过爱奥尼来表达的性格更为天真、优雅，并且不像多立克柱式那样雄浑，正因如此，它们需要被恰当的使用，并且对建筑的装饰保持谨慎。当一个完全正确却不合宜的爱奥尼柱式被用于一个其特定目标需要进行有力处理的建筑时，这将是对女性化建筑的误用。同样，当一个风格坚固的建筑，其立面的突出部分是由曲线而不是直线元素构成时，我们认为这也是对女性化建筑的误用。另外一种对女性化建筑的错误使用，是使得原本旨在唤起崇高感的建筑体量和细部带来不确定性的效果。因此，这种风格应该避免使用在所有的军事纪念建筑、弘扬英雄荣耀的建筑，以及君王的居所中。另一方面，女性化建筑可以被恰当的使用在一座漂亮的乡村别墅的室外装饰，一个小特里阿农宫，用于皇后或女王寓所的室内，或用于浴室、喷泉以及其他献给海洋或大地的神祇的建筑。（419-420）

在布隆代尔的批评体系中，男性化的建筑毫无疑问比女性化的建筑高级；男性化建筑是坚定的、清晰地表达着自己的目的，除了完全必须的之外别无装饰，并传达结构的坚固感和永存感；而女性化建筑，企图使人愉悦，可以容许一定程度的含糊和暧昧。巴黎的苏比斯府邸的公主沙龙（*salon de la princesse*，1735-1739）就是一个布隆代尔会认为是"女性化建筑"的例子：为年长的罗昂亲王（Prince de Rohan）的年轻妻子而建，博弗朗（Germain Boffrand）的室内设计通过超越墙体深度的错觉，传达了一种适度的不确定性。但是尽管布隆代尔认为男性化建筑总是优于女性化建筑——这一假设贯穿于建筑学中用于性别区分的语言的整个历史——无论如何，布隆代尔罕见地提出"女性化建筑"作为一种特定的类别独立存在，且有自身的价值和用途。

在法国，布隆代尔对男性建筑的定义在18世纪下半叶被沿用。例如，布雷给出了一种关于这种区分如何用于建筑实践的想法，他在1790年代描写一个市政厅的设计——一个以布隆代尔的标准是杰出的男性化设计：

在思考创造一种有尊严的和男性化的装饰形式的方法，以及对于大量开洞的需求时，你可以想象我不

苏比斯府邸的公主沙龙，巴黎，格尔曼·博弗朗，1735—1739年。在这间为罗昂公主（Princesse de Rohan）而建的房间里，墙面不知不觉地与天花融为一体，而镜面暗示了墙面之下的含糊不清的深度，产生的模棱两可和不确定的程度，恰是布隆代尔认为是"女性化建筑"的品质。

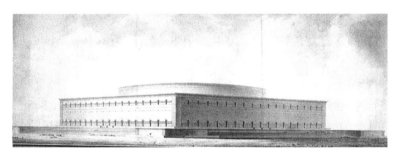

布雷，市政厅设计，"正是平整的体量产生了男性化的效果"。

知所措，并且陷入极度混乱之中；一个向四面开放的房子必须看起来像一种蜂巢；毫无疑问，市政厅就是人类的蜂巢；现在，任何了解建筑的人都知道遍布于立面上的大量开洞如何产生我们称之为的"表皮感［*maigreur*］"。在装饰上，正是平整的体量产生了男性化的效果……（131）

性别语言对于古典建筑传统是如此重要的一部分，以至于人们会认为它会随着这个传统一起消亡。然而，恰恰相反，随着哥特式复兴，它不但延续下来，而且在英国和美国被超越过往地加以讨论。对许多哥特派来说，哥特式建筑的本质，正如威廉·伯吉斯（William Burgess）在1861年所说，在于"鲜明、浑然、强健、严谨以及雄壮"（403）。当《教会学家》（*The Ecclesiologist*）杂志对威廉·巴特菲尔德（William Butterfield）设计的、于1859年竣工的伦敦玛格丽特大街的万圣教堂进行评论时，它所能采用的最高赞美无过于"我们对其男性的和朴素的设计一致赞赏"（第二十卷，1859年6月，184-189）。稍后

万圣教堂，玛格丽特大街，伦敦，威廉·巴特菲尔德，1849—1859年："男性的和朴素的设计"，《教会学家》杂志写道。

在1884年，罗伯特·克尔（Robert Kerr）认为有必要提醒人们注意"哥特式复兴中有时过于男性化的处理方式"（307）。另一方面，在哥特派中，"女性化的"毫无例外地表示一种反对。例如，建筑师乔治·吉尔伯特·斯科特（George Gilbert Scott）在1850年谈及几何式装饰风格的优点，"和那些流畅的风格相比，主要在于它保持了古典时代的男性化的和严谨的特征。那些流线的窗饰，虽然在某些人看来更为完美，它们的美却过于柔软和女性化，以至于我们不能将其视作一种完美风格的主要特征"（100）。评论家贝雷斯福德·霍普（Beresford Hope）通过比较"早期法国哥特式的强烈的和男性化的品质……和装饰哥特式的女性化的'纷乱的繁盛'"（19-20），来区分哥特式的不同种类。罗伯特·克尔用一种即将变得常用的套话，表达了他对不同国家的偏好："因为我欣赏所有的法国艺术，我无法从自己的脑海中排除这样一种感觉，即我在喜欢某种具有女性魅力的东西。因此，我认为，英国，粗糙但实用的健壮的故乡，可能永远也不会追随法国品味的严格规则"（296）。在与克尔同时代的美国建筑师和评论家亨利·凡·布鲁恩特（Henry van Brunt）的眼中，法国建筑离开他喜爱的那些标准太远，几乎离经叛道——"精致被推到了柔弱的边缘"（161）。但是，在美国，关于性别的语言满足了一种较为不同的需要。从1830年代起，美国试图在艺术上发展出一种独特的国家风格的失败，引起了美国建筑师和评论家的反复关注。哲学家拉尔夫·沃尔多·爱默生（Ralph Waldo Emerson）在1836年反思被其视作优越的欧洲艺术时，评论美国艺术家、作家和建筑师的作品"全

马歇尔·菲尔德仓储店，芝加哥，亨利·霍布森·理查森，1885—1887年（1930年拆除）。"这里就是一个给你看的男人"——理查森设计的马歇尔·菲尔德仓储店唤起了有史以来对建筑男性特征最直白的论述。

都是女性化的，没有性格"（第四卷，108）。无论是否有意追随爱默生，19世纪后半叶的建筑师和评论家反复用性别化的词语来陈述美国和欧洲文化之间的关系问题：只有当美国艺术变得"男性化"时，它才能证实自己的价值。亨利·霍布森·理查森（H. H. Richardson）的建筑被普遍认为达到了这种地位：例如，他的作品被凡·布鲁恩特描述为拥有一种"巨大的、男性的力感"（176）。但这与路易斯·沙利文（Louis Sullivan）1901年对理查森在芝加哥马歇尔·菲尔德仓储店的颂扬相比就不算什么了，这是有史以来对建筑男性特征的最高赞美：

> 这里就是一个给你看的男人。一个用双腿而不是四肢行走的男人，他有运动的肌肉、心、肺和其他内脏；一个活着、呼吸着的男人，有着鲜红的血液；一个真正的男人，一个有男性气概的男人；一种雄浑的力量——宽广、强烈、带有压倒性的能量——一个彻底的男人。（1976，29-30）

沙利文自己的建筑同样也因其男性气质而受到赞扬，尽管不是以一种普遍化的理念，而是作为其使用者性别的直接表达。这就是评论家洛根·皮尔索尔·史密斯（L. P. Smith）1904年在《建筑实录》（*Architectural Record*）杂志上对布法罗的信托大厦的评论："这是一个男性主导的美国办公楼……活动的元素、雄心、目的的直接性全部都体现在它的建筑形式之中。"但是，有意思的是，史密斯同样在芝加哥的卡尔森·皮瑞·斯科特商店的沿街楼层的装饰中看到"它在品质上对女性气质的吸引"，吸引它的主要是女性顾客的女性气质。

52

（上）卡尔森·皮瑞·斯科特商店，芝加哥，路易斯·沙利文，1899—1901年和1903—1904年。"它的品质对女性气质的吸引"。
（右）卡尔森·皮瑞·斯科特商店，沿街层的装饰细部。

　　但是，在沙利文之后，性别差异的术语骤然停止。到1924年沙利文去世那年，性别已经不再作为各种等级区分的组织隐喻，"强/弱"、"平朴/精巧"、"目的明确的/意义含糊的"等，这些由布隆代尔提出，并且在三个世纪中组织着建筑师和评论家思想的划分。没有一个现代主义者用性别来说建筑——甚至也没有给出不这样做的理由——甚至在那些并不将自己认同为现代主义的评论家中，这个隐喻也被突然放弃了。从1920年代直到最近，除了少数几个例外，性别差异的语言只在评论家和历史学家用特定时代的术语来描述过去建筑的特征时才被使用。例如，奈恩（Nairn）和尼古拉斯·佩夫斯纳（Nikolaus Pevsner）在《英国建筑》（*Buildings of England*）的萨里卷

53

（Surrey volume）中对埃德温·鲁琴斯（Edwin Lutyens）建于1899年和1901年期间的提格布尔（Tigbourne）住宅的评论时写道："它的肌理在鲁琴斯所有建筑中是最复杂、最精心制作出来，这给了提格布尔住宅一种特殊的女性气质的——但并不柔弱的——外观：到处嵌着巴格特石（Bargate stone）和用砖砌成的墙角以及薄的水平瓦饰带贯穿于整栋住宅"（487）（这里我们可以看到一个罕见的将"女性化的"用来描述一种好的品质，而不是作为一种"男性气质"的缺乏）。留给我们的问题是，为什么性别差异会从建筑的日常用语中消失——并且消失的那么突然？

　　在可能的原因中，最为直接的原因在于现代主义对语言设定的限制。"男性化的"和"女性化的"属于一种所有艺术通用的批评语汇，也因此无法描述建筑的特殊性。此外，它们与所有人性"特征"的描述有着相同的命运，它们以一种最为明显的方式指涉着建筑之外的东西，因此完全不能描述建筑自身媒介的特殊性和唯一性。再者，如果在现代主义中，语言的任务完全是处理知觉行为本身，那我们就无法（直到最近）用带有性别取向的词来谈论它，同样，这样一组深深烙印着中产阶级文化价值的词汇似乎也不可能带着客观性描述这个过程。从所有的角度来看，如果性别隐喻和现代主义反其道而行，那么可

54

提格布尔住宅，萨里，埃德温·鲁琴斯，1899—1901年，入口立面和石作细部："一种特殊的女性气质但并不柔弱的外观"。

（上）海洋与船舶馆和探索穹顶（the Dome of Discovery），英国艺术节，南岸，伦敦，1951年："浅薄的和柔弱的……但我们不应对这种描述介怀。"
（左）参议院大楼，罗马大学，马西诺．皮雅琴蒂尼（M. Piacentini），1932年："墨索里尼时代的建筑必须回应男性的特征。"

能导致它们灭绝，并使它们即使对那些不赞同现代主义的评论家来说也无法接受的原因是，在两次大战期间的欧洲极权主义地区，文化的导向是明确的男性化——更不用说同性恋了。这在那些作品自身的图像上可以明显看出，但在那些国家的艺术家的话语中同样明显。例如，在意大利，1931年的"理性主义建筑宣言"（Manifesto of Rationalist Architecture）声称，"墨索里尼（Mussolini）时代的建筑必须回应革命中的男性特征，力量和光荣"（Patetta，192）。在这种条件下，完全不可能让任何带有自由的、反法西斯倾向的人使用性别差异的术语，而在1945年之后，它们在整个欧洲几乎消失。在仅有的几个例外中，有一个，基于它引起的关注，特别值得引述。这个例外就是1951年伦敦的英国节的展览，对这个展览，除此以外完全现代主义的建筑师莱昂内尔·布雷特（Lionel Brett）写道："很容易看出，50年代的这种风格将会被下一代视作浅薄的和阴柔的，但我们不应对这种描述介怀。"唤醒被荒废已久的性别术语的语言来描述当代人的作品，不仅仅暗示它并不"现代"，并且

55

圣彼得大教堂后殿室外的集簇壁柱，米开朗琪罗，1546—1564年：按照沃尔夫林的说法，"未完成到令人不舒服的程度"。

在政治立场上可疑，而更糟的是，不称之为"女性化的"而用"阴柔的"，这表示它甚至达不到男性的最基本要求，刚健有力。如果建筑的"正常"状态是男性气质的，没有什么比听任"阴柔气质"更糟糕的了。

但是，虽然"男性化的"和"女性化的"，"男人味的"和"女人味的"，以及所有其他各种性别区分都从建筑语汇中明显消失了，这是否意味着建筑不再具有性别呢？我们今天是否只有中性的建筑呢？一种在过去2000年中的最佳年代使用的心理区分的特殊系统，仅仅因为它借以表达的隐喻变得不合时宜就停止使用吗？或者同样的这种区分是否已经在别处被替换，并存在于某种其他词汇中呢？对于建筑话语的语言的某些反思可能会表明，我们事实上并没有彻底断绝性别提供的这种组织结构，即使它以另一种面目出现。

第一种可能的替换情况是通过所谓的"形式"语言。作为现代主义批评语汇的关键字眼，"形式"一词（见第二部分，"形式"）源于康德和黑格尔提出的德国唯心主义哲学传统。对黑格尔来说，艺术作品的形式就是使理念得以被感官所知的外在的、物质的形状。这种艺术理论基于一种形式和其内在的、潜在的理念或主旨之间的直接对应；外观无法传达理念的艺术作品不能满足艺术最为基本的要求。在19世纪后半叶，有相当多的思考尝试集中在考虑艺术传达理念的方法的确切本质，以及每种艺术最能体现的理念的特殊方面。一个有影响力的讨论线索是，艺术的形式能够也应该表现运动：按照美学哲学家罗伯特·费舍尔（Robert Vischer）的说法，"艺术在描绘力量的变化冲突中找到了自己的最高目标"（121）。转到建筑学中，建筑的趣味和独特性被认为是在于它以特殊的方式表现了房屋抵抗

（上左）拉奥孔雕塑及细部，公元前一世纪。静态形式表现了肌肉和精神作用的混合。
（上右）美第奇的维纳斯，公元前一世纪。被温克尔曼批评为不过是一个美好的自然之物，就像太阳升起前开放的玫瑰，或者结实但尚未完全成熟的水果。理想的女性形象在外表和内部肌肉结构之间缺乏对应关系。

重力的静态的力。海因里希·沃尔夫林对罗马手法主义建筑的 57
分析，主要是基于静态形式表达被阻止的运动的方式："巴洛克
［这里他意指手法主义］从不给我们提供完美感和满足感，或者
是'存在'的那种静止的平静感，而只提供变化的动荡感，和
瞬间的张力。这再次产生了一种运动的感觉"；以及"紧张感的
理念是通过未完成到令人不舒服的程度的形式来促成的"，他给
出集簇壁柱作为它的例子（1984，62–63）。建筑代表着思维中
的隐含运动，是现代主义思想传统的一部分，这一概念似乎仍
然被广泛认可。

　　这种将形式视作对内力冲突的静态表现的整个观点，是基于
一种理想的男性身体，因为正是在男性躯体里，人们找到外在形
式对肌肉作用最贴近的对应。沃尔夫林对"形式"的理解相当程
度上有赖于始于约翰·约阿希姆·温克尔曼（J. J. Winckelmann）
的德国艺术史研究对古典人物雕塑的解读。[3]在表达男性人物
的古代雕塑中，被特别尊崇的品质是以静态形式表现了肌肉和
精神作用的混合浓缩。一个无出其右的例子是希腊雕塑拉奥
孔，特洛伊牧师拉奥孔与天神派来杀死他的两条蛇的搏斗。另
一方面，理想的女性身体缺少这种内部肌肉结构和它外在的视
觉形式间的对应关系，因此女性形象永远不能实现这种固化能
量的品质——通常来说，女人裸体的古典雕塑展示的是一种静
止的形象，常常处于休息状态。对沃尔夫林而言，用女人身体 58
来想象他的运动理论是不可思议的，因为这明显是一个错误的
形状。

　　沃尔夫林的形式理论，是他在自己的博士论文中提出的，
这个理论基于人将自己身体的感觉通过移情投射到建筑形式上。
按照他的说法，"物理形式拥有特征，仅仅是因为我们自己拥有

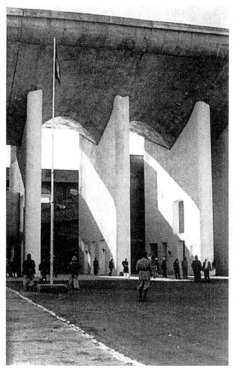

入口，最高法院，昌迪加尔，印度，勒·柯布西耶，
1955年。"作为纯粹的向上推力的立柱。"

身体"（1886，151）。正是通过"对我们自己身体的最隐秘的体
验"，以及它投射在"无生命的自然"上，美学感知才会发生
（159）。看来似乎明显的是，沃尔夫林并非在说一般意义上的身
体，而是他自己的身体，男性身体，作为形式意义的赋予者。

被大多数现代主义者使用的"形式"是男性的，一个男性
化的理想。如果这听起来有些过分演绎，我们可以看看一些
现代建筑的评论家是如何说形式的。例如，文森特·斯库利
（Vincent Scully）在说柯布西耶设计的昌迪加尔时：

最高法院是一个巨大的、中空的混凝土体量。在
入口侧，它的玻璃表皮同样用格栅遮挡起来，这保持
着整体的比例，并用危险的力量向上和向外推出。顺
着这个外推向上，并通过顶棚的悬挂穹顶进一步向
上延伸，巨大的立柱作为一种纯粹的向上的推力升
起。在它们中间，人们进入，拥有几乎皮拉内西式
（Pranesian）暴力的坡道在它们后面升起。要理解它们
的物理力量，我们可以将它们和保罗·鲁道夫（Paul
Rudolph）给他在福罗里达萨拉索塔设计的第二所高
中的入口相比较，正如建筑师坦承的，他受到了它们
的启发。美国的设计已经变得纤细、平面和线性。它
像阳光下的阳伞一样被紧紧拽着，已经不能被解读为
类似一个自信的人体，在场所中获得一个位置，正如
勒·柯布西耶所要求的。（48）

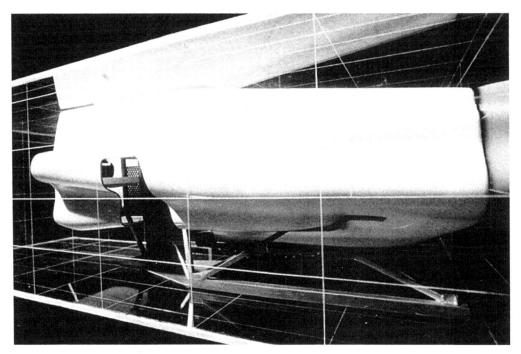

尼尔·德纳里，COR-TEX，细部研究图，1993年。坚硬的外表，但反应灵敏。

如果我们用女性理想的美代替男性理想的美，整个分析就变得平淡了。尽管看起来是中性的，"形式"在20世纪被思考和讨论的方式中，主要是男性化的理想。相对许多现代主义评论中含蓄的男性特征而言，一个重要而罕见的例外是弗兰克·劳埃德·赖特（Frank Lloyd Wright）经常将他的某些建筑描述为女性化的对象：例如，在1943年，他将在拉辛的约翰逊制蜡管理大楼说成是"拉金大厦的女儿"，并且比"男性化的拉金大厦""更为女性化"（*Collected Writings*，第四卷，182）。尽管身为男性，赖特更愿意将他的建筑视为女性，这和他在许多其他方面一样，都有别于现代主义传统的性格。

第二个我们可能发现性别区分痕迹的建筑领域，是对发源 59于加利福尼亚的所谓机器建筑学（Machine Architecture）的批判性接受中。以坚硬、金属感的外表和柔软的内部为特征，这个反复出现在建筑讨论中的词，是"危险的"，"危险并且天生不可预测"——这种危险性似乎是它吸引人的一个原因。尼尔·德纳里（Neil Denari）的作品提供了这种风格的一个精细版本：德纳里试图放弃早期20世纪以重复和刻板为特征的机器美学——被认为主要是男性的特征——并代之以另一种柔软的、智能的、敏感的和无限可塑的机器美学——从某种意义上说是女性的。有意思的是，评论家们不太情愿接受这种解读。例如，利伯乌斯·伍茨（Lebbeus Woods）在讨论德纳里作品时说：

> 历史建筑对他来说承载太多已知的关联了（或者说似乎如此），而机器是普遍存在的、非美学的、非

派斯中心，普林斯顿，新泽西，查德·罗杰斯，1982—1983年。
美国批评家迈克尔·索金毫不奉承地评论了高技派建筑唤起的机
器文化的"彻底的男性特性"。

伦理的、中性的、冷酷的、哲学的。机器和政治以及
时事性无关。它对于这些知识分子来说是一个必然工
具，他们试图寻求掌握自然和无名的力量，并同时服
从于它们，作为情人和自愿的帮凶，同时也作为一个
人……（43–44）

这听起来似乎只是对男性特征的描述——冷酷的、掌控自
然从而能服从于它的诱惑。在德纳里和其他加利福尼亚"机器
派建筑师"的作品中所实践的魅力，部分似乎是由于其能够视
作男性对女性的"自然和无名的力量"的征服［60］：一种对思
想和物质关系的描述，彻底的亚里士多德化，因而使从古至今
的每一位西方艺术家感到熟悉。

即使性别语言已经不再是日常批评语汇的一部分，性别区
分仍然明显地组织着我们的思考过程。[4]这种隐喻的消失不一定
意味着这种区分已经完全停止存在。

如果"男性化的"和"女性化的"的关系反转，会发生什
么？通常来说，最好的建筑一直是男性化的。男性化建筑的特
征是有目共睹的：它们实现了一种理想。另一方面，女性化的
建筑不仅仅一直是低级的，而且对大多数作者来说，除了布隆
代尔和赖特这样的明显例外，它缺少任何属于自己的特殊品质，
正面的或者负面的。总体来说，女性化建筑不过是男性化建筑
令人尊敬的品质中莫名其妙的差异。上述这些并不令我们吃
惊，因为正如其他人也已指出的，所谓女性化不过是男性话语
的一个创造物，其自身并不构成一个类别；"男性话语创造了女

60

性化，以满足他自己的目的"（Bergren，12）。但即使人们不再将建筑说成男性化的或者女性化的，他们似乎依然想当然地认为最好的建筑是男性化的。这是否可以逆转呢？迈克尔·索金（Michael Sorkin）有一个有趣的评论认为无此必要。1985年，他评论理查德·罗杰斯（Richard Rogers）设计的普林斯顿的派斯中心大楼时写道：

> 组合体精心参与了一个历史机器文化，彻底的男性化。人们在《建筑评论》杂志的书页上读到"英国高技派"的理论，这些理论将它的优越性定位于其祖先童年的早教，它们青春期前的卧室里充斥着儿童钢件玩具和骆驼双翼飞机的比例模型。更加有直接关系的或许是所谓人操作机器的精心编著的历史，从穿着耀眼制服的海军上将站在他巨大的无畏级战舰的舰桥上，到波音747飞机甲板上的潇洒的万宝路男人。重点就是这个；它是存在于建筑史之外的那个机器的历史，它带来了对社会环境的特殊偏见。（134–135）

索金对于高技派建筑的观点是，它适合男人，但将女人忽略不计。从建筑理论中的"男性主义"的历史观点来看，索金的文章可能是主流理论家第一次用"男性化"来表示优越的理想，而是提醒我们注意狭隘的厌女情结。通过反转对立的两极，一组新的可能性变得可能。

男人和女人的差别给建筑师和理论家提供了一个现成的区别系统。尽管大多数理论家都未能陈述女性风格的特性，两性间的生物和文化差别依然提供了一种构建认知的方式，在这种方式中，每个极点都有自己易于识别的属性。实际上，绝大多数在古典建筑的批评语汇中使用的词都符合这种带有强烈二元极性的特点，在对立的任何一边都有其自身可以识别的特点："坚固的/轻盈的"、"硬的/软的"、"自然的/人造的"，以及还有很多采用了这种二元成对式样的词语组合。而相对的，对于现代主义喜爱的批评词汇来说——"形式"、"空间"、"秩序"——其显著特点是它们的对立物的不确定性。即使现代主义者对形式的依赖毫无疑问是基于对"无形式性"的恐惧，究竟是什么构成了"无形式性"——或者"无空间"、"无秩序"——仍然是未经讨论和不清楚的。"形式"、"空间"和"秩序"被普遍表述成绝对物，即包含了它们类别的全体，纳入了它们的"他者"的概念。这个特征相当程度上使得现代主义的语言无懈可击，任何对批评语汇的研究必须考虑到它们的对立面。

1. 参见Rykwert，*The Dancing Column*，1996，尤其在29–34页和97–115页有对此历史和发展更多的细节。

2. 参见Higgott，" 'Varying with Reason'：Inigo Jones's theory of design"，1992，56。

3. 参见*Potts*，*Flesh and the Ideal*，1994，尤其是chapter IV，113–144。

4. 另一个关于区分的力量的案例由罗宾·埃文斯提出。他认为对勒·柯布西耶的朗香教堂的部分兴趣在于——"献给妇女的，主观的杰作，被认为是直角和直线的摧毁者"——其明显的女性化形式是一种坚定的男性化创造过程的结果。见Evans，*The Projective Cast*，1995，287–320。

肯特郡潘谢斯特村某住宅，始建于1610年。

"与当时任何乡村泥瓦匠或者教区牧师的作品相比，每栋现代建筑都是多么的令人失望。在那些时代，人们仅仅试图表达他们所强烈感受到的，并且仅仅通过他们天然的母语来表达，而不受已经死亡的或者生疏的外来表述形态的束缚"（James Fergusson，1862）。今天常见的关于建筑"乡土性"的观念——福格森是它早期的一位强力拥护者——和其他几个建筑言说的代表相似，都基于与语言的相似性。

第 4 章　语言隐喻

在我看来，当前最为迫切的是需要通过重续语言
类比的全部内涵来恢复我们学科的整体性和必要的乐
观。约瑟夫·里克沃特（Joseph Rykwert），1971，59

有无数种将建筑等同于语言的方式。然而这样的等
同通常却意味着减少与排他。伯纳德·屈米，1977，94

在建筑学中发现的所有隐喻中，很少有人能像语言中的隐 63
喻那样有如此多的用途，当然也没有比它们更饱受争议。在第
二部分讨论的词汇中，有相当一部分，在建筑学的使用中，有
着语言学领域的内涵。仅从这一点就值得我们对语言隐喻的整
体现象进行探讨。[1]而使这一探讨变得尤为必要的是在过去的大
约20年中，对建筑和语言的比较引起如此众多的争论：几乎没
有什么比语言上的类比在建筑圈引起对抗的了。在当前对以语
言来理解建筑任何方面的普遍反对下，我们常常忽视这一类比
在过去曾经极其有用。而将所有的语言类比捆绑在一起，将它
们视作相同的，有着相同错误的做法混淆了这样一个事实，即如
果我们不以某种方式将建筑视作语言的话，那么建筑学中有大量
领域将无法被思考。即使在其他方面关于语言隐喻的最好的历史
讨论中，法国历史学家雅克·吉耶尔姆（Jacques Guillerme）的一
篇文章中，他将它们全部看做单一的"建筑—语言结构段"的差
异化的显示，因此全部都是不全面的。[2]

假设所有的语言类比从根本上相似，对我们思考这一问题
的自由加设了不必要的限制。语言隐喻最突出的特征之一是它
们令人震惊的多样性和范围，和针对或关于语言自身的概念一
样多样。"语言类比"并非是单一的：它包括太多不同的运用，
人们甚至可以合理地指出这些不同隐喻的相对优点和价值。我 64
们习以为常地谈及"阅读"平面图，而确实没有更合适的方式
来描述这一活动所涉及的特殊的感知过程了；但是谈及"阅读"
一个平面远远不同于认为建筑作品是一个语言符号。为了更合
理地研究建筑中语言类比的问题，我们可以详细甄别语言提供
给建筑的各种隐喻性的对等物。

在这样做之前，一些一般性的区分会较为有用。首先，说
建筑像一种语言和说建筑是一种语言是完全不同的。或者，将
这一点换个稍微不同的说法，可以说，建筑和语言有某些共同

之处，例如它可以传达包含在其自身物质性之外的东西；但是也可以说，建筑完全服从我们在言说中使用的各种句法和语法的规则。第二，我们需要区分与语言的语义方面和意义方面有关的类比，以及那些与语言的句法方面有关的类比，即语言作为一种语法和结构系统。第三，我们可以区分那些将建筑和文学，或和某种特定语言中的成熟的写作方式相比的隐喻，以及那些从整体语言现象的角度认为建筑类同于语言的隐喻。

一个进一步的工作是区分语言隐喻的历史变化：当18世纪的建筑师和评论家将建筑和语言进行比较时，他们的动机和他们想要表达的理念与1960年代的建筑师或评论家截然不同。我们不能简单地认为因为他们援用了语言，他们就在谈论同一件事，因为1780年代被理解为"语言"的东西不一定就是1960年代所指的。即使约翰·萨默森爵士（Sir John Summerson）的畅销书《建筑的古典语言》（*The Classical Language of Architecture*）的标题都有歧义，因为它错误地暗示"语言"是古典传统中的决定性的主题，而实际上没有一个16、17、18世纪的建筑师计划将他们的艺术，从整体上描述为一种语言。语言概念的变化甚至较建筑的概念的变化更大。没有其他社会产物比语言那样引起了更持续的思考和更多样的理论，建筑师对其兴趣来源于此。语言在过去的200年中成为永不枯竭的矿场，随着新的矿面暴露出来，建筑师和评论家不断回来发掘新的隐喻。

那些使用语言隐喻的人常常很清楚它们不充分的本质。那么它们有什么吸引力呢？尽管有这些公认的不足，使用它们得到了什么呢？毫无疑问，1950年代以来语言隐喻泛滥的部分原因是语言在20世纪的全面霸权，以及认为语言理论不仅仅解释文字语言自身，同时解释所有的文化产物。所有其他的艺术实践，文学、绘画、电影，以及建筑都屈从于语言学的阐释。但这并不能完全说明语言类比的吸引力，因为它们在建筑学的出现远远早于语言学被认为能够提供一种对文化的整体理论。因此，在一定程度上，语言类比的吸引力必须从建筑学特定的角度来理解其原因。建筑学提供了它自己独特的利用语言的历史，这和其他艺术实践的历史并不完全一致。

语言隐喻，当它们在建筑学中使用时，可以被划分为六大类。下文将按照它们出现的时间顺序进行陈述。当然没有什么可以阻止我们在同一时间使用多种隐喻，实际上在隐喻之间的大量转换是很常见的。

1. 用于反对创造

语言被作为隐喻最初是被用于反对创造和创新。弗雷亚特·德·尚布雷在他1650年的《古今建筑之比较》一书中，反对混合柱式："建筑师不应该将他的工作和研究用于发现新的柱式，就像演说家那样为了博取雄辩的名声创造和杜撰他们从未说过的新词汇"（104）。这种反对各种创新的保守论断以不同的形式反复出现在之后的两个半世纪中。例如1820年，英国评论家詹姆斯·埃尔姆斯（James Elmes），在他的论文"论语言和建筑的类比"（On the Analogy between language and Architecture）中，他反对哥特式复兴，基于它试图重新使用一种已经死亡的语言。更加著名的

艾克特·吉玛（Hector Guimard），建筑师自宅室内，莫扎特大道122号，巴黎，1910年。"对原创性的徒劳的尝试"：雷金纳德·布洛姆菲尔德谴责新艺术运动的建筑与试图发明一种新的语言一样荒谬。

是约翰·拉斯金（John Ruskin），他在《建筑七灯》（*The Seven Lamps of Architecture*，1848）一书中用了类似的类比来反对新风格的发展。

> 我们不想要新的建筑式样……但是我们想要某种式样……我们有一个旧式或新式建筑并不重要，重要的是我们是否拥有真正能被称为建筑的建筑；也即，它的规则能够像我们教英语的拼写和语法那样在我们从康沃尔郡到诺森伯兰郡的学校里被教授，而不是一种每当我们建造一座厂房或者一所教区学校时都会被重新创造的建筑。

但是拉斯金接下来以一种更为积极的态度将这个类比用于澄清建筑可以自由创新的程度。

> 在我看来，在今天的大多数建筑师中间有一种对原创性（Originality）的真正本质和意义，以及其所包含的一切的奇妙误解。原创性的表达并不依赖新词汇的创造……一个有天赋的人可以采用任何当前的风格，他当时的风格，并加以使用……我并不是说他不能挣脱他的材料或他的规则的束缚……而是这些自由应该像一个伟大的演说家使用语言的自由，而不是为了特立独行无视各种规则。（第七章，§iv）

半个世纪后，我们发现这种隐喻仍然在被使用，建筑师雷金纳德·布洛姆菲尔德（Reginald Blomfield）在警告新艺术运动"对原创性的徒劳的尝试"时说：

> 在世界历史的这个时期，建筑的形式已经非常古老，从某种意义上就像一个语言的词汇可以说很古老

66

一样。正如没有人会宣称英语的可能性已经全部枯竭，
建筑同样如此。（1908，151）

现代主义，其存在的意义在于创新，驱逐了这种特殊的类比，虽然它将在1980年代保守的后现代倾向中重新出现。

2. 用于描述建筑何以成为一种艺术

贯穿于整个17和18世纪，在建筑圈子中反复出现的一个需求是将建筑确立为人文艺术而不是机械艺术。人文艺术的标准已经由音乐、特别是诗歌提供：其他艺术门类接近它们的程度决定了其是否能够合法地被称为人文艺术。在图像艺术中，图像诗学的理论，源自罗马作家贺拉斯（Horace）《诗艺》（*The Art of Poetry*）一文，并在17世纪得到发展，提出正如诗可以通过它的不同体裁（悲剧、喜剧、田园诗，史诗等）来唤起特定的气氛和感情，图像同样可能做到。在18世纪中叶的法国，同样的论点被格尔曼·博弗朗（Germain Boffrand）在他的《建筑之书》（*Livre d'Architecture*，1745）中引申到建筑学，建筑有能力表达不同的气氛和特征的观念在该世纪的后半叶变得很重要。在图像诗学和建筑之间的类比的成功有两个特定基础：贺拉斯在谈到诗时认为，关于控制局部之间的正确配置，一种"对被用在正确的位置和正确的关系上的词语的力量"（87）的理解；以及展示其可以有不同"风格"的能力，相当于诗的不同体裁。语言隐喻在18世纪的主要使用即在于显示建筑符合贺拉斯的诗学概念。

（i）作为一种对局部和整体之间关系的描述。 建筑局部和整体之间的恰当关系在整个建筑史中是一个长期被关注的问题：在中世纪建筑中既已存在，并在15世纪由阿尔伯蒂为古典建筑重新进行了编纂，但是随着建筑诗学主题的发展，它被用从文学和语言学的角度重新陈述。正如博弗朗在《建筑之书》中所说，"线脚以及其他构成建筑的局部之于建筑，就像词汇之于话语"（18）。这一观念将建筑特定元素视为词汇，它们必须被恰当地组合起来以获得准确的表达效果，这种观念在18世纪晚期的文章中变得很常见。意大利建筑师弗朗西斯科·米利吉亚（Francesco Milizia）在他1781年的《公共建筑原理》（*Principii d'architettura civile*）一书中，紧密地追随法国思想，写道："建筑中的材料就像话语中的词汇，在分开时只有极少或没有效果并且可能被布置成一种拙劣的方式，但是当它们和艺术结合并且以一种动机和活力表达时，就有无穷的效果"（Guillerme，22）。英国建筑师威廉·钱伯斯爵士，他参加过布隆代尔在巴黎的建筑学院，以一种极其相近的口吻写道：

> 材料之于建筑，就像词汇之于措辞；在分开时力量极小；当它们被这样布置时会令人嘲笑、厌恶、或者甚至蔑视；然而当它们被有技巧地组织起来，并被充满活力地表达出来，它们可以极大地激励人心。一

67

迪米耶斯阿波罗神庙（Temple of Apollo Didymaeus）片段，来自《爱奥尼亚古迹考》（*Ionian Antiquities*），第一卷，1769年。对于片段的崇拜——从片段可以重建已经消失的作品，甚至已经消失的整个文明的精神——指出了语言与建筑作品的*不相似性*。

位有能力的作家甚至可以用一种粗俗的语言打动人，而一位技术精湛的艺术家的巧妙配置可以使最简陋的材料变得高贵。（75–76）

这种在建筑和词语组合之间的类比被19世纪早期提出的片段（*fragment*）理论所破坏，这种理论让我们注意到建筑和语言间的不相似性。基于对生物学的类比，法国科学家居维叶（Cuvier）在1812年鼓吹从对一块骨头的细致研究，人们"就可能重建这块骨头所属的整个动物"（60–61）。因此有人认为最著名的是尤金·埃曼努尔·维奥莱-勒-迪克（Eugene-Emmanuel Viollet-le-Duc），以此类似，在建筑中，整个古代建筑也可以用一些石头碎片重建。[3]一个平行但不同的论点来自德国浪漫主义思想：约翰·沃尔夫冈·冯·歌德（J. W. von Goethe）指出一个伟大作品的每个片段都充满了这个作品的内在生命，以至于我们即使在不了解这个作品时也可以感受到整体精神。无论在何种条件下，都不可能像在建筑和雕塑中那样，仅凭一个单词或者句子来重建一个完整的文学作品，或者掌握它的基本精神。尽管米利吉亚声称"话语中的词汇在分开时只有极少或没有效果"，上述两种关于碎片的理论则认为建筑的单个元素可能承载着和整体作品同样多的效果。这种关于建筑和语言不相似性的特殊争论所具有的影响力似乎降低了对建筑和古典文学理论之间类比的兴趣。

（ii）*刻画建筑中的"风格"*。雅克-弗朗索瓦·布隆代尔的《建筑学教程》，18世纪最宏大和最重要的建筑评论著作，在某种程度上是将图像诗学类比于建筑学的延用。布隆代尔的书

68

已经有了很多对于建筑和古典诗论的关系的评论，主要是用来证明建筑中提供的表达性的体裁和特征的多样，但同样是为了显示"风格"就像在诗歌中那样同样是建筑的一个特征："建筑就像文学；简单的风格优于夸张的风格，因为当我们试图用华而不实的词汇来提升它时只会削弱一个伟大的理念"（第四卷，lvi）。或者"建筑就像诗歌；所有仅是装饰的装饰都是多余的。建筑，以比例美和对布置的选择对它来说足够了"（引自 Collins 1965，180）。关于风格的同一概念在18世纪晚期的作者中反复出现：例如，查尔斯·弗朗索瓦·维耶尔（C.F. Viel）在1797年《建筑对策和组合原理》（*Principes de l'ordonnance et de composition des bâtiments*）一书中：

> 无论风格一词在文学中如何使用，我们同样可以在自己的学科中使用。这包括，和文学一样，对词语的组织，对习语的配置使措辞更为纯粹和优雅……这个词和它的不同性质同样适用于其他艺术，特别是建筑。（96）

同样经常被引用的是散文和诗歌之间的区别，一般用来强调建筑和房屋之间的差距。例如，克劳德·尼古拉斯·勒杜（C.-N. Ledoux）在《从艺术、道德和法规看建筑》（*L'Architecture considerée sours le rapport de l'art, des moeurs et de la legislation*，1804）一书中写道："建筑之于石作就像诗歌之于文学，它是手工艺戏剧化的激情。"这种在建筑和房屋之间的区别，在法国古典传统的继承者中一直到20世纪都很常见。据彼得·柯林斯（Peter Collins）说（1959，199），在1920年代奥古斯特·佩雷（Auguste Perret）将建筑和房屋的关系视作通常说话和诗歌的关系。现代主义者们，大多迫切地强调建筑的特殊性并避免其依赖其他艺术实践，因而逃避了这个类比；值得注意的是佩雷的学生，勒·柯布西耶，当他在《走向建筑》（*Towards a New Architecture*）[1]中讨论建筑和建造的差别时并没有使用这种类比。

需要强调的是，18世纪的评论家从未宣称建筑自身就是一种语言现象：并没有任何企图从语言中得到一个建筑的基本理论。实际上，如果没有一个通用的语言理论——直到18世纪末还没有这样的理论，这样的企图会有什么希望？18世纪法国评论家使用语言类比的唯一目的是引起人们对建筑情感力量的关注，并且强化它作为人文艺术的地位。[4]

3. 用于描述建筑学的历史起源

关于建筑如何起源的问题，从维特鲁威以来就是建筑理论

---

[1] 此书英译本为"*Towards New Architecture*"，原法文书名直译为《走向建筑》。因当代建筑理论界对"新"字有争议，这里从法文原书名。——译者注

家的首要问题。它究竟起源于希腊、罗马、埃及还是最早的穴居人，事实上在洛吉耶1755年出版的关于其起源的完全猜测性的理论中几乎没有得到解决。在整个18世纪后期，这个问题继续困扰着建筑理论家们，直到奎特雷米尔·德·昆西（Quatremère de Quincy）在他的获奖论文《埃及建筑》（*De l'Architecture Egyptienne*）（写于1785年，直到1803年才出版，但之前已经被大量修正）中对这个问题给出了绝妙解答。[5]奎特雷米尔认为建筑并不起源于某一个地方，而是像语言一样，源于人类本能，并出现在任何人类存在的地方：

原始棚屋，来自维奥莱-勒-迪克，《人类的居所》（*Habitations of Man*），1876年。奎特雷米尔·德·昆西认为并不起源于某一个地方，而是和语言一样，是人类的一个普遍本能。

　　建筑并没有某一个或特定的发明者。它必然是人类的需求，以及在社会状态下与需求相混合的愉悦感带来的普遍性的结果。建筑的出现必须和语言的出现相近，也就是说，无论哪一个都不能归功于某一个特定的人，而是整个人类的产物。（12）

　　奎特雷米尔接下来指出，正如发现两种不同的语言可能有共同的句法结构并没有使人得出一种语言必然来自另一种语言的结论，我们同样不应该对建筑进行这样的假设。

　　直到1850年左右，当德国建筑师戈特弗里德·森佩尔（Gottfried Semper）开始提出一种系统的建筑一般理论时，奎特雷米尔关于建筑起源的睿智陈述才得到利用。森佩尔的研究，集中反映在两册《论风格》（*Der Stil*, 1860–1863）中，是第一个完全忽视其古典柱式起源的综合建筑理论，这基于森佩尔相信自己在讨论一种和语言相似的现象。正如他在《论风格》的序言中所解释的：

　　艺术有其特殊语言，基于那些随着文化在历史中的运动而以最多样的方式改变自身的形式类型和符号，因此在它使自己被人理解的过程中，出现了极大的多样性，就像语言中所发生的那样。正如在近期语言学的研究中，目的是要发现不同语言形态的共同元素以追随在几个世纪的时光里词语的变化，并将它们带回一个或更多的起点，让它们有一个共同的原型……在艺术研究的

领域中类似的计划也得到了证实。（第一卷，1）

　　森佩尔的类比理论有多种含义，其中一个最重要的结论是建筑的形式像语言的形式一样有着无限发展的可能——这个论断从古典传统中去除了其作为建筑表达最终和唯一体现的断言，并且反驳了原始语言类比对创新的排斥。[6]

　　森佩尔谈到对他思考产生影响的"近期语言学研究"，很可能指的是德国文献学家弗朗兹·博普（Franz Bopp）1833—1852年的《比较文法学》（*Comparative Grammar*）以及威廉·冯·洪堡（Wilhelm von Humboldt）出版于1836年的《论语言》（*On Language*），提醒我们认识到，只有发展出一种通用的语言理论，语言才可能成为思考建筑的一个重要模式。由于在洪堡的语言理论和森佩尔思想中一些最具独创性的方面有不少对应之处，因此我们有必要简要地讨论一下洪堡的著作。洪堡认为，语言呈现出一种持续的和统一的因素，他将它称为"形式"，这个概念和歌德的原型（*Urformen*）理论密切相连，原型即所有的自然有机体背后的有机组织原则——而森佩尔使用了同一术语。[7]对洪堡来说，语言不是一个"产物"，而是一种"行为"，一种"使发出的声音能够表达思想的不断重复的智力劳动"（49）；而语言中的固定元素是它深层的生成法则，从这些本源原则可以产生对应于人类思想的无穷的话语可能。洪堡认为，"在将发出的声音提升为思想之表达的智力活动中的那个持续和统一的元素，当考虑到它最充分可能的理解并得以系统化的呈现时，就构成了语言的形式"（50）：如果我们用"使用的材料"来替换"发出的声音"，我们将对森佩尔的建筑形式理论有一个合理的总结。正如洪堡认为语言的起源是一个没有意思和不相关的问题，因此，他的理论隐喻性转移到建筑上，使得对风格历史起源的考古学追求变得远没有寻找建筑形态下的通用原则那么有趣。洪堡和其他19世纪早期的语言哲学家在将建筑思想，以及最终建筑本身，从古典理论以及由古希腊、罗马建筑的权威所强加的传统中释放出来的间接影响是不可低估的。

4. 用于讨论建筑作为一种交流媒介

　　将语言作为一种类比用于讨论建筑语义方面的兴趣在1800年之前并未出现。虽然一些18世纪晚期的建筑后来以"说话的建筑"（*architecture parlante*）闻名，但是这个1852年由莱昂·沃杜瓦耶（Léon Vaudoyer）杜撰的词，其目的并非表示赞成，而是引起人们对勒杜建筑的贫乏的注意。[8]没有一个18世纪晚期的建筑师或评论家曾经声称他们的艺术承载着语言中那么多的表达可能；乔瓦尼·巴蒂斯塔·皮拉内西（G. –B. Piranesi）在他的《建筑初步》（*Prima parte de architetture*，1743）中将古罗马的遗址称作"叙述的遗址"（*parlanti ruini*，1972，115），但这似乎只是一种无甚特别的语言藻饰，并未被重复。总体而言，当18世纪的建筑师对语言进行类比时，他们比较的标准完全是基于诗歌体裁。英国评论家詹姆斯·埃尔姆斯在1820年的论文"论语言和艺术的类比"中，并未尝试讨论建筑作为交流的手段，虽然埃尔姆斯清楚地知道这是语言的特点之一。埃尔姆斯，并非一个伟大或原创性的思想家，在1820年仍然没有察觉到塑性艺术的表达能力，而这类艺术当时正在德国和法国出现。

（i）*建筑作为文本*。要认识这种将建筑作品当作文学作品来被"阅读"这一理念的历史，我们需要回到奎特雷米尔·德·昆西。在同一部著作中（*De L'Architecture Egyptienne*，1803），当他提出建筑的发展理念对应于语言发展的理念时，他还惊人地观察到古埃及的遗址是"公共图书馆"。它们过于坚固和巨大光滑的表面并非为了某种美学效果，而是为了记载铭刻，因为它们是：

> 从最实在的意义上，是对人的公开记录；这种由宗教和政府所赋予的作为历史学家的功能，这种授予他们的教化能力，毫无疑问，将使得这些遗址诠释为永久成为一种神圣的使命，这些遗址，从一种并非隐喻的方式，成为习俗、信仰、功绩、荣耀，并最终成为哲学和政治历史以及国家的寄存之所。（59）

这些来自一篇相对晦涩的建筑论文的新奇思想将重新出现（并不知道是否有直接的影响）在一部写作于19世纪上半叶最畅销的小说之一，维克多·雨果（Victor Hugo）最初发表于1831年的《巴黎圣母院》（*Notre Dame de Paris*）里。在1832年的第二版中，雨果增加了一个叫做"这个将毁灭那个"（Ceci tuera cela）的章节，在这个章节中，他提出一种思想，认为直到被印刷书籍所代替，哥特式建筑是对人类思想和历史最完整和最耐久的记载。[9]雨果写道："自开天辟古直至基督纪元15世纪（包括15世纪在内），建筑艺术向来就是人类最伟大的书，是人类在其力量或者才智发展的不同阶段的主要表达形式"（189）。通过"这个将毁灭那个"的说法，雨果的意思是"当人的理念改变了它们的形式，也将改变其表达方式；每一代人的主要思想将不会用同样的材料来书写；石头之书，何等坚固和持久，即将让位给纸书"（189）。雨果提出了他的类比，认为在中世纪，即使异端思想也是通过建筑来表达，因为"只有通过这种方式思想才是自由的，所以它只好全部都写在那些被称为建筑物的书籍上"（193页）。他接着写道："任何生为诗人的人，都成为了建筑师。"在总结他的论点时，雨果写道："直至15世纪，建筑艺术一向是人类活动的主要记载；在此期间，世上出现任何复杂一些的思想，都化作了建筑物；任何流行的观念，如同任何宗教法度一样，都有其纪念碑；最后，人类任何重要的想法，全部被用石头记载了下来"（195）。这个章节，作为19世纪关于建筑的所有讨论中最重要的篇章之一，考虑到这部小说的流行度

亚眠大教堂西立面，始于1220年。按照小说家维克多·雨果的说法，在15世纪之前"建筑是人类最伟大的书，是人类的主要表达形式"。雨果对哥特式大教堂的看法被英国批评家约翰·拉斯金充满激情地认可了，特别是用在对亚眠大教堂的描述上。

（在1833～1839年就出现了四种不同的英译本），其影响无法彻底衡量。然而清楚的是，雨果对于他所处时代建筑意义的流失的关注，以及他所唤起的那个建筑富有意义的过去，得到了其他人情感上广泛的共鸣，他将建筑和书的类比同样如此。

在那些使用了相同隐喻的人之中，最为著名的是约翰·拉斯金。例如，在他《威尼斯之石》（The Stone of Venice）第二卷那个最著名章节"哥特的本质"（The Nature of Gothic）的最后一段中，拉斯金宣称："从此以后，建筑评论将通过和书籍同样的原则被精确传达"，他这样说的意思是二者的存在都是为了被阅读。雨果的建筑是书的思想被威廉·莫里斯（William Morris）采用并更为诗意的阐述，例如这样的评论，"唯一能胜过一本完整的中世纪书籍的艺术作品是一座完整的中世纪建筑"（1892，321）。对莫里斯来说，所有有活力的艺术的两个要求在于它应该装饰一个表面和叙述一个故事。建筑说的故事是历史性的，"古代建筑那未被破坏的表面见证了人类思想的发展，见证了历史的连续性……它不仅告诉我们那些过往者的期望，同时告诉我们将来要期待什么"（1884，296）。对莫里斯来说，这就是他反对对古建筑进行复原的原因，也是他为何坚持修复必须能够被看出来是新的工作，因为"石作的方式就是建筑叙述那故事时所使用的语言"（1889b，154）。

建筑和书的类比，暗示着建筑传达了一个叙事，这将在20世纪早期受到严厉的批评和抵制。这种批判的一个很好的且也许是最为成熟的例子出现在杰弗里·斯科特（Geoffrey Scott）的《人文主义建筑学》（*The Architecture of Humanism，1914*）第二章。被他称为"浪漫的谬论"（The Romantic Fallacy，这实际上包括所有的19世纪建筑）的批评基础，在于"建筑，事实上变成了以象征为主。它不再作为愉悦的即时的和直接的来源，而是成为一种转达的和间接的来源"（1980，54）。斯科特的著作自相矛盾地糅合了先锋的德国美学理论和非常保守的建筑品味；但是在这段陈述中，我们看到对语义的现代主义思想的、和现代建筑师同样清晰的表达。在正统的现代主义中，建筑作品并不是作为对外部事件的叙事来被"阅读"而存在——它们为自身存在。[10]正是从反对这种观点，或者捍卫它，才能理解20世纪晚期许多关于"语言类比"的争论。

（ii）*建筑作为言说的语言*。对于建筑像书被阅读一样被阅读的观念来说，一个补充或者必需的是建筑作为一种被广泛认同的方言而存在的观点，因为如果不是这样的话，建筑物将无法被那些偶遇它的人所理解。这种想法明显潜在于雨果对巴黎圣母院的描述，拉斯金和莫里斯同样深入阐释了它，而它也是一个被19世纪许多作家使用的论点。詹姆斯·福格森（James Fergusson）在《现代建筑风格史》（*A History of the Modern Styles of Architecture*，1862）中写道：

"金块赌场"，拉斯韦加斯（Las Vagas），1964年后，文丘里与斯科特·布朗，《向拉斯韦加斯学习》中的插图。文丘里与斯科特·布朗将日常的美国商业建筑称赞为当代乡土建筑，令人注意到其象征的丰富性，他们将其视作可以与古老的建筑传统相提并论：在他们著作的第二版，这张图片被放在了亚眠大教堂图片的对面。

艺术成为一种真正的艺术时，它就像乡土文学一样被自然地实践着并易于理解；这是它必须的和最具表现力的部分；在希腊和罗马、甚至中世纪，同样如此。但我们周围接触到的建筑并不比一具尸体好多少，它并没有真实表达对我们的需求或感受，因此我们不应惊

讶于现代的建筑是如何的令人不满，即使它们是由最
天才的建筑师设计的……（34–35）

这种惋惜常常出现在过去的一个半世纪里，无论是在诉求
18世纪的城市居住建筑，"一种统一的建筑语言的无名建筑是我
们今天较任何东西都更为需要的"（Richards，1956，19）或者
是像罗伯特·文丘里（Robert Venturi）和丹尼斯·斯科特·布
朗（Denise Scott Brown）在《向拉斯韦加斯学习》中描述的
1970年代美国的商业乡土风格。

这种将建筑视为方言的特别有力和持久的观点，源于18世
纪晚期德国浪漫主义运动的语言研究本身的发展。在最早由约
翰·戈特弗里德·冯·赫尔德（J. G. von Herder）提出，并发
展于费希特（Fichte）、歌德，以及某种程度上也包括洪堡所追
随的新的语言理论中，语言构成了一个民族集体存在的最纯粹
和最有力的表达，它的*国民性*（*Volksgeist*）。赫尔德认为，语言
的意义在于它的独特性；例如，在一种语言中某些事物被言说
的方式在其他语言中既不能言说，且无法思考，这证实了在该
语言的使用者中存在着一种共同的精神。对于浪漫主义者和它
的继承者来说，语言是一个国家灵魂的最终表达。正如瑞士历
史学家雅各布·布克哈特（Jacob Burckhardt）后来所说，"语言
是国家精神最直接和最特殊的体现，是它们的理想形象，是它
们保存自己精神生活内容最永久的材料"（56）。在这个语言理
论中，语言不仅仅是一种言说者和他人交流思想的媒介，它同
样是一种沟通使用这种语言的整个集体的媒介。就是这种语言
模式对建筑造成了如此持续的影响。

在赫尔德的获奖作品《论语言的起源》（*A Treatise Upon the
Origin of Language*，写于1770年）中已经包含了这种思想的起
源。赫尔德的文章是对卢梭（Rousseau）语言"自然"起源理论
的全面攻击；赫尔德认为，语言的起源基于人的反思和推理的能
力，而不是某种神赋的或者哲学系统的产物。对赫尔德来说，语
言并非一种仅从对感受进行表达发展而来的系统，而是"理性首
要活动①的自然产物"（第二部分，31）。"它是灵魂自身的智慧，
一种使人成为人必须的智慧"（30）。当他在斯特拉斯堡写论文期
间，赫尔德和年轻的歌德成为了朋友，并启发他写了其著名的文
章"论德国建筑艺术"（On German Architecture，1772）。歌德巧
妙地修改了赫尔德的语言源自人的反思能力的观点，他同样认为
建筑是人类使用可塑形式进行自我表达意愿的产物："在人内心
存在一种赋形本能，只要他的生存有保障时，就会立即活跃起
来。只要人没有任何需要忧虑或者恐惧的事，这种准神灵就四处
探索让物质吸入它的灵魂"（159）。对歌德而言，建筑类似于语
言，因为它提供了对人的智慧和精神的直接表达。与此同时，同

---

① 即康德所说的"意识"——译者注

样是追随赫尔德，歌德认为建筑像语言一样，并不仅仅是个人表达的媒介，而更为重要的是它表达着特定民族的整个集体身份，即*国民性*（*Volksgeist*）。

如果没有德国浪漫主义思想提供的这种语言模式，那么在整个19和20世纪中如此强大的建筑"方言"的观念将不会如此有力。在那些帮助传播这种思想的人中，最重要的一位是约翰·拉斯金：他在《建筑七灯》中的评论，"一个国家的建筑只有在像语言一样被普遍确立时才变得伟大"——这个评论源自德国浪漫主义思想是很明显的——这给予了世界上几乎每个国家对建筑方言的持续追求以合法性。

值得指出的是，尽管建筑作为一种类似于语言的个人和集体交流媒介的思想是有力的，同样有部分人警惕这种对类比的过分强调。德国哲学家黑格尔在他的《美学》（*Aeshetics*）中特别强调了艺术的感性本质：尽管语言纯粹使用一种符号，单词，来交流，但是艺术的最特殊和最不同的特点是它对思想的交流依赖于相应的感知经验（第2卷，635）。黑格尔认为，虽然艺术像一种语言，但所有的艺术包括建筑，其本质在于它不是一种语言。英国的哲学家–评论家詹姆斯·福格森，与拉斯金同一时代，虽然他后来成为建筑"方言"的支持者，在他1849年的第一本书《艺术美的真实原则的历史考察》（*An Historical Enquiry into the True Pringciples of Beauty in Art*）中，他特别强调了将语言作为类比，不适合作为一种交流媒介的建筑："建筑无法陈述故事或图解书籍——它不模仿任何东西、不阐释任何东西；它不讲述任何故事，并几乎不能像无法人言的野兽那样清晰的表达喜悦或悲伤的情感"（121–122）。实际上，这个论点同样是对语言的语义特点进行类比的最充分的反驳之一，它在1970年代被反复陈说：因为建筑，即使是一种交流媒介的话，也是一种笨拙和不可靠的媒介；但个人无法通过它来互相交流，更不可能和建筑"信息"的发出者使用同一媒介进行对话。它只允许一种单向的交流。

随着现代主义的出现，人们对于建筑的语义可能性的兴趣迅速下降：早期现代主义建筑师和理论家几乎完全放弃了对语言的所有类比。虽然因为森佩尔的语言学类比使从传统建筑模式中的解放部分的成为可能，但是到了1920年代，想要表明建筑的自主性，任何关于建筑的文学或者语言学特征的想法都是不受欢迎的。这种对语言学类比的禁令直到二战之后才解除，最早在意大利。战后意大利奇特和矛盾的环境——一个强大的共产党，在1948年之前一直在政府中占有一席之地，创造一种新的流行的国家文化以代替法西斯主义建立的文化的迫切要求，以及试图为那些在法西斯政权统治下工作的现代主义艺术家和建筑师的作品恢复名誉的愿望——导致了对建筑作品语义的兴趣。特别是将建筑从作为法西斯政府特征的一部分变成一种民主的和大众的艺术的问题，导致了一种对建筑作品所呈现意义的重点关注，例如，在这个时期的《卡萨贝拉》（*Casabella*）这样的杂志中。对马克思主义的理论家和建筑师来说，当代文化的主要问题之一是几乎完全无法在主导的资产阶级秩序实行的霸权外，产生一种无产阶级的或者任何其他文化。意大利的批判和哲学传统主要采用一种唯心主义的艺术观，这种观点认为一个作品的优点取决于它以感性的方式铺陈理念的能力；资产阶级文化的影响是剥夺了艺术的这种思想交流的目的，并将它变成一种简单满足个人求异的欲望，或者将它们从周围环境的现实中遮蔽起来。换言之，艺术失去了使其成为艺术的品质。被视为艺术和建筑危机的是，它不再能够叙说任何关于当代社会物质和意识形态关系的有意义的东西；按照这次争论中最著名的贡献者，历史学家和评论家曼弗雷多·塔夫里（Manfredo Tafuri）的说法，在这场"语义"危机中，建筑实际上已被降低到沉默。

在关于建筑意义的政治和文化问题受到讨论的同时，符号学也被引入了这场辩论，它来自瑞士的索绪尔和美国的查尔斯·皮尔士（Charles Peirce）的研究。1950年代和1960年代，意大利对符号学产生了极大的兴趣，这在一定程度上与建筑意义的潜在问题有关。符号学，由于其自身就是一种不包含任何历史价值的现代主义科学，对于那些困扰于意义问题的现代主义建筑师和理论家很有吸引力；它同时受到马克思主义理论家——特别是塔夫里的强烈抵制。虽然塔夫里毫不质疑建筑作为一种语言，他坚定地认为对语言的科学研究自身无法解决"建筑中公共意义缺失"的危机。在《建筑学的理论和历史》（*Theories and History of Architecture*，1968）第5章中，他解释了为什么即使现代建筑的问题是一个语言学问题，他也不相信对语言的科学研究会对此有何帮助。对塔夫里来说，在现代建筑中，"在18世纪晚期和19世纪早期爆发的语义危机仍然在限制着它的发展"（173）；战后符号学的吸引力是一种避免马克思主义历史学家曾尝试的科学历史分析的欲望的表征。在一个特别含混的句子里，他解释道："在建筑批评中语言问题的出现，是对现代建筑的语言危机的完美回应"（174）。他这么说的意思是，建筑符号学的发展和其他用语言研究的方法对建筑进行分析的企图，都可以解释为对建筑的整个语义危机的回应。尽管塔夫里不满于"符号学对意义的狂热追求"，他承认无论如何这也是一种回应，即使是部分和不恰当的回应——是为了揭示建筑和都市化如何被减化为"危险的说服工具，或者在最好的情况下，是为了传播超级华丽、矫饰的和劝诫的信息"（174）。因此对符号学研究保持异议是正确的，因为它模糊了影响建筑的那些物质条件的现实，但不承认"所有这些困难都是语言自身的元素"（175）则是错误的——这里"语言"他意指"建筑"。

塔夫里狂热地相信建筑是一种语言（这反映在通常难以区分他究竟是在说建筑或者语言形式本身），但首要问题是让它避开语言学，而进行一种历史的批判。塔夫里将建筑称为一种语言的坚持，从1990年代北欧的视角来看似乎很难理解；它只有从战后意大利的文化环境，从当时正统现代主义呈现给世界的巨大的空白和空虚，才能得到解释。对很多评论家来说——其中有在本章开始时引用到的约瑟夫·里克沃特，他是第一个在战后新版本中广泛使用语言语义类比的英语评论家——将建筑视作语言的意义在于它将思维从现代主义强加的极端狭隘的限制中释放出来。

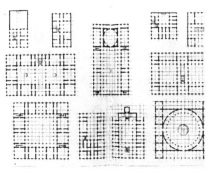

79

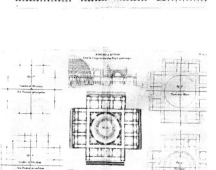

让-尼古拉斯-路易·迪朗，建筑组合的不同阶段，《建筑课程概要》（ *Précis des Leçons d'architecture* ），1809年和1817年。迪朗的建筑教学方法将建筑表达为"语法"；当简单的形被组合到一起时提供了创造复杂构成的方法。

5. 语法类比

1802年，法国建筑师迪朗，在《建筑课程概要》（ *Précis des Leçons d'architecture* ），一本给巴黎综合理工学院的工程师的教科书中，建议学习建筑的过程应该和学习语言一样。

当我们熟悉了那些不同物件（支撑、墙体、开窗、基础、地板、穹拱、屋顶和露台），它们之于建筑就像单词之于话语、音符之于音乐，如果没有它们，我们就无法深入，我们可以首先看到如何将它们结合在一起，也就是说如何将它们相关地配置起来，从水平方向和垂直方向；其次，如何通过这些结合，以形成建筑的不同部分，例如柱廊、走廊、门厅、楼梯；第三，如何再将这些部分组成整个建筑……如上所述，我们才能理解为何对建筑的研究可以简化为少数普遍而丰富的理念，减少至一小部分元素，但足以建造各种类型的建筑，简化

为一些简单的结合，而其结果与语言元素组合产生的结
果一样丰富多样；我们可以认识到，正如我曾经说过
的，这样的研究为何必须同时富有成效和简洁；为何应
该教给学生创作各种建筑的方法，即使是那些他们从未
听说过的建筑，与此同时，消除时间紧迫可能会给他们
带来的障碍。（1819 ed.，29–30）

换而言之，迪朗建议，通过将建筑以一种语法的形式呈现
出来，可以轻松、快速地教授建筑。这一特殊的类比，认为就
像口语的语法一样，从建筑中可以提取出一套原则和元素，从
迪朗的时代起就一直很流行，并归功于学徒制度之外的教育系
统。对教育者来说，能够像教语言一样使用一套语法原则来教
建筑，其吸引力是很明显的；迪朗的方法有很多继承者——在
近代，我们可以举出程大锦（Francis Ching）的《建筑：形式、
空间、秩序》（*Architecture: Form*，*Space and Order*，1979）或
者克里斯托弗·亚历山大（Christopher Alexander）的《模式语
言》（*A Pattern Language*，1977）。贯穿于整个19世纪，直到20
世纪早期，语法类比似乎相当频繁地被用在平常的建筑用语中：
例如众所周知的路易斯·沙利文的说法："支柱、过梁、拱①，这 80
三者仅仅是三个单词，从它们却衍生出建筑艺术那伟大和奇妙
的语言"（"建筑是什么？"（'What is Architecture?'），1906；
Twombly编，175）。在1920年代，法国建筑师和工程师奥古斯
特·佩雷炫耀式地说道：

建筑的元素——柱、梁、拱、窗洞、穹拱、面
板——可以比喻为词汇，它们按照实际需要和情感需
求以无穷可能的模式组合起来。正如言语中的单词，
这些元素可以根据变化的社会条件进行修改、甚至完
全改造。（Collins，1959，198–199）

这种特殊的语言学类比的主要反对意见是，如果学习建筑
原理就像学习语言一样容易，那么任何人都可以做到。不出所
料，迪朗和亚历山大在提出将建筑视为语法时都怀有反职业化
的动机。现代主义者并不完全喜欢建筑的"语法"；那些建筑形
态学系统的尝试，诸如莱斯利·马丁（Leslie Martin）和莱昂内
尔·玛奇（Lionel March）那样的先锋，通常引用对语言的深层
结构的类比来支持自己。近期一个试图提出这样一种语法的例
子是威廉·约翰·米切尔（William J. Mitchell）的《建筑的逻辑：
设计、计算和认知》（*Logic of Architecture: Design*，*Computation
and Cognition*，1990）。

6. 符号学和结构主义在建筑中的应用

我们来这里讨论迄今为止语言类比中最有争议的部分。严

---

① 支柱（pier）和过梁（lintel），较强调结构——译者注。

格地说，符号学和结构主义认为语言并非是建筑的隐喻，而建筑本身就是一种语言。但是，即使在符号学家们中，当然在建筑师当中更为如此，这种区别是如此模糊，以至于可以并无不妥地在语言隐喻的整个语境中讨论符号学。对于语言学类比研究兴趣急剧上升的原因，在前文已经提过——对于正统现代主义的单调及它所允许的围绕它的有限讨论，以及对战后意大利的特殊环境的不满。与这些相关事件同时发生的，是符号学和结构主义的出现，这些科学对所有人类文化进行语言学分析的主张给建筑作为一种语言的讨论提供了一种前所未有的、更为有利的基础。正如意大利评论家吉洛·多福斯（Gillo Dorfles）1959年在意大利众多建筑符号学研究中较早的一篇文章[11]，他写道：

> 建筑的问题，如果用和其他艺术相同的方式，即作为一种"语言"来考虑，构成了整个新思想潮流的基础，这使它能够被从信息和交流理论的角度来对待；而意义可以被视作一种用"符号"来联系物件、事件和人的过程，这些符号描述了这些特定的物件和人。这个认知过程是基于我们将意义赋予我们周围的事物的能力，而我们能够如此，是因为"符号"是我们自身的意识和现象世界的联系。因此，符号是任何交流首要的和直接的工具。我相信一点：建筑，就像任何一门艺术，必须被看做是一个有机整体，并在一定程度上，是一整套制度化的符号，这可以部分的等同于其他的语言结构。（39）

符号学，符号的科学，或多或少同时源于第一次世界大战前的两种不同版本，分别来自瑞士的弗迪南·德·索绪尔和来自美国的查尔斯·皮尔士，它并不关注事物的意义，而是关注意义如何产生；它们的基本观点是人类的所有活动都符合一种赋意的语言模型。[12]对符号学家来说，全部的人造物，特别是建筑，对符号学模型的整体适用性提供了一个特殊的和重要的测试实例，因为有别于以交流为主要目的的口语语言，在人造物和建筑中，首要的目的是服务于功能。以功能为目的的人造物在多大程度上符合交流的语言模式，这是语言哲学家翁贝托·艾柯（Umberto Eco），还有其他人谈到的一个问题。[13]很重要的是我们应承认，对建筑的符号学的相当一部分兴趣，最早并非来自建筑师，而是来自那些迫切的想要测试其理论有效性的符号学家们；这种兴趣刚好和建筑师对意义的关注同时发生，这样才能解释在1950年代晚期和1960年代对这个主题的狂热兴趣。对于大多数对符号学和结构主义感兴趣的建筑师来说，符号系统的技术细节及其对非语言代码的扩展并不重要：它们的意义在于让建筑师能够思考自己决定意义的能力的范围。正如对符号类比有强烈兴趣的荷兰建筑师赫曼·赫兹伯格（Herman

81

Hertzberger）所说："对形式来说是重要的，同样对单词和句子来说，是它们如何被阅读，以及它们在'读者'的眼中唤起的意象"（1977，127）。虽然没有太多的深奥之处，但如果没有符号学，这个想法是不可能的。

在1960年代晚期，人们的关注点从建筑转移到了城市，从符号学分析中寻找更有前途的素材。这种将语言学模型转移到城市规模的一个最著名的例子是阿尔多·罗西（Aldo Rossi）的《城市建筑学》（*The Architecture of the City*），这使他得以论证建筑能够在自身保持不变的条件下容纳用途和意义的无限变化。他写道："永久性的元素在城市研究中的意义，可以被比作语言学中的固定结构；这一点当把城市研究表现出与语言学研究的类比性时尤为明显，特别是从它的变和不变的过程的复杂性来看"（22-23）。但是，这种针对城市作为一种语言系统的兴趣转移，部分是由那些怀着自己理论目的的符号语言学家们提出的。罗兰·巴特写道："那些在城市中行走的人……即是一种读者"；但是他提醒我们注意这点的原因，却是为了说明对任何东西都几乎不可能得到一种确定的和清晰的解读。巴特对城市的兴趣恰好处于他后结构主义阶段的开始，在这个阶段，他认识到任何确定的所指都是难以捉摸并最终完全无法获得的。在同一篇文章中，对于城市，他谈论到了"在任何文化或心理的复合体中，我们如何面对无穷的隐喻之链，其中所指自身总是在退却或成为另一个能指"（1967b，170）。这在城市中尤为明显，并制造了他称之为城市的"情色层面"，即它们的无穷隐喻的本质。巴特对于城市符号学可能性的兴趣，似乎至少部分来自于情境主义者（Situationists）的心理地理探索以及他们的"漂移"技术（"漂移"被用来描述随着人在城市中的移动，而对城市的片段进行主观的重组），扰乱城市的常规再现并主观地重构它的经验——虽然情境主义者完全与文字无关的遭遇城市的方式，也被亨利·列斐伏尔和其他人用于抵制语言模式对社会现象分析的入侵。[14]

也是在1960年代晚期，同时有一种对语言新句法理论的潜在应用的兴趣。美国建筑师彼得·艾森曼（Peter Eisenman）在1966年回忆道：

> 我开始对其他学科进行研究，它们的形式问题已经被呈现在某种批判性框架之中。这将我引向语言学，特别是诺姆·乔姆斯基（Noam Chomsky）关于句法的研究。从这个类比来看，我们可以对建筑和语言进行若干类比，特别是构造一个关于建筑形式的句法特点的粗略假说。（1971，38）

简言之，艾森曼的兴趣点是建筑中存在的常规建造形式——柱、墙等——可以被组织起来以获得新的意义。他的"假说"是建筑中的形式，既自我呈现于一种"表层"特征——

82

83

空中鸟瞰古罗马剧场，卢卡。城市中某些形态的持久性——剧场的椭圆形，以及它们随着时间变化为其他用途——例如居住建筑，让阿尔多·罗西看到了城市与语言形式的类比。

肌理、颜色、形状——可由感觉识别到，也呈现于只有通过理智才能识别出的"深层"特征，例如正面、倾斜、后退等关系。艾森曼认为，这种区别类似于乔姆斯基提出的语言的深层和表层结构的区别——艾森曼希望指出，研究"深层"即句法层面的变化，而不考虑面对感官形式的直接的表层特征是有可能的。考虑到艾森曼的长期目标是证明建筑作为一门学科的独立性和自足性，他用语言的类比来描述建筑的特殊性就有点讽刺意味了。在写完这篇文章不久，他分析了意大利建筑师朱塞佩·特拉尼（Giuseppe Terragni）的作品，艾森曼就放弃了他对于将语言理论作为隐喻的兴趣，在之后的文章中，他避免直接的语言学类比，尽管他仍然对建筑中潜在的句法系统的可能性感兴趣。

到1970年代中期，建筑师和知识分子都开始反对这种语言模式。要理解这种反抗的极端性，就必须联系到结构主义和符号学的霸权所宣称的，语言在所有社会实践中的绝对的和完全的优先权，这种理论的吸引力部分来自它的大胆。对建筑的语言模式的批评特别关注三点：第一，有人认为，对作品所指和象征东西的关注，将注意力从作品本身抽离，使其沦为一种纯粹的观念载体，并否认作品本身可能确立它自身美学的范畴，并且它自身可以成为快乐的源泉。总体而言，这是伯纳德·屈米提出的论点。[15]第二点，通过设想其他的语言意义理论，尤其是哲学家特洛布·弗雷格（Gottlob Frege）的理论[16]，对作为一种语义理论的符号学（semiology）加以质疑。第三，正如亨利·列斐伏尔指出的，符号学完全无法考虑空间物件的产生，并不足以描述意义如何在生活经验中被建构。[17]例如，列斐伏尔这样描述哥特式教堂："这个空间*产生*于它被阅读之前；同样，它的产生并非是为了被阅读或者被理解，而是为了让有身体的人生活在自己特定的城市环境中"（143）。

在建筑圈中，今天对语言类比的声讨就像30年前对它们的呼唤一样习以为常。关于语言隐喻对于理解建筑产生的各种意义的不恰当性，有一段特别有见地的讨论，可能包含于理查德·希尔（Richard Hill）的《设计及其结果》（*Designs and their Consequences*，1999）第五章中，但这并非是一个特例。反对语言类比的力量使得任何关于语言和建筑的比较都受到怀疑，并对所有的语言和文学隐喻加以封禁。然而这种反对显得有些过分。即使建筑不是一种语言，这并不减少语言作为一种谈论建筑的隐喻的价值。没有理由要求一个隐喻能够再造这个它被用来进行比较的物体的全部细节：隐喻仅仅是对它们试图描绘的现象的部分描述，它们永远是不完全的。实际上，如果它们能够成功进行完全复制，它们就不再是隐喻了，因为隐喻是通过提取实质不同东西的相同点而存在的。近期许多关于建筑——语言类比的讨论中反映的"全部或者绝不"的态度隐藏了这样一种事实，即对于建筑的某些方面，语言都提供了一种具备操作性的、实际上很可能是最好的——隐喻。在对平面或者立面的"阅读"中，在一种建筑"方言"的存在中，在建筑元素的"表达"中，甚至在我们从古希腊和罗马奠定的传统之外思考建筑的能力中，我们都获益于语言——但是同意其中某个隐喻并不一定需要我们忠于一个完全成熟的建筑语言语义系统。我们没有任何理由认为，随着当前这波反对语言类比的禁言期过去，语言将不再继续作为建筑思想的一个丰富的源泉，正如它曾经作为的那样。

85

1. 尤其见"灵活性"、"形式"、"秩序"、"结构"、以及"类型"等词条。
2. "The Idea of Architectural Language: a Critical Enquiry"，*Oppositions*，no.10，1977，21–26。

3. 见Steadman，*Evolution of Designs*，第四章。

4. 见Collins，*Changing Ideals in Modern Architecture*，1965，第17章；以及Collins，"The Linguistic Analogy"，1980。

5. 见Sylvia Lavin，*Quatremère de Quincy*，1992，56–59。

6. 见Podro，*Critical Historians of Art*，1982，44–45。

7. 关于Humboldt的语言理论，见Chomsky，*Cartesian Linguistics*，1966，尤其19–28。

8. 见Vidler，*Claude-Nicolas Ledoux*，1990，ix。

9. 对于这部小说的奇怪历史，见John Sturrock在他译本中的介绍，Penguin Books，1978；以及Neil Levine，"The book and the building：Hugo's theory of architecture and Labrouste's Bibliotheque Ste-Genevieve"，in R. Middleton（ed.），*The Beaux Arts and Nineteenth Century French Architecture*，London，1982，138–173。

10. 关于此问题更进一步的讨论，参见第二部分的词条"透明性"。

11. Scruton，*The Aesthetics of Architecture*，1979，283，note 1，列出了在这一时期讨论建筑的语言特性最主要的一些著作。

12. 也见Iversen，"Saussure versus Peirce: Models for a Semiotics of Visual Art"，1986。

13. 尤其见其"Function and Sign: the Semiotics of Architecture"，in Leach（ed.），*Rethinking Architecture*，1997。

14. 关于情境主义者，见T. F. McDonough，"Situationist Space"，*October*，no. 67，1994。

15. 对这一议题的一个哲学讨论，见Munro，"Semiotics, Aesthetics and Architectureu，1987。

16. 见Scruton，*The Aesthetics of Architecture*，1979，第七章，"The Language of Architecture"。

17. 尤其见Lefebvre，*The Production of Space*，130–147。

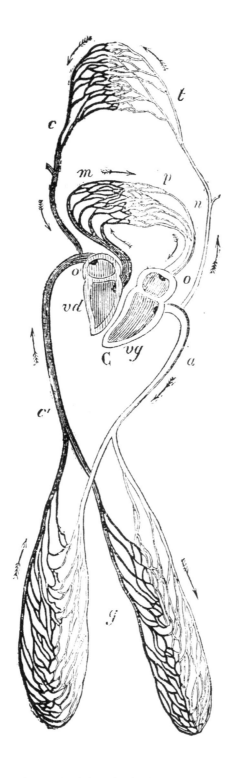

人类循环系统，来自皮埃尔·拉鲁斯（Pierre Larousse）
所著《19世纪通用大词典》（*Grand Dictionaire Universel
du XIXme Siècle*），1869年。19世纪进入建筑语汇的"循
环"一词直接借用解剖学。

　　建筑学字典里的很多隐喻来自科学。建筑学并不是唯一借用科学语言的学科——其原因实在很明显,事到如今,科学已经成为我们时代压倒一切的话语——但我们也不应认为只因为一个词来自科学它就能成为一个好的隐喻。相反,我们应该查问,是哪些条件让一些隐喻大获成功,而让另一些一败涂地。

　　作为调查的第一个词,让我们以"循环"(circulation)[1]为例,循环是指建筑物内部或周围的相同运动方式,特别是人类的运动。这个词无疑是个隐喻,来自生理学,早期应用的例子可以证明,　已经成为影响我们思考和谈论建筑方式中不可或缺的一部分:让人回想起勒·柯布西耶"出格的基本主张:建筑即循环"(1930,47)。尽管"循环"现在看来已经获得了客观建筑类别的地位,成为一个"事物",其现代意义在19世纪下半叶还不为人所知。我能找到的关于用"循环"来描述人在建筑中运动的第一个例子是维奥莱-勒-迪克在1872年出版的《建筑学讲义》(*Entretiens sur l'Architecture*,1872)的第二卷里,虽然维奥莱可能并非是第一个如此使用这个词的人,但我们可以相当肯定地认为在1850年之前,还没人这么用过。

　　"循环",尽管如今看来是不可或缺的一个建筑语汇,直到1850年代之后才流行起来,这一现象引发两个问题:一是为什么那时候成了术语,而非之前或者之后? 二是建筑师们使用这个字眼的时候是否只是简单地用这个词替代原先已知的另一个词,还是在说一个全新的前所未有的概念? 作为对血液在体内流动的描述,"循环"最早在1628年由威廉·哈维爵士(Sir William Harvey)提出;其作为隐喻描述在另一介质中的流动的潜能,几乎即刻被其他学科所利用,特别是在经济学中,17世纪后半叶被广泛使用。但是在建筑学领域,这个词尽管可用,但两个半世纪一直没有被用过,为什么没用呢?

　　为回答这个问题,我们需要记住,这个隐喻首次被引入建筑学是法语。循环在法语中也有车辆交通的意思。这个词

---

[1] circulation从生物学到建筑学,以及在建筑学的历史中含义不尽相同,且在中文中有不同的对应词,如循环、环流、回路、流线、动线等。本章节所讲的正是这一变化的过程。在不同的语境下,circulation很难用一个中文对应词来涵盖所有的含义。在本章节的翻译中,设"循环"为本意,除译为"循环"的地方外,其余均采取"中文翻译词+原文的"方式,以期区分不同的含义,显现其变化。——译者注

的这个意思，也作为一个隐喻，早在18世纪晚期貌似也被引入。早期的一个例子是皮埃尔·帕特（Pierre Patte）在1769年出版的《重要建筑备忘录》（*Mémoires sur les Obiets les Plus Importans de I'Architecture*），书中提到"汽车的自由流动"（la libre circuladon des voitures）（11），但显然这一含义在1820年代[1]之前在法语中并未广泛传播开来。1850年代之后，法国建筑师和评论家开始提到建筑的"循环"，他们不可避免的使用了其早先的含义，赋予他们对这个字眼的应用以双重意义。

为了弄清楚"循环"这一概念以前是否改头换面地存在过，我们可能得去看更早的建筑作者的文章，他们也许能证明这一意识的存在。在不同的合适的证人之中，最为理想的代表人物是让–尼古拉斯–路易·迪朗，他于1802年出版了《建筑课程概要》。迪朗实际只用过"循环"这个词一次，并且用在最为不重要的段落里："独立的支撑一般来说应该是椭圆形的，这一形状最有助于循环（第二卷，9）。"跟早些的作者类似，迪朗将他和学生们的注意力集中在*分配*方面，也就是说排布体量，以便保有平面轴线，保持建筑各部分之间、各房间之间以及辅助部分（*dégagements*）之间的沟通（*communications*）。对迪朗而言，分配是建筑最重要的事务，尚无证据表明他曾将人在建筑中的运动当作一个系统单独考虑过，或者认为它对设计有什么特别重要之处。如果我们再回到18世纪，就会发现一系列相互连通的房间可让人在其中"环流"（circulate）（142）—— 布雷评论凡尔赛宫"公众可以轻易在宫殿的第一部分里环流 [circuler]"（142）——但并无证据表明建筑师曾经想过将这一安排构成了一个"环流"（circulate）系统。尽管现代史学家将18世纪贵族城填和乡村住宅中相互连接的娱乐室描述为形成一个"回路"（circuit），没有证据表明那时有任何人曾经使用过这个词，或者这样想过：同时期的记录描述了沿途的每个房间，但并未跨越到将整个通路描述为一个独立的系统，这一系统可以有别于与构成这一体验的各个房间和楼梯。将这种排布称为"回路"是强加一个现代的概念[2]。如果我们回到更早时期，我们能找得到描述建筑各部分之间关系的生理学隐喻，同时，他们并不认为人类活动是建筑的一个独立构成部分。因此，在1615年，在一个明显先于哈维（pre-Harveian）的隐喻里，威尼斯建筑师文森佐·斯卡默基（Vincenzo Scammozzi）这样描述楼梯：

> 在各个部分之中，楼梯无疑在建筑中最为必要，就像人体里的血脉，因为就像血脉自然地管理着身体各部分中的血液一样，主要的楼梯和秘密的楼梯也抵达建筑最隐秘的部分。（312）

如果这些例子还不足以证明1850年之前的建筑师有一个与现代"循环"概念相似的概念，那么看看这个隐喻在1850年代和1860年代使用的非常独特的方式，这一点可能会得到加强。1850年代之后最早也是最有趣的例子之一是法国评论家塞萨尔·达利（César Daly）对查尔斯·巴里（C. Barry）设计的在伦敦的改良俱乐部分析。这一作品被达利认为是预示了未来的建筑。"这个建筑"1857年达利写道："并非无生气的石材、砖块和钢铁的集合；它简直就是一个活生生的身体，有着自己的神经和心血管循环系统"（*presque un corps vivant avec son système de circulation sanguine et nerveuse*）（346–347）。达利并不是指人类的活动方式，而更多的是指埋在墙里的不可见的供暖、通风和机械交换系统。在达利感性的生理学隐喻中，他指的是这些系统的每一个都各自独立，而且可以被认为是独立于它们所服务的建筑物之外的：这就是他对这个隐喻的使用有别于之前那些建筑讨论中的概念的地方。相似的，维奥莱–勒–迪克对循环的隐喻在他的《讲演集》一书有关家居建筑的评论中使用时，就此方面十分有趣，在同一段落中他对"功能"一词的使用也是如此：

> 在每栋建筑中，我可以说，都有一个主要的器官——一个主导部分——和某些次要器官或者组成单元，以及通过循环系统供给所有部分的必需设备。每个器官都有自己的功能；但需要与根据其要求按比例与整个身体相连。（第二卷，277）

对维奥莱而言，"循环"是一个非常新鲜的隐喻，与达利一样，他明显关注其生理学来源。而且，跟达利一样，他使用这一隐喻的目的也是为了强调循环可能被视作一个独立于房屋其他器官以外的系统。达利和维奥莱看起来在通过循环所表达的是以前描述建筑布局的词汇里不曾有过的。"排布"（*Distribution*）、"沟通"（*communication*）和"辅助"

伦敦改良俱乐部的图书室及外观，查尔斯·巴里，1839年设计。在改良俱乐部里会员可以不被风寒侵扰地坐在大房间里，其舒适感来自大面积的暖风系统。这些连同隐藏的服务通道和楼梯启发了法国评论家塞萨尔·达利，他这样用一种有意识的生理学隐喻来描述改良俱乐部"简直就是一个活生生的身体，有着自己的神经和心血管和血液循环系统。"

巴黎歌剧院楼梯，查尔斯·加尼尔，1854—1870年。"人群的不断流动"对建筑师查尔斯·加尼尔而言，是建筑的一大主题。

（*dégagements*）与建筑的物质性紧密相连：你必须看着或者至少想着一座建筑，才能明白。但循环却不同，你不必看着或者想着建筑，因为这个字眼描述的并非建筑的实体部分，而是在其中或者周边流动的可能。"循环"的特别之处在于它描述的不仅仅是对建筑各部分的排布，而是像达利在对改良俱乐部的描述中强调的那样，一个完整的、自足的体系，可以认为独立于无生气的建筑物质部分。这确实是建筑师和建筑理论家们很快采用的那种方式。到了1871年，巴黎歌剧院的建筑师查尔斯·加尼尔（Charles Garnier）用了"流线"（circulation）一词，却对它的隐喻本质全然不觉。他写道，"那楼梯是歌剧院中最重要的配置［*dispositions*］之一，因为若想方便地安排出入口［*dégagements*］和流线（circulation），楼梯不可或缺，更重要的是它还提供了一个有艺术感的装饰要素"（57）。然而，有意思的是，在同一本书里的其他部分，加尼尔并未完全安于这个名词的抽象含义，在随后的段落中，"流动"（circulate）保留了一种动感，体现在特定的一群人中。"如果楼梯的侧墙上布满开口，在各层流动［*circulant*］的每个人都可以依照自己的喜好转移注意力，通过看着这一大容器，或看着在楼梯上下的人群不断流动"（85）。"流线"在法国学术圈内被迅速接纳为一个固定且公认的范畴。比如朱利安·加代（Julien Guadet）在《建筑的要素和理论》（*Eléments et Théories d'Architecture*）这本1902年首次出版的法国布扎训练经典手册上，就有一整章是关于"流线"（Les Circulations）的，并把它当成建筑构成中一个独立的元素。从这距离勒·柯布西耶的"出格主张"，只有一步之遥。

如果"循环"的意义在于允许建筑学的某一方面被认作是分离的系统，那么它的引入必须被视为将科学方法引入建筑学的愿望的一种表现。因为建筑学要接近科学实践，就有必要从建筑作品复杂的现象现实中分离并抽象出一些具体特性或者特点，并把这些抽象物当作独立分析的对象。"循环"一词所涵盖的概念很好地贴合这一标准，因此它一直是建筑学研究的热门话题，这也许并不令人惊讶[3]。但是，当我们泛泛地说将"循环"引入建筑学是让建筑学以科学的方式进行，那么当初提出这个隐喻的那些人到底想用这个词表达什么呢？隐喻本是让人能准确地说出某事，而让其他保持模糊："循环"在将建筑学的一部分呈现为一个独立的系统上十分精确，但是对什么在那个系统中流动是模糊的——对达利而言是暖风和机电工程配套；对维奥莱和加尼尔而言，则是人。为进一步列举何种流动可以被"循环"描述，我们可以看另一位作者，德国艺术史家保罗·弗兰克（Paul Frankl），在他于1914年首次出版的《建筑历史的原理》（*Principles of Architectural History*）中不仅坚持人在建筑中的流动在特点上接近血液，而且关于这一系统的知识整体对理解一个建筑作品很有必要。

> 要理解一座世俗建筑，我们必须了解它的全貌，从头走到尾，从地窖到顶棚，直到伸出的各翼。入口、门厅，或者通向院子或者台阶的过道，几个院子之间的连接，楼梯本身以及各层从楼梯向外延伸的走廊，都如同我们体内的血管——这些都是一座建筑律动着的动脉，是形成固定的"循环"[*Zirkulation*]引领至单个房间、厅、小隔间或者包厢的通道。房子的有机组织一直深入到这些动脉引导循环所至的地方。（79-80）

但是，物理运动，不论是人还是物品，或者能量——以电流或者声波的形式—— 并非建筑中唯一已知的运动。如同物体或者能量的真实物理运动一样，也存在可感知的身体运动，正是通过这些运动我们感知建筑。确如梅洛–庞蒂所说，我们能够通过想象力延展身体运动的能力应归于全部知识的起点："运动在其纯粹状态具有赋予意义的基本能力"（142）。更为确切地说，如埃德蒙德·胡塞尔（Edmund Husserl）在弗兰克的书出版前几年写的一篇文章中所说，空间知识来自不动物体的运动感："空间性通过运动构成，对象本身的运动以及'我'的运动"

（引自Mallgrave 和 Ikonomou，84，脚注222）。弗兰克的《建筑历史的原理》在意识到运动是感受的中介的同时，也意识到运动同时也是建筑的功能特质。在一些建筑中，如他所说，"存在大量的运动迫使我们环绕着穿过建筑"（148）。换句话，可以这么说，在众人抵达之前，建筑中就存在运动，不是人动，是空间自己转了一圈又一圈。弗兰克意识到有两类循环：一类与对空间性的体验有关；另一类与人活动路线有关。——一般来说（并不总是），他用"流"（flow）一词来区分感知上的空间流动和人的物理路线。（在第157页上，他把"循环"当作是人在场所间有目的的运动，以区别空间形式所暗示的运动感）。我们不应当忘记"循环"可以指建筑中不止一种运动。

在这一点上，我们可以反思：大概"循环"并非是对人在建筑中运动的最为恰当的隐喻。当威廉·哈维爵士最早使用"循环"描述血液的运动时，他强调的是血液不只是简单地在身体中移动，而是以一种固定量的体液（不是之前所认为的那样，两种体液）在体内各处游走，并且总是回到同一点——心脏[4]。这并不对应建筑中通常发生的情况：在建筑中移动的人并非总是同样一群，他们通常既非全体进入建筑的所有部分，也非（大概除了18世纪城内住宅里的宾客）转来转去总是回到同一点。不过，这对弗兰克考虑的那类空间运动而言，还是很不错的描述。人体内血液的流动与建筑中人的运动之间对应的缺乏看起来对"循环"作为一个隐喻并无多大阻碍，因而它一定另有吸引人之处。有关其吸引力的最可能的解释可以在达利、维奥莱和弗兰克共同提到的特质中找到，他们都让读者把建筑想象成一个封闭的系统，没有孔隙，同时自给自足——换言之，如同人体，而且是以最直白及平实的词汇感知的人体。很多建筑师和业主都不顾所有相反事实而坚持视建筑为限制严格的、独立实体。对这些人而言，一个可以加强这种错觉的隐喻不可能不具有吸引力[5]。然而，还是有可能想出其他的生理学隐喻，可以更贴近实情地表达人在建筑中运动的——比如"呼吸"、"气息"——有意思的是勒·柯布西耶1957年的奥利维蒂（Olivetti）项目的布局与其说像循环系统，不如说更像呼吸系统。但是迄今为止"呼吸"并没有流行起来，因为人会担心这会让建筑变成开放系统，边界不明确——这一景象总体而言过于混杂，过于迷乱，让多数建筑师和业主不堪其扰。

"循环"无疑一直是非常成功的隐喻，人们可能会说，太过成功。一开始本是简单的类比，现在却作为一个固定的范畴：现代主义后期以来的建筑学教科书理所当然地认为"循环"是建筑设计的一个要素，直到今日，评论家谈论起"循环"来就好像它是建筑学的一个绝对的、客观的特性[6]。这一现代主义基本范畴已是如此的根深蒂固，以至于对我们之中的大多数而言，我们会颇费一番脑力去想没有"循环"的建筑学会怎样。当被

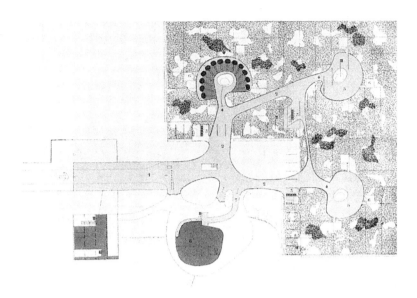

勒·柯布西耶，1957年为米兰–罗城的奥利维蒂电子计算中心所作的设计，第四、五层平面，选自《勒·柯布西耶全集1957—1965》（*L'Oeuvre complete 1957—1965*）。在勒·柯布西耶的项目中对人类活动的安排比起循环系统来更接近于呼吸系统。

问及我们会将这一特别隐喻的成功归于什么的时候，很清楚这与身体内和建筑内物质流动的相似性并不相关，而是，我认为源于另外两个结构原因：第一，这使得建筑学服从于科学的方法；第二，这满足了人们希望视建筑为封闭的、自足的系统的心理，尽管大量的证据根本与之相反。这让人可以心安理得地把不真当作真实来谈论。

　　第二类让我们可能注意的科学隐喻来自力学——流体力学和静力学：使用诸如压力（compression）、应力（stress）、张力（tension）、扭力（torsion）、剪力（shear）、平衡（equilibrium）、离心力的（centrifugal），以及向心力的（centripetal）等词汇。使用这些词汇来描述的并非是建筑的稳定性，而是其形式和空间的特性，这使得我们需要探究，因为毫无疑问的这种对词汇的选择相当令人惊讶，居然以力学这一最物质的科学词汇去描述空间这一建筑学中最不物质的方面。

　　这些力学隐喻源自德国美学，其传统可一直追溯到19世纪早期和中期的黑格尔和叔本华（Schopenhauer），建筑学被视为抵抗重力的表达："确切地说，"叔本华写道，"重力与刚度之间的矛盾是建筑学纯美学的材料"（第一卷，277）。这一世纪的后期，此主题被多位作者所发展，如德国美学哲学家罗伯特·费舍尔提出"艺术在运动的力的冲突中找到其最高目标"（121）。想法最富想象力的典型无疑是海因里希·沃尔夫林，他在博士论文"建筑心理学导论"（Prolegomena to a Psychology of Architecture，1886）中提出了一套建筑移情理论，这套理论他后来用在"文艺复兴和巴洛克"（*Renaissance and Baroque*，1888）里面一些特定时间和地点的建筑上。沃尔夫林对文艺复兴和巴洛克建筑的描述很大程度上放在了"运动"上，这是说运动来自"事物和形式张力之间的对立"（1886，189），包含于本身静止的事物之中，而不是事物本身在运动。也许这只不过是对静力学的一种描述，我们不应该认为这就是这些隐喻让我们感兴趣的原因。沃尔夫林对建筑中表现真实存在的力并不感兴趣，让他感兴趣的是建筑如何让观看者感受到柱的压力、拱的推力等等。他在乎的是建筑与观看者交流这些体验的方式，而不是力在建筑结构中实际传递的方式。在这些描述中，沃尔夫林无疑受益于使用

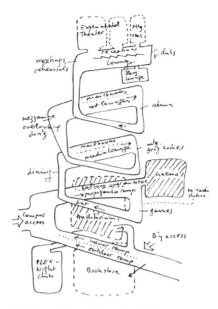

伯纳德·屈米，哥伦比亚大学勒纳中心的流线（circulation）图示，纽约，1994年。将"流线"本身表示为一种独立于建筑实体的事物对于现代建筑师们是很常见的。

心理学描述情感的同一套隐喻——张力、压力等等；实际上沃尔夫林经常利用这一巧合，像在这样的评论中，"巴洛克从不给我们…静态的'存在'的平静，而只给我们动荡的变化和瞬间的紧张"（1888，62）。力学作为建筑美学经验的一个隐喻源头的成功之处，与其说与建筑学的建构层面有多少直接的关系，还不如说因为这些用来描述人的感觉和感情状态的隐喻是现成的。

沃尔夫林的后继者弗兰克接手了同一套隐喻，他的《建筑历史的原理》将它们拓展到描述建筑空间。到了1950年代，这些来自力学的隐喻貌似对评论家柯林·罗而言已经足够耳熟能详，以至于当他用"空间力学"来描述勒·柯布西耶的拉图雷特修道院时，认定读者会明了自己的意思（1982，186）。罗在自己的文章里充分摆弄了这些隐喻，在描述拉图雷特教堂北侧效果——访客看到的这一建筑的第一景象的时候，曾有一段精彩的描述，这段描述展示给我们的比任何一张图像都要多。

勒·柯布西耶为这堵正面的墙体营造了一个实际上根本不存在的深度。现在应该关注钟亭上那片斜切的墙面了。它的斜线与水平线的关系如此微妙，以至于人眼会本能地"矫正"，将它转化为某种依据常识可以理解的东西。这是因为，人眼渴望将它视为一个通常意义上的垂直平面的结束部分，更愿意在心理上将它理解为似乎是透视进深上的某种元素，而不是物质上恰巧形成的斜线。勒·柯布西耶建立的是一个"假直角"；一种活动角尺，不仅可以按照常理产生进深感，而且也可被看作与倾斜的地面之间的一种偶然契合，引发建筑似乎在旋转的幻觉。

拉图雷特的圣玛丽修道院，埃夫勒，勒·柯布西耶，1959年。北立面，显示出教堂的侧墙。在柯林·罗的分析中，拉图雷特的这一边成为一个翻滚旋转的力的漩涡。

　　墙体表面的活泼骚动，流动性的微小但突然的震动，这些无疑都与曲线突堡和钟亭之间的墙体需要承受的张力有关；但是，倘若这种独特的表面变形可以通过突堡墙体自身的真实曲线予以强化，那么在此应该注意的是，那三个"采光炮筒"如何发挥一种反向的强化作用。

　　从抵达的路途上看，建筑物的景象最终意味着一个建立在双重而非单一基础上的螺旋关系。一方面，人们看到的是一些假正交线，它们在表明真正后退的修道院西立面的同时，也引发了一种天旋地转的幻觉。但是另一方面，那三个扭曲的、东倒西歪的、甚至看起来痛苦不堪的采光炮筒——是它们照亮了圣餐礼拜堂，产生了一种颇为独立且同样强烈的旋转关系。前一种倾向蕴含的关系是画面性的，后一种是雕塑性的。前一个扭转关系是二维的，后一个与之冲突的扭转关系则是三维的。宛如一个酒瓶开塞钻与一个骚动不安的偏斜的界面正在相互争锋斗气。正是这种模棱两可的交互作用铸就了这个建筑。此外，由于在礼拜堂上方旋转的柱状体量如同一切旋转体一样，会有旋风般的力量将能量较弱的物质卷入它剧烈的中心，所以三个"采光炮筒"的作用就是与那些能够确保幻觉的元素一唱一和，形成富有张力的平衡。（1982，191–192）[1]

————————————

[1] 来自王骏阳本篇文章翻译的未刊稿——译者注。

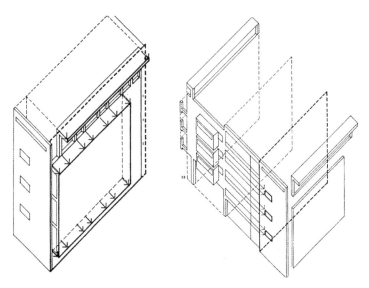

彼得·艾森曼绘制的弗里杰里奥住宅的轴测图，解释他对立面上暗含的静力分析。

在这段非凡的描述中，隐喻从静力学转到流体力学，再回到静力学。整体效果通过罗让自己看到"虚……与实体一样作用"（1982，192）展示出来。应该说那篇关于拉图雷特的文章是罗最接近现象学的评论文章，在这篇文章中，他几乎全在关注观看者的感官感受，这感受是不同的视错觉现象的结果。尽管这些隐喻范围宽泛，它们的成功貌似来自同时对心理学和静力学参照的模糊性。

然而，当我们转向去看另一个空间力学的典型，柯林·罗曾经的学生彼得·艾森曼，我们会发现他们用得很不一样。对于罗而言，隐喻指的都是他能看到的，艾森曼在他1971年发表的关于特拉尼的文章里，明确地用它们去描述他看不见的那些。艾森曼区分了物体的感官特征即表面、质感、色彩和形状和"深层的感官无法感知的那些概念关系，比如正面性、倾斜、退后、延长、压和剪，这些都是以头脑来理解的"（38–39）。对这些术语他不认为是隐喻，而视为对建筑不同部分之间的关系的文字描述，他应用的一个例子是他对弗里杰里奥（Giuliani Frigerio）住宅北立面的分析。提到立面的左手部分的正投影，他写道：

这个容量的扩展看似有意被当作一个要素并不贯穿整个立面，以创造一个剪力的条件。这个条件允许双重阅读：要么立面以一种额外的方式被延展；要么外边缘被侵蚀，露出内部的"实体的"容量。（47）

艾森曼写到的"剪力"并非观察者的感官体验，他对于这种体验的可能性也不感兴趣。相反，是建筑结构中的某种东西，真正需要艾森曼以图示分析方可理解。他对这些词的使用在心理学象限上的缺失，他对这些词完全形式主义的诠释，可能跟他为何很快抛弃了这种分析方式有关。

把这些讨论放在一起，我们说的是最常见的科学隐喻的成功不是因为它们科学，而是因为它们强化了对建筑的某些其他认知，这些认知根植于社会或者心理欲望。我们现在反思的问题可能是这些以及大量的其他科学隐喻能够告诉我们建筑和科学之间的关系为何。表面上，建筑上使用诸如"功能"、"结构"、"循环"或者"转化"（transformation）等词语貌似仅是实践科学化潮流的征兆，一个现代主义的普遍特征而已。然而，如果我们不从建筑而从与隐喻有关的角度来考虑，其结果就不那么直截了当了。虽然，如前面说过的那样，这些隐喻的吸引力可能部分来自于它们让建筑看起来像一门科学，并服从科学的分析检验，而它们实际上——自相矛盾的——确认了相反的情形，建筑并非科学，而且实践起来也完全不同于科学。成功的隐喻依靠于和事物的不相似性，而非相似性。给人深刻印象的隐喻的特点是它从某一学科中借用一个图像，并将其应用到另一个原本不相关的学科中。就像哲学家尼尔森·古德曼（Nelson Goodman）写的那样——在自身精妙的隐喻中——一个隐喻是一次"境外探险"，从一个思维的领域出发走向另一个领域，或者，他所说的，可以看作是"周密计算的范畴错误"（73）。但

弗里杰里奥住宅，科莫，意大利，朱塞佩·特拉尼，1939—1940年。立面的构成用彼得·艾森曼的话说创造了"一种剪力的条件"。

要制造这一范畴错误，必须以已有的类别区分作为开始。称一个建筑作品"功能化"——这无疑是个隐喻——有赖于建筑物既不是自然有机体，也不是数学公式的初始假设，尽管这么说表达出将建筑视为有机体或者公式的愿望。"功能化"这个词的成功依赖于建筑有别于生物和数学这一广被接受的看法。而且，建筑中应用的科学隐喻来自如此之广的科学领域，从自然科学到物理学和数学，其积累的效果表明建筑跟科学在一般意义上的不同。

从历史的角度看，我们可以对这些科学隐喻说的最明显的一点是它们只属于现代。尽管从17世纪起，力学和血液循环就已为人所知，并因此可用作隐喻，但直到一个半世纪前，似乎还没有人有兴趣把它们用到建筑里。这是为什么呢？在其他的实践领域——"循环"几乎一经哈维在人体中发现就被经济学家所用；力学中诸如"压力"、"张力"等术语在19世纪早期就进入心理学领域，那么为什么建筑学就没有呢？这个问题貌似有两种不同的答案：要么，就像在"循环"的例子中说过的那样，这些隐喻所要表达的在此之前尚无表达之需；要么就是作为建筑学隐喻在使用中存在一些障碍。让我们先集中看一下第二种可能，亦即可能有一些结构上的原因使得它们不能在建筑中应用。

假如真如阿尔伯托·佩雷斯·戈麦兹（Alberto Pérez-Gomezs）在他的《建筑和现代科学的危机》（*Architecture and the Crisis of Modern Science*）一书中所说的那样，在18世纪晚期之前，在科学和建筑之间并无概念上的区别，难怪没有人会对科学隐喻感兴趣——因为这些隐喻根本没有效果。只有当科学成为与建筑学截然分离的一个领域时，把建筑学视为科学这样的想法才会有吸引力。隐喻是对不同事物的可能相似性的实验。20世纪建筑中无数科学隐喻中的每一个都是一个小实验，试图找到建筑和科学的某一分支之间的联系，但它们都有赖于我们相信，说到底，建筑实践并不是科学的。这种认识论上的分离是否会结束，并且建筑和科学之间的某种修复开始出现时，有迹象表明，这种情况的发生将导致每一个科学隐喻都被删减和抛弃，而没有新的隐喻被创造出来。在此发生之前，建筑中的科学隐喻还会继续从我们毫不动摇的信念中——无论多么具有误导性——建筑无法到达科学可达之地，汲取养分。

1. 参见*Trésor de la Langue Française*，vol.2，1977，'Circulation'。
2. 参见Girouard，*Life in the English Country House*，1978，194–201，作为一个前现代建筑在现代主义语言中描述的案例。
3. 参见以医院病房布置的研究为例，Nuffeld Provincial Hospitals Trust，*Studies in the Function and Design of Hospitals*，1955，9–11；"空间句法"（'Space Syntax'）的早期发展，见 Hillier and Hansory，*The Social Logic of Space*，1981，也建立在人在已知空间里的可能的运动模型基础上。
4. Harvey，'Movement of the Heart and Blood'，1635，译本1963，58。Harvey从Aristotle对大气中水蒸汽和雨的循环的描述中提取了"circulation"这个概念："我们称这种血的运动"循环往复"，就跟Aristotle说空气跟雨仿效了天神身体的运动一样正确。"
5. 持紧边界观点的评论家包括Groák，*The Idea of Building*，1992，特别是21–39页，以及Andrea Kahn，'Overlooking'，1996。
6. 关于"circulation"的一个参考文本参见，Broadbent，*Design in Architecture*，1973，393–399；关于"circulation"一个当代建筑评论用法的例子，可参见 Crrtis，Lasdun，1994，196：'Circulation is always a driving force. .'

"我们时代最重要的力量貌似是觉醒中的民主精神……同时我们所希望的生活的艺术将是这种精神的产物"［巴里·帕克（Barry Parker），1910］。"鲜活"是帕克描述他的住宅项目的品质时最爱用的词，比如这个位于伦敦汉普斯特郊区花园利奇菲尔德（Lichfield）广场的项目，帕克与雷蒙德·昂温1908年设计。（来自昂温，《市镇规划实践》，1909）

　　　　　两岸都有一排漂亮的房子，低且不大，从河岸退
　　　后一些；多数是红砖的，屋顶铺着瓦，一眼看上去，
　　　首先是舒服，而且就好像——可以说——活生生的并且与
　　　住在里面的人同呼吸共命运一样。威廉·莫里斯，《来
　　　自乌有之乡的消息》(*News from Nowhere*)，1890，9

　　对于一个有着强烈要求去实现、改善人的社会存在的实践　　103
而言，建筑的现代主义一到描述其目标社会特质时就令人惊讶
的笨口拙舌。如果，就像瓦尔特·格罗皮乌斯（Walter Gropius）
所言，"把作品与人民的生活联系起来"并且将"个体单位视
为更大整体的一部分"（1954，178）是现代建筑师的主要考虑，
即便最能干的评论家也经常会发现他们在描述结果的特征时所
用的语言，并不比威廉·莫里斯的更为严密。建筑语汇中最丰
富的部分是用以描述对建筑的物理特征的感知的——"深度"、
"塑性"、"透明性"、"表达清晰"、"质感"等——试图去定义
社会特质时，立刻暴露出语言的贫乏。即便像刘易斯·芒福德
（Lewis Mumford）那样言语流利的评论家，坚持从社会的视角
看建筑，表达时也显然在语言的局限中挣扎。最常见的用来描
述建筑的社会特质的词汇表——"功能的"、"有机的"、"灵活性"、
"现实"、"都市性"、"生活"、"生机"、"家常的"、"用户"——
包含一些建筑词典中被过度使用又令人不够满意的词语，另外
一些作为隐喻又不够新鲜。"功能"、"灵活性"和"用户"在本
书第二部分中做了详细讨论，本章更多的是一般性地探查建筑
在表达其作品所具有的社会特质时，在言语上的困难。

　　对社会问题的描述在19世纪较少，主要因为建筑师和评论
家对"社会的"建筑缺少热望。除了有限的围绕实用、合宜及
"相配"等概念的讨论外，19世纪联系建筑和社会关系的评论的
主题关心的是创造建筑作品的劳动的质量。在这一点上，至少　　104
英国建筑师和评论家们的谈论和写作是带着相当的确信的。约
翰·拉斯金在《建筑七灯》形成"活的建筑"这一观念，他和
他的后继者毫不费力就能区别不同建筑的社会质量。用拉斯金
自己的话说：

　　　　就装饰而言，我相信要问的正确问题是：它是否
　　　被很愉悦地制作出来——雕刻师在此过程中是否开
　　　心？它可能是最艰苦的工作，考虑到如此多的乐趣付

诸其中更是难上加难；但这工作一定也很愉快，否则不会是鲜活的（living）（第五章，§24）。

拉斯金用"鲜活的"这样的字眼去描述他所坚信的"建筑上面劳动所显示的价值"的教条出现了，这一词显然取自弗里德里希·席勒（Friedrich Schiller）的《论人类的美学教育》（*On the Aesthetic Education of Man*）[1]，在这些信中，环绕"生命"和"生命力"的概念，他解释了人如何从艺术作品中达成美学满足。但是席勒并不把"鲜活"（living）看成带有任何社会含义：这是拉斯金的原创。在拉斯金的"鲜活"一词后

圣米凯莱修道院（San Michele），卢卡城（Lucca），约翰·拉斯金绘画中的立面细部在"卢卡城疯狂的正立面"上花样百出的雕刻符合拉斯金关于"鲜活的"建筑的观念：自由赋予的"劳动的价值"即刻呈现。

面，威廉·莫里斯增加了"有机的"（organic）但意思基本是一样的：建筑学是工作的物化，其在多大程度上表达了制作者的活力和自由则衡量出它的社会质量。

那种认为建筑的"社会"质量在生产之中出现于参与执行的工作者之间的富于创造力关系的独特品质的观点，一直持续到现代主义时期。在勒·柯布西耶《走向建筑》一书末尾，著名的篇章"建筑还是革命"（Architecture or Revolution）中，主要的论点［紧随亨利·福特（Henry Ford）］是建筑拯救社会的潜能在于利用大规模生产的新技术，以及建筑设计本身。类似的，对1920年代早期德国新建造派（*Neues Bauen*）的建筑师来说，建筑作为一个社会问题，是通过建筑生产的重新组织来解决的。例如，密斯·凡·德·罗在1924年"工业化的建筑"（Industrialized Building）一文中写道："我相信建筑的工业化构成了我们时代的核心问题。如果我们能够成功地完成工业化，那么社会的、经济的、技术的乃至美学的问题都将迎刃而解"

---

[1] 也译作 *"Letters Upon The Aesthetic Education of Man"*，德国诗人Schiller在历史和哲学方面亦有佳作，他对特别是美学的发展以及修正和发展康德理论方面贡献颇大。1794年完成的27组札（http://www.fordham.edu/halsall/mod/schiller-education.asp），为他的艺术教义奠定了哲学基础，并且清晰无疑地表明了他对美在人类生活中位置的看法。——译者注

（248）。尽管强调现代工业手段，这种宣言仍然是19世纪那种认为建筑学的社会性根植于生产关系之中的观点的一部分。20世纪20年代，将生产组织作为赋予建筑社会价值的一种手段的实验也没有结束：最近的一个例子可能是瓦尔特·赛加尔（Walter Segal）1963—1985年在英国设计的住宅，由居民们亲自参与建造。[1]

然而，建筑的现代主义与19世纪观点的分野之处在于：有关建筑学的社会内容不仅在其生产过程之中，也在使用之中找寻社会表达。通过建筑作品的发展和使用，欧洲现代主义提出的观点在于建筑有可能表达出社会存在的集体性，以及更有益地改善社会生活的状况。

现场安装预制建筑部件，普兰海姆（Praunheim），法兰克福，1926年。对于1920年代新建造派的德国建筑师而言，建筑学的社会议题主要在于随着亨利·福特的生产线概念重组建筑生产。

用理论词汇说，这一想法展现出两大困难：其一是如何将建筑宣称代表的"社会"概念化；其二是找到一个方法将建筑的"使用"与美学结合起来。

在建筑学的话语里，最常见的两个"社会"概念一直被包含在"社区"，以及"公共"与"私密"的二元分立里。这些对建筑师的吸引力大过其他社会模式的原因可以轻易地解释为可以给予空间上的对等物，从而使得建筑师和规划师有了用社会学的语汇去评价甚至量化建筑的希望。社会的其他概念——作为经济关系的纽带，作为个人和集体之间的对话［就像在德国社会理论家格奥尔格·齐美尔（Georg Simmel）的著作中的那样］，或者一个神话的结构——这对建筑师的吸引力小些，因为他们所理解的社会并非一个事物，而是动态的，因而更加难以被翻译成建造或者空间对等物。两个受欢迎的模式之中，"社区"更老一些，并主导建筑思维直到1950年代。作为一个社会结构的现代概念，"社区"一般被归功于德国社会理论家斐迪南·滕尼斯（Ferdinand Tönnies），他的著作*Gemeinschaft und Gesellshaft*于1887年首次出版，1940年英译本《社团和联盟》（*Community and Association*）出版，有人认为主要是滕尼斯为欧洲的现代主义者指出了社会是社区组成的概念[2]。社会的概念由公共与私人区域的分野已经有很长的历史，但二战之后才进入到建筑学领域，并极大地受到了汉娜·阿伦特（Hannah Arendt）《人的境况》（*The Human Condition*，1958）[1]的激发。

①本书有中译版，《人的境况》，汉娜·阿伦特著，王寅丽译。上海，上海人民出版社，2009年1月出版。——译者注

阿伦特对于政治和社会意义上的"公共"逊位的观点显然有其对应的空间语汇，她亲笔写到自18世纪以来建筑学地位的下降就是这一过程的标志（36）。

建筑学的现代主义者努力想让建筑学成为一门代表"社会"的艺术的第二个困难在于长期以来对美学范畴中实用性的排斥。自康德《判断力批判》首次奠定了美学作为一个不同的人类知觉的类别的现代概念以来，事物的目的和实用性就被认为在美学判断之外——这就是康德跟诸如卡姆斯勋爵（Lord Kames）之类早期英国美学哲学家的一个主要区别，后者把实用性加在美的概念里了。对康德而言，所有有关目的之问题都只会干扰对自由美的感知：他解释说，"一个鉴赏判断就一个有着确定的内在目的之对象而言，只有当判断者要么对此目的全无概念，要么在自己的判断中把这目的抽掉时，才会是纯粹的[①]"（74）。就建筑而言，它无疑是目的性很强的，康德下的结论是要么建筑永远也沾不到美学的边儿，要么只有当它没有目的时才美。如他所言，"在建筑中，主要的事情是对人为对象的某种使用，这作为条件使其美学理念受到限制[②]"（186）。康德觉得景观园林的实用性近乎没有，所以比建筑更贴近艺术。

继康德之后，大多数德国美学哲学家都接受禁止"使用"（use）作为美学判断的组成部分。建筑学如何能够成为一门艺术这个问题也因此一直让哲学家们煞费苦心——一个普遍的论点，正如弗里德里希·谢林（F.W. Schelling）在他1801～1804年所作的讲座"艺术的哲学"（*Philosophy of Art*）中所说：建筑"只有在独立于需要之外时才是美的"（167）。尽管黑格尔在他的美学讲座中说得更为融通：建筑之美恰恰就在其目的与独立于目的之外的内在意义之间的关系（第二卷，633），几乎所有受德国传统影响的19世纪建筑理论家都将使用置于美学以外。唯一显著的例外是戈特弗里德·森佩尔——即便他也只是对将需要当作生产的一个前提感兴趣，并不关系到完成的结果。由拉斯金主导的英国传统的建筑评论也是如此。拉斯金跟谢林一样，将目的或者需要折损到不关建筑的美学判断什么事的地步。尽管拉斯金发展了一套"与生产相关的建筑中"的社会概念，他无论怎样也不曾把职业或建筑作品的社会用途当成美学的一个要素。在1920年代之前的关于建筑美学的文章中，大概唯一试图将使用视作建筑的一个要素的是来自保罗·弗兰克在1914年出版的《建筑历史的原理》。在这本书里，弗兰克的建筑历史分析的第四个美学分类被他称作"目的意图"（*Zweckgesinnung*），对此，他写道：

---

① 此处中译援引邓晓芒译、杨祖陶校《判断力批判》，北京，人民出版社，2002年，§16，67页——译者注
② 此处中译援引邓晓芒译、杨祖陶校《判断力批判》，北京，人民出版社，2002年，§51，168页——译者注

我指的是建筑形成了为特定时间段里各种活动所使用的固定场地，它为一个确定的活动序列提供了路径。就像它们有自身的逻辑进程一样，空间的序列，以及每一个空间中的主要和次要通道，也因此有它们的逻辑。（157）

尽管弗兰克把建筑作品解释成"紧贴人类活动的剧场"（159）是开创性的和富于暗示性的，就像他自己提到的那样，他几乎没有可以进一步工作的素材，最终他的分析是相当的简略和理想主义。

这一在建筑美学中摒除目的和使用的长期禁令的结果是：当1920年代建筑师们（特别是德国的）发觉自己想要把现代主义建筑当作社会学意义上的艺术而非传统的美学意义的上艺术来呈现时，发现建筑的语汇中特别缺乏可以描绘他们愿望的词语。这个问题，如同新建筑或者1920年代早期新建造派的支持者们认为的那样，是以前致力表达社会成员的个性，如今代表社会整体的建筑学，又何以继续成为一门艺术。柏林建筑师阿瑟·科恩（Arthur Korn）对此普遍认为的困难有段极佳的陈述，他于1923年写道：

非个人化的实用建筑物只是可居住的，只有在需求满足背后有一种象征性的艺术形式并感知其有机体，并且问：在与最小部分的关系上，整体如何获得其意义？整体以何种方式成为更大社区的一个细胞？

一个传统的回答是把单个的物体和建筑物视为社会集体的有关技术和生产方法的表征。在1920年代早期，这也是大多数建筑师和评论家对解决方法的看法：这就是科恩自己描述的那样，这就是包豪斯所隐含的原则，如同另一位德国评论家阿道夫·贝恩（Adolf Behne）在1922年发表的题为"艺术、工艺、技术"（Art, Craft, Technology）的文章说的那样。贝恩写道："技术受意识和责任指导，最重要的是通过集体的相互关联的工作最终达成深度相互依赖以及相互关联的条件，在行动中实现并为大众代言。如此就可以在大众中凝聚出社区"（338）。

至此，建筑师和评论家们在描述社会方面，除了生产力的表达外，还没有取得多大进展。那种企图把社会集体的表达延伸到建筑的使用，并且把这当成其美学的一部分——如弗兰克那样——很大程度上依靠两个词：客观性（*Sachlichkeit*）和目的性（*Zweckmässigkeit*或*Zweckcharakter*）——这些词通常都被翻译成"功能"。这些词在德国建筑语汇中已经有其使用含义，但在1920年代之前，这些词一直（可能除了弗兰克之外）被归于美学范畴之外。有意思的是在1920年代期间，这些词是如何再次变成带社会外延的美学语汇的——尽管遭到包括密斯·凡·德·罗在内的一些人的反对。特别有意思的是在这个语境中新建造派的一个热情的支持者阿道夫·贝恩的文章。

在他1926年出版的《现代功能建筑》(*The Modern Functional Building*)中，我们看见他有意识地把原本分离的两个类别挤压成一个——"建筑的组成部分若按照其使用来布置，美的空间若变成居住空间……建筑就丢弃了陈旧的、僵化的静态秩序的桎梏。"他继续说道："通过适配于功能，建筑物可以达成更广泛、更佳的统一：变得更加有机"（119–120）。贝恩用来标志整体与美结合的"有机"(*organic*)一词的使用，也是包括这个字在内的1920年代新的词语变化的特点。贝恩不仅把客观(*sachlich*)变作一个用来表达集体社会目的的字眼——他在后来1927年的一篇文章中写道，"实事求是地工作意思是在各个领域共同工作。"（引自 Bletter，53）——但是，贝恩认为美来自集体社会的目的："因为在这里，毕竟在社会范围内，必定有着美的原始要素"（1926，137）。直至1920年代末，这些想法在新建造派的成员中间才相当普遍——布鲁诺·陶特(Bruno Taut)在他1929年出版的《现代建筑》(*Modern Architecture*(*Die Neue Baukunst*))一书中，总结新建筑的特征时曾说："美来自建筑与目的［*Ztueck*］间的直接关系"；他还写道：

> 如果一切都建立在功效的基础上，此功效本身，或者实用性［*Brauchbarkeit*］，将自成美学法则…能完成此任务的建筑师成为一个道德和社会特质的创造者；将建筑用于任何目的的人们，通过房子的结构，将在他们的往来和相互关系中，被提升到更佳的举止。建筑师因此变成新的社会规范［*gesellschaftlicher Formen*］的创造者。（1929，8–9）

陶特的陈述很有意思，不仅因为他把目的和实用接受为美学特征，也因为他更进一步，宣称建筑不仅表达社会共同性，还具有塑造社会关系的能力。然而，在他努力描述观察到的社会属性时，陶特没有为其找到任何字眼。

随着魏玛共和国的垮台以及新建造派的解散，建筑社会化的实验在德国走到了尽头。那些移民到英国和美国的建筑师发现在这些国家，不仅政治气候对他们的建筑革新手法抱有敌意，而且也因为英文语言里缺乏传达他们1920年代在德国发展起来的社会化美学的语汇而深感受挫。英文里的"functional"（功能的）完全不能传达"Zweck'"（目的）与"sachich"（客观）之间微妙的差别，这就不奇怪他们为什么干脆拒绝使用这个词了。威廉·莫里斯在他1935年出版的写给英国读者的《新建筑与包豪斯》(*The New Architecture and the Bauhaus*)一书中声称"'功能主义'之类的术语(*die neue Sachlichkeit*)……有转移人们对新建筑的欣赏的效果"（23）——在一段时间里他有效地拒用了这个词。

如果我们把注意力转到德国以外其他国家的人讲到建筑的社会内容时用的一些办法，我们多半会从"现实"（reality）这

109

个概念开始。1930年代主要作为一个文学理论发展起来，"现实主义"在建筑学和都市主义中究竟可以应用多少一直争论不断。按照匈牙利文学理论家捷尔吉·卢卡奇（Georg Lukás）1938年发表的文章，现实主义者的"目的是穿透管控客观现实的规律，并发现更深层的、隐含的、间接的，而非可即时感知的构成社会的关系网"（38）。或者，在苏联的官方社会主义的现实主义政策中，现实主义"意味着了解生活并且能够在艺术作品里忠实地描摹它，而不是用一种死气沉沉的学者方式进行描摹，不是简单的'客观现实'，而是在革命性的发展中描摹现实"（Zhdanov，1934，411）。这些论述显然适用于再现艺术——文学、绘画和电影——尽管这场发生于1930年代的论战并未催生出现实主义的建筑理论，但是，我们可以发现自20世纪初以来建筑师和建筑评论家们谈论建筑或城市时，使用的是与现实主义议题一致的术语，即便他们自己没有用"现实主义的"或者"现实"这些字眼。一个特别好的例子是英国建筑师及规划师雷蒙德·昂温（Raymond Unwin）1909年的《城镇规划实践》（*Town Planning in Practice*），推行互助式住宅开发的好处，他写道：

> 貌似能够寄望于通过合作可以在我们的城镇郊区
> 和村庄引入那种意识，使之成为有序的人民社区的外
> 在表达，在这个社区里，人与人的关系亲密，这无疑
> 是古老的英国村庄所具有的，也是让我们觉得那里美
> 丽的很大一部分原因。（381-382）

在把建筑描述成"有序的人民社区的外在表达"时，建筑师和建筑评论家并未普遍使用"现实主义"一词。这可能与"real"和"realist"在建筑语汇里有着其他含义有很大关系，主要指结构的真实性——在19世纪后期的德国，结构的真实性是这个字眼的主要意思，在法国和英国也是如此。英国建筑师威廉·理查德·莱瑟比（W. R. Lethaby）写道："只有尽量真实，我们才能重回建筑的奇妙"（1911，239），他的意思是遵循建造的理性。遵循卢卡奇所定义的明确的真实性的做法，唯一有名的建筑是意大利住宅当局INA-Casa在1949—1954年建成的住宅区。尤其是其中一个项目，罗马郊区的蒂布提诺区（Quartiere Tiburtino），由卢多维科·珂诺尼（Ludovico Quaroni）和马里奥·里多尔菲（Mario Ridolfi）设计，被这两位建筑师和建筑评论家描述为"现实主义的"。[3]为新来罗马的农村移民设计，并且计划使用现有的建筑工人的技能以促进就业。该项目没有用任何现代主义的理性的城市规划方法，没有网格和直线的街区地块；布局非正式，建筑是各种类型的奇怪组合——三层、四层和五层的联排式住宅，以及一些七层的塔楼——建筑体量各异，带坡瓦屋顶以及其他来自居民故乡的乡村元素，而不是传统的乡村建筑的理念。其不连续的结果造成一个递增发展的整体印象。尽管蒂布提诺区项目在意大利掀起了一场关于"现

110

INA-Casa，蒂布提诺区，罗马，卢多维科·珂诺尼和马里奥·里多尔菲，1949—1954年。来自大部分居民故乡村庄的、经过精密计算的怀旧感使得蒂布提诺成为一个"现实主义"项目。

实主义"建筑应该什么样的论战，"现实主义"一词却没有在意大利之外任何一个建筑圈子搅起波澜。这个词在意大利还在用——如1977年，罗西描述他在1960年代早期的研究："我在寻找一个既日常又古老的现实主义"。但实际上那时罗西对现实主义的兴趣不在表达社会上，而在于城市的"共同记忆"。十次小组（Team X）是1956年从国际现代建筑协会（CIAM）分离出来的国际小组，在其内部流露出基于情感提出的现实主义的观点，但那还不能称其为现实主义的理论发展。比如，英国建筑师史密森夫妇（Alison and Peter Smithson）在1957年写道：

> 我们的功能主义意味着接受包含各种矛盾和混乱
> 的现实境况，并努力有所行动。结果我们不得不产生
> 出一种建筑学和城镇规划——通过建造形式——使得
> 社区的改变、生长、流动和活力都具有意义。（333）

然而，尽管顺带提到了"现实"，史密森夫妇的考量并非是在建筑学范畴内诠释发展一套现实主义理论，而是抵抗早期现代主义教条的和城市抽象模型，并且用一种围绕"社区"和"联盟"形成的更灵活的模型取而代之。尽管在其他现代艺术实践中"现实主义"和"现实"的使用都已深入人心，除了战后意大利外，始终没能成为现代建筑语汇的一部分。[4]

还有两个词对英语国家建筑师和评论家来说比较有趣，可

希尔弗瑟姆市政厅，荷兰，威廉·杜多克，1924—1931年。刘易斯·芒福德认为杜多克的市政厅的"纪念性"是自成一体的社会——一种"对人们共有的爱与敬仰的表达"。

以帮他们描述现代主义时期建筑的社会品质："纪念性"和"都市性"。纪念性在现代主义词汇里是个角逐激烈的词，1940年代末曾在英国和美国引发了广泛的争议。[5]不曾尝试过这个词的全部含义，但有一种变体是美国评论家刘易斯·芒福德给出的，颇值得注意。在战前现代主义评论中，"纪念性"基本上是贬义的。比如说，捷克评论家卡雷尔·泰格（Karel Teige）就是用这个词来指代所有他认为勒·柯布西耶的Mundaneum项目中不满意之处，标准的现代主义认为，如德国评论家瓦尔特·贝伦特（Walter Behrendt）所说，"一个结构建立在有机秩序概念上的民主社会是动态的，既用不着，因而也没有愿望树碑纪念"（1938，182）。但到了1940年代末，芒福德努力把"纪念性"从负面含义变成对社会价值的正面描述。1949年，他写道："纪念碑是通过其社会意图而不是其抽象形式来展现自己的。"他给出的案例是威廉·杜多克（W. Dudok）的希尔弗瑟姆（Hilversum）市政厅以及法兰克福的罗马城住宅区（Römerstadt Siedlung）。对后者他解释道，"究其根本，纪念碑表明的是附着在人们共享的最高目的上的爱和敬仰"（1949，179）。

　　但是，芒福德试图扭转"纪念性"的意义的努力不怎么成功，与他同时代的评论家，比如布鲁诺·赛维（Bruno Zevi），依然坚持把它当一个贬义词来用。即便芒福德自己似乎也很快放弃自己将其改成正面术语的短暂努力，因为1957年在评论勒·柯布西耶的马赛公寓时，他回归到这个词更通常的意思：他批评这个作品，因为"勒·柯布西耶背叛了人性的内容，产生了不朽的效果"（81）。不过，芒福德的对"纪念性"的短暂实验作为一次尝试是有益的，他努力从有限的可用的语汇中挣脱，去表示建筑中社会的含义。

　　同样被芒福德在1950年代再次蜕变的另一个词是"都市性"

113

马赛公寓，勒·柯布西耶，1951年。到了1957年，写马赛公寓时，芒福德已不再认为"纪念性"有任何社会价值。

伊丽莎白广场，兰斯布里村（Lansbury Estate），波普勒，伦敦，LCC建筑师事务所，1951年。刘易斯·芒福德赞誉："这就是没有社交障碍的都市性"。请注意其与利奇菲尔德广场布局的相似性。

（unbanity）。除了传统上的都市化、彬彬有礼［特里斯坦·爱德华兹（Trystan Edwards）在他1924年出版的《建筑中的举止》（*Manners in Architecture*）用的就是举止这个意思］之外，自1900年以来，人们普遍用这个词来表示城市的生活状态。但是第二个意思一直相对中性，并非一个定性的评价；然而，到了芒福德手里，这两个意思合二为一，赋予"都市性"一个正值，表明城市里值得称道的社会生活。在他1953年发表的有关英国新城镇的文章中，他评论那些宽阔的街道"这样的开敞，不仅降低了都市性，也降低了社会舒适感"（40）；同一年，另一篇关于伦敦东区的兰斯伯里项目，他评价到"这里没有社会分散的空间，没有社会愚蠢的都市性，没有空洞任性的多样性……"（30）。尽管单从这些引文中并不非常明晰"都市性"的意思，但联系芒福德的其他作品，显然他所说的"都市性"指的是实现一种文明的集体都市生活，以及个人的自我抱负，这两点一起被他视为城市真正的目标。跟着芒福德的方式，其他建筑师和评论家也开始用"都市性"的这个意思。瑟奇·切尔马耶夫（Serge Chermayeff）和克里斯托弗·亚历山大的《社区和隐私》（*Community and Privacy*，1963）就是一个很好的例子，这是将后阿伦特时期所着迷的公共/私密领域社会模型清晰化的最早的建筑学写作之一。"都市性"是书中不断出现的一个术语；他们以E. F. 塞克勒（E. F. Sekler）的一段话引入了这一概念，"在［城市］物质肌理中差异性的每一处缺失都意味着一次选择权的否定，以及因此带来的对都市性的否定。不人道的无特征性（anonymity）随之产生……"（50）。"足够年长的一些人"，切尔马耶夫和亚历山大接着说，"已经享受了存在于过去被很好定义的城市中的都市性生活"（the life of urbanity）；这种都市性，

114

他们解释道，源于"居民、社会目标，以及赋予每座城市身份特征的建筑习俗之间的互动"（51）。由此看出，"都市性"是社会性和物质性合并的结果。它是迄今为止我们考虑过的最贴近的描述现代主义建筑梦想的术语，即当物质性被社会化，社会性被物质化的融合的时刻。

在他后来的文章中，克里斯托弗·亚历山大依然致力于建成空间的社会属性，他在1960年代的研究主要集中在空间地塑造社会的形式和关系。在他1970年代的几本书中，他放下了自己对数学技术的兴趣，而回到一种更接近于芒福德1950年代文章的那种人本主义。尤其是像《模式语言》（1977）呈现出来的，他投身于认为建筑的价值在于其能够让个体实现其作为社会存在的集体存在。用来描述这个的词汇十分有趣。"城镇和建筑"，他写到，"是无法生气勃勃的，除非它们由社会的全体成员组成，而且除非这些成员共享同一套模式语言"（x）。"生气勃勃"（alive）和鲜活（living）在他的三部曲中不断出现——并且与拉斯金对这些词的用法不同。相比之下，是人们对特定空间的反应方式的描述。一再地，他用"生气勃勃"（alive）与"死气沉沉"（dead）对照："楼梯本身就是一个空间，一个体量，建筑的一个部分，除非这个空间是用来生活的，它就是个死角"（638）；或者"现代建筑里的院子通常死气沉沉"（562）。"死的"（dead）建筑对亚历山大而言，是那些人们不聚集的；在"活的"（living）建筑里，人们逗留、并随机地相遇。《模式语言》的目的是辨认出那些"活的"建造和空间特质；因此，例如"人们总是被吸引到那些两边都有灯光的房间里，而留着那些只有单侧照明的房间空着不用"（747）。尽管亚历山大的用词有一种诗意的魅力（他喜欢用的另一对分类是"温暖/冷酷"），或许他选择这些相对含糊的词语的原因可以理解为与他希望他的理论能够去建筑专业化有关系，以便从专家手中解放出来，并且让每个人都能有能力造建筑；如此去解放的愿望的一个策略是尽可能地避免使用原先只有建筑师才会用的字眼。

在这方面，亚历山大可以跟荷兰建筑师赫曼·赫兹伯格做一个对比，他俩是同时代，对建筑抱有相似的人本观念，只是对表述建筑的社会性质采用了相当不同的解决办法。简单说，在赫兹伯格看来，建筑的社会属性不过是因为人通过使用语言而有别于其他物种，人也因此而有能力去适应空间并为空间赋予意义。跟语言一样，空间也无法被个体左右，而需在公共交往中经讨论达成共识。在这种情况下，建筑师只能为建成空间创造个体和公共使用的机会，而无法决定其结果。基本上，跟他的老师阿尔多·范·艾克（Aldo van Eyck）一样，赫兹伯格也强烈地受到现象学的影响，假定建筑学是一个手段，揭示人类作为社会存在而在世的含义。因此，赫兹伯格写道："建筑还可以显示出实际看不到的，引出你以前没有意识到的关联。"

115

阿波罗学校，阿姆斯特丹，赫曼·赫兹伯格，1980—1983年。"我们看到形式自我生成，这与其说是发明的问题，不如说是全神聆听人与物想要成为什么。"

一旦成功，"一个建筑空间还可以使这些隐含的现实'可视化'，并告诉用户'关于世界'的某些事情"（1991，230）。下面这一段文字，描述了他的两栋建筑，阿姆斯特丹的阿波罗学校（1980—1983年），将展现出赫兹伯格使用语言的特点：

> 学校入口的各种台阶或窗台都变成给孩子们坐的地方，特别在是有吸引人的柱子可以提供保护或者可以倚靠的情况下。实现这个产生形式。在这儿，我们再次看到形式自己生成，与其说是发明的问题，不如说是全神聆听人与物想要成为什么。（1991，186）

赫兹伯格的描述语言一部分是从语言学理论借用而来——因此他喜欢"结构"——但是在其他各个方面，其语言严重依赖于传统的现代主义语汇："形式"、"功能"、"灵活性"、"空间"、"环境"、"表达"和"用户"都是高频词。考虑到这些词的绵软无力，赫兹伯格的选择可能看起来令人惊讶；但是可以理解，在某种意义上说，他别无他择，这是当时可供建筑学使用的语言，没有其他的了。就像赫兹伯格旨在给已有的现代建筑学的建构语言一个社会的语调变化，同时他也想使建筑的语汇更能表达社会价值。

在亚历山大的"生气勃勃"的诗意含混和赫兹伯格维护业已存在的现代主义词汇的坚持之间，想要说清建筑学的社会内

117

容的唯一不同的选择是：发明一套新的术语。在一定程度上，亚历山大在1960年代曾经尝试过，特别是在他的《形式综合论》（*Notes on the Synthesis of Form*，1964）一书中，却被他自己对专家规则的抗拒所摒弃。不过，这后来成为另一位建筑理论家比尔·希利尔（Bill Hillier）的解决之道。比尔·希利尔全身心致力于视建筑为社会物的观点。"建筑物是"，他写道："在时空中构建社会的最强大的手段之一，并且以此将自身投射到未来之中"（1996，403–404）。在《空间的社会逻辑》（*The Social Logic of Space*，1984）一书中，他和朱利安妮·汉森（Julienne Hanson）开发了一个术语来描述建筑空间，以便将其与社会活动联系起来。即使他们采用的术语，像"convexity"、"axiality"以及"integration"，需要解释读者才能明白，至少他们不涉及已经超载的现有词汇上附加另一层含义，并避免因模棱两可而造成混乱。

总的来说，在试图描述建筑的"社会"方面，语言让建筑失望了。语言的特别长处——创造差异——在这个领域施展不开；一个是社会实践，另一个是物质空间，在两个如此不同的现象之间建立起明确联系的任务已经被证明是超越语言的能力之外的。

1. 参见*Architects' Journal*，vol.187，4 May 1988（special issue on Walter Segal）；and McKean，*Learning from Segal*，1989。
2. 参见F. Dal Co，*Figures of Architecture and Thought*，1990，23–26；and M. Tafuri and F. Dal Co，Modern Architecture，1979，100。
3. 有关这个项目的英文讨论，参见Tafuri，*History of Italian Architecture 1944—1985*，1989，16–18；and P. Rowe，*Civic Realism*，1997，106–116。
4. 参见Huet，'Formalisme – Réalisne'，*Archirectured'Aujour d'hui*，vol. 190，April 1977，35–36，他确认这一意见。Peter Rowe最近的新书*Civic Realism*（1997）是一个把"现实主义"发展为建筑概念的独特尝试。
5. 参见G. R. and C. C. Collins，'Monumentality: a Critical Matter in Modern Architecture'，*Harvard Architectural Review*，no.IV，Spring 1984，14–35。

第二部分

当一部字典不再解释词语的语义，而是其任务时，才成为字典。

乔治·巴塔耶（Georges Bataille），
《无定形》（'L'Informe', 1929）

特征（Character）[①]

120

> 特征是一个大跨度的词，语意丰富，没有哪个隐喻之河能超过它隐射的含义。
> 路易斯·沙利文，《随谈录》（Kindergarten Chats），33

在18世纪，"特征"这个术语被引入建筑话语中，它一直对力图证明建成作品与隐藏意义的关系至关重要。提到"特征"总会引起"意义"的问题，这是我们在分析这个词时必须要慎重考虑的。尤其是持续不断的有关所谓"再现危机"的争论，正是通过"特征"这个词引导的。在过去的两个半世纪中，"特征"在建筑里的多重用法，在很大程度上，源于对建筑物是否具有"意义"，以及如果具有意义，意义要如何辨识的不确定。

尽管通常被视为古典传统的产物，主要在古典传统中形成，但"特征"却是一个完全不局限于古典主义的术语，并且在20世纪，它一直被广泛使用。评论家柯林·罗（在其写于1953～1954年的"组合与特征"一文中）曾试图将其排除在现代主义语汇之外，但在整个现代主义时期其无所顾忌的使用不胜枚举。这样的事例范围很广，从早期的现代主义者奥托·瓦格纳（Otto Wagner），他要求学生做到"建筑物特征清晰、自如、易懂的表达"（89）；到大卫·梅德（David Medd），一位中世纪英国的学校建筑师——"色彩也许是唯一决定建筑物特征的最重要的因素"（1949，251）；到美国的晚期现代都市学专家凯文·林奇——"如果赋予波士顿各个区以结构的清晰性及不同的特征，它们将得到极大的提升"（1960，22）；以及英国评论家罗伯特·马克斯韦尔，他在

1988年写道："似乎毋庸置疑的是，这座建筑［米西索加市政厅］传达了一种特征，且其成功是通过技巧娴熟的修辞实现的"（1993，85）。如果说柯林·罗的声言——"特征化已成为今天的禁忌"，且这个词本身"有点令人生疑"（62）——是缺乏真凭实据的话，他的文章依然很重要，因为它遵循的是一个独特的、高度现代主义的立场，这也见诸于他在其他文章中，即建筑的含义只存在于其感知里，并且建筑无法再现其自身存在之外的任何东西。

在过去的20年里，人们对"特征"的兴趣愈加浓厚。这表明符号学的意义理论正走向衰微，而以现象学为基础的意义分析正日益受到青睐。今天"特征"的用法在很大程度上囿于这样一种观念，即将意义理解为具有主动性的人类主体对某一特定场地占用的结果。这类讨论中最广为人知的例子是克里斯蒂安·诺伯格-舒尔兹（Christian Norberg-Schulz）的写作，追随海德格尔的思想，他将"空间"和"特征"视为建筑的两个根本。空间，或任何的围合之处，是人之所在；而以各种形容词描述的特征，满足的是人们"以环境*确认自身、知其是如何在特定场所中*"的需求（1976，7）。"特征"既是"一种通常理解的氛围，另一方面，也是空间定义元素的具体形式和物质基础。任何真正的*在场*都与特征紧密相联"（5-6）。根据诺伯格-舒尔兹的说法，"我们应当强调，所有场所都具有特征，特征是世界'存在'的基本方式"（6）。同样受现象学的影响，达利博·维斯利（Dalibor Vesely）在他的

[①] Character在中文中可译作特征、个性、性格。事实上，就本书的语境来说，不同的翻译恰恰反映了这个词在建筑中发展的历史，以及逐渐去除其拟人化、文学化、美术化的过程。因为特征相对中性，在某种程度上可以兼容个性与性格的含义，为保持本词条前后的连续，及原文在词的连续中展现其意义变化的意图，除特别的情况外，均一律采用中文译词"特征"。——译者注

米西索加市政厅，加拿大，爱德华·琼斯（E. Jones）和迈克尔·柯克兰（M. Kirkland），1982—1986年："毫无疑问，这座建筑表现出了一种特征"。尽管柯林·罗试图将其排除在现代主义语汇之外，但"特征"在整个现代时期一直被频繁的使用。

一篇文章中，对建筑意义的问题进行了更为广泛的讨论。维斯利将18世纪以来"特征"概念的发展，视为建筑中先验意义总体系统崩塌的主要征兆："将传统的形而上学和建筑诗学纳入到*特征*美学中的雄心壮志，制造了一种暂时的秩序幻觉，但从长远来看，它实际上成为了相对主义、任意性和混乱的温床"（1987，26）。他认为"特征"使建筑被视为是"再现的"，被再现之物的一个符码，制造了一个复制的现实。"这种相信我们眼前的建筑通过指涉不在场之物进行的再现，忽略了一个简单的事实，我们能够体验这种指涉的唯一可能的方式是通过情境，而建筑物和我们都是情境中的一部分"（24-25）。随着其在建筑话语中的发展，维斯利所要争辩的是，"特征"促使人们理所当然地认为建成作品与象征意义之间是分离的。"特征"，18世纪世界的美学知识和与科学知识分离的产物，导致了"偏好的重点转向建筑物、室内或园林的表面，及外观的体验"（26）。然而，即便如维斯利所说，"特征"部分地造成了建筑与意义的剥离，它却是"现存最主要的，即使不是唯一的，与更正宗的再现传统相联系的纽带"

（25），这种传统据称在18世纪以前已经存在。因此，尽管维斯利认为"特征"对建筑产生了不尽人意的不利影响，他依然坚信它值得继续沿用。

在我们回顾"特征"这个术语的历史和各种用法时，应该谨记维斯利对它的批评。一般认为，"特征"在建筑中的使用始于法国建筑师和作家格尔曼·博弗朗的《建筑之书》（1745）。[1]仿照贺拉斯《诗艺》中的类比，他写道：

尽管建筑似乎只关心物质的部分，它却有不同的体例，可以说，这些体例造就了它言说的多种形式，并通过建筑能使人感受到的不同特征而充满活力。就像在舞台的布景中，一座神庙或宫殿可以暗示这个场景是田园诗的还是悲剧的一样，一座建筑也可以通过它的构成表达出它特定的用途，或它是一幢私宅。不同的建筑物，应该能够通过它们的布置、构造及装饰方式，向观众表明它们的用途；否则，它们便违背了表现的法则，没有成为该成为的样子。（16）

博弗朗这样总结他的论点：

不了解这些不同特征，不能使人感受到其作品中这些特征的人，不成其为建筑

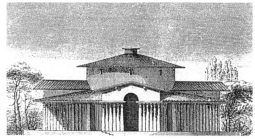

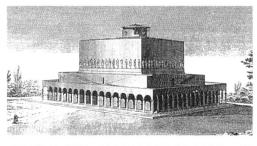

根据布隆代尔的说法,"特征""宣告了建筑物的属性"。对勒杜及其他18世纪法国建筑师而言,其任务就是赋予每一种体例一个适当的特征。由上至下:监管者之屋,卢河源头;伐木工工坊;贤德祠,来自勒杜,《从艺术、道德和法规看建筑》1804年。

师……一个宴会厅和一个舞厅必然不会采取和一座教堂同样的方式……在每一种建筑模式或秩序中,人们总能找到每种建筑最适合的表达特征。(26)

博弗朗很清楚地表明,他的特征观借用自诗歌和戏剧,然而翻译成建筑并非易事,因为诗歌和戏剧所特有的文体——史诗、田园诗、喜剧、悲剧——并不很适合建筑,因此,这个话题在18世纪后续的讨论中,主要集中在找到更适合于建筑的特征的努力上。当然,正是"特征"这种对其他艺术实践中所形成的批判性语汇的依赖,使它特别不受柯林·罗和其他现代主义评论家的青睐。

博弗朗的理念在雅克-弗朗索瓦·布隆代尔那儿得到了最为系统的发展。在写于1766年后来被收入到《建筑学教程》的

一篇论文里,布隆代尔写道:

所有不同种类的建筑生产,都应该体现每幢建筑特定的使用意图,都应该有一个决定他们总体形式、宣告建筑物属性的特征。而形体特质并不足以表明其独一无二的特征……恰恰是所有体块的精心排布[disposition]、形式的选择,及某种潜在的风格,赋予了每幢建筑一种只适合于它那种建筑的韵致。(第二卷,229-230)

随后,布隆代尔区分了64种不同的建筑体例(或"类型"),讨论了每种体例适合的形式和装饰。早在《建筑学教程》第一卷第四章,布隆代尔就描绘过建筑中可能具有的各种特征——他总共列举了至少38项——其中有崇高、高贵、自由、男性、坚固、刚健、轻盈、优雅、纤柔、田园、天真、女性、神秘、宏大、大胆、恐怖、矮小、轻佻、放纵、暧昧、含混、野蛮、单调、琐碎和贫瘠(有关男性和女性的讨论,见第四章)。尽管他对每一种特征建筑表达的讲解引人入胜,在描述64种建筑体例时,他却几乎没有用到它们,这说明,将原本文学的形象套在明确的建筑形式上并不容易。 123

与布隆代尔照搬文学模式相比,布隆代尔的同时代人、建筑师朱利安-大卫·勒罗伊(J.–D. LeRoy)的方式更富成效,他提出建筑表达的主题或可取自自然的体验。在《君士坦丁大帝统治以来基督徒教堂的不同排布与形态之历史》(Histoire de la Disposition et des formes différents que les chrétiens ont données à leurs temples depuis le règne de Constantin le Grand à nos jours,1764)中,勒罗伊写道——下文是约翰·索恩爵士(Sir John Soane)的英文翻译,我们稍后讨论他对"特征"的偏好——

所有宏伟壮丽的奇景都令人震撼:我们从高山之巅或大海之中所见的无尽的天空、辽阔的陆地或浩瀚的海洋,似乎提升了我们的心智,开阔了我们的思想。同样,我们伟大的作品也给我们留下了相同

的印记。我们在看到它们时感到的震撼，远胜于单纯的愉悦和小建筑物所能带给我们的那些感受。（50；Soane的译文转引自Watkin，1996，201）

这种将建筑感知与自然体验的各种感受相类比的尝试，成为18世纪晚期特征讨论关注的重点。这一主题首先出现在两本英国的美学著作中，卡姆斯勋爵的《批评的要素》（*Elements of Criticism*，1762）和托马斯·惠特利（Thomas Whately）的《现代园艺观察》（*Observations on Modern Gardening*，1770），这两本书出版后不久，前者被译成了德文，后者被译为了法文，并对欧洲大陆的思想产生了重大影响。卡姆斯的著作第一次以博弗朗在法国提出的新含义，在英语中用"特征"讨论建筑："每幢建筑都应有符合其终极目标的特征或表达"（第二卷，386）。卡姆斯着重强调实用性的表达是建筑愉悦的一部分，抨击了以直白象征的方式创造艺术式的"某种宜人的情感或感受"的做法——如位于斯托（Stowe）的古今懿德祠（vol. 2，432，384）。惠特利则更为准确地将"特征"分为了三类——象征式、模仿式和原发式。象征式特征——如带有神话或其他指代意义的寓意式园林装饰——其缺陷在于"它们不能产生任何直接的印象；因为它们必须在考查、比较，或许解释之后，整个设计才能被很好的理解"；典故要好得多，"无需求索，不必劳神，便具有隐喻的力量，又不羁于寓言的细节"（158）。同样，因为意识到外表的相似，模仿式特征"抑制了外观自然而然引起的思绪"（159）。惠特利提出：

园艺艺术追求的不只是模仿：它能创造原发的特征，超越旧典，表达不同的场景。自然对象的某些属性和排布方式，被用以激发特别的想法和感受：……所有的一切都了如指掌：它们无需辨析、考查或讨论，而是一目了然；并即刻为我们的感觉所辨识。（160–161）

"原发式特征"的优点在于"我们会

圣天使城堡（Castel S. Angelo）基座，罗马，乔瓦尼·巴蒂斯塔·皮拉内西铜版画，《罗马古迹》（*Antichità Romana*，1756）。深谙皮拉内西的版画和伯克的《论崇高》（*Essay on the Sublime*），勒罗伊指出，人类作品激发恐惧、惊讶和愉悦情绪的能力不亚于自然奇观；在18世纪晚期，"特征"获得了第二种含义，即描述建筑作品唤起此类情绪的品质。

很快忽略形成特征的手段"（163）。

正是认为无需思考，建筑即可直接诉诸精神的这种观念，令18世纪晚期的法国建筑师着迷，尤其是勒·加缪·德·梅济耶尔（Le Camus de Mézières），布雷和勒杜，并主导了18世纪下半叶特征的讨论。在此，似乎真的存在一种可能性，建筑可以创造出类似于自然的影响力、又完全是建筑独有的"特征"。在《建筑的禀赋》（Le Génie de l'architecture，1780）中，梅济耶尔用绘画和戏剧中的类比解释了他的特征观，但最终认为建筑有能力创造自己独有的特征。在住宅里，"每个房间必有其自己独有的特征。类比，比例的关系，决定着我们的感受；每个房间都令我们对下一间充满期待；紧摄心智，无法释然"（88）。正是从梅济耶尔那里，布雷发展出了他的建筑诗意观：在此，布雷以季节的况味描述特征——夏之壮丽、秋之多姿、冬之沉郁——每一个都能通过它们独特的光与影的品质，表现在建筑中。他声称，"这类基于阴影的建筑是我独到的艺术发现"（90）。

到目前为止所描述的18世纪的主要"特征"是——建筑特殊用途的表达，以及特有情绪的唤起——我们还应该加上第三种，作为地点和场所表达的特征。作为如画派的景观与建筑实践的基础，这一特殊含义出自亚历山大·蒲柏（Alexander Pope）写于1731年的《致伯灵顿勋爵书》（Epistle to Lord Burlington）中的著名诗句：

建造、栽植，随你所愿，
立柱，或弯拱，
起台，或沉穴；
一言蔽之，勿忘自然。
一言蔽之，叩问地方之神。

对如画派的实践者，如汉弗莱·雷普顿（Humphry Repton）来说，"特征的统一"是"好品味的首要原则之一"（1975，95）。雷普顿的同代人尤维达尔·普莱斯（Uvedale Price）曾解释说，"特征的统一"即是，"仿佛某些伟大的艺术家同时设计

极乐园（Elysian Fields），斯托，白金汉郡，威廉·肯特（W. Kent），约1735年。惠特利提出，景观园艺具有创造"原发特征"的力量，这种特征直接诉诸情绪，使寓言或知性的思考无从置喙。

汉弗莱·雷普顿提出的西威科姆庄园（West Wycombe Park）修正案，白金汉郡，1794—1795年。对于汉弗莱·雷普顿这样的如画派实践者而言，"特征的统一"意味着"仿佛某些伟大的艺术家同时设计了建筑与景观一般，两者如此相配得宜，并相得益彰"。来自：汉弗莱·雷普顿，《观察》（Observations，1805）。

了建筑与景观一般，两者如此相配得宜，并相得益彰"（1810，第二卷，177）。

在前文提到的建筑师中，英国建筑师约翰·索恩爵士恐怕是"特征"最热忱的拥护者。索恩对法国建筑思想的广泛阅读，及对如画原则的谙熟，使他对这一概念的各种意思，在广度上有着不同一般的把握；并且在其皇家艺术学会的系列讲座中，"特征"是他使用最频密的两个批判性术语之一（另一个是"简约"），用以褒奖所有他认可的作品——例如，他这样评论凡布鲁（Vanbrugh），"他的作品特征十足，轮廓丰富多变"（563）。索恩对"特征"的使用涵盖了目前为止所有被思及的方式。他以如画派"特征"的意思来描述建筑与其自然场景的同属性关联："四周的风景决定了别墅的建筑特征……"（588）。其次，追随博弗朗和布隆代尔，索恩用"特征"来描述建筑物使用意图的建筑表达。他在"第十一讲"一段充满雄辩的长文中表达了这一看法：

为创造每一幢建筑独一无二的特征，

圣马丁教堂室内，伦敦，詹姆斯·吉布斯（James Gibbs），1722—1726年。索恩批评了它不适当的特征："任何看到圣马丁教堂的室内的人……感觉自己像在一座意大利剧院的包厢里，而非一个灵修之所。"

无论巨细，给予多大的关注都不为过：甚至一道线脚，不论多么微小，都关涉到它组成的整体特征的增减。

特征是如此重要，因而一切最微妙、最去芜存菁的调整，都必须以艺术家全部细腻的感觉和精微的辨识力去充分理解和实践。满足于堆砌石头的人，或许是一个好的工匠，可以发家致富。他或许可以为

约瑟夫·甘迪（Joseph Gandy），约翰·索恩爵士博物馆穹顶下的景象，1811年。位于林肯律师学院广场的索恩自宅，是一篇以流行于18世纪末的各种"特征"观撰写的错综复杂的篇章：这座建筑不只标榜自己是"建筑师之家"，而且在建筑内部，索恩尝试运用光的明暗效果，营造出适合于某段叙事或舞台剧场景的不同氛围或者"特征"。

他的雇主建一幢实用的房子，但这种人永远不可能成为艺术家，他既无法提升艺术的兴趣或声望，也没有使公众认识到它的重要性。他既无法增添其感动灵魂的力量，也无法加强建筑与人类情感的交流。

尽管一切不尽人意，我年轻的朋友们，请相信，天才手中的建筑可以实现任何一种它所需要的特征。但要达到这一目标，创造这种多样性，其根本在于每一幢建筑都应该在它意欲而为的使用上是舒服的，并且它应该清晰地表达其最终的目的和特征，以最确凿和不容置疑的方式表明这一点。大教堂和礼拜堂；君主和威严主教的宫殿；贵族的宅邸；法官的审判庭；首席地方官的公馆；富人的住宅；艳丽的剧院与阴暗的监狱；不但如此，甚至货栈和商铺，都在外观上要求一个不同的建筑风格，并且要在室内布置以及装饰上延续这种特色。任何仔细察看圣马丁教堂的室内，留意到东端的推拉窗和突出阳台的人，是不是感觉自己像在一座意大利剧院的包厢里，而非一个灵修之所？

没有特征的区别，建筑物或许也是好用的，达到了兴建的初衷，但它们永远不可能成为仿效的范例，也不可能彰显业主的辉煌，提升民族的品位，或增进国家的荣耀。（648）

第三，参照勒·加缪·德·梅济耶尔和勒杜的看法，索恩根据光营造的氛围描述了"特征"：

法国艺术家制造的"玄光"（lumière mystèrieuse）如此成功，的确是天才手中最强大的工具，它的感染力无论怎么理解、怎么赞赏都不为过。然而，在我们的建筑中，几乎没有这样的处理，由于这一显而易见的原因，我们无法充分体会建筑物中特征的重要，对此光的进入方式不容小觑。（598）

现在，我们要从沉浸于英、法理论中的索恩，转向18世纪形成的另一类"特征"的普遍性理论，即德国的浪漫主义。主要以歌德为代表，"表现特征"论是在回应法国的各种理论中形成的，且部分地出自歌德的动植物形态说——这些学说本身也是针对法国的生物学描述方法发展起来的。歌德这一新理论最早也最富激情的宣言，出自他的随笔"论德意志建筑艺术"（On German Architecture，1772）中，他对斯特拉斯堡（Strasbourg）大教堂的深思使他将其特征看作是石匠埃尔温·冯·施泰因巴赫（Erwin von Steinbach）心灵的表达。歌德由此推断，所有艺术与建筑的真实有赖于制作者个性表达的程度："这种富于特征的艺术才是唯一真实的艺术。如果它是出自炽烈、统一、个人、独立的感觉，唤醒了对一切不相干事物的漠不关心，甚或，视而不见，那么不管是源自粗糙的野性，还是文明的感性，它都是完整和生动的"（159）。这种将"特征"视为内在力量外现的观念，无论是艺术家的个性，还是他的文化，都在艺术与本性之间建立了一种对应关系。在德国浪漫派的推动下，"特征"的这一理论被特别用来讨论艺术的民族性。例如，歌德在1816年的一篇随笔中写道："正因为我们展现的不是为环境所控制、而是控制和征服环境的个体特征，所以我们可以在每个人或每个群体中，辨识出体现在艺术家或其他杰出人物身上的那种特征"（Gage，146）。

尽管在19世纪，"特征"以前的各种意思，尤其是体现建筑用途的含义，一直在持续使用，但后来"表现特征"却成为了最活跃和最有吸引力的"特征"所用的意思，正是这种"特征"理论后来广为盛行，在德国和英语世界里尤其如此。例如，雅各布·布克哈特的写作全部围绕着一个原则，即建筑中的民族差异来自特定人群独特的、在历史发展中形成的性格特征的表现；在美国，有关美国建筑发展的讨论在很大程度上围绕着"特征"展开，——人们或许还记得艾默生对美国文化的控诉，"一言蔽之，阴柔，毫无特征"（1910，第四卷，108）。

约翰·拉斯金，玄武岩岛草图，来自他的"早期地质笔记"（Early Geological Notebook）。通过与地质学上岩石和矿物质的晶体结构相类比，拉斯金精确化了建筑中的"表现特征"观：内部元素——建筑中建造者的精神倾向与岩石或建筑物的外在形态相对应。

尽管艺术作品作为创作者精神的外在"表现特征"被广泛采纳，它也并非没有受到批评。甚至约翰·拉斯金，其所有建筑写作都热忱拥抱了德国浪漫派的理念、认为建筑的意义在于其与建造者精神交流的力量，也意识到建筑表现理论的问题——观看主体如何确定他们理解所见之物的方式与制作者的意图相符？拉斯金在《威尼斯之石》第一卷中提出了这个问题：

一座由一系列雕刻画像记录圣经历史的建筑，于之前对圣经一无所知的人可能毫无意义……所以，当观者变得不加思量或无动于衷时，激动人心的力量势必有所减损；而建筑物可能经常因批评者的过失被指责，或观者的创造而充满魅力。所以，只有当我们能完全设身处地置于其原本诉诸对象的位置上，确信我们理解每一个象征，能被建造者像使用他们语言中的字母一样所运用的每一个联想打动时，我们才能将表现特征作为评判建筑优秀的一个公正的标准。（第二章，∫2）

正是为了将19世纪的观者"设身处地置于其原本诉诸对象的位置上"，拉斯金在《威尼斯之石》第二卷写下了"哥特式的本质"一章。在这一章中，拉斯金对"表现特征"做了19世纪作家中最为全面的分析，他力图准确地展现哥特式建筑的内在属性自身如何与观众进行交流。类比于岩石和矿物质的外在结晶形式与内部原子结构的双重特征，拉斯金写道：

正是以同样的方式，我们会发现哥特式建筑有外部形式和内部元素。它的元素是建造清晰地表达在哥特式建筑里；如别出心裁、热衷变化、喜爱繁盛等。而其外部形式为尖拱券、拱顶等。除非元素与形式俱在，否则，我们无法称之为哥特式风格……因此，我们必须逐一探究每一种特征；并首先确定，何为被真正称作哥特式建筑的精神表达，而后，何为其物质形式。（∫4）

拉斯金继而列出了哥特式建筑物质形式的六种属性（野蛮、多变、自然、奇异、坚硬、冗余），并逐一说明它们对应的建造者独特的精神倾向。拉斯金这个雄心勃勃的系统，将哥特式建筑的视觉特征与建造者的精神和社会生活相联系，使"表现特征"论超越了之前所有使用这一概念时的模糊随意。

另一位对"特征"感到矛盾的19世纪理论家是维奥莱-勒-迪克。尽管与其他许多建筑师和批评家一样，他也哀叹自己时代的作品缺乏特征（"这个如此富于探索的时代……只能留给子孙毫无特色的仿制品或杂糅品吗？"［《建筑学讲义》，第一卷，446］），但维奥莱激烈反对整个以特征类型阐释建筑意义的体系。如他为《11世纪到16世纪法兰西建筑类典》（*Dictionnaire raisonné de l'architecture française du XIe au XVIe siècle*）中的词条"建造"（Construction）写道：

一幢建筑无论如何都不可能是"狂热的"、"压制的"，或"残暴的"；这些修饰语对由石、木、钢铁组合而成的聚合体根本不适用。一幢建筑只有优劣之分，要么经过了深思熟虑，要么缺乏理性判断。（1990，116）

就维奥莱的关注而言，一幢建筑所能具有的唯一意义在于其结构的完整性，"特征"体系实属冗余。这种对"特征"的抵触在维奥莱-勒-迪克的美国追随者中更为直截了当。莱奥波德·艾德茨（Leopolod Eidlitz）宣称："他［建筑师］作品的特征必定只与建造有关，而建造又与要表达的理念和依据用途而选用的材料相关"（1881，486）。亨利·凡·布鲁恩特在"美国特色建筑风格的发展"（The Growth of Characteristic Architectural Style in the United States，1893）一文中，以类似的口吻写道：

在我们最优秀的建筑作品中，最与众不同的特征是它对新材料、新建造方法的慨然接受，全心全意的赋予工程科学以建筑特征，并毫无偏见地使自己顺应实际使用的苛刻要求。（321–22）

本词条开篇引文中特别提到的路易斯·沙利文对"特征"的爱恨交织，大概源于他自己无法调和的困境：一方面是对德国浪漫派的"表现特征"如痴如狂，另一方面是结构理性主义者对"特征"抱有的敌意。

20世纪早期，主要由于结构理性主义的影响，所有意义上的"特征"都出现了相对的颓势。只要在结构理性主义盛行的地方，"特征"都会遭到奚落。例如，威廉·理查德·莱瑟比就曾这样结束他1910年的理性主义演说"建筑探险"（The Architecture of Adventure）：

对于现代人来说，设计方法只能从科学的或工程师的角度，作为对可能性的明切分析来理解——而不是以含糊不清的诗意处理诗意的问题，处理什么看上去有家居感，或像农庄，或像教会这些派生出来的观念，即处理不同的口味——那正是过去100年中，建筑师的所作所为。（95）

然而，就像我们看到的，尽管在现代主义时期，建筑师和评论家对"特征"有所怀疑，他们却发现无法完全摒除它。

---

1. 有关"特征"的历史，见Szambien, *Symétrie, Goût Caratère*, 1986, 第9章, 174–199; Egbert, *The Beaux-Arts Tradition in French Architecture*, 1980, 第6章; Watkin, *Sir John Soane*, 1996, 第4章, 184–255; Vidler, *Claude-Nicolas Ledoux*, 1990, 第2章, 19–73; 对些略不同的观点, 见Rykwert, *The Dancing Column*, 1996, 43–56。

维奥莱–勒–迪克，法国联排式别墅设计。维奥莱–勒–迪克及其追随者宣称"特征"是法外之地，
因为它与系统条理的寻找合乎理性的建造这个他们认为的建筑的首要工作毫无关系。来自：维奥
莱–勒–迪克，《建筑学讲义》（第二卷，1872）。

文脉（Context）[①]

建筑设计的任务是通过形式的转换，来揭示周围文脉的本质。维托里奥·格雷戈蒂（V. Gregotti, 1982），格雷戈蒂法文版前言，1966，12

132

1960年代，建筑语汇中开始使用的"文脉"、"文脉的"（contextual）和"文脉主义"（contextualism），是最早对现代主义实践进行实质性批判的一部分，也许正因为如此，它们被归为后现代主义的专有名词。然而，它们是现代主义最后的术语，还是后现代主义最早的术语并不重要；本书将它们收录在此，部分是基于时间的顺序，因为它们属于晚期现代主义时期，部分是因为它们完全是指向现代主义的话语的，但最特别的原因是，它们极好地显示了从一种语言到另一种语言的翻译活动，所造成的扩张式影响。

故事始于1950年代的米兰。1950年代中期，在埃内斯托·罗杰斯（Ernesto Rogers）为《卡萨贝拉-续刊》（Casabella Continuità）所写的一系列卷首语中，第一次对第一代现代主义建筑师的作品进行了严肃的批评。罗杰斯批评了他们将每个方案当作一个独一无二的抽象问题来对待的倾向，他们对具体地点的漠不关心，以及将每个作品做成惊世之作的愿望。不仅如此，罗杰斯更指出，要将建筑看成是与其周围环境的一种对话，这种环境既指的是当下的物理环境，同时也是一个历史的连续统一体。当时，罗杰斯用的词是 *preesistenze ambientali*（既有环境），或 *ambiente*（境脉），尽管这两个词都被翻译成英语的"context"，这完全是一种误导，因为罗杰斯既没有使用过这

个词，也没有用过其意大利语中的同义词 *contesto*——*contesto* 是作为英文"context"的意大利语译词，在其风行美国之后，才在1970年代的意大利被广泛使用。值得考察的是，罗杰斯所说的"既有环境"到底是什么意思，因为它在好几个方面都与后来与之相混淆的盎格鲁—撒克逊的"文脉"（context）不同。与以前认为建筑是对所在地点的回应——如英式如画中的"地方精神"（*genius loci*），或英国评论家特里斯坦·爱德华兹对"利己的"现代商业建筑的拒斥——相比，罗杰斯概念中的不同之处在于历史连续性的绝对重要，这种连续性既显现在城市中，也存在于城市居民的心里。正如罗杰斯在他的一篇卷首语中写的，"考虑境脉（*l'ambiente*）即是顾及历史"（1995，203）。对罗杰斯来说，既有环境和"历史"这两个概念是不可分离的：*"要成为建筑师，就必须要理解历史，因为建筑师一定要能将他自己的作品嵌入到既有环境之中，并辩证地考虑它"*（1961，96）。罗杰斯将境脉视为历史过程的理念，来自不同的源头，但尤其有一个他引用过的，是诗人托马斯·斯特恩斯·艾略特（T. S. Eliot）的一篇文章"传统与个人才能"（Traditon and the Individual Talent，1917）。我们需要从中摘录一段，因为它对帮助我们明晰罗杰斯思想中连续性、历史和境脉之间的相互关联多有裨益。文中，艾略特写道，"历史的意识又含有一种领悟，不但要理解过去的过去性，而且还要理解过去的现存性。"[②]——

---

①Context作为一个概念，最初随后现代主义引入中国建筑，被译为"文脉"，后又被译为"环境"、"上下文"、"语境"等。就当前的建筑话语来说，"语境"在大多数情况下似乎更为合适，但本词条依然采用"文脉"的翻译：一方面符合中国建筑中已约定俗成的一些用法；另一方面，凸显其特定含义及其语境的转化。——译者注。

②译文引自：（英）艾略特（Eliot T.S.）著；陆建德主编；卞之琳、李赋宁等译，传统与个人才能：艾略特文集·论文，上海，上海译文出版社，2012：2。——译者注

商店、办公和公寓，都灵科索弗朗西亚（Corso Francia）2–4号，意大利。班菲（Banfi）、贝尔焦约索（Belgiojoso）、佩雷苏蒂（Peresutti）和罗杰斯，1959年。这个建筑所揭示的"境脉"（ambiente）包括：意大利复合使用建筑的历史传统，其形态与已有地段相契合；人行道上的拱廊；以纪念碑式的塔楼标识城市边界——所有这些都以现代建筑的习惯用语进行了重新阐释。

现存的艺术经典本身就构成一种理想的秩序，这个秩序由于新的（真正新的）作品被介绍进来而发生变化。这个现存的秩序在新作品出现以前本是完整的，加入新花样以后要继续保持完整，整个的秩序就必须改变一下。即使改变得很小；因此每件艺术作品对于整体的关系、比例和价值就重新调整了。这就是新与旧的适应。不管是谁赞成这个秩序的看法。赞同欧洲文学和英国文学自有其格局，都不会觉得过去因现在而改变正如现在为过去所指引很荒谬。（1917，26–27）①

正是这种意思，即所有作品都影响着现在对历史过去的看法，是罗杰斯"境脉"观的本质。

以下两个例子，将充分说明罗杰斯在批判正统现代建筑时，是如何运用既有环境的："有人也许会谴责形式主义，不能将境脉建议的独具特色的内容纳入到自己作品中的建筑师"（1955，201）；或，

让我们抵制已受影响的世界主义，它以一种仍旧被肤浅认知的放之四海而皆准的风格为名，在纽约、东京或里约热内卢，建造起一模一样的建筑；在乡村和城镇毫无差别。让我们试图将我们的作品融入到既有环境之中，包括自然的环境，和历史上由人类天赋所创造的那些存在物。（1956，3）

最初使这些观点引起国际关注——也是促使罗杰斯形成自己这些想法的——是1954年有关弗兰克·劳埃德·赖特的威尼斯马谢里纪念馆（Masieri Memorial）的争论。他的方案位于大运河（Grand Canal）

---

①译文引自：（英）艾略特（Eliot T. S.）著；陆建德主编；卞之琳，李赋宁等译，传统与个人才能：艾略特文集，上海，上海译文出版社，2012：3。——译者注

133

中一处显著位置，在意大利国内和国外引发了关于现代建筑是否与历史场地相契合，以及赖特的设计在多大程度上对周围环境重视或不够重视的激烈辩论。最终，方案没有实施，其原因更多地来自意大利当时在政治上对美国建筑的反对，而较少地关乎设计本身的价值。[1]

在与《卡萨贝拉》相关的米兰建筑师圈子里，罗杰斯的境脉成了一个普遍讨论的话题，并成为他们写作中的显著特色；尤其值得一提的是，维托里奥·格雷戈蒂的《建筑的领域》（ Il Territorio dell' Architettura，1966），和最为突出的阿尔多·罗西的《城市建筑学》（1966），这本书后来获得的声名使那个时期其他的意大利建筑批评都黯然失色，然而只有在这个背景下，《城市建筑学》才能被真正理解。在某种程度上，《城市建筑学》是基于境脉概念扩展而成的一篇专题论文。对这本书美国版的读者来说，整本书将ambiente（境脉）译作context（文脉），抹平了两者之间细微的差别，并使罗西看上去仿佛参与的是与柯林·罗等一批人在康奈尔大学进行一样的辩论，而我们将会看到，康奈尔大学正是"文脉主义"的发源地。没有什么比这个离事实更远的了：罗西在整本书中用的词都是ambiente，从来没有用过

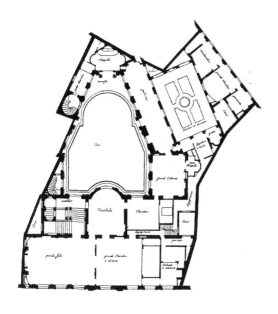

一层平面，博伟酒店，巴黎。安托万·勒博特尔，1652—1655年。在使巴黎酒店标准布局适应于不规则场地的同时，勒博特尔保持了酒店内在的对称性和房间之间的关系。这是罗最喜欢的建筑与文脉具有令人满意关系的案例之一。

contesto或"context"，而他对"文脉"的反对事实上就是他对罗杰斯的境脉（或其他人曲解的境脉）的反对，与任何新英格兰的对话无关。然而，摆在英文版读者面前的悖论，一个对"文脉"如此批判的人，却颇具说服力地论证了它，纯粹是翻译带来的，并不见于意大利文的原意中。我们必须谨记，英文版中罗西所说的，"文脉似乎很奇怪地与幻念（illusion）、与错觉（illusionism）紧密相关。因此，它与城市建筑没有任何关系"（123），或"文脉这个术语，我们发现它基本上是研究的一个障碍"（126），实际反对的是'境脉，而非"文脉"。罗西对罗杰斯境脉的批评在于它不够具体：而罗西想要表明的是，如果我们研究独立于其功能的建筑形式本身，它就会变得具体起来，因为在这些形式里，它是城市经济发展过程之间唯一切实的连接点，这些过程，一方面，记载在可证实的土地发展和分割的历史中，另一方面，铭刻在城市的"集体历史意识"——即罗杰斯所提出的既有环境的模糊性里。

现在，让我们看看英语词汇中"文脉"（context）一词的历史。它第一次比较醒目地出现在建筑语汇里，似乎是在1964年克里斯托弗·亚历山大的《形式综合论》中，尽管它在这本书中的意义与其后来的使用似乎没有什么关系。亚历山大所说的"文脉"与"环境"（environment）同义：在书的前言中，亚历山大写道，"每一个设计问题都始于使两个元素相适合的努力：形式问题和它的文脉。形式是对问题解决的结果；而文脉决定了问题是什么"（15）。这种机械的关系在书的后面被柔化了——他写道，设计的目标，不是以可能的最好的方式满足需求，而是"阻

止形式与文脉之间的不合"（99）。尽管如此，这本书的目的是为组织（ordering）构建"文脉"的变量提供一个方案，以发展出一种不受所有既定概念约束的设计方法，在亚历山大看来，这些既定的概念妨碍了过去努力实现的真正的功能设计。亚历山大选择用"文脉"而不是更通常的"环境"，也许是因为他希望将文化的变量纳入其中，除此之外，他对这个术语非常功能主义的使用与它后来的发展历史几乎没什么关联。

"文脉主义"和"文脉"在建筑语汇中的使用始于1966年，英国评论家柯林·罗于1963年开始在康奈尔大学教授的城市设计课上（Rowe，1996，第三卷，2；Schumacher，1971，86）。这些词似乎是借自文学的新批评运动——即使在新批评运动中，它们的意思完全不同，且是负面的，而不像在建筑中，是正面的。罗在康奈尔的工作室发展了对现代主义建筑的批判，且与埃内斯托·罗杰斯的有很多共通之处。他们都不喜欢"天才"建筑，也不喜欢现代主义的假设，即在每一个案例中，一幢建筑项目的独特性对应着一个独一无二的解决方式；而且他们用以阐明自己想法的很多例子也选的是一样的。但是，他们之间还是有很大的不同。罗杰斯关注的是历史的辩证过程如何通过建筑得以显现，而罗对这种历史环境的推断性理解毫无兴趣，他专注的是建筑作品的形式特性。罗杰斯将环境看成是由物体、"纪念物"构成的，而罗更感兴趣的是物体与它们所占据的空间之间的关系。最能反映罗的倾向的是他偏爱的那些样板，如安托万·勒博特尔（Antoine Le Pautre）在巴黎的博韦酒店（Hôtel de Beauvais，1652—1655），经过挤压、变形，法国典型的城市住宅既与场地相契合，又不失这种建筑类型的特点；罗将它比作勒·柯布西耶的萨伏伊别墅，一个孤立的基本实体（primary solid），毫不在意它所占据了无边的空间场地（Rowe，1978，78）。在康奈尔工作室首次发表的"文脉主义"的声明里（它颇具意味地出现在《卡萨贝拉》上），罗以前的学生托马斯·舒马彻（Thomas Schumacher）写道："准确地说，文脉主义试图去解释的，正是那些调整或用作'拼贴'理想化形式以适应文脉的方法，而文脉主义所要探寻的是作为设计工具的、可以从任何已有的文脉中提取的几何组织体系"（1971，84）。总之，罗杰斯和罗西对境脉的兴趣特别在"历史"上，而康奈尔工作室对"文脉"的关注是形式的，尤其在于对图底关系的研究。[2]虽然意大利人各持己见，但根深蒂固的是一种对"现代"的追求，而罗的目标是在现代主义和前现代主义城市之间取得平衡。后来，罗这样总结工作室的方向："如果不说它是保守的，那么其总的基调是激进的中间道路。…… 其理想是调和现代建筑的城市——一个诸多物体构成的虚空和历史的城市——一个有着种种空的实体"（1996，第三卷，2）。

在康奈尔文脉主义最后的证明，罗和弗雷德·科特（Fred Koetter）的《拼贴城市》（Collage City，1978）一书中，作者几乎没再提"文脉"或"文脉主义"。然而，那时"文脉"已经成为了一个公认的建筑用语。1976年，肯尼思·弗兰姆普敦（Kenneth Frampton）就是以"文脉

模型，杜塞尔多夫博物馆的竞赛方案，詹姆斯·斯特林和迈克尔·威尔福德（Michael Wilford），1975年。如肯尼思·弗兰姆普敦发现的，这个方案"对广泛的文化语境的明显依赖，与斯特林的许多作品反差巨大"（1976）。

的"内容，来评述詹姆斯·斯特林（James Stirling）1975年参加杜塞尔多夫博物馆（Düssseldorf Museum）竞赛的方案，而此后不久，斯特林也开始用"文脉"来谈论他自己的作品，包括这个词尚未通用时设计的那些方案；例如，1984年，在评述自己1971年为圣安德鲁斯大学设计的画廊时，斯特林写道，"这个设计既是*形式的*也是*文脉的*"（1998，153）。

到1970年代后期，罗和科特已经开始避免使用"文脉"、"文脉的"这些词了，然而，也正是在这个时期，似乎为了强化这个理念，使之获得更广泛的认可，美国的"文脉"取代了意大利的境脉，并将之纳于自己的范畴中。但是，就在此前不久，有人开始对这个概念本身表示出了保留意见。1985年，在评论赖特的纽约古根海姆博物馆的加建方案时，美国评论家迈克尔·索金写道，"这个职业现在对'文脉'的执着造成的后果是，有一种对加建

可能性的集体自信。一个秘而不宣的观点是，建筑师，只要有适当的技巧和敏感度，就应该能够介入任何一个地方"（148）。索金继续解释了他为什么认为这是错的。到1980年代后期，无疑，很多建筑师对"文脉"感到不满，并越来越多地准备表达这种不满；1989年，在参加法国国家图书馆竞赛的设计"日记"中，雷姆·库哈斯（Rem Koolhaas）激愤地写道："但这样一个容器还能与城市有关吗？它应该吗？重要吗？还是说'去他的文脉'正成为主题？"（1995，640）。

1. 参见Levine，*The Architecture of Frank Lloyd Wright*，1996，374–383。
2. 对于欧洲和美国文脉观的一个有益的比较，参见Shane，'Contextualism'，*Architectural Design*，vol. 46，November 1976，676–679。

设计（Design）

　　1932年，英国建筑师、建筑联盟学院的校长霍华德·罗伯逊（Howard Robertson）重新修改他的著作《建筑组合原理》（*Principles of Architectural Composition*，1924）时，将书名改为了《现代建筑设计》（*Modern Architectural Design*）。这个改变看似简单，却意味深长。尽管它不能涵盖所有发生的事，却说明了20世纪中期"设计"一词的流行程度，1945年以后，这个词差点将"建筑"完全纳入其中。建筑师开始被称作设计师，建筑院校里教授的学科被称作"设计"，大量有关建筑学的书，都以"设计"为书名。不过，设计一词的无所不在并非没有遭到抵制。例如，对史密森夫妇来说，"'设计'是个令人反感的词"（201），他们更喜欢"整秩"（ordering）这个词①，（尽管它也有自己隐含的意思）。

　　为什么说设计是一个令人困惑的词？那是因为，作为动词，它指的是为物品制作或建筑建造准备指令的活动。而作为名词，它有两个不同的含意。首先，它指的是那些指令，尤其是以图的形式出现的指令：设计一词源于意大利语*disegno*（即*drawing*，绘图），到17世纪时，design在英语中通常是指建筑师画的图，如罗杰·普拉特爵士（Sir Roger Pratt）谈到"草图与设计"（drafts and designs）时（34），将两者视为同义词。其次，作为一个名词，它也可以指遵从指令实施的作品，用来指代对象物，如"我喜欢这个设计"：这种用法自17世纪以来相当普遍。约翰·埃弗兰曾在《日记》（Diary）中这样记录1644年对尚博尔堡（Chambord）的参观，"使我如此渴望见到这座宫殿的是

其设计的奢华，尤其是建筑师帕拉第奥提到过的楼梯间"（80）。在这两种情况下，不管是指图还是实施的作品，在意大利文艺复兴时期的新柏拉图氛围中，"设计"都被广泛地使用，因此，瓦萨里（1568）说，它"无非是人们思维中概念的一个视觉表达"。[1] 这种将"艺术理念"与其再现的直接等同，对理解现代用法非常必要，且在17世纪早期的英语中业已出现——亨利·沃顿爵士曾在《建筑要素》（*The Elements of Architecture*，1624）中解释说，维特鲁威所用的*dispositio*一词不过是指"其中的首要理念或设计的清晰完整的表达"而已（118）。1930年代，当现代主义将"设计"占为己用时，它充分借助了已有的这些含义。"设计"满足了现代主义对于一个词能区分建筑作品两个方面的需要，即作为体验对象以物质性存在的建筑作品，和作为内在"形式"或理念的再现的建筑作品。如果"形式"曾是建筑的一个首要范畴，那么"设计"便是它不可或缺的同谋，因为"设计"是实现形式，并将之呈现于世的活动：就像路易斯·康所说，"设计使认识——形式——告诉我们的东西成为现实"（288）。而"设计"，以其在"思维中概念的视觉表达"与绘图之间，及在建筑师的构思与建成物之间所具有的与生俱来的含混性，成为现代主义的利器。如果如保罗-艾伦·约翰逊所宣称的，"建筑是柏拉图主义的最后一个堡垒"（244），那么"设计"就是使之成立的首要概念，因为正是它使建筑作品既作为纯粹的"理念"存在，又作为纯粹的物质实体存在；它与"空间"、"形式"一起构成了现代主义的三个基本概念。

　　在某个层面上说，我们或许可以将1930年代之后"设计"的广泛流行，仅仅

①原文ordering，直接的意思是赋予秩序或秩序化，在这里，有两层含义，一个是订购，从已有的东西中选取；一个是条理化的组织、梳理、或整理，这似乎和史密森夫妇的as found颇有些关系。所以，译作整秩。——译者注

看成是对"组合"（composition）一词的替代——如霍华德·罗伯逊的书名变化所表明的。在整个19世纪，这两个词一直并存，常常被当作同义词互换地使用，就像索恩在他的演讲中所做的那样（559）。然而，到1930年，"组合"已然遭到了某些现代主义的实践者和评论家的反对，并需要另一个可供选择的词[2]："设计"，以其"组合"没有的其他涵义，成为了一个绰绰有余的替代。例如，弗兰克·劳埃德·赖特1931年的名言："组合死，而创造生"；1929年，捷克评论家卡雷尔·泰格这样指控勒·柯布西耶的"Mundaneum"的方案，"组合；以这个词就可以概括Mundaneum所有的建筑错误"（90）。然而，当"设计"不容置疑地填补了剔除"组合"这个有问题的词留下的空白时，它却不仅仅只是替代。

"设计"的普遍使用与它设立的两极性有关：一端是"建筑物"及其隐含的一切，另一端是建筑中所有非物质的部分，而"设计"是制造这两者对立的一种手段。杰弗里·斯科特在1914年的《人文主义建筑学》一书中，对这种对立有过清晰的表述："建造与设计的关系是建筑美学的根本问题"（100）。换句话说，与"设计"相关的是非建造的部分。这种两极性并不是新的观念——例如，1726年，莱奥尼（Leoni）曾将阿尔伯蒂在《论建筑艺术》（De Re Aedificatoria）[1]开篇所做的重要区分翻译为，"整个建筑艺术既存在于设计中，也存在于结构里"（1）。不过，里克沃特、利奇（Leach）和塔弗纳（Tavernor）在他们新近的译本中指出（422-423），"设计"——至少其20世纪晚期的涵义——与阿尔伯蒂所说的意思不大相同，因此他们采用了拉丁语的原文lineamenti（线构）[2]。莱奥尼为阿尔伯蒂的区分所选的词说明，作为描述一个活动——建筑——的两个方面的一种方式，"设计/结构"在18世纪是一个为大家公认且熟识的比喻。这一传统贯穿了整个19世

双螺旋楼梯间，尚博尔堡，法国，约1530年，来自安德烈亚·帕拉第奥，《建筑四书》（Quattro Libri，1570）。看过帕拉第奥的图，约翰·埃弗兰想亲眼看看尚博尔堡，因为"设计的奢华，尤其是楼梯间设计"。

纪，但在20世纪早期，这种原来仅存在于演说与思想中的区分，逐渐表现为两种互不相干的活动。

"设计"的诱人之处在于，对一个立志加入到人文学科，而现实中却主要与建筑的物质性有关，且受制于手工作业与商业结合的行业来说，这个词暗示了其产品的一部分是纯粹的脑力劳动。这一点无疑是16世纪意大利建筑师对"设计"感兴趣的地方，不过，在20世纪早期，对体力与脑力劳动的区分变得更加必要，其中一个特别的原因是，在建筑师训练上的转变。直到20世纪初，除了法国，其他所有国家建筑师的职业学习，都是通过在实践建筑师的事务所做见习生或学徒的工作来进行

①本书名译自其英文书名On the Art of Building——译者注。

②刘东洋建议将lineamenti译为线构——译者注。

的（甚至在法国，很大程度上也是如此）。在20世纪早期，几乎所有地方的建筑师培训都转入到专科学院、大学和大学的院系中——这种变化也同样发生在其他的大多数行业里。对建筑来说，其影响是建筑师所学的不再是"实践"，而是"原理"，换句话说，一种完全去物质化的、脑力活动的艺术；而学生在训练中"生产"的不是"建筑"（architecture），而是图——通常称之为"设计"。将建筑视为一种思维的产物——即所教授的——和将建筑视为参与到物质世界中的一种实践，这两者的分离，此时第一次成为有目共睹的事实。在此之前，"设计"和"结构"的对立一直只是思考一种活动——建筑——的两个方面，没有其中的一个，便无法想象另一个的存在。此时，随着教育与实践的分离，"设计"本身逐渐被看作是一种纯粹的、自足的活动，而不是将建筑的某个特质概念化的一种便捷方式。教育使此前仅存在于话语中的分离成为了现实；并且教育中对"设计"这个有着悠久且貌似受人尊敬的渊源的词的占用，促使训练和实践之间这种相当武断和人为的划分显得平常且合乎情理。简而言之，"设计"这个范畴使建筑是可被*教授*的，而不是通过经验习得的。

这种将"设计"视为一种从世界脱离出来的思维活动的认识，从建筑教育家的声明中可以看得非常清楚：在1960年代英国建筑教育改革的发起人理查德·莱维琳·戴维（Richard Llewelyn Davie）的评论中，引人注目的是"设计"如何被表述为一种自为的活动："设计课上的设计作品是我们的强项。……在设计课上，学生们被不断地提醒建筑设计的同一性（oneness）……"（13）。可想而知，渴望其作品的知性成分获得认可的建筑师们，心甘情愿地接受了"设计"的这种区分和具体化。然而，需要指出的是，其不利的影响也是长远的，因为所谓"设计与建造"的形成——承建商雇佣建筑师做设计——即

是接受了建筑师自己声明的其专业在于"设计"的思维活动上，并随之将建筑师的地位降到这个他们唯一胜任的领域里。

从建筑中的一个范畴回归到它自己的一种活动，"设计"的这种转变在很大程度上得益于哲学家论点的支持。正如柏拉图和新柏拉图主义使文艺复兴建筑师得以区分物体和它的"设计"一样，康德的哲学促使人们将"设计"想象成一种自身独立的纯粹属性。在《判断力批判》（1790）中，康德写道："在绘画、雕塑，乃至所有的造型艺术，建筑、园艺以及美术中，就美术而言，设计是本质之物"（67）。康德所说的"设计"，一部分与长期以来绘图（或设计）与色彩对立的说法有关，但也是将其视为"形式"的体现，在这种意义上它是所有纯粹品味判断的基础。

如果说哲学倾向于支持"设计"作为一种独立的事物存在的话，这一观点并非毫无异议。19世纪政治经济学中的一个主要的话题是脑力劳动和体力劳动的分离，约翰·拉斯金将这一主题的暗示引入了建筑中。在"哥特式的本质"（The Nature of Gothic）中，拉斯金阐明了他的观点，他认为，哥特式建筑的价值在于中世纪的手工匠人在把控自己的作品上所享有的自由；虽然承认建筑中作品的指导者和执行者之间需要某些劳动分工，但他谴责了他在那个时代的建筑中，相比于中世纪前辈，手工匠人的地位被贬低和轻贱的状况。拉斯金并没有对建筑中作品的构想者和执行者的分工提出异议；他所反对的是将一个视为受人尊敬的工作，而另一个则是不光彩的。如他所说，"在每个分化的职业里，没有哪个高手可以骄傲到不去做最困难的工作。画家应该自己磨颜料；建筑师应该和他自己的人一起在石匠作坊里工作"（§21）。拉斯金几乎从不用"设计"这个词谈建筑；但事实上，"设计"是拉斯金非常重视的一项活动（他所说的"设计"基本上特指"绘图"），因为它是人类的创造力证实自己将自然转变为艺术

设计工作室，皇冠大厅（Crown Hall），伊利诺伊理工学院
（IIT），芝加哥，1950年代后期。首先是建筑学院中建筑的制度
化，将教学与实践分离，导致了"设计"本身成为了目标。

的力量的时刻，他说，"一面镜子是不会
设计的——它只是毫无分别地接受和反
射从它前面经过的东西而已。…… 能被
真正称为的设计，是人类的发明创造，有
赖于人类的能力"[《两条路》（The Two
Paths），35–36］。如果拉斯金对建筑中的
"设计"没有发表什么看法的话，那么他
的英国继任者，威廉·莫里斯及建筑师菲
利普·韦伯和威廉·理查德·莱瑟比，却
留意到他话中隐藏的含义，而对"设计"
颇为质疑，因为在其中，他们既看到了手
工劳作社会地位衰落的起因，也看到了表
征。莱瑟比曾于1892年着重指出这项活动
所经历的历史转变，并对比了其过去和现
在的状况："设计在过去不是才能加圆规

的抽象活动……在被赋予手工艺品的某些
形式时，它是对材料表现的各种能力的洞
悉……那些工艺……现在正在被设计与劳
作分离的体系所摧毁"（153）。而且菲利
普·韦伯，在一封致莱瑟比的信中，曾做
过一个有启发性的修正，当他划掉"设
计"一词而代之以"创造"（invention）
时（Lethaby，Webb，136），这个修正概
括了所有这些反对意见。如果有人问为什
么这个词尽管受到了明显的抵制，依然会
如此广为流传，那么我们不应该忘记，韦
伯和莱瑟比也同样反对20世纪初引入的建
筑教育模式，而且他们对"设计"的反对
说到底并不比他们对建筑教育制度化的反
对多。[3]

40

到目前为止，我们一直谈论的是与建筑有关的"设计"，然而，特别是在英国，这个词还有另外一个意思，与商品和生活消费品相关的，隐含在"好设计"这个说法里的含义。1937年，当尼古拉斯·佩夫斯纳写道："与那些环绕在我们大多数人周围的物品的拙劣设计做斗争，成为了一项道德义务"，是"我们时代的社会问题不可分割的一部分"时，他并没有提出新的观点（尽管语气不同），只不过将业已持续了200多年的有关"设计"的争论更新到了当下。

在英国，自18世纪早期以来，人们逐渐达成共识，判断一个国家的文化财富不是以它的纪念物和建筑，而是以其"成千上万囤积了各式各样货品的财大气粗的大商店……"（Souligné，1709，154）。[4]然而，当所有这些货品的存在或许标志着先进的文明时，就像个人拥有的*财物*一样，它们也意味着奢侈——而奢侈，如伏尔泰（Voltaire）所观察到的，是一个悖论，既被处处渴求，又被普遍指责为一种堕落。奢侈品所表现出来的危害在于，它使人们变得贪婪，从而威胁到公共秩序；并且如果落入不该拥有的人手中，它们会降低社会差别的划分。斯威夫特（Swift）曾借格列佛（Gulliver）之口，讽刺了18世纪初英格兰对奢华的追逐，"当我在家，穿着得体时，我的身上穿着100个工匠的手工；我家的建筑和家具所用更多，而装扮我妻子所需的是这一数目的5倍"（288）。如果斯威夫特认为一件女装应该需要1000个工匠的劳动是荒谬的话，他同时代的其他人却完全不这么认为。在《蜜蜂的寓言》（*The Fable of the Bees*，1714）中，伯纳德·曼德维尔（Bernard Mandeville）像他之前的一些人一样地辩驳说，对奢华的追求对整个社会来说是有利的，因为它带来了财富的流通；另外，尽管他也提出对物品的虚妄渴慕不一定像人们普遍设想的那样成为公共道德的威胁，但如果以好的品味加以约束，对这些物品的追求会将利己主义的激情倒入到一种为社会所接受的无害的竞争形式中。这一重要且原发的观察提出了一种可能性，即如果消费品的制造合宜（或"设计优良"），它们不见得是危害公共秩序的庸俗且令人不悦的奢侈品。这种论断一直是后来有关"好设计"的争论的中心，尤其是当它们出现在19世纪中叶的英国时。[5]尼古拉斯·佩夫斯纳抵制"拙劣设计"的使命感属于同一个传统（尽管佩夫斯纳在德国时通过德意志制造联盟（Deutsche Werkbund）已经知道了这个论争，在德意志制造联盟它一直比较含蓄地倾向于成为一种对资本主义温和的批判）。[6]

"设计"的另一个意思，也产生于18世纪早期，是经济竞争的一种手段。法国奢侈品的成功在很大程度上归因于它们在设计上的优势。1735年，贝克莱主教（Bishop Berkeley）在《问难》（*The Querist*）一书中，建议在爱尔兰成立一所设计学校培训纺织品设计师时，问道："无论是法国还是佛兰德斯，如果它们不曾有专门的设计学校，能凭花边饰带、丝绸和挂毯从英格兰拿走那么多钱吗"（§65）。他接着说，"那些可能将这件事轻嗤为概念性想象的人是否充分考虑过设计艺术的广泛使用，以及它在大多数贸易与工业产品中的影响……"（§68）。到18世纪中叶，"设计"作为一种附加价值的形式的意义似乎已经被广泛地认识；建筑师威廉·钱伯斯爵士曾评论道，对消费品来讲，"设计具有普遍的好处，它可以使最不起眼的产品获得额外的价值，对商人来说，这一点的重要性显而易见；无需解释"（75）。这一原则贯穿在各个政府的很多努力中——不论是在1840年代的英国，还是1900年代的德国，抑或1980年代的英国——均将提高设计水平作为保证经济竞争力的一种方式。

所有围绕"设计"这个词的含糊不清都包含在今天所说的"设计师墨镜"，或"设计师T恤"里：带着一抹对如此

起居室和餐厅，肯辛顿宫花园街1号，伦敦，韦尔斯·科茨（Wells Coates）改动之前和之后，1932年。在英国和德国，现代主义话语一个常见的主题是"差"设计（如凌乱的和装饰的）与"好"设计（如简约的、无装饰的）的对比——"差设计"预示着文明的即将崩溃，因此，对它的抵抗被视为一种"道德义务"。

141　显而易见的奢侈品的轻蔑，这种说法同时顺应了社会认可的对这种物品的兴趣，甚至拥有它们的愿望，因为它们为品味的实施提供了机会；但是这个称呼也承认，设计师的关注使其价格名正言顺地远高于那些与它们相似的简陋、"无设计"的物品。

1. Panofsky，*Idea*，pp.60–62，在文艺复兴艺术理论的语境中讨论了这一段。
2. Rowe，'Character and Composition'，来自*The Mathematics of the Ideal Villa and Other Essays*，1982，pp. 59–87。
3. 参见Swenarton，*Artisans and Architects*，chapter 4，及Crinson and Lubbock，*Architecture: Art or Profession*，pp. 65–86，关于相互角逐的教育模式。
4. 这一观点在Jules Lubbock的*The Tyranny of Taste*（1995）一书中有详尽的论述，本段引语出自此书。
5. 参见Jules Lubbock，*The Tyranny of Taste*，1995，chapter 3。
6. 参见Schwarz，*The Werkbund*，1996，pp.13–73。

灵活性（Flexibility）

> 在我们这个时代，对结构"灵活性"的需求已经凸显。克里斯蒂安·诺伯格-舒尔兹，1993，152

> 灵活性，当然以其自己的方式，是一种功能主义。彼得·柯林斯，1965，234

作为一个重要的现代主义术语，特别在1950年代之后的一段时期中，"灵活性"通过引入时间和未知，使功能主义有望从过分决定论者的手中被拯救出来。与建筑的所有部分都应被赋予特定功能这一假定事实相反，承认并不是所有的功用都在设计之初就能被预见到，这使得"灵活性"成为一个受人欢迎的建筑属性。如同艾伦·科洪所言：

> 灵活性背后的哲学是：现代生活的要求是如此的复杂多变，以至于任何作为设计者来预见这些要求的努力都使得建筑不仅不适用，并且表现出——实际也是一种设计师的集体"伪意识"。（1977，116）

尽管，后面我们会看到，某些灵活性的要素在一些建筑中早已得到应用，"灵活性"这个字眼，开始作为一个普遍的建筑学原理来广泛应用却是1950年代初的事。早期的宣言之一来自瓦尔特·格罗皮乌斯，1945年他阐述自己的信念如下："（1）建筑师不应视建筑为纪念碑，而是盛纳他们所服务的生活之流的容器，（2）他的概念应灵活可变到足以为我们现代生活的多姿多彩创造出一个合适的背景（1954，178）"。到了1960年代，"灵活性"已经成为建筑评论的一个公理：路易斯·康1961年在费城完成的宾州大学理查兹医学研究实验中心（Richards Laboratories）被批评（并获恶名），因为"这组建筑不够体贴，没有为科学家们考虑他们对于灵活性的要求，不太好用（Stern，1969，11）。而詹姆斯·斯特林1965年描述他5年前完成的莱斯特大学工程系馆（Leicester University Engineering Building）时说，"提出了一个普适的解决办法来接受变化，并且具备内在的灵活性始终是至关重要的"（1998，99）。

最早一个对"灵活性"的争论在于怎样能更好地达成灵活性：是通过让建筑在某些特定方面不完整、未完成，留待将来决定呢？还是建筑师应该设计一个建筑其自身是完整的，但又是灵活可变的？一个不完整做法的案例来自英国建筑师约翰·威克斯（John Weeks），基于有很多大型机构，比如机场或者医院，在建筑物过时、不再适用之前不可能预计到需要的变化，因此，唯一切实可行的办法是一座不确切的建筑，其中某些要素留下来不完成（Weeks，1963）。强烈反对这种办法的是与X小组（Team X）相关的一些荷兰建筑师（因为某种无法解释的原因，荷兰对于"灵活性"这一概念的贡献超越了其他所有国家）。1962年，阿尔多·范·艾克对"灵活性和伪中立"发动书面攻击："灵活性不该被过分强调，或者变成另一种绝对，一个新的抽象的闪念。我们必须留意适合所有手的手套，也因而不适合任何一只手（1962，93）。"在同一期的《论坛》（Forum）杂志上，赫曼·赫兹伯格强烈批评"灵活性"的一些后果：

> 灵活性就意味着——既然没有一种解决办法比其他的更好——对于一个固定的、明确的立脚点的绝对否定。灵活的平面出发点是确信正确的解决之道不存在，因为需要解决的问题处于持久的不断改变的状态，换言之，总是临时性的。灵活性总是隐含于相对性之中，但事实是它只与不确定有关；不敢公开表明自己的立场，因此，也就拒绝承担一个人的每个举动都会带来的无法推卸的责任。（1962，117）

灵活性（Flexibility）

124

在赫兹伯格看来，"灵活性"只能代表"整套对一个问题全都不合适的解决办法"，他在随后的一篇文章里做了进一步探讨："灵活性不一定非对事物的功能优化有所助益不可（因为灵活性绝对不能对任何给定的情形产生出可以想见的最佳结果）（1967）。"赫兹伯格主要反对的是那种建筑，努力去预见所有未来可能的变化，却不选择其中任何一种，客体不明确，结果无趣。相反，他想要的是单一的、出色的永久形式，"多价"（polyvalent）[1]的形式——"一种不需要改变自己就能用于各种功能的形式，以最小的灵活性容纳最佳解决方法"。但是，赫兹伯格对于灵活性的攻击也是对于功能主义的攻击，攻击功能主义把人的使用诠释成多种抽象"活动"的倾向：

> 就算生活和工作或者吃和睡有理由被称为活动，仍不意味着它们对发生其间的空间有着具体的要求——提出具体要求的是人，因为他们希望以自己特定的方式解释同一种功能。（1962，117）

就像我们将会看到的那样，这种抵制功能主义强加于人的"对个体自由的集体固化"的愿望与另一种意思完全不同的"灵活性"相关联。

到了1970年代晚期，"灵活性"渐渐失去了一些作为建筑特质的吸引力。比如詹姆斯·斯特林，先前是灵活性的支持者，后来有报道说他曾在介绍斯图加特美术馆（Stuttgart Staatsgalerie，1977–1982）设计时借机[2]表达了"他对当前建筑的枯燥、无意义、不明确表态、千篇一律的灵活性和开放结局感到的厌恶"（Stirling 1984，252）。

在现代主义者的建筑话语中，"灵活性"的*目的*是处理预期和现实之间的矛盾。预期被格罗皮乌斯表述得很好，即建筑师设计建筑时最终关注的是人的入驻和使用，而现实是建筑师对一座建筑的介入在建筑物开始入驻的那一刻就停止了。将灵活性纳入设计给建筑师们带来幻觉，仿

[1] 多价（polyvalent）与multivalent同义，指某种具有多重价值、含义或者诉求的事物。价（valent）源于化学里的原子价（valency）。原子价（也称化合价）表明原子形成化学键的能力。元素在相互化合时，反应物原子的个数比总是一定的。比如在水分子中，1个氧原子一定是和2个氢原子化合。如果不是这个数目比，就不能使构成离子化合物的阴阳离子和构成共价化合物分子的原子的最外电子层成为稳定结构，也就不能形成稳定的化合物。因此，元素的核外电子相互化合的数目就决定了这种元素的原子价。在化学中，多价指那些非单价（univalent or monovalent）的原子。多价的原子有多个绕核电子组，它们在原子空间中的分布各不相同。——译者注

[2] 原文为apropos，适时、恰巧，来自法文à propos，直译to the purpose，此处体会斯特林有借题发挥之意。——译者注

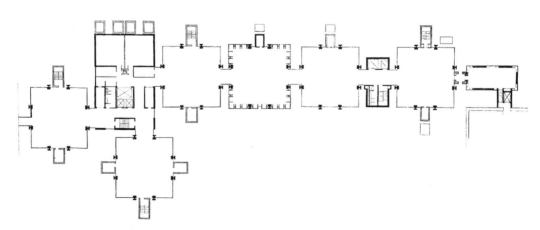

费城宾州大学理查兹医学研究实验中心平面，路易斯·康，1957—1961年。"这组建筑不够体贴，没有为科学家们考虑他们对于灵活性的要求"——理查兹医学研究实验中心因缺乏"灵活性"而广受批评。

斯图加特美术馆的中央庭院，斯图加特，詹姆斯·斯特林和迈克尔·威尔福德，1978—1993年。斯特林说美术馆来自他对于"当前建筑的枯燥、无意义、不明确表态、千篇一律的灵活性和开放结局感到的厌恶。"

佛他们对于建筑的控制可以延续到未来，超越他们实际负责的期限。

我们可以分辨出建筑中三种明显的"灵活性"策略。

144　　1. 冗余（*Redundency*）。建筑师雷姆·库哈斯在其著作《小、中、大、特大》（*S*，*M*，*L*，*XL*，1995）里将冗余解释得十分清楚。他把冗余与位于阿纳姆的19世纪环形全景式穹顶监狱联系起来。

也许传统……和现代建筑之间最重要也是最少引起注意的差别表现在：像阿纳姆全景式那样一座超级纪念性、浪费空间的建筑证明是灵活的，而现代建筑则是基于形式和程序之间确定性的巧合，其目的已不再是诸如"道德进步"的抽象概念，而是对日常生活的全部细节的罗列。灵活性不是对使用可能变化的令人殚思竭虑的预测……灵活性是创造边缘，即能产生额外的容量，使不同甚至是相反的解释和使用成为可能。（239-240）

被库哈斯指出来的阿纳姆监狱的空间冗余是许多前现代建筑的一个特征：这是——比方说——巴洛克宫殿的特点，那里很多房间都没有指定的用途，很多房间并非有特定功能。不过，尽管在这些老房子中这种灵活性现在可能依稀可辨，在当初它们建造的年代可不是这样形容的。

2. *通过技术手段达成灵活性*。这种灵活性的现代主义典范之作——而且显然是第一个被如此认定"灵活性"品质的案例，是1924年格里特·里特维尔德（G. Rietveld）在乌得勒支设计的施罗德住宅，其中开放的二层装着活动隔墙。用1925年　145荷兰评论家詹妮斯·格哈杜斯·瓦特杰斯（J. G. Wattjes）的话说："一个可移动的屏风系统替代了惯常固定的隔墙，于是为室内空间划分提供了很大的灵活性……目的是室内可以每天依白天晚上不同时间的需求而变化"（引自Bonta，192）。其后有很多现代主义建筑试图通过使建筑元

（上图）穹顶监狱（Koepel Prison）室内，阿纳姆（Arnhem），1882年。库哈斯指出像穹顶监狱这样20世纪以前的建筑的"灵活性"在于它们浪费的过剩空间。

（右图）施罗德住宅二层的不同平面和室内照片，乌得勒支，荷兰，格里特·里特维尔德，1924年。滑动隔墙可将二层的开放空间划分成小房间的不同组合：它通常被认为是用技术手段创造现代"灵活"室内的原型。

素——墙、窗，甚至地板——可移动来达成灵活性，其中最为雄心勃勃和值得注意的例子是1939年博杜安（Beaudouin），洛兹（Lods），博迪安斯基（Bodiansky）和普鲁韦（Prouvé）在巴黎克里希（Clichy）完成的人民之家，这幢房子早上是交易市场，下午和晚上可通过可移动地板、屋顶和墙改作剧场和电影院。[1]在战后，达成146 灵活性的技术手段从巧妙的滑动或者折叠系统（尽管这些仍然作为特色存在于很多后来的现代建筑中）转向集中发展轻质建筑结构和机械设备服务系统等，后者使空间的气候控制根本无需传统的建筑要素。特别有影响的是1950年代，在美国，安东·埃伦克兰茨（Anton Ehrenkrantz）和康拉德.瓦克斯曼（Konrad Wachsmann）为那些所有设备系统都在屋顶内解决的房子而设计出来的系统。如此是为了给学校 147 和工厂建筑以平面布局和组织上的自由，这些系统被某些欧洲建筑师所采纳，包括法国的尤纳·弗莱德曼（Yona Friedman）、荷兰的康斯坦特·纽文华（Constant Nieuwenhuys，一般称Constant）和英国的塞德里克·普莱斯（Cedric Price），被他们视为潜力巨大，不仅为建筑内部提供灵活性，而且把建筑从传统的固定不变中解放出来，使建造所有建筑都可移动的城市成为可能。弗莱德曼要求"服务于单体建

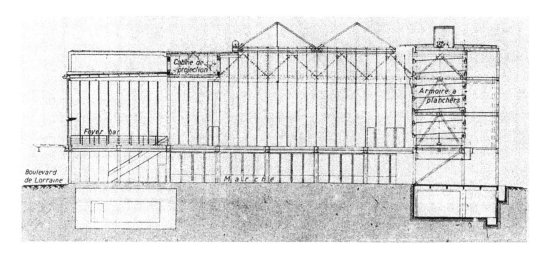

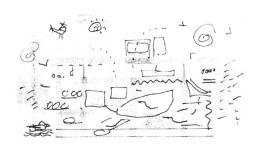

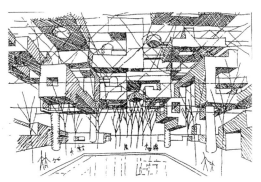

（顶图）人民之家剖面，克里希，巴黎，博杜安，洛兹，博迪安斯基和普鲁韦，1939年。最雄心勃勃的"灵活"建筑之一，为克里希社会主义公社而设计的人民之家，可以通过可移动地板、屋顶和墙，将早上开放的交易市场，在下午和晚上改作剧场和电影院。

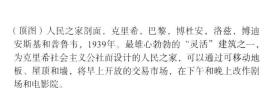

（左上图）塞德里克·普莱斯，欢乐宫，"分镜脚本"草图，1964。

（右上图）尤纳·弗莱德曼，空间城市（Spatial City），绘图，1958—1960年。弗莱德曼设想，现代建造技艺可以使"建筑物"和"都市空间"分离，于是不受建筑物限制的空间，便可能成为自由社会永不停息的灵活媒介。

筑的新的建造方式必须：（1）最小面积地接触地面；（2）可拆卸可移动；（3）可以依人心愿而变化"（1957，294），构想出一个由设备结构支撑起来的城市，其中所有一切都灵活可动。

塞德里克·普莱斯的欢乐宫（Fun Palace，1964）是"一个灵活的教育和娱乐中心"，其中一个由钢格构架塔组成的开放式框架和高层的桁架屋顶一起，不仅提供了内部短期围合的支撑，也承载了所有设备和采暖系统，可将水暖电供给到内部任何封闭空间中。[2]欢乐宫并未建成，但塞德里克·普莱斯在1972～1977年设计的一个较小项目，北伦敦肯特镇的互动中心（Inter-Action Centre）是与通过技术手段达成完全"灵活"建筑的设想最接近的建成例子。不过，应该补充说明的是互动中心也是一个很有点不同寻常的混乱过程的产物，在这个过程中，结构钢架在大家

互动中心，肯特镇，伦敦，塞德里克·普莱斯和爱德华·伯曼（E. Berman），1972—1977年。这或许是最接近于全"灵活"建筑理想的建成案例——其中，结构的灵活性和使用的灵活性变得无法区分。

知道该装点什么之前就立了起来，并被闲置了一年等待进一步的建造，那时参与的各方却为他们想要在其中放置什么而争执不休。[3] 巴黎的蓬皮杜中心尽管声称为其"灵活性"而建，实际并非如此；事实上它的所谓"灵活性"只不过是一个说法，它最近为维修需要长时间关闭即证明了这一点。

所有这些试图通过技术手段达成"灵活性"的一个共同特征是将"灵活性"视为建筑物的一个属性。这种假设"灵活性"是通过建筑物来实现，并且是建筑师将其纳入设计当中的，一直是建筑学应用这一概念的一个普遍特点——它使得这种应用远离"灵活性"的第三种意义，这种意义认为灵活性是使用的特质，而不是建筑物的。

3．*作为政治策略*。情境主义国际（Situationist International）在1950年代晚期对资本主义的批评着力集中在资本主义将日常生活的所有方面都商品化的倾向。家庭生活、休闲和空间一个个全都被与功能部件分开并被赋予交换价值成为商品，从而被剥离个体自由领域。情景主义国际的部分目标是抵制这一过程，并且通过"戏谑活动的自由领域"恢复遭受资本主义规则禁锢的生活各个方面。与城市和城市空间相关的特别策略是侵用（*détournement*）——（误）挪用既有建筑和空间预设的使用方式。这些想法中有一些可以在亨利·列斐伏尔的《空间生产》（*The Production of Space*，1974）一书中找到，但更为完备。对列斐伏尔而言，资本主义对于空间的把控同时通过物理空间强加功能分类和对空间感知强加抽象意向来完成，是资本主义最具侵害性的举动。"功能主义强调功能到摒除了复合功能的可能性的境地，因为每一个功能在被控制的空间里都有一个指定位置"（369）。与抽象空间每一事物的"窒息"相对，列斐伏尔设想了一种新的空间实践将"重新连接起被抽象空间割裂的东西——功能、元素和社会实践的各个片刻"（52）。列斐伏尔心中的行动类似早期基督教徒将原本世俗的罗马巴西里卡升级用以膜拜，后来成为基督教堂的模型（369）：在这个例子中，行动先于最终与使用意图联系起来的形式。对列斐伏尔而言，抵抗"被控制的空间"只能由挪用、由使用自由的强调，通过使用者对空间灵活性和复合功能性的实现而达到；但是，他遗憾地写道，"快乐的真正空间，也即是一个卓越的被挪用空间，尚未出现"（167）。

根据列斐伏尔的理念，通过使用，通过挪用的积极行动，可以打破功能主义的空间把控，"灵活性"便获得了其政治内涵。列斐伏尔认为，建筑师和建筑学是抽象和把控空间的实践中的同谋，都无法在实现灵活性中发挥作用："使用"是被引向反对建筑学的政治行动。但是建筑师康斯坦特、尤纳·弗莱德曼，某种程度上还有赫兹伯格，都认为建筑学可以积极满足各种不同的使用。尽管康斯坦特和弗莱德曼都对实现灵活性的

技术手段感兴趣，但必须强调的是，灵活性的最终目的是破坏由资本主义建立起来的已有的产权关系和功能划分。有证据表明，比如康斯坦特的文章"即将开始的伟大游戏"（The Great Game to Come，1959）："我们相信必须要避免所有静态和不变的要素，并且建筑要素的变量或可变性是与其中发生的事件建立灵活关系的前提"（63）。强调的重点在于将要发生的事件，于此，可变的建筑要素只是前提。在这一构想中，"灵活性"不是建筑物而是空间的属性；而且是一种通过付诸使用而获取的属性。

如果"灵活性"一直是一个令人困惑的词，那一定是因为它必须扮演两个彼此矛盾的角色——一方面，它在一定程度上服务于功能主义并使之切实可行；但另一方面它又被用作抵抗功能主义。这之间显著的差别在建筑师使用这个术语的过程中常常不被注意。

1. 见Ellis，'Prouve's People's Palace'，*Architectural Review*，vol.177，May 1985，40–48。

2. 见*Architectural Review*，vol.137，January 1965，74–75。

3. 见Alsop，'Speculations on Cedric Price Architects' Inter-Action Centre'，*Architectural Design*，nos7–8，1977，483–486。

形式（Form）

建筑师必须是一位形式-艺术家（a form-artist）；只有形式的艺术才能领向一条通往新建筑的道路。 奥古斯特·恩德尔（August Endell），1897

经由现代时代承传给我们的有关建筑师的范式，就是把建筑师看成形式的赋予者（form-giver），建筑师一方面要成为通过各个局部的统一性，另一方面要通过形式反映意义的透明性，去构建典型的等级和象征结构的形式赋予者。 伯纳德·屈米，1987，207

从奥古斯特·恩德尔的乐观热情到伯纳德·屈米有些愤世的怀疑主义，这其中的90年，展示着一部有关20世纪建筑中最为重要也最为困难的概念——"形式"的历史。屈米只用了一句话，就提醒了我们，当我们面对"形式"时，会遇到若干问题：比如，"形式"概念对于现代主义话语的不可或缺性，比如，对建筑师的工作就是创造"形式"的推测，对于认为"形式"存在的价值就是去传达意义的信念。

建筑现代主义之所以能够存在，靠的就是"形式-空间-设计"这三要素，形式是其中的要素之一。但是，就其对"形式"的依赖而言，建筑并不是唯一的——在所有其他艺术实践中，以及在一般文化领域里，"形式"已经变成了一个不可或缺的范畴，没有了形式，几乎整个分析的领域就无法界定、无从下手。然而，在有关"形式"的事务中，建筑声称有着特别的优先权，因为建筑的工作就是要物质性地塑造我们身边的空间和物体——这样的说法，多少有些转移了有关形式的核心问题，就是在西方思想中形式的全部意义背后的东西。在"形式"一词中，存在着一种内在的含混。一方面，形式可以指"形状"（shape）；另一方面，形式可以代表"理念"（idea）或者"本质"（essence）：前者描绘的是事物被我们感官所认识到的属性，后者指的是被我们心灵所认识的属性。当建筑学在使用了"形式"一词后，有人认为，建筑要么成了形式概念这一暧昧性的牺牲品，要么恶作剧般地利用了形式概念这一内在的含糊。我们下面将要讨论的，绝大部分都是关于在跟制造物质实体有关的艺术实践中，我们在形式这两种不同的暧昧意义上，到底该做出怎样的抉择。在如何思考形式问题上，（首要发展出来形式现代概念的）德语语系要比英语有些有利条件，因为在英语里我们只有一个词——form（形式），而德语中却有两个，"Gestalt（格式塔）"和"Form（形式）"：德语中，格式塔指的是那些被感官所感受到的对象，而德语的形式通常意味着要从具体特殊身上所做出的某种程度上的抽象[1]。

直到19世纪末，几乎除了德国哲学美学之外，在建筑中所使用的"形式"都只是指"形状"（shape）或者"体块"（mass），换言之，大家口中的建筑形式就是在描述建筑物的感觉属性。然而，德国建筑师奥古斯特·恩德尔在1897年所激动地宣布，正是将形式的另一种"理念"意义挪用到了建筑之中。我们在这里要跟踪的是这种"理念"意义在建筑世界所发生的事情。在1930年前后，当英语世界也开始拓展"形式"的意义、使之包容现代主义概念时，人们经常发现，他们之前对于形式的理解无法容纳他们对于形式一词的拓展：例如，在第一本试图描述新建筑原理的英文书《现代建筑设计》（1932）中，作者霍华德·罗伯森写道："因此，主要的美学任务就是有趣而恰当地处理形式。正是这种对基本形式的关注，人们可能称为'赤裸的'形式，才把现代建筑设计区别出来"（20）。罗伯森知道形式是重要的，但是还没有完全搞清楚为什么，或者说，除了"形状"之外，形式还能意味着什么。直到现在，当人们不断地讲到"形式"时，他们仍然说的是"形状"，而一种对意欲所指的意义有效的智力测试，就是试着用"形状"或者"体块替换一下"。

除了这种"形式/形状"的混淆之外，在20世纪建筑语汇里，在理解"形式"时还存在着另外一个更加复杂的问题。这个问题就是在很长的时间里，有关"形式"所指代的意义，跟"形式"一词所指代的意义的对立面比起来，已经变得不那么重要了。我们可以说，"形式"的真正意义在于其作为一种对立性的范畴去限定其他词汇的价值：我们将看到，形式这个松弛的容器已经装下了足够多的概念，其中，某些概念是相互矛盾的，即便这样，形式一词也常常被当作与诸多其他价值相对照的一个限定性范畴。为了带出我们后面的讨论，我们说，形式曾被用作与诸如"装饰"、"大众文化"、"社会价值"、"技术试验和开发"、"功能性"等范畴的一个对立面。

现在，我们谈论建筑时，如果不使用"形式"一词，几乎不可想象，但是我们必须澄清一件事：*"形式"只是思想的一个工具*——它既不是一件事，也不是一种物质。而且，形式作为日常建筑言说中的一个工具，也是晚近——只是到了20世纪才出现的事情。对于那些认为形式一词的使用已经存在着明显的常识性共识，并不值得对其加以质疑的人，我们只能说，恰恰是形式一词身上所展示的常规性，才值得我们去怀疑它。这种常规性就像一个病毒入侵了细胞并成为细胞的一部分那样，"形式"一词已经如此彻底地进入了批判领域，克服了所有的抗拒，在某种程度上，我们今天在谈到建筑时几乎没有可能不使用形式一词。正如历史学家大卫·萨默斯（David Summers）在谈到视觉艺术中的形式时所

提醒的那样，"形式远不是人们常以为的那样是个中性的分类和启发性的范畴"[2]，同样的话也适用于建筑中。

古代的"形式"：柏拉图和亚里士多德

是什么把"形式"变成了这样一个灵活多变的概念，如此方便地受用于20世纪的建筑呢？对于这一问题的部分解释在于形式在西方哲学中漫长的历史，在这一过程中，形式曾经被用来解决诸多的哲学问题。我们有必要简要地追溯一下，在形式被用到建筑之前，"形式"的哲学用法，这不仅是为了发现形式魅力的一部分原因，也是因为在其多种的原初目的中，可以找到在现代建筑学中"形式"一词的使用中诸多混淆的源头。

在古代，"形式"概念的主要创造者是柏拉图。在柏拉图看来，"形式"会对诸多复杂问题提供答案——比如，什么是物质的本性，物质变化的过程，以及我们对事物的感知。在早些时候的毕达哥拉斯（Pythagoras）看来，所有事物在本质上都可以被描述成为"数"或"数比"。[3]与毕达哥拉斯的理论不同，柏拉图认为在物质世界的背后是几何图形，三角形和立方体。柏拉图的这一论点在《蒂迈欧篇》（*Timaeus*）的对话中得到了发展。在那本书中，柏拉图首先区分了"永恒真实没有变化的存在"和"永恒变化没有真实的存在"两种世界。前者，"由思想通过推理来认识的东西是永恒真实不变的"①，而后者，则是我们感觉的对象；那种永远不变的、只有靠心灵才能了解的东西就是柏拉图所说的"形式"，它跟靠感觉认识到的"形状"形成了对比。这一区别是柏拉图思想中的一个基础，并在柏拉图哲学中不断地得到重复："特殊性乃是目光的对象，不是智性的对象，而'形式'才是智性

---

①此处关于《蒂迈欧篇》的相关内容转引自：柏拉图，谢文郁译注，《蒂迈欧篇》，上海：上海世纪出版集团，2005，19–20。——译者注

的对象，不能够被目光所识"（*Republic*，§507）。柏拉图指出，在创作任何物体的过程中，创作者跟随着"形式"，而不是任何已经存在着的物体（§§27-28）。另外，在《克拉底鲁斯篇》（*Cratylus*）的对话中，柏拉图举了一个木匠制作梭子的例子："假设在制作过程中，那个梭子断了，木匠会根据这只已经断了的梭子再做一个坏的梭子吗？或者，木匠将根据形式，再制作另外的梭子呢？"显然，答案是后者；柏拉图继续说"我们是否可以将其称为真正的或是理想化的梭子呢？"（*Dialogues*，第三卷，§389）。从这一点出发，很显然，在柏拉图看来，形式永远要高于跟它们相似的制作出来的物体。回到《蒂迈欧篇》，柏拉图把形式和事物之间的区别做了如下的限定：

> 首先，存在着不变的形式，不被创造、不可破坏，不受修正、不做混合，目光或者其他感官都感觉不到，它是思想的对象；其次，存在着与形式相似且名称相同的东西，但是可以被感受到……可以通过感觉的帮助，被感官理解。（§52）

这样，作为思想的对象，形式也找到了它们在事物上的对应，就是被表面围合起来的形状，而所有的物体表面，按照柏拉图的说法，就是由两种类型三角形①中的任意之一所构成的（§53）。在《理想国》中，柏拉图解释说，哲学家们为了追求明白易解的形式，必须始于基本的几何图形，"尽管他们并没有真正地在思考这些图形，而是那些与这些图形相像的本源形式"。接着，柏拉图说道，"哲学家们所画或所塑造的图形，他们都只将其作为示意图，哲学家们调查的真正对象是那些眼睛看不见的东西，只有心灵的眼睛才能看到"（§510）。就这样，通过把事物本来不可见的形式展现成为代表着对象特征的一系列"形状"，柏拉图开启了两种不同意义上的形式概念的混淆，即便是现代的形式概念在使用时，这种混淆仍然存在，尤其是在建筑领域内。

在柏拉图的学生亚里士多德那里，我们发现，亚里士多德不太愿意在形式和事物之间做出范畴上的区分。概括地说，亚里士多德拒绝承认形式是可以绝对脱离形式所被发现的物体之外而独立存在："每一种事物自身和它的本质就是一体和同一的"（*Metaphysics*，§1031b）。虽然亚里士多德也以各种不同的感觉使用过"形式"（form），他既用形式一词指代过形状，也指代过理念，亚里士多德最为包容和最能体现他思想的形式定义之一，是在下面的这句话里，"我所说的形式，就是每一种事物的基质以及它的基本物质"（§1032b）。亚里士多德对于形式的讨论还有着其他有趣的侧面：比如，亚里士多德认为，事物的形式也存在于事物的否定状态中，或者说，在事物还没有发育完成的状态里。换言之，形式也可以被理解为一种"缺失"（*Physics*，第二书，第一章，§193b）；亚里士多德使用了两性之间的吸引，来描述形式的这种对立面之间的吸引："渴望形式的是物质，就像女性渴望男性那样"（*Physics*，第一书，第九章，§192a）。

但是，我们不应该把亚里士多德的"形式"，仅仅看成是他对柏拉图形式概念的批判的结果，也不止是因为亚里士多德反对赋予"目光或者其他感官总是感觉不到"的东西以绝对优先地位的结果。亚里士多德关于"形式"的认识，源自他对另外一个不同问题的思考，就是对植物和动物的生长过程的思考。在《论动物身体局部》（*On the Parts of Animals*）的开始部分，亚里士多德指出，我们不该在有机物的生长过程中去寻找起源，而是要等到有机物达到完整、最终状态时，才能考虑它们的特征，只有这时，才能看到它们的演化。亚里士多德通过一个与建筑的类比来支持自己的观点：

---

① 两种三角形即有两条等边的直角三角形和不等边的直角三角形。

米开朗琪罗，朱利亚诺·德·美第奇（Giuliano de'Medici）墓，美第奇礼拜堂，圣洛伦佐，佛罗伦萨，1531—1533年。根据（追随米开朗琪罗的）瓦萨里所言，雕塑是"一门艺术，它将多余的东西从材料中提取出来，并将其减化为从艺术家头脑中提取出来的形式"。

A. 帕拉第奥，戈迪别墅（Villa Godi），卢戈迪维琴察（Lugo di Vicenza），1532—1542年。"人们更看重建筑物的形式而不是它们的材料"：帕拉第奥，像现代以前的大多数建筑师一样，将"形式"作为"形状"的同义词使用。

房子的设计，或者房子本身，有着这样或者那样的形式；因为这样或是那样的形式，建造的过程才采取了这样或是那样的方式。所以，演化的过程只是为了事物的最终状态，而不是最终状态为了演化的过程。

植物和动物的存在并不会事先存在于某种理念中，而是在一个实际的时间前身中——"因为人是由人产生的；因此，正是由于父母所具有的某些特性，才决定了孩子生长过程中的某些特点"（§640a）。在别处，亚里士多德指出，所有的物质生产过程都是如此，因为每一件事物总要来自于其他的事物：于是，他说，"房子来自房子"，因为没有哪栋房子是可以不需要物质实体而独立存在的（*Metaphysics*，§1032b）。即便是艺术品，尽管具有自发的创新性，亚里士多德认为，艺术作品也事先需要创作者——杰出的艺术家的技能和能力，需要某种可以认同的艺术传统。虽然"艺术作品的确在被物质实现之前就存在于对结果的构思之中"（*Parts of Animals*，§640a），亚里士多德认为这种"形式"就像有机物间的遗传传递，而不是柏拉图那种不被创造、不被破坏的思想的纯粹对象。在事先存在的、不可感知的作为理念的柏拉图"形式"，与那种来自艺术家大脑的基因物质般的亚里士多德"形式"的区别之间，还有一个造成了"形式"在现代的含混性的更进一步的原因。

新柏拉图主义和文艺复兴

在上古晚期和整个中世纪，很多后来的哲学家们都在使用着亚里士多德用来建造描述形式和物质之间关系的隐喻，只不过多少有些混淆，其中，新柏拉图主义者最愿意使用这一隐喻，以便确定美的成因和起源——而这一点，肯定不是亚里士多德的本意。在公元3世纪时，埃及亚历山大城里的哲学家普罗提诺（Plotinus），在其《九章集》（*Ennead*）中，为了说明美存在于理念-形式之中，就问道：

当建筑师发现他面前的房子很吻合他内心的房子理想时，建筑师基于什么原则宣称这栋房子是美丽的呢？难道不是因为他面前的这栋房子，抛开石头不谈，就是打在外部材料体块上的内在理念，在多样性中展示出来的不可分割的属性吗？（Hofstadter and Kuhns, 144）

普罗提诺著作的15世纪佛罗伦萨的翻译者、新柏拉图主义者马尔西利奥·费奇诺（Marsilio Ficino）也同样认为，美存在于形式从物质那里的独立：

在开始的时候，建筑师会对建筑物构思一个理念，就像在灵魂里存在的一种观念一般。然后，建筑师才去建造，做得尽可能靠近理念，靠近他构思中的那栋房子。谁又能否认这栋房子不是一具身体，否认这栋房子不跟建造者建造它的无形的理念十分相像。再有，建筑被判断为像这个理念，更多是因为一个具体的无形的规划，而不是它的物质材料。因此，你可以减去它的物质。你可以在思想中减去它，但留下规划，留给你的是没有任何物质或有形的东西。（Hofstadter and Kuhns, 225）

153

诸如此类源自古典哲学的"形式"概念，在15、16世纪的文艺复兴人本主义者中间流传。然而，这些认识似乎对于当时的建筑日常词汇的影响并不大，那时，人们使用"形式"一词时，一般而言就是形状的同义词。这样，瓦萨里在其《米开朗琪罗生平》(Life of Michelangelo)记述到，"罗马人都急着……要给卡比托利欧(the Capitol)地区某种好用、舒适、美观的形式"(1965，388)。对于这样的形式用法，存在的例外是那些文艺复兴人本主义者们，他们想表明建筑符合古代哲学家们的世界观，并且的确可与其进程相类比。在阿尔伯蒂写于15世纪中叶的《论建筑艺术》中，他就试图使用我们前面提到的好几种有关"形式"的古代理论。阿尔伯蒂最为出名的观点是"在一栋建筑物的形式和图形中，栖居着某种能够激发心灵并被心灵即刻识别出来的天然品质"(302)。他的这一观点是基于毕达哥拉斯派的有关一切事物的基础就是数和数比的说法。在另一方面，当阿尔伯蒂说"在大脑里不靠任何物质的帮助就投射出全部的形式是很有可能的"(7)时，他的这一说法是跟新柏拉图主义者的思想相近的；所以，当欧文·潘诺夫斯基(Erwin Panofsky)解释阿尔伯蒂对材料(materia)——自然产物和线构(lineamenti)——"思想产物"的区分时，使用了相同的术语。潘诺夫斯基作为一位有着用"形式"(form)看待一切倾向的现代主义者，他把阿尔伯蒂的lineamenti翻译成为"形式"，但是这种译法并不令人信服，因为阿尔伯蒂对于lineamenti的定义几乎跟古代的或是现代的"形式"概念没有什么相同：阿尔伯蒂将lineamenti描述成为"将那些限定和围合着建筑物表面的线条和夹角彼此交接、彼此吻合的正确无误的方式"(7)。[4]

亚里士多德学派的形式概念，作为所有物质实体的一种属性，似乎在文艺复兴的建筑思想中并没有占据多大的地位，

尽管这种概念在谈到雕塑时还算有些影响——瓦萨里就把雕塑定义成为"一门从物质身上除去多余之处、将物质削减成为艺术家大脑里画出的形式的艺术"(1878，第一卷，148)。在米开朗琪罗看来，雕塑就是对于艺术家理念的围合物，正如潘诺夫斯基所言，米开朗琪罗的观点有着肯定的亚里士多德学派的基础。[5]在建筑领域里，一个较为少见的亚里士多德学派的形式观的例子出自帕拉第奥的赞助人达尼埃莱·巴尔巴罗(Daniele Barbaro)。巴尔巴罗在评价维特鲁威时写道，"在任何一种基于理性、依靠制图来完成的作品身上，都打着艺术家的烙印，是艺术家头脑中形式和品质的证据；因为艺术家的作品首先出自头脑，经历了内在的状态后体现成为外在的物质，尤其是在建筑身上"(11)。

后文艺复兴时代

总体而言，我们可以说，直到20世纪，古代哲学所发展出来的形式概念只是让那些人本主义的学者们感兴趣，而对建筑的日常实践或者建筑词汇没有什么太大的影响。贯穿整个16、17、18世纪，甚至到了20世纪，除了在德语国家中，当建筑师和评论家们谈到"形式"时，人们几乎无一例外地只是意味着"形状"。当帕拉第奥讲到"人们更看重建筑的形式而不是材料时"(Burns，209)，尽管他和达尼埃莱·巴尔巴罗有联系，但这无法表明在他的脑子里有任何的形而上学。还有，当法国理论家奎特雷米尔·德·昆西于1788年写到"石头，如果仅仅是拷贝自己或者稍好一点，或什么都不拷贝，石头不会为艺术带来任何形式"的时候，这里，德·昆西说的形式只是"形状"而已。当约翰·索恩爵士在《讲演集》(Lectures)中告诫学生要从16世纪意大利建筑师的作品中发现并且"学着欣赏形式的演替和多样"(591)时，他对形式一词的使用完全是19世纪英国作家的特点。即便到了1825年，约瑟夫·格威尔特(Joseph Gwilt)在

154

他对《威廉·钱伯斯爵士文集》版本的序言中写道："在建筑作品中，只有形式附着于心灵之上"（76）时——尽管他听上去很像一位1920年代的现代主义者——他其实就是在强调，重要的不是材料，而是材料被使用的方式。同样当维奥莱-勒-迪克在他的《建筑学讲义》（1860）的开头宣称，他的目的是要"调查所有形式的原因——因为每一种建筑形式都有其原因"时，我们也不该认为他是在谈论一个抽象的概念。虽然维奥莱在《建筑学讲义》中不断地会使用到"形式"一词，他这么做的目的是要强调形式对于结构原理的依赖性：

> 形式不是心血来潮的结果……而只能是结构的表达……我不可能给你主宰形式［forme］的所有规则，因为正是形式的本性，使它要适应结构的所有要求；给我一个结构，我就会为你发现自然地来自这一结构的形式，但是如果你改变了结构，我就必须改变形式。（第一卷，283-284）

"形式"变成一种更加有生机和活力的概念，始于1790年代的德国，而直到20世纪的初期，也还完全只限于德语国家。即便是在这些德语国家里，有关"形式"的讨论，在19世纪的大多数时间里，也还是局限在哲学美学的领域里，只有在1890年代，艺术家和建筑师们才开始广泛地使用"形式"已经极大拓展后的意义。在1790年代所发展出来对"形式"的新兴趣，有两个不同的侧面，这两个侧面都对形式概念随后的发展起到了重要的作用。第一个方面来自康德发展出来的美学感知的哲学；第二个方面来自歌德发展出来的自然和自然生长理论。

康德

哲学美学这一学科在18世纪末叶开始发展，因为人们意识到美的源头不在对象身上，而在对象被我们感知的过程中。在这一论点的发展过程中，"形式"概念扮演了一个关键性角色，"形式"不再是事物的一种属性（这是贯穿了整个古代和文艺复兴的论点），而是专门归属于我们对于事物的视看过程。对于这一新方法最为重要的贡献者，就是伊曼努尔·康德。他的《判断力批判》（1790）提出要把"形式"当成艺术感知的基本范畴。康德认为，对于美的判断属于心灵一种独立的能力，跟知识（cognition）或欲望（desire）都没有关系。我们之所以在各类呈现于我们令人困惑的感觉中能够获得意义，源自我们头脑中的时间和空间架构的存在，源自我们认识"形式"的能力，康德将之描述成为"决定着多样外观的能力，这样，它才能被组织在某些特定的关系中"（Critique of Pure Reason，66）。这里，值得强调的是，在康德看来，形式跟我们通过感官所认识的事物外观不相同，感官认识到的是实体（matter），而形式不是实体。美学判断，即心灵发现愉悦的感知，通过这样一种能力产生——能在外部世界身上识别出来那些满足了我们内在的形式概念的特征。康德强调，美学判断只跟"形式"有关——"在有关品味的纯粹判断中，跟对象有关的愉悦只跟我们对于对象形式的估量有关"（Critique of Judgment，146）。至于某个对象带给我们心灵以知识或者欲望的任何一切，都不属于纯粹的美学判断，"美学判断的决定性基础就是……形式的终极性"（65）。那些让我们觉得有魅力或是发生联想的东西，所有依情形而变化的属性，如色彩或装饰等，都是多余的：如康德所言，"在绘画、雕塑，事实上在所有造型艺术中，在建筑、园艺以及在美术中，设计才是根本的。这里，重要的不是感官上的满足，而是对其形式的满足，那才是品味的根本前提"（67）。同样，康德也把跟对象有用性相关的方面从美学判断中排除出去，因为有用性关乎对象是什么、做什么的知识，因此，属于认识的范畴，而不是美学的范畴："美学判断……让我们注意到的不是对象的品质，而只是决定着对象再现的强度的最终形式"（71）。毫不奇怪，因为它破

155

坏了康德的"形式"只是观察者大脑里的某种属性的观点，他在谈到形式在客体中采用怎样的外观时，并不具体——不过，康德的确说过，新柏拉图主义者所喜欢的规则几何形式并不有益于美学判断，因为这些几何形式都是确定性概念的表现，而不规则性（irregularity），因为没有目的的暗示，反而更加有益于我们施展纯粹的美学判断（86–88）。

在有关"形式"的历史中，康德思想的意义在于确立"形式"存在于观察的过程，而不是在被观察的那一方，每当心灵在对象身上识别到美时，那是因为心灵在对象身上认识到了对于某种形式的表现，而这个意义上的形式既独立于内容也独立于意义。与康德同时代的人，那些浪漫主义的作家们，比如歌德、席勒、奥古斯特·威廉·施莱格尔（A. W. Schlegel），一方面，他们热衷于康德在创造美学体验过程中观察者和对象之间关系的描述；另一方面，又觉得康德的抽象定式没能成功地解释我们为什么就在形式当中、在能愉悦人的事物本性中获得了愉悦。席勒在他的《论人的审美教育》（1794—1795）中发展了名叫"鲜活形式"（living-forms）的概念，用来描述什么使得艺术作品能在美学意义上令我们满足。席勒提出的解释是，通过两种冲动——"形式冲动"（form-drive）和"感觉冲动"（sense-drive）——人类心理在发挥着作用，而第三种冲动——"游戏冲动"（play-drive）——则使得前两个主要冲动能够彼此识别它们的对立面，同时还保留着自身的整体性。这一游戏冲动外在的对应对象，就是那些"活的形式"。席勒解释了其呈现出来的方式：

美这个词既不可延伸去覆盖生物的全部领域，也不可仅仅局限在这个领域。一块大理石，本身没有生命也永远不会有生命，通过建筑师或者雕塑家的工作，却可以变成活的形式 [lebende Gestalt]；而一个人，虽然他可能活着，并且拥有形式 [Gestalt]，但从这个意义上讲，他远不是活生生的形式。因此，如果我们只看一个人的形式，那是没有生命的，仅仅是一种抽象；如果我们只感受他的生命，那又是缺少形式的，仅是一种印象。只有当一个人的形式活在我们的情感中，他的生命也在我们的理解中获得了形式，这样他才变成了鲜活的形式。（XV.3）

对于席勒、歌德和施莱格尔来说，所有艺术的主题都是要清晰地表达我们在自己身上感到的生命的这种"鲜活形式"。

歌德

席勒的"鲜活形式"概念跟他的朋友歌德在自然科学中发展出来的思想有着密切的关系。在1780年代晚期，歌德展开了对于植物形态学的研究，歌德希望——以一种本质上是亚里士多德式的探索——发现一种原初的植物，那么所有其他的植物、甚至那些还没有存在的植物，都能和这种原初植物的"原形式"（Urform）相关联。歌德的思想主要聚焦于在他看来由林奈（Linnaeus）和后来的居维叶发展出来的生物学分类方法的不恰当的地方，他们的这种分类学主要是根据动植物的组成部分来分类的，仿佛这些动植物都是以人造物一样的方式被建构的。对于歌德而言，这一体系的失败源自于它既没有照顾到物种的整体性和本质一致性，也没有看到物种作为鲜活的生物的属性；就像他评价席勒时所言，"应该有另外一种呈现自然的方法，不是一个个孤立的东西，而要追求从整体到局部的作为活体的真实性"（Magnus，69）。还有，林奈体系把自然形式当成了本质上静态的东西来对待，忽视了在自然中，如歌德所言，"没有任何东西是静止的"。[6]歌德提出来的对于分类的替代方法是将所有的物种都放在一个从最简单到最复杂的系列之内；从所有物种共同的特征那里，歌德推导出来一种原植物（Urpflanze，一种原型化的原初植物）的存在，从这一原植物的形式中，才有可能

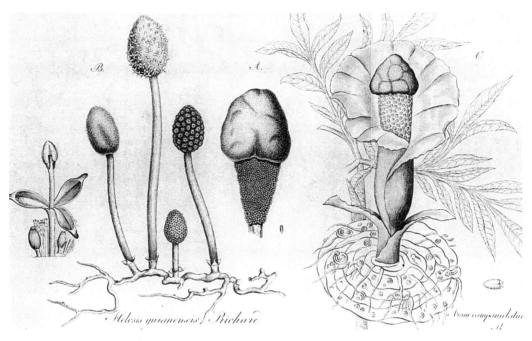

原植物，来自J. W. 冯·歌德的《自然科学》（*Zur Naturwissenschaft*），1823年，第二卷。歌德推测存在一种原型的原初植物，所有其他的植物形式都能从中推导出来。

生出其他的植物来。正如他在1787年写给赫尔德的信中所言：

> 原植物［*Urpflanze*］将是我们看到的最为奇特的植物，自然本身将因此妒忌我们。有了这样一种模式，手上有了它这把钥匙，人们将可以设计出无限多的植物。它们将是严格逻辑的植物——换言之，即使它们不曾真地存在过，它们是可以存在的。它们不只是画意和想象的投射。它们将充盈着内在的真理和必要性。同样的法则也适应于所有的生物。（*Italian Journey*，299）

从这些术语来看，"原形式"就是所有有机物质的原理，所有的生长都在根据这一原理在发生。歌德极力强调，无论如何，形式都不能从内在的精神之外去考虑：他写道，

> 自然既没有核
> 也没有壳，
> 但是一切都确有指令
> 看着你自己，你将明白
> 你到底是核还是壳。
>
> （Magnus，238）

对于歌德以及其他浪漫主义者来说，在自然中发现的有机形式的原理，也同样适用于艺术，的确，也适用于人类文化的所有产物。同样这个"原形式"的概念被威廉·冯·洪堡拿去用来进行语言研究，由此反过来，他的语言研究又为森佩尔的建筑思想提供了类比（见第五章，p.71）。歌德理论的意义在于提供一种承认自然的——和艺术的——不断变化特征的"形式"理论，而不需要假设存在一种绝对的只被思想认识的理念化范畴。在浪漫主义者有关"有机形式"的认识中，可能最为清晰也最有影响力的陈述之一，就是施莱格尔在1808—1809年间所做的《戏剧艺术讲演录》（*Lectures on Dramatic Art*），后来在1846年时被翻译成英文：

> 我们必须搞清楚形式一词的确切含义，因为大多数评论家，尤其是那些坚持某种僵硬规则的评论家们，仅仅以机械而不是有机的角度去诠释形式。当通过外力的作用产生形式时，形式是机械的，它仅仅是作为一种与品质无关的偶然添加，被给予任何一种物质；例如，当我们赋予一

福禄贝尔四号礼物（Gift no. Ⅳ），c.1890："纯粹形式"。哲学家赫尔巴特的形式独立于意义存在的理念，被瑞士教育学家弗里德里希·福禄贝尔发展成一套教育体系，他的"礼物"——一套套朴素的木质积木——一步步的教给孩子世界是由这些元素构成的。

堆软材料以某种具体形状时，这堆材料在凝固后就可能一直保持那种形状。而有机形式是与生俱来的；它从内部开始展现自己，并以胚芽完美的发展去获得自己的形态。我们可以在任何地方发现自然中的这种形式，遍及所有鲜活的生命力，从盐和矿物的结晶过程，到植物与鲜花，再从植物和鲜花到人体。在美术中，以及在自然领域——这个高级的艺术家那里，所有的真正形式都是有机的，并由其工作的质量所决定。简言之，形式只是一种重要的外部，是每一种事物的讲述性的面相（the speaking physiognomy），只要没有被破坏性的事件损害，形式就是其藏匿本质的真实证据。（340）

浪漫主义的"鲜活形式"的概念，既保留着康德哲学有关形式是对象也是观察者的一种属性的观点的同时，它也威胁着康德概念的纯粹性，因为形式正处于危险之中，正如施莱格尔所言，它可能成为其他事物的*符号*——一种内在生命力的符号。浪漫主义者坚持认为，通过主体对于自己能够在对象身上识别出来鲜活形式的心理学的认识，他们极力在两种不同的形式概念之间维系某种统一性，这是一种将心智范畴同对象属性的身上区别出来的趋势，这一点，在19世纪早期德国的唯心主义哲学的发展中变得很是明显。我们接下来，就谈谈德国哲学唯心主义。

哲学上的唯心主义

对于唯心主义的哲学家们来说，尤其最为著名的黑格尔来说，呈现给感官的事物的外观之中或者之外，隐藏着一种"理念"。这一观点是基于柏拉图的哲学，尽管黑格尔对柏拉图也采用了批判的态度。美学的目的就成了去揭示背后的理念：在艺术当中，"任何一种确定的内容都决定着一种与之相适应的形式［Form］"（Hegel, *Aesthetics*, 13）。由形式支撑的可能内容指的是从个体艺术家的性格，到整个文明或时代的性格。从艺术实践的角度去考虑，唯心主义者对待"形式"的态度很好地被后来的一位唯心主义哲学家罗伯特·费舍尔做了总结。在1873年的一篇文章中，费舍尔提出，"形式"就是理念的"替身"，艺术家的目标就是要去"解放这一理念"（120）。

显然，到了19世纪早期的德国，"形式"一词的概念已经变得非常令人困惑：一方面，在康德那里，形式专门代表着一种感知的属性；而在歌德那里，形式成了事物的一种属性，是可以被当成某种"种子"或是遗传原理识别出来的；到了黑格尔那里，形式变成了在事物之前和事物之上的一种属性，只能由心灵去认识。所以，毫不奇怪，当建筑师们最初开始使用"形式"一词时，他们很容易把形式的上述三种不同的意义混合在一起。戈特弗里德·森佩尔作为首位把"形式"当成著作中重要概念的建筑作者，他在使用形式时起码意味着两种意思。对于森佩尔而言，"艺术的形式……是某种存在于艺术之前的原理或是理念的必然结果"（引用在Ettlinger, 57）；或者，如他在别处所言，形式就是"变成的可见的理念"（*Der stil*, Mallgrave翻译, 190）——这两种意义上的形式都是纯粹唯心主义的，也是黑格尔学派关于形式概念的陈述。在另一方面，在《论风格》一书的开篇，当森佩尔开始描述自己对于共同的、在艺术所有不断变化背后的"原形式"进行探求的计划时，这一形式概念显然要归功于歌德；同样，在绪论中，森佩尔的论述"不是制造艺术的形式，而是艺术形式自身的生长"（183），他的形式概念也应该属于歌德。

形式主义

如果说"形式"一词在19世纪早期已经变得越来越模糊的话，它在19世纪后

来的发展则更加令人困惑。从1830年代开始，德国哲学美学分成了两个学派，一个，就是常说的唯心主义学派，关心的是形式的意义[7]，而另一个学派，叫做形式主义者，主要关注除去了超感觉意义之后对于形式的感知模式。这两个学派都讲形式，然而，"形式"这个术语在两者那里根本就不是同一个意思。在哲学领域里，形式主义在19世纪的大部分时间里都是更占统治地位的学派。当时"后康德"学派中的领军人物约翰·弗里德里希·赫尔巴特（J. F. Herbart），其对美学的贡献，按照哈里·马尔格雷夫（Harry Mallgrave）与伊科诺穆（Ikonomou）的说法，提出了"艺术作品的意义是多余的，因为每一种艺术品在本质上都是一套独特的由艺术家通过手艺和用意去打造出来的形式关系"（10）。赫尔巴特是根据我们对于线条、色调、平面、色彩的基本关系的心理感受来限定美学的，他的大部分工作都是关于这一接受过程的心理方面；的确，他的工作为心理学早期的发展作出了与美学同样的贡献。赫尔巴特更为知名的弟子之一，就是瑞士教育家弗里德里希·福禄贝尔（Friedrich Froebel），他的"礼物"就是一堆逐渐变复杂的几何形状的无色积木，为赫尔巴特的形式主义美学提供了一种物体的教学——那些积木都是些"纯粹形式"，小孩子可以从中学到世界是怎样建造起来的。传说弗兰克·劳埃德·赖特小时候也是因为收到了一套福禄贝尔积木，才引导他作出了未来的职业选择，这个故事在康德美学和现代建筑之间提供了一个颇为出人意料的直接联系。[8]

在19世纪的后半叶，赫尔巴特的美学得到另外一些哲学家的发展，最为主要地，在罗伯特·齐默尔曼（Robert Zimmermann）那里得到了发展。齐默尔曼特别针对我们对形式之间感知到的关系——而不是形式本身，发展出来一套复杂的"形式的科学"。而形式主义美学被用到建筑身上的潜能，最终在建筑师阿道

盖蒂墓（Getty Tomb），格雷斯兰德墓园（Graceland Cemetery），芝加哥，路易斯·沙利文，1890年。形式，在路易斯·沙利文对建筑话语中的目的所做的极有见地的总结里，"代表着非物质和物质之间、主体与客体之间的关系"。

夫·格勒（Adolf Göller）的一篇论文中实现了。在题为"建筑中风格总在变化的成因在哪里"（What is the Cause of Perpetual Style Change in Architecture?1887）的文章中，格勒提出，"建筑……是*可视的纯粹形式的真正艺术*"（198）。格勒将形式的美定义成为"一种线条或光影天生愉悦的、没有意义的表演"（195）；"形式即便没有任何内容也能愉悦观者"（*Aesthetik*，6）。跟绘画或者雕塑不同，"建筑给我们的是抽象的和几何线条的体系，而没有我们在生活中碰到的具体事物的图像。因此，在观看建筑作品时，我们没有潜在的理念或记忆，而这些理念和记忆总是也必然在观看绘画和雕塑时进入我们的大脑。也就是说，建筑形式对于自然理性来说没有什么意义"（'Style Change'，196）。这一令人吃惊的观点，既预示着抽象、非客观艺术的出现，也表明其在建筑中的源头，因为有了格勒严格的、康德式的把"形式"从

任何指代某种内涵的功能排斥出去之后，它变得可能了。

格勒的论文非比寻常，从1870年代开始，由于早期浪漫主义的"鲜活形式"概念再度复苏，创造了"移情"（empathy）这个更为科学化的概念，形式主义原本可能枯竭的美学方法再度被激活。这一过程的基本点就是，因为我们能够在艺术作品身上看到我们自己身体上的感觉，我们才会对艺术作品产生兴趣。这一观点最初是由哲学家赫尔曼·洛茨（Hermann Lotze）于1856年首先阐述出来的："没有什么形式可以彻底抗拒我们的想象力对它投射的生命"（I，584）。哲学家罗伯特·费舍尔把这一观点接了过来，尽管全部还是猜测，在其1873年重要且具影响力的文章"关于形式的光学感觉"（On the Optical Sense of Form）中，移情概念首次和建筑发生了联系。在1890年代，当移情被用到建筑身上后，移情就开始富有成效的丰富"形式"的概念。不过，尽管当时已被广泛采纳，对于移情之后的应用（不仅在建筑上，而是在一切艺术上），最具影响力的两位作者应该是艺术史学家海因里希·沃尔夫林和雕塑家阿道夫·希尔德布兰德（Adolf Hildebrand）。我们这里将要详细的说说这两位对于"形式"都说了些什么。

沃尔夫林

沃尔夫林的博士论文"建筑心理学绪论"，发表于1886年（但是直等到1930年代才出版）。在这本论文中，沃尔夫林特别清晰地陈述了在他后来更为知名的两本书《文艺复兴与巴洛克》（1889）和《美术史的基本概念》（*Principles of Art History*，1915）中的形式概念。《绪论》的初始问题是，建筑形式是怎样表达一种情绪或是情感的？沃尔夫林的回答，就是移情的原理——"物质形式之所以表达了一种性格，只是因为我们自己拥有一个身体"（151）；因为"我们自身身体

性的组织，正是我们去捕捉一切实体性东西所要借用的形式"（157-158）。在确立了我们身体感觉和建筑作品之间的一种对应关系之后，沃尔夫林转向了对于建筑的阐述，这里，沃尔夫林的"形式"概念明显地受惠于歌德和浪漫主义者们（沃尔夫林承认，他的源头是叔本华）：

是什么让我们保持直立，没有垮成一堆无定形的东西？这一对立的力我们或可称之为意志力、生命，或诸如此类，我管它叫做形式（Formkraft）的力。在形式的力与物质之间的对立让整个有机世界运转起来，也就是建筑的最重要主题……我们假定，在一切事物中，存在着一种挣扎着想要生成形式的意志，那种意志力必须要克服来自一堆无定形物质的抵抗。（159）

沃尔夫林以一种类似亚里士多德遗风的方式，接着强调了形式和物质的共存："形式并不像某些外在的东西包裹在物质身上，而是作为一种内在的意志力通过物质体现出来。物质和形式不可分割"（160）。从这一立论出发，有了一系列有趣的观察。首先，这个立论使得沃尔夫林看到，装饰并不像大多数现代主义者所说的那样——真地跟形式不容，而是"形式多余的力的表达"（179）。其次，在他对"现代建筑"（沃尔夫林指的是文艺复兴和后文艺复兴建筑）的评论中："现代精神一向偏爱建筑形式能够经过努力从材料身上体现出来；现代精神并不是在寻找结论，而是生成的过程：一种形式的逐渐胜利"（178）。第三，或许也最为重要地，沃尔夫林承认，如果"形式"首先属于观者的感知，那么，建筑中的历史变化就首先应该用视觉方式的变化去理解——换言之，视觉和建筑一样有着自己的历史。这一立论，自然地跟随在康德美学后面，即将为沃尔夫林之后的现代主义的形式概念的使用带来麻烦，因为这一立论瓦解了另外一种看法，就是新形式乃新的物质条件下的必然产物的说法；并且，这一立论还质疑了被广泛承认的假定——例如在包豪斯的教学中——把

形式当成了一种永恒的、普适性的范畴来处理的看法。这一根本性的困难，可能是，如我们将会看到的，在1920年代后人们对进一步发展"形式"不再感兴趣的原因之一。

希尔德布兰德

阿道夫·希尔德布兰德的《美术中的形式问题》（*The Problem of Form in the Fine Arts*，1893）虽然主要讲的是雕塑，却对建筑有着重要的阐释，且因为这篇论文在20世纪早期的先锋派圈子里广为流传，它对建筑思想产生了某种影响。这本书是直接对抗"印象派"的，它反对那种认为艺术主题就在事物的表象中的提法。希尔德布兰德上来就区别了"形式"和面貌（appearance）：事物会呈现出来各种各样的不断变化的面貌，没有哪个面貌能够显露形式，形式只能被心灵所感知。"所谓形式的理念就是我们通过比对面貌所提炼出来的东西的总和"（227-228）。形式的感觉是靠动觉体验获得的。而动觉是阐释事物呈现给眼睛的外观所必须的真实或者想象性的运动。从这一论点出发，希尔德布兰德获得了一个具有深刻原创性的观察，也是改变了人们对于建筑中"形式"的全部认识的观察，亦即，建筑中的"形式"乃是"空间"，希尔德布兰德说"空间本身，在内在形式的意义上，变成了对于眼睛来说可以产生作用的形式了"（269）。虽然我们在之前见过"空间形式"的提法（见Wölfflin, Prolegomena, 154），是希尔德布兰德以及美学哲学家奥古斯特·施马尔松（August Schmarsow），才让我们认识到，建筑中的"形式"首要是通过空间体验来被识别的。在同年关于希尔德布兰德该书的一次讲座中，施马尔松将这一主题做了进一步的发展。在"建筑创作的本质"（The Essence of Architectural Creation，1893）中，施马尔松提出，建筑的特殊性在于观者的移情感知并不是导向建筑体块的，而是导向空间。施马尔松

在建筑空间和身体形式之间划上了直接的等号：

> 无论我们在哪里总有环绕着我们的空间形式，我们也总是会把它环绕在我们身边并把它当成比我们自己身体形式更为重要的东西，这种直觉得到的空间形式包涵着感觉体验的残留，我们身体的肌肉感觉、我们皮肤的敏感性以及我们身体的结构，都构成着这种感觉体验。一旦我们学着去体验自己，体验到唯我们自己作为这个空间的中心，这个空间的坐标轴就在我们身上交叉，我们就发现了宝贵的核心点……建筑创造就是基于那个核心点。（286-287）

施马尔松随后就开始详述这一论点。作为跟建筑有关的"形式"意义的一种贡献，他的这一观点是保罗·弗兰克《建筑历史的原理》（1914）以及现代建筑美学的基础。例如，在1921年，赫曼·泽格尔（H. Sorgel）在《建筑美学》（*Architektur-Aesthetik*）中，以在当时已经不太原创的口吻写道，建筑中的"形式问题"必须被转化成为"空间问题"（Neumeyer，171）。

到这里，我们可能要总结一下在1900年前后"形式"到底在当时意味着什么。起码，在当时有关形式的意义存在着4组对立的观点：

（i）"形式"被当成了一种对于对象进行视看的属性（康德），或是存在于对象本身的属性；

（ii）"形式"被当成了一种"种子"，一种存在于有机物内或者艺术品内的生长原理（歌德），或是先于事物的一种"理念"（黑格尔）；

（iii）"形式"被当成艺术的目的以及艺术的全部主题，就像格勒提出的那样；或者，仅仅作为符号，通过其去揭示某种理念或者力；

（iv）"形式"在建筑作品中由它们的体块展现；或者是由它们的空间所展示。

"形式"一词承载着19世纪美学思想的主要分歧，受此影响，毫不奇怪当它在20世纪被广泛用作建筑词汇时，这个词缺乏清晰性。诚然，我们也将看到，形式一词的暧昧性，也还有着某种魅力。

到目前为止，我们只是讲完了德语世界中"形式"概念的晚期发展。而形式以新近拓展的意义进入英语世界的建筑语汇，最初是出现在美国的一位在维也纳训练出来的建筑师莱奥波德·艾德茨的著作《艺术的本质与功能》（*The Nature and Function of Art*, 1881）里。该书首次把一种本质上很黑格尔派的"形式"观介绍了美国观众。艾德茨对待形式的态度可以用他的话概括出来，"建筑艺术中的形式就是理念通过物质的表达"（307）。跟在艾德茨的后面，路易斯·沙利文在《随谈录》（1901）12、13、14篇中对于形式给出了更为出名也相当独特的论述。人们通常以为沙利文的这些文章都是谈"功能"的，其实，把这些文章看成沙利文谈"形式"会更有趣。这里，我们只引用其中很典型的一段：

> 形于万物，在每一处，每一个瞬间。根据它们的性质和功能，有些形式是确定的，有些是不确定的；有些是模糊的，另一些是具体的、清晰的；有些是对称的，另一些则是纯粹节奏化的。有些是抽象的，另一些是物质的。有些吸引眼球，有些吸引耳朵，有些吸引触觉，有些吸引嗅觉……但总而言之，形式总是代表着非物质和物质之间、主观和客观之间——无限精神和有限心灵之间的关系。（45）

即使从这一段话中，我们也可以清楚地看到，沙利文主要是受到了德国浪漫主义者、歌德和席勒的"有机形式"，以及他们认为有机形式在自然和艺术之间找到了对应的观点的影响。作为它们与建筑关联的一种表达，无论是在何种时间，在何种语言中，《随谈录》都是一本难以超越的著作。

20世纪现代主义中的"形式"

建筑现代主义采用了"形式"，并把

161

中央储蓄银行（ZentralSparkasse）室内，玛利亚希尔夫和诺伊鲍（Mariahilf-Neubau），维也纳，阿道夫·路斯，1914年。

形式变成了建筑学的主要术语，这可能有好几个不同的原因：（1）形式不是一种隐喻（如果不考虑形式的生物学来源的话）；（2）形式概念意味着建筑的真正本质超越了感官的直接感知的世界；（3）形式将美学感知的心智架构与物质世界联系起来；（4）形式概念使得建筑师可以将他们的某些工作描述成为一个专门的天地，他们拥有毫不含糊的控制权。所有这些原因都没有描述在现代主义的话语中"形式"到底是什么意思，要想发现这一点，我们就得看看那些跟形式构成了对立的多个词汇。

　　形式作为对装饰的一个抵抗。这可能是"形式"在现代主义中首要的也最为常见的使用方式，形式被用来描述、支持建筑身上那些不是装饰的东西。例如，德国评论家阿道夫·贝恩就清楚地在1920年代的文章中阐述了这一意义："'形式'的概念并不关乎附属品、装饰、品味或者风格……而是关于从建筑成为一个耐久结构的能力中产生的后果"（137）。这种"形

式作为反装饰"的概念，主要源自1890年代跟维也纳分离派艺术家和设计师的论战。这场论战主要是围绕着阿道夫·路斯展开的。虽然路斯1908年的文章《装饰与犯罪》（Ornament and Crime）是这一观点最著名的表达，我们要理解，路斯是经过了之前已经存在的关于"形式"立论才抵达了这篇文章的立场。在一篇更早的文章"饰面的原则"（The Principle of Cladding, 1898）中，路斯已经写道："每一种材料都拥有自己的形式语言，一种材料是不能占有另外一种材料的形式的。因为形式出自材料的生产方法和适用性"（66）。这里，路斯抨击的是那种用一种材料模仿另外一种材料的作法，这也是分离派作品的特点。这种每一种材料都有自己形式的观点，源自森佩尔，我们可以在森佩尔《论风格》里的下面这句话中看到其出处："每一种材料，因为有别于其他材料的属性，限定着自身构成的特殊方式，因此要求一种适合于自身的技术手段"（§61，258）。不过，路斯对森佩尔形式与材料关系思想

的演绎，是相当简化的，他谈论的是材料对于形式的直白的决定，而森佩尔则试图避免这种观点；对于森佩尔而言，所有的形式都是某种理念或者艺术动机的结果，只是在制作过程中受到了具体材料的修正而已。路斯一方面清除了所有对"理念"的提及，另一方面，他所运用的潜在的形式概念仍然是形而上的，这就使得路斯提出，在材料当中内在地存在着一种"形式"，但会被装饰所威胁、所破坏。路斯为20世纪现代主义把"形式"作为对那些令人唾弃的装饰潮流的抵抗，开创了先河。

形式作为对大众文化的一种矫正。 在1911年德意志制造联盟的大会上，建筑师兼评论家赫尔曼·穆特修斯（Hermann Muthesius）在其题为"我们立于何处？"（Where Do We Stand?）的漫长讲演中，推出了两组特殊的对照，就是"形式"与"野蛮主义"，"形式"与"印象派"。穆特修斯是这么说的：

如果没有对于形式的密而不宣的尊敬，我们喜欢称谓的文化是不可思议的；无形式（formlessness）就是庸俗的别称。形式是一种更高层次的思想需要，就像清洁是一种更高层次的身体需要那样，因为人们若是看到冷酷的形式就会真地给人们带来类似的身体性痛苦，就像肮脏与恶臭所带来的不舒服的感觉那样。

虽然这听起来可能跟路斯对于装饰的反对没有什么不同，而实际上，穆特修斯抨击的对象很是不同。正如弗雷德里克·施瓦茨（Frederic Schwartz）所展示的那样，在1914年前的德国，"文化"是人们用来发展对于资本主义异化效应进行抵抗的那种话语中的中心，也是被谈论最多的概念。[9]因此，"形式"以及其他概念，都在抗拒着现代经济生活的无灵魂性。穆特修斯在他讲演的后段，当他抨击"印象派"时就又回到了这一点上：

很显然，短暂性与建筑的真正本质并不匹配……当下印象派们对待艺术的态度

中央储蓄银行入口，玛利亚希尔夫和诺伊鲍，维也纳，阿道夫·路斯，1914年。"形式出自材料的适用性和生产方法。"对路斯来说，"形式"主要是抵制他的同时代人装饰过度的工具。

在某种意义上对艺术的发展是不利的。印象派出现在绘画、文学、雕塑以及在某种程度上甚至音乐领域都是可以理解的，但是在建筑中，它经不起考量。某些建筑师已经进行过的一些个人化的尝试，表明所谓印象派的方式，是如此糟糕。

正如施瓦茨所指出的，这是对"新艺术运动"（Art Nouveau）的明确攻击，在制造联盟的背景下，"印象派"还被当成有关艺术与市场关系的一种话语，既描述了一种社会条件也描述了艺术对社会条件的反应。印象派既描述了自由市场的效

AEG大型机器车间，沃尔塔大街（Voltastrasse），柏林威丁区（Berlin-Wedding），P. 贝伦斯，1912年。"没有对形式一定程度的尊重，文化便无法想象；而无定形只不过是庸俗的一个别称罢了"：对贝伦斯和他的德意志制造联盟的同代人来说，"形式"是对由资本主义产生的大众文化的肤浅与乏味的一个矫正。

应——社会的原子化、个人主义、销售者对于生产或质量的漠不关心——也描述了货品自身的特点，这与那些过度刺激的、令神经不安的符号背道而驰。在穆特修斯看来，很显然，"形式"并不只是获得现代性的工具，同时也拥有着抵抗现代性最黑暗面的力量。[10]在后面的讲演中，穆特修斯接着说："如今，对于建筑形式的情感的恢复，是一切艺术的首要条件……就是要在我们的表达方式上重塑秩序和严谨，外向的符号只能是好的形式"。以这样的视角看，"形式"将现代工业从自身最恶劣的过剩中救赎出来，并为现代工业重新装上文化。对于1920年代德国的现代主义者们来说，这种"形式"的概念是重要的；而赫伯特·里德（Herbert Read）的《艺术与工业》（Art and Industry，1934）是英国的一种表现形式。正是因为有了黑格尔建立的"形式"概念，并借助19世纪晚期的诸如森佩尔的建筑师们，此类想法

才有可能被提供到形式的概念中去。

穆特修斯对于将"形式"作为建筑的重要主题的劝诫带来了某些教学问题，而这些问题在1920年代就显露出来了，怎样让学生去学习那些并没有物质存在、仅是一些形而上学范畴的原理呢？这一任务就是在瓦尔特·格罗皮乌斯领导下包豪斯所开发出来的教学内容的主题，在这个问题上，格罗皮乌斯的诸多发言都是在试图解释怎样让一个学生去学习那些本来在定义上讲是不可以被教授的东西：就像格罗皮乌斯在1923年时所言，"在视觉艺术中，所有创造性努力的目标都是要赋予空间以形式。可是，什么是空间，空间又怎样才能被理解，被赋予一种形式呢？"（120）。当谈到如何学习形式原理时，格罗皮乌斯解释到，学生"在心智上是有能力形成他自己对形式的理念"（123）。至于这样一种很是个人化的教学，到底怎样才能创造出来一种品质，能让建筑传达超

164

个人、集体主义的建筑本质的过程，格罗皮乌斯并没有给出解释，后来，他就寻求在一种更加直接的唯物主义的角度去解释形式来自哪里："通过坚决地思考现代生产方法、建造和材料，形式就会常常变得非比寻常和令人惊讶"（1926，95）。在俄罗斯的包豪斯——the Vkhutemas——关于同一问题，莫伊谢伊·金兹伯格（Moisei Ginzburg）采纳了一种更为思辨性的立场：金兹伯格谈道：

> 将某些形式法典化（CANONIZATION）的基本危险，就是这些形式将变成建筑师语汇表中固化的要素。构成主义（Constructivism）正领导抵抗这一现象，它把建筑中的这些基本元素当成是跟形式制造境况不断变化的前提条件相关联的不断变化的东西。因此，构成主义永远都不会承认形式的固定性。形式是一种未知数 x，总是需要建筑师不断地去评价的东西。

把"形式"当成是对大众文化和城市化效应的抵抗方式，这样的兴趣在整个20世纪里不断浮现。例如，美国城市研究者凯文·林奇针对当代美国城市的难识别性，在1960年写道："我们必须在我们到处扩张的城市里，学着看出藏匿的形式"（12）。当林奇思考怎样才能让城市意像变得更加鲜明时，林奇再次提到了这一论点，这时，恰恰是因为形式作为不可见的理念与形式作为物质形状之间的混淆，林奇的论点利用了这一效果："我们这里的目标就是要发掘形式本身的角色。理所当然，在真实的设计中，形式应该被用以强化意义，而不是要否定意义"。（46）

形式与社会价值相对。1920年代早期，在德意志制造联盟中如此重视的"形式"，开始受到了某些德国建筑师的极大质疑。当时还是柏林G小组的成员之一的密斯·凡·德·罗就曾在1923年写道：

> 我们不知道形式，我们只知道建造问题。
>
> 形式不是目标，而是我们工作的结果。

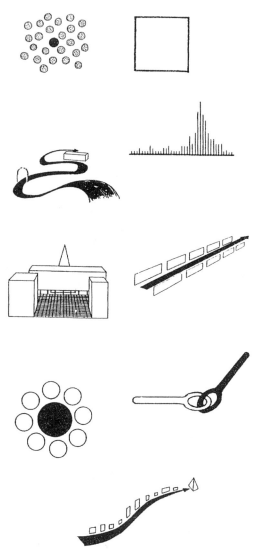

"城市的形式品质"：来自凯文·林奇《城市意象》（*The Image of the City*）的9张图解，1961年。从左上角开始依次为："特异性或称作图底分明"；"形式的简约性"；"运动的意识"；"时间序列"；"视觉范围"；"连续性"；"主导性"；"连接的清晰性"；"方向的区分"。"我们必须在我们到处扩张的城市里，学着看出藏匿的形式"：对林奇和其他都市学家来说，"形式"是克服现代城市异化的财富——并且发现和揭示"形式"是都市设计者的任务。

> 没有"只为自己"（for itself）并"自在地"（in itself）存在的形式……将形式作为目标是形式主义；这是我们所拒绝的。我们也不追求某种风格。
>
> 即使是对风格的意图也是形式主义的。（Neumeyer，242）

对于那些所谓的"功能主义"建筑师们来说——密斯·凡·德·罗在1920年代也把自己视为其中的一员，就像评论家阿

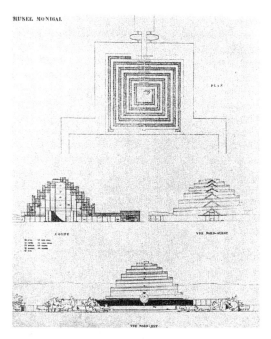

MUSÉE MONDIAL

勒·柯布西耶，Mundaneum项目，1928—1929年。Mundaneum
项目因其主导性的锥体形式而背负恶名，这种形式被认为是对
社会内容的忽视。

道夫·贝恩所言，建筑的目的就是要"抵达一种对于形式的否定"（123）。在这背后，就是对于19世纪康德传统的彻底拒绝，因为在康德那里，实用性是被从建筑的美学中剔除出去的：作为一种哲学美学的产物，"形式"对那些完全把建筑视为社会目标的技术应用的建筑师们来说，在他们的方案里，形式没有地位。的确，对于形式的拒绝就是对建筑致力于社会目的观点的最为清晰也最为明确的支持方式之一。从这一点上看，注意建筑师关注的"形式"，总是一种同时代表着他们对于社会问题采取忽视态度的作法。这一点在人们对于"形式主义"一词的贬义使用上特别地体现出来。就像捷克评论家卡雷尔·泰格在1929年抨击勒·柯布西耶设计的Mundaneum项目时所说的那样，"这个项目以其明显的历史主义姿态……表明把建筑理解为艺术是没有生命力的。它显示出勒·柯布西耶美学和形式主义理论的失败……"（89）。近些年来，"形式"一词常被用来去指代一种对于社会关怀的忽视，例如，黛安·吉拉尔多（Diane

Ghirardo）曾经写道："或许，在现代主义和后现代建筑师之间的根本连续性，来自对形式力量的重新肯定，因此，也肯定了设计的首要地位，以排斥对于改善城市和生活条件的其他策略"（27）。

即便是在1920年代，评论家阿道夫·贝恩就曾在其《现代功能建筑》中试图清除这一特殊的两极性。他引入了一个令人吃惊的观点，"形式乃是一种极其社会的事务"；为了将形式从他认为是由功能主义者导致的最终解体的命运中拯救出来，贝恩提出，在他看来，被他描绘成为的"浪漫的功能主义"——实际上，就是施莱格尔式形式概念的应用，把每一个建筑的形式都看成是源自其具体内在目的的寻找过程——只能领向特定于他们自身独特环境的完全个性化的解决办法，因而，将缺少任何一般性的意义，最终将领向无政府状态。但是如果我们不去把每一栋建筑物都作为个体建筑去考虑，而是作为所有建筑的集体总和的一部分去考虑的话，那么，每一栋建筑都必须符合某些一般性成立的原理。正是这种对于这些一般性原理的意识，才是贝恩所描述的"形式"。同时，通过重提1911年穆特修斯观点中形式的社会性救赎力量，贝恩的看法，特别是他的追求个体性与追求社会整体性的二元对立，很大程度上源自社会学家格奥尔格·齐美尔（Georg Simmel）。对于齐美尔来说，社会研究的可能性有赖于各种"社会化形式"（forms of socialization）与个体所体验到的真实社会生活的共存。贝恩的脑子里可能曾想到过的就是齐美尔1908年的"主观文化"（Subjective Culture）一文。在那篇文章中，齐美尔提出，真正伟大的艺术品是可以通过它的创作者的个体精神性辨别出来，伟大的艺术作品从文化的视角看几乎没有一点价值，一件艺术品获得了越多的文化意义的话，它的创造者的个性就会越不明显。贝恩提出，建筑中的"形式"跟社会中的"形式"是对应的。他说：

"马蹄形住宅区"（Horseshoe Siedlung），柏林－布里兹区（Berlin-Britz），马丁·瓦格纳（Martin Wagner）和布鲁诺·陶特，1925—1926年。"形式乃是一种极其社会的事务"：评论家阿道夫·贝恩试图通过提出，"形式"是个体可以由此获得他们所属社会的集体本质的意识，来反转将"形式"视为天生自我中心的偏见。

形式不是别的，就是在人类之间建立起某种关系的结果。因为对于自然中孤立的、独特的人来说，不存在什么形式问题……当我们需要一种总体印象时，形式问题就浮现了。只有在形式作为前提条件下，总体的观察才会变得可能。形式乃是一种极其社会的事务。谁认识到了社会的权利，谁就得认可形式的权利……谁在人性当中看到了形式，一种在时间和空间中呈现的模式，谁就得以形式要求去处理房子，如此才不会把'形式性'和'装饰性'混为一谈。（137）

贝恩的思想在1920年代晚期德国新建筑的支持者当中，拥有一定的市场：我们发现，贝恩的同时代人建筑师布鲁诺·陶特，则把贝恩的观点倒了过来，陶特说"建筑于是变成了新的社会形式的创造者"（7）。这一观点后来再次出现，在1955年，史密森夫妇谈论居住时："每一种形式都是一种积极的力，形式创造了社区，形式就是显现出来的生活自身"。把建筑形式等同于社会形式的观点（在史密森夫妇的文本里，到底建筑形式源自社会形式，还是建筑形式本身构成了社会形式，并没有说明白）是现代主义当中浮现出来的唯一最为重要的新的"形式"意义——而这也成为了最为疑难的、最具争议性的观点。

形式与功能主义相对。在齐美尔将社会学作为一种科学"形式"进行推广时，同样的事情也发生在视觉艺术之外的学科里。"形式"获得了最为重要的意义并且产生了深远影响的领域，就是语言学。在19世纪，语言学研究已经从歌德的形式理论那里受益，歌德影响了洪堡（Humboldt）的《论语言》（1836）。在20世纪早期，语言学中"形式"的重要性在弗迪南·德·索绪尔于1911年的讲座中，以及后来出版的《普通语言学教程》

（*Course in General Linguistics*）中，获得了肯定，在书中，索绪尔提出了著名的原理，"*语言是一种形式，而不是一种物质*"（122）。对于语言学以及人类学和文艺批评中的结构主义思想的发展来说，这一论点的意义是众所周知的；它对建筑的影响直到1960年代才显现出来，索绪尔的论点为人们抨击功能主义提供了手段，而当时功能主义被认为是建筑的现代主义中占统治地位也最不令人满意的方面。

在荷兰建筑师的圈子里，阿尔多·范·艾克与赫曼·赫兹伯格是最有名的，对意大利建筑师阿尔多·罗西而言，索绪尔有关语言即形式而不是物质的说法，与其有关语言意义是偶然性的提法一样至关重要。在抵抗功能主义的约简化的过程中，这种认为建筑中的形式先于、独立于任何被赋予其上的目的或意义的观念具有特别重要的意义。罗西首先通过"类型"的术语来构建这一立论——尽管"形式"和"类型"的差别还不是很清楚，而且，罗西有时会互换地使用这两个术语。例如，在1971年《城市建筑学》一书的葡萄牙语版的前言中，罗西写到"形式的表现、建筑的彰显，先于任何功能组织的问题……确切来说是当形式作为类型学的形式存在时，形式绝对与组织无关"（174）。在晚近的一次访谈中，赫兹伯格则明确强调了"形式"的根本非物质性以及语言学的意义："我已经很厌倦人们总要试图把形式跟符号联起来的做法了，因为那样的话你就介入了形式的意义。我不认为形式拥有意义"（38）。

在美国，建筑师彼得·艾森曼在20年的讨伐功能主义战斗中，"形式"也是他用来攻击功能主义的手段。跟正统的现代主义者、由勒·柯布西耶所宣称的"只有形式受制于一种真正的目的性时，这一作品才能在情感上影响我们、触动我们的感觉性"（1925a）的说法不同，艾森曼不断宣称，在形式和功能之间没有关联，在形式和意义之间也没有关联。正如艾森曼所言，"要想制造一个比当下的方法能够接受或者赋予一种更加精确和丰富意义的环境的一种方式，就是去了解形式本身的结构本质，而不是形式跟功能的关系，或者形式跟意义的关系"（1975，15）。艾森曼一心一意地对"形式结构"的追求，跟弗兰克·劳埃德·赖特在20世纪初期有关形式的观点，有着惊人的相似性。艾森曼相信存在着"一个等待挖掘的尚不清楚的形式世界"（1982，40）的观点，跟赖特的"在地球上的石构构筑物身上……沉睡着足够被所有时代所有人类享用的形式和风格"（1928，*Collected Writings*，第一卷，275）的看法是如此奇妙地相似。虽然赖特相信，所有建筑的形式都藏在自然之中，而艾森曼相信，形式要在建筑的过程中发现，但是二人都认为，形式已经存在了，只是在等待艺术家去发现。这二人，以及其他众多的建筑师，似乎都忽视了"形式"不过就是思想工具这么一个事实，形式几乎不可能先于思想具有确定性的存在。

形式与意义相对。在赫兹伯格和艾森曼那里，我们已经看到，他们肯定了"形式"，为的是将意义的问题从建筑师的领域中驱赶出去。但是反过来讲、一种对应的观点就是，对于形式的过度关注也摧毁了对于意义的兴趣，这就是美国建筑师罗伯特·文丘里的著名观点。在《建筑的复杂性与矛盾性》（*Complexity and Contradiction in Architecture*）的第二版前言中，文丘里写道："在1960年代初期……形式在建筑思想中至高无上，大部分建筑不加怀疑地关注着形式的各个方面"（14）。对于文丘里而言，这就意味着建筑师已经忽视了意义和象征。在他的第二本书，就是与丹尼斯·斯科特·布朗合写的《向拉斯韦加斯学习》（1972）一书中，"作为一本关于建筑中的象征性的专著"（xiv），是要强调这一问题的状态的。跟二人称作"英雄式的原创的"现代建筑

（上）中央消防站，纽黑文，康涅狄格州，厄尔·卡林（Earl P. Carlin），1959—1962年。
（右）第四消防站，哥伦布，印第安纳州，文丘里和劳赫（Rauch），1965—1967年。
文丘里，站在反现代主义"形式"的立场上，比较了纽黑文市的消防站——"其意象源自由抽象形式传达出的建筑品质"，和他自己设计的"丑陋而平凡"的哥伦布消防站，它的意象来自"路边建筑的传统"——虚假的立面，庸常，熟识的构件，和符号。

不同，跟"建筑形式的创造作为一种逻辑过程、不受过去经验意像的约束而只由内容计划和结构决定"（7）不同，跟其"总体意像都来自……通过抽象形式所传递的纯粹建筑品质"（129）不同，二人提出了"丑陋而平凡"的建筑。在"丑陋而平凡"的建筑中，其各种各样的参照来自常见的路边构筑物，"建筑元素作为象征以及表现性的建筑抽象"；并且，通过象征和风格化再现着平凡性，这样的建筑将是丰富的，"因为它们添加了一层文学上的意义"（130）。而现代主义者对于形式的迷恋导致了文丘里和斯科特·布朗所认为的"鸭子"[1]，那样的建筑则否定着人们对于意义的关注。

形式与"现实性"相对。现代艺术特别是抽象艺术，跟19世纪晚期德国发展出来的"形式"理论有着直接关系：希尔德布兰德1893年的文章，德国历史学家阿洛伊斯·里格尔（Alois Riegl）、威廉·沃

_____

①形象做成了鸭子的一个饭店。——译者注

林格（Wilhelm Worringer）和沃尔夫林的写作，或者是英国评论家克莱夫·贝尔（Clive Bell）以及罗杰·弗莱（Roger Fry）的评论，都曾帮助大家广泛理解"形式"作为现代主义艺术中纯粹实质（substance）的意义。然而，与此相对，也总是存在着某些抵抗：在1918—1919年间，达达主义者（the Dadaists）特里斯坦·查拉（Tristan Tzara）和其他人，都曾倡导过用混乱、失序、缺少形式作为艺术的品质；这种兴趣一直延伸到了超现实主义者那里，并在法国评论家乔治·巴塔耶那里得到了最好的表达。巴塔耶1929年出版的《批判字典》（Critical Dictionary）中包含了"L'Informe"，"无定形"（Formless）这个条目，一个宣扬无意义性的范畴，"这是一个用来把世界中的事物拉下来的词汇……它所指代的东西绝对没有权利，就像一只蜘蛛或者一条蚯蚓那样被到处践踏"。为了反抗哲学上要一切事物都该具有形式的观念，巴塔耶说"肯定宇宙什么都不像，只是无定形而已，就相当于在说，宇宙就像一只蜘蛛，或者一口痰"。

在1950年代的法国情境主义者（Situationists）当中，再度涌现出来一波反形式（anti-form）运动。这里，它的目的不是美学的，而是对抗物化的过程——对抗资本主义文化中将思想和关系统统转化成为物的趋势，而物的固化性模糊了现实性，在这一过程中，"形式"常常既是原因，也是症状。用一种总体而言比较隐约的方式，情境主义者是抗拒"形式"的；每每如果可能出现一个情境主义建筑时，这就构成了一种悖论，像在荷兰艺术家/建筑师康斯坦特·纽文华的作品中，其兴趣的部分在于试图构想那种没有形式的建筑，好让建筑处理"现实"时，并不歪曲外观、固化现实，以至于使它成了实现自我生命自由的一种障碍。情境主义者对于外观世界的普遍谴责，导致了在建筑上，他们所提出的方案面目都是短暂的、过渡的、游戏的（ludic）、缺少任何

确定形式的。在其乌托邦城市"新巴比伦"中，康斯坦特设计了一个没有静态元素而只有氛围（ambience）的城市，那里，"通过短暂性元素，空间外观的不断变化"将比任何一种永久性结构物更为有效（Ockman，315）。在1960年代和1970年代中，在情境主义者婉转的反形式倾向中，存在着一种强烈的兴趣潮流，特别体现在阿基格拉姆小组（Archigram）的作品中，也体现在了伯纳德·屈米早期的作品和写作中。

尽管，"无定形"建筑的问题无疑不断地吸引着大家，但无定形建筑还有赖于事先存在着一种"形式"的概念；无定形建筑并不意味着在其中"形式"就不存在了。

形式与技术或环境的考虑相对。"形式"与"结构"或者与"技术"的对立，源自19世纪时维奥莱-勒-迪克。正如维奥莱在其《建筑学讲义》中所言，"所有的建筑都出自结构，建筑的首要条件就是要让外在的形式符合那种结构"（第二卷，3）；文艺复兴的错误在于"形式在当时成了统领的考虑；不顾及原理，没有结构体系"（第二卷，2）。这一特殊的"形式"两极性在建筑的现代主义中是个常见的话题。有个例子就出现在1950年代末期和1960年代历史学家兼评论家雷纳·班纳姆的写作中。班纳姆对于"形式"的抵抗混杂着不同的潮流——其中有情境主义者的情怀，有某些视觉艺术家的反形式主义，以及一种强烈的技术理性主义的元素；班纳姆早期带有反形式主题的文章之一，是

塞德里克·普莱斯，欢乐宫关键图，1964年。"无定形"建筑，具有不确定的体量，能够无限的变化和重组。

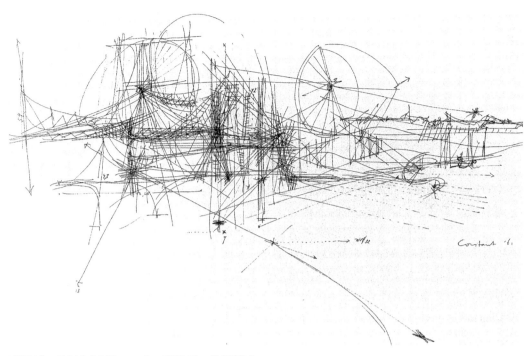

康斯坦特，"新巴比伦"图，1961年。康斯坦特，曾是情境主义国际的一员，在他的1959—1966年间创作的"新巴比伦"中，研究了一个没有"形式"的城市。

他在1955年撰写的"新粗野主义"（The New Brutalism）。在该文中，班纳姆从史密森夫妇金巷住宅竞赛（Golden Lane）的参赛方案中提炼出来"方案通过非形式的方式、通过强调易见的交通系统、居住的易识别单元以及彻底地认同把人的在场当成是总体意象一部分的作法，创造了一种一致性的视觉意象"；同时，在同一建筑师的"谢菲尔德大学竞赛设计"中，班纳姆看到了"反形式主义已经成了构成中的一种积极的力，就像在布里（Burri）或者波洛克（Pollock）的绘画当中那样"（359）。但是，班纳姆对于"形式"的敌视主要来自他对技术创新的一种热情：班纳姆从巴克敏斯特·富勒（Buckminster Fuller）的作品身上得到的经验在于，尤其是当用一种纯粹的技术方法去解决建造问题时，导致了某些无法被看作是建筑学的结果。在富勒的"极效"住宅（Dymaxion House）上，班纳姆赞许地评价到，"这栋房子的形式

品质……并不突出"（1960，326）。取而代之，这栋住宅的特点在于它把飞机制造的技术用到了建筑身上，在于它对机械配置的创造性使用。班纳姆相信，建筑的未来在于技术，在于技术内在的对于"形式"的不关心，这一点，体现在了班纳姆1969年的著作《适宜环境的建筑》（*The Architecture of the Well-Tempered Environment*）中。这一方法的某些方面也体现在班纳姆的朋友塞德里克·普莱斯的工作中。普莱斯在1964年设计的"欢乐宫"项目，被其创办人琼·利特伍德（Joan Littlewood）描述为"街道大学"，是一个没有固定形式的结构，能够不断地被重新安排。普莱斯解释说，"这组建筑群本身没有出入口，每个人都可以选择自己的路径，以及参与活动的不同程度。虽然整个架构维持在固定的规模，使用中的总体空间体量则在变化，这样，即便是经常来的使用者，也会看到变化的景象"。"欢乐宫"是一处情境主义的杂合

171

金巷住宅竞赛参赛方案，伦敦市，史密森夫妇，拼贴，1952年。
雷纳·班纳姆——一位直言不讳的"形式"批判者，1955年，
特别选出史密森夫妇的金巷住宅方案，作为"通过非形式的方
式创造一种一致性的视觉意象"的代表。

体，它提供着遭遇的不断变化的机会，根
据个人的欲望复制着日常生活，混合着最
新技术体系的应用，通过这一设计，这一
梦想得到了实现。另一个类似的多少有些
意外的情境主义的释放和高技术迷恋的混
合，出现在1960年代的阿基格拉姆小组的
作品中。然而，在这种游戏般的无定形性
的风格中，最突出的篇章——巴黎的蓬皮
杜艺术中心（1971–1977），却让它的批
判家们很失望，因为蓬皮杜逆转回归强烈
的体块和体量的建筑传统，让人联想起密
斯·凡·德·罗在美国的作品。[11]

　　对于"形式"来说，未来又会怎样？
显然，形式并不是建筑话语中永恒的或不
变的范畴。在19世纪，形式是作为针对某
些具体问题而提出的解决方式——特别是
针对美学感知的本质和自然形态学的过
程才出现的——"形式"曾经是这些领域
以及诸多相关领域里一个非常高产的概
念。然而，在帮助思考建筑在20世纪所面
对的不同问题时，形式是否还能如此成功

则存在着更多疑问。举个具体的例子——
建筑跟建筑之内及其周围的社会生活的关
系——我们可以说，形式部分地维系了某
种建筑决定论，因此，带来了灾难性的后
果。造成这一现象的前提，就是"形式—
功能"的范型，宣称那些非生命物体的形
式直接影响着人类的行为，这一观点，正
如比尔·希利尔指出的那样，是荒诞的，
是对常识的一种违背（1996，379）；正如
他所言，围绕着这一主题出现的混淆和误
解部分地源自人们将"形式"误用到本来
就不是形式可以解决的问题身上。

　　在某种意义上讲，"形式"是一个生
命期限已经超过了使用期的概念。人们总
在谈论形式（talk *of* form），但是人们很少
在探讨形式（talk *about* form）；作为一个
术语，它已经被冷冻了，不再有积极的发
展，人们也不太好奇到底形式所可能服务
的目的是什么。但一旦问起这样的问题，
形式就可能失去了某些看上去自然而然的
属性，以及它的中立性。

1. 关于这两个词区别的讨论，参见Schiller，*On the Aesthetic Education of Man*，由Elizaberth M.Wilkinson和L.A.Willoughby编辑和翻译，Oxford，Clarendon Press，1967，308–310。

2. David Summers，'Form and Gender'，in Bryson，Holly and Moxey（eds），Visual Culture. Images and Interpretations，Hanover，New Hampshire，1994，406。

3. 参见Popper，'The Nature of Philosophical Problems'，in Conjectures and Refutations，1963，66–96。

4. Panofsky，*Idea*，1968，209。参见Alberti，On the Art of Building in Ten Books，1988，'Lineaments'，422–23。

5. 参见Panofsky，*Idea*，1968，115–121。

6. Fink，*Goethe's History of Science*，1991，88–89；也参见Magnus，*Goethe as a Scientist*，1906，尤其是chapter 4和chapter 5；以及Chomsky，*Cartesian Linguistics*，1966，23–24。

7. 参见对Mallgrave和Ikonomou的介绍，Empathy，Form and Space，1994，1–85，有对这一主题完整的描述。

8. 参见Levine，*Flank Llyod Wright*，437，note 5，作为这一话题的参照。

9. Schwartz，*The Werkbund*，1996，15–16。

10. Schwartz，*The Werkbund*，1996，91–95。

11. 参见，比如，Colquhoun，'Plateau Beaubourg'，in Essays in Architectural Criticism，1981。

形式的（Formal）

作为"形式"的形容词，"形式的"包含了"形式"一词所有的复杂性，甚至更多。它经常被用来强调建筑作品中独特的"建筑学的"属性；但由于通常与它相连的名词——"秩序"、"设计"、"结构"、"语汇"——本身的意义含糊不清，更加重了其中的困惑。例如，"波士顿和美国很多城市也许非常不一样，那些城市有着形式秩序的区域几乎毫无特点"（Lynch，1960，22）；又如弗兰克·盖里的维特拉博物馆（Vitra Museum）的新闻报道："一个尽管有所区分但连贯的形式词汇将不同的片段紧密联系在了一起"（引自Maxwell，1993，109）。

使"形式的"一词更为令人困惑的是，作为"不正式的"反义词，它也有"隆重的"或"做作的"意思。这个意思在建筑中长期使用，并不仅仅与园林相关。例如，威廉·钱伯斯爵士曾警告说如果建筑师不是绘图大师，"他的构图将永远是软弱无力的、做作的和粗鄙笨拙的"（94）；约翰·索恩爵士在比较古代和现代园林时也说："非自然强加的、僵硬做作的艺术与另一种艺术相辅之下、自然的精妙效果不可同日而语"（627）。在英语中，"正式的"（formal）作为"不正式的"（informal）反义词使用的时间远长于它作为"形式"形容词的其他含义，而且在没有其他含义的明显暗示时，人们总会自动地将其恢复到最初的这个意思。举一个现代的例子——路易斯·康的耶鲁大学美术馆（Yale University Art Gallery），"它的平面非常正式"（Banham，1955，357）。有时候，有人会刻意地利用"正式/非正式"的对比，并同时赋予"正式的"一个现代

建筑的含义；斯特林和威福德在斯图加特的音乐学院和舞蹈剧场（Music Academy and Dance Theatre）就是如此："因此，两种体系都致力于正式与非正式之间的游戏，通过运用轴线的静止和对角线的动感来产生一种动态的平衡"（Maxwell，1993，99）。

承继自"形式"各种不同的负面含义，作为一种制约，"形式的"（formal）有时也可以是贬义的。例如，捷克评论家卡雷尔·泰格在1929年攻击勒·柯布西耶的Mundaneum项目时说，这个方案"以其明显的历史主义姿态……表明把建筑理解为艺术是没有生命力的。它显示出勒·柯布西耶美学和形式主义理论的失败……"（89）。泰格或许利用了卢卡奇（Lukács）对"形式主义"作为文学批评中的一个范畴，使作品变得"不切实际"。卢贝金和泰克顿事务所（Lubetkin and Tecton）的2号高点（Highpoint II，1938）因置"形式价值于使用价值之上"而受到了批评（Cox，1938）。迈克尔·索金就写城市建筑的困难评论说，"形式上的欣赏决定了讨论的议题非常局限，影响的问题基本可以忽略不计"（237）。

当我们渴求含义的准确时（当然，并不总是如此），"建筑术的"（architectonic）也许是一个比"形式的"更好的词，至少它没有如此多的含义。

音乐学院透视图，斯图加特，詹姆斯·斯特林和迈克尔·威福德，1987年，"正式与非正式。"

功能（Function）[①]

174　　无疑，"功能"（我们将"功能的"和"功能主义"也包括在这个范畴里）是现代建筑的一个重要概念。然而，它为人们所熟知，却首先是在对现代主义的*批判*中。在很大程度上，它的定义、含意，甚至称谓，都来自1960年前后以降现代主义建筑评论家的评论。比尔·希列尔曾经指出，"翻遍20世纪的建筑宣言，我们找不到一个彻底地宣称空间形式决定功能，或功能决定空间形式的声明"（1996，377–378）。至于说我们现在所说的功能"理论"，或功能的各种理论，都是新近制造出来的，而不是声称"功能主义"主宰现代建筑的那个时期的产物。因此，我们眼下的任务是，确认"功能"（function）在被赋予了现在的连贯性与强度之*前*，是何含义。

"功能"描述的是一个量作用于另一个量而产生的结果[②]；对建筑来说，问题是谁作用于谁？从18世纪"功能"的第一次使用到19世纪末，受影响的量几乎一直被认为是建筑物的构筑要素（tectonic elements），它的"结构"——一个总是与"功能"相伴左右的词；而施加影响的量最主要的是建筑物自身的结构作用力（mechanical forces）。换句话说，直到20世纪初，除了后文将讨论的几个少有的例外，"功能"一词主要指的是建筑的构筑方式（tectonics）。在20世纪，"功能"的一个新的用法变得更加普遍，即建筑物本身被认为能对人，或社会方面（social material）产生影响。正是后面这个意思——及它的反面，社会影响决定建筑形式——引起了极大的关注，但也更难追溯它们的历史脉络。

从历史的角度看，我们可以确定，大约在1930年以前，"功能"至少有5种不同的用法。这个概念如此复杂的原因在于它是一个隐喻，一个至少从2个或3个不同领域中借用来的隐喻：数学、生物学，也许还有社会学。更为复杂的是，建筑中使用的英文词"function"，是从意大利文、法文和德文中翻译过来的。在与德文的关系上，翻译的问题尤其突出，德文中三个不同的词在被译成同一个英文词"function"后，便失去了它们之间细微的差别。

1. *作为数学的隐喻——对古典装饰体系的批判*。1740年代，威尼斯修道士卡洛·洛都利（Carlo Lodolí）第一次在有关建筑的表述中使用了"功能"这个词。[1] 洛都利的格言，'*Devonsi unire e fabrica e ragione e sia funzion la rapresentazione*' –"以理性统一建筑，让功能再现"——概括了他对古典装饰体系陈规旧俗的反对。洛都利主要反对的是用石材模仿原本从木结构中发展出来的形式；现存的洛都利思想的记录有两个，其中之一的作者弗朗西斯科·阿尔加洛蒂（Francesco Algarotti）记述说，"他坚持认为，没有任何在功能上不真实的东西应该被再现"（35）。洛都利所说的"功能"的意思，可以从另一个更准确的、由安德烈·梅莫（Andrea Memmo）记录的洛都利的思想中推断出来。梅莫指出，洛都利希望从结构力对材料的作用中发展出石构建筑与装饰的形式。这一观点的应用，可以从紧靠威尼斯圣弗朗西斯科·德拉·维尼

[①] 本词条中多处用词与翻译参照了王正，《功能探绎——18世纪以来西方建筑学中功能观念的演变与发展》，南京：东南大学，2014。有关Viollet-le-Duc的部分，参照了白颖等人翻译的《维莱奥—勒—迪克建筑学讲义》，北京：中国建筑工业出版社，2015。——译者注

[②] 这里的function来自数学，中文的翻译应该是"函数"。但函数不是一个中文里的建筑概念，本词条的翻译在涉及建筑时均用"功能"，涉及到数学中的概念时，用"函数"。——译者注

朝圣者招待所，圣弗朗西斯科·德拉·维尼亚，威尼斯。在我们唯一知道的由洛都利直接负责的建筑里，窗户周围的边框遵循着他的"功能"观，窗台最厚的地方也是它们最可能断裂之处。

卡洛·洛都利的肖像；安德烈·梅莫，《洛都利建筑的要素》（*Elementi d'architettura Lodoliana*），vol. 1，1834年。"以理性统和建筑，让功能再现"：威尼斯修道士洛都利第一个使用"功能"谈论建筑，作为他攻击古典装饰体系的一部分。

亚教堂（S. Francesco della Vigna）的朝圣者招待所中出人意料的过梁和窗台上得到证实，这座收容所显然是遵从洛都利的指令建造的。约瑟夫·里克沃特认为，洛都利从数学中借用了"功能"一词。1690年代，莱布尼兹（Leibniz）首先在数学中用"function"[①]来描述变量组合；而洛都利的"功能"是指任何一个建筑构件里结构作用力与材料的综合作用。洛都利的思想，经由18世纪晚期意大利建筑作家弗朗西斯科·米利吉亚得到广泛传播，但米利吉亚误导性地将洛都利的思想简单地表述为对过度装饰的反对："凡是可见的都应该有功能"（*quanto è in rapresentazione, deve essere sempre in funzione* – 1781，vol. 1，xv）；但洛都利并没有像这样反对过装饰，而是提倡一个不同的、以材料固有属性为基础的装饰体系。自1790年代米利吉亚的著作被翻译成法文以来，它们便成为法国建筑圈中这个词的一个来源。然而，到此时，洛都利的数学隐喻的真正含义已完全失去。首先，米利吉亚曲解了它的意思；现在，它又被一个来自发展中的生物科学的新的"功能"类比所取代。

2. *作为生物学的隐喻*，描述建筑各部分相互间及相对于整体的功用（*purpose*）。在生物学这门产生于法国、尤其出自于让-巴蒂斯特·拉马克（Jean-Baptiste Lamarck）和居维叶工作的科学中，"功能"是一个关键的概念。早期的博物学家是根据器官的外表和它们在身体中的位置，对标本进行分类，而在18世纪末发展起来的新的生物科学中，分析器官依据的是它们在生物体作为一个整体中所担负的功能，以及它们与其他器官的层级关系。在这个意义上说，"功能"与"结构"密切相关，因为正是对单个肢体和器官的"功能"的确认，才可能推演出结构。

尽管生物学家在1790年代已经发展出了"功能"的概念，但直到很后来建筑师都一直很少使用它。1850年代以后，通过维奥莱-勒-迪克的写作，建筑的话语里彻底显示了他所说的"喜欢为每件产品或物件指派一个明确功能的现代精神"（Lectures，第一卷，449）。对维奥莱，

[①]此处的意思为函数。——译者注

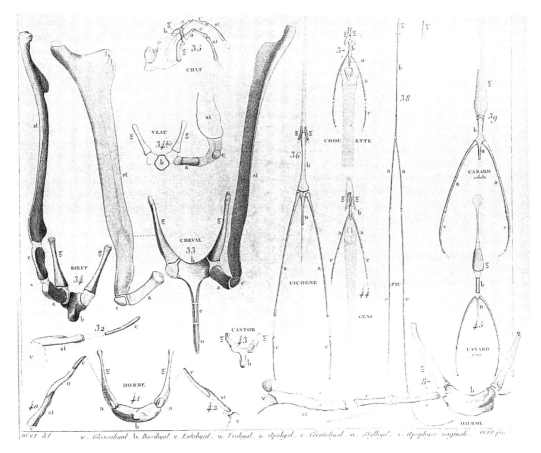

各种脊椎动物的舌骨（连接舌头到下颌的软骨）比较，来自
艾蒂安·若弗鲁瓦·圣伊莱尔，《解剖学的哲学》（Philosophie
Anatomique），vol. 1，1818年。19世纪早期，"功能"成为了
生物学的一个主要话题。艾蒂安·若弗鲁瓦·圣伊莱尔的"相
似论"认为，从进化的角度说，特定器官的功能不是一成不变
的；他的假设认为，在所有的脊椎动物中都存在这样的器官，
尽管它们经过物种的适应性改变已发展出了不同的功能，却依
然与一个共同的起源相类似。

"功能"是一个重要的概念，是他整个理性建造理论的基础：例如，写墙的时候，他说：

在每一个石作建筑中，凿饰好石材中单独取出的每一片，或混凝土工程中的每一个部分，都应该清晰地表明它的功能。我们应该能像拆解谜题一样分析一座建筑，因此，每一个部分的位置和功能都不能弄错。（Lectures，第二卷，33）

177 并且，维奥莱反复声明这个隐喻源自生物学。

正是这个含义，即每个部分在结构里起到的作用，是19世纪中叶以来"功能"在英语世界里的主要意思。这也许与大家比较熟悉英国考古学家威廉·惠威尔（William Whewell）和罗伯特·威利斯（Robert Willis）在1830和1840年代对哥特建筑建造体系的详细分析有关；又或者是受到了维奥莱著作的影响。仅举一个英语中使用"功能"的典型事例，我们可以援引美国评论家蒙哥马利·斯凯勒（Montgomery Schuyler）回忆1880年左右与莱奥波德·艾德茨——更改大厦设计的建筑师——一起参观奥尔巴尼的纽约州议会大厦的情形：

一天，站在法院的圆形大厅里，当他自己的多彩砖拱和柱子被嵌进原先建筑铸铁的面板之间时，他指着新的部分说，"人

们会不会看不出这个是有功能作用的，而那个"，他又指向原先的部分说，"是没有的？"（1908，181）

3．作为形式"有机"论里的生物学隐喻。"功能"的第二个、却相当不同的生物学隐喻，来自德国浪漫主义发展出的形式有机观。这是路易斯·沙利文对形式和功能的著名评论产生的语境。在德国浪漫主义中，"形式"要么是"机械的"，要么是"有机的"。奥古斯特·威廉·施莱格尔最先做了这样的区分，1818年柯勒律治（Coleridge）又用英语解释道：

当我们将一个预先设定好的形式加诸在任何一种给定的材料上时，这种形式就是机械的，它不必然地从特定材料的属性中产生；就像面对一大块湿黏土，我们可以将它塑造成任何一种我们希望它干硬后保持的形态一样。然而，有机的形式是天生的；它的形态的生成，就像是从内部长出来的，而且它生成的完满状态是唯一的，与外部形式的完美相一致。生命如此，形式也是如此。（229）

形式有机论里的原动力是什么——这个由亚里士多德首先提出的问题——是无解的：但毋庸置疑，这个理论影响了很多的建筑师和写作者，在他们中间，美国雕塑家和艺术理论家霍拉提奥·格林诺夫（Horatio Greenough）通常被认为是英语世界里第一个将"功能"应用于建筑的人。格林诺夫写于1840年代论艺术和建筑的文章，从本质上都与视觉艺术中有机形式的发展有关。"功能"在此扮演了一个重要的角色，但格林诺夫从来没有很准确地说明它是什么意思——他用这个词，有些时候是指建筑物实用性用途的直接表现，而另一些时候是说一个先验的得多的有机形式的外在表述的观念，比如在他这样写时，"让我们像细胞核一样，从中心开始，向外生长，而不是将每种建筑的各个功能强行放入一个通用的形式中，为满足眼睛或联想的需求，采用一个与内在布局无关的外部造型"（62）。不过，无论他

走道剖面，显示中心大殿的扶壁，巴黎圣母院（Notre Dame-en-Vaux），沙隆沃马恩河畔（Chalons-sur-Marne），来自维奥莱-勒-迪克，《建筑类典》，第四卷。对维奥莱-勒-迪克而言——跟随生物学家对这一术语的使用——每个单独构件的"功能"，作为描述其与整个建造系统的关系，成为了建筑师最主要的关注点。

用什么方式，格林诺夫选择"功能"这个词显然与生物学有关——"作为我们寻求伟大的建造原理的第一步……观察动物的骨骼和皮肤"（58）。正是从这些观察中，他总结道，"如果有一个结构原则比其他所有的都更清晰明了地反复灌输在造物主的作品中，它就是形式坚决顺应功能的原则"（118）。20世纪的评论家总会夸大格林诺夫思想中的现代性。我们应该记得，不仅格林诺夫的"功能"是以之前的浪漫主义的有机形式观为基础，而且很清楚他对"功能"的兴趣很少与满足人们的需求有关（他没有与此相关的理论，也很少提及），而更多地是将其作为一种达到非常18世纪建筑目标的方式，对恰当特征的表达："一栋建筑对其所处位置和使用方式

坚定不移的适应，仿佛是这种适应的必然产物一样，赋予了特征和表达"（62）。格林诺夫的原创性不是预见了20世纪的功能主义（他并没有这样做，因为他对社会影响建筑和建筑影响社会的相互作用没有任何概念），而是通过"功能"的概念将"特征"和使用方式联系在一起，为以前的"特征"概念注入了新的生命——正如他所说，去表现"作为功能记录的特征"（71）。

如果格林诺夫的功能概念只是部分地来自浪漫主义的形式有机论，那么"被抑制的功能"的信条则完全彻底的源自于此，神秘的约翰·爱德曼（John Edelmann）即是以此迷住了年轻的路易斯·沙利文（1924a，207）。很难准确地说沙利文——通常认为他创造了"形式追随功能"的格言（1924a，258）——是从哪里获得了他对功能的看法，但他对德国思想的依赖却是无可辩驳的。[2]而沙利文的"功能"在任何一点上都与实用和满足使用者的需求无关；相反，它完全是以形而上学式的有机本质的表达为基础。"种子是事物的根本：特性确定之所在。在它精密的运行机制里，存在着权力的意志：即寻找并最终在形式里找到其全部表达的功能"（1924b）。当沙利文谈论"功能"时，我们可以将他的意思圆满地解释为"天命"。这一点从《随谈录》（Kindergarten Chats）12和13里大段的著名讨论中可以看的很清楚，他一开场就说，"一般来说，外在的形象类似内在的意图。例如，橡树的形式效仿且表现了橡的功能或意愿……"（43）。沙利文所说"功能"的含义更进一步的证明来自他的合伙人丹克马尔·阿德勒（Dankmar Adler）的一个评述，"功能和环境决定了形式"——暗示出"功能"与"环境"是不同的。以浪漫主义的术语来说，对沙利文而言，"功能"是决定"有机"形式的内在的精神力量；"环境"是一个外部的中介，"机械"形式的一个决定因素。在20世纪，这种区分已经丧失：形式有机论

与其认识论上的所有困难一起，都被忘却了，而"功能"，这个它曾经的专门用语，已经转变为外部中介——"环境"——对形式施加的影响和作用。

从维奥莱-勒-迪克那里，沙利文当然知道"功能"的另一个生物学含义，并不可避免地，沙利文和其他人都接受了两者之间的混淆。在这种联系上颇为有趣的一本书是美国建筑师莱奥波德·艾德茨的《艺术的本质与功能》（1881）。艾德茨曾在维也纳学习，因此，谙熟德国思想，但1843年移居美国之后，他成了维奥莱-勒-迪克的一名热情信徒。在书中，他努力使维奥莱非常机械的构筑的"功能"含义与德国唯心主义的功能概念相调和。因此，他写道：

所有自然的生物体都具有执行某些功能的机械能力。我们发现这种能力会或多或少清晰地表现在作为一个整体的各种形式里，或在它们的凝结体中。以这种方式，它们使人了解这些功能的表达，并由此讲述了它们存在的故事。建筑师，在模仿事物的这种自然状态时，也这样去塑造他的形式，使这些形式讲述它们的功能的故事；而且，在力量、优雅、安宁这些属性不同程度的融合中，这些功能常常是他们的机械条件。因此，建筑形式塑造的根本原则是机械的。（223-224）

对于艾德茨，机械功能的表达为再现建筑物的内在功能，"它存在的故事"，提供了工具。

4. *"功能"意味着"使用方式"*。到19世纪中期，"功能"意指指派给某栋建筑或一栋建筑某个部分的活动的用法，在英语和法语中都不普遍。上文讨论过的作家中，只有格林诺夫和维奥莱-勒-迪克两位曾使用过"功能"的这层意思。例如，格林诺夫曾写道，"以便利来分配空间，决定空间的尺寸，并以功能来塑造它们的形态——这些活动组织起了一栋建筑"（21）。我们曾在另一个语境下讨论过，维奥莱-勒-迪克是以一种直接的生物学类比

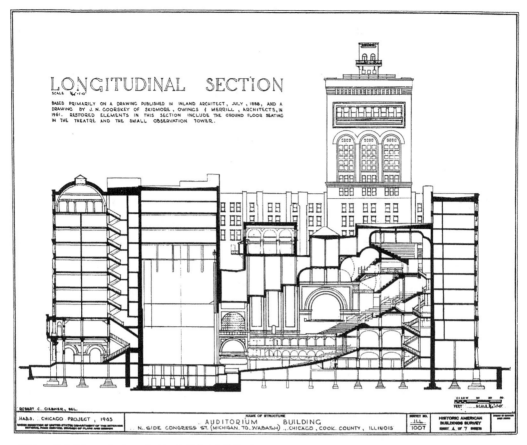

纵剖面，礼堂建筑，芝加哥，丹克马尔·阿德勒和路易斯·沙利文，1887—1889年。"形式追随功能"：对于创造这个短语的沙利文来说，功能的意思是"内在的目的"，即引导所有充满活力的事物——包括建筑生长的精神力量。

来谈论家居建筑的，"在每栋建筑中……都有一个主要的器官……和某些次要器官或组成单元，以及通过循环系统供给所有部分的必需设备。每个器官都有自己的功能"（Lectures，第二卷，277）。1857年，乔治·吉尔伯特·斯科特谈到工厂设计时，曾建议"使具有相同功能的部件一致且相似"（212）。在20世纪以前，用"功能"来描述某个建筑或建筑局部的特定的活动，比我们想象的少得多，尽管这已成为"功能"十分普遍的现代含义。

5. "功能的"作为德语词'sachlich'，'zweckmässig'，'funktionell'的英文翻译。在英文只用"功能的"一个词的地方，1900年以前，德文有三个词。[3]虽然德国人经常互换地使用这些词，但它们在意义上的细微差别使这个概念具有单个英文单词无法传达的深度。

客观性（Sachlichkeit）

Sachlichkeit的字面意思是"客观性"（thingness），无论在英语还是在法语中都没有同义词，根据哈里·马尔格雷夫的说法，1896年，德国评论家理查德·斯特雷特（Richard Streiter）第一次将客观性（Sachlichkeit）作为建筑的词汇使用。[4]在1880年代和1890年代令德国和奥地利建筑师着迷的有关"现实主义"争论的语境中，它的意义重大。在德语系的国家里，"现实主义"（Realismus）的意思就是建造的理性主义，结构的力学表达要最清晰明了地反映在现代工程的作品中。这些作品因成功地脱离了历史风格而受到赞赏的同时，也被认为缺乏艺术所必需的思想性，因此被认为是不完善的"现代"建筑的模型。在《草图、方案和已实施的建筑物》（Sketches，Projects and Executed

Buildings，1890）的第一卷的前言里，奥托·瓦格纳表露出建筑师对"现实主义"感到有些相互冲突的看法。在赞扬了"现实主义"在绘画上的影响，产生了现代户外风俗画之后，他接着说：

这种现实主义在建筑中也会结出怪异的果实，我们也许可以从几个令人沉痛的实例中看到这一点，如埃菲尔铁塔，奥斯坦德游乐场等。然而，尽管这些实例中有太多的现实主义，我们今天大部分的建筑却显得少之又少。特别是在维也纳，我们看到普通的住宅和出租公寓总是试图通过各种各样的添加物，来获得一个完全不相干的特征，而不是严格遵从实用性的要求。（18）

瓦格纳和他的同时代人面临的问题是，要使建筑汲取工程技术中"现实主义"的教训。而当时美国和英国的居住建筑就在建筑师和评论家寻求支持的范例中，它们似乎示范了一条通往家的"现实主义"之路，在创造了物质上舒适的环境的同时，又通过，尤其是民间传统的表达，成功地体现了"朴素"（homeliness）的理念。为了描述使这类建筑如此成功的品质，建筑师和评论家们做了各种各样的尝试，当时提出的一个词是bürgerlich（得体的，中产阶级的），在其他的场合，也用过英文的"愉悦"（cheerfulness）和"舒适"（comfort）。1896年，为了表示这种属性，评论家理查德·斯特雷特专门发明了一个词"客观性"（Sachlichkeit），他这样使用：

我们德国人不能、也不应该模仿英国和美国住宅的许多特色，因为它们并不适合我们的环境，但是我们可以从它们那儿学到很多东西，首先且最具普遍性的是，在我们的家居布置中，更好地考虑实用性［Zweckmässigkeit］、客观性、舒适和卫生的要求。（1896）

在同一年的另一篇文章里，斯特雷特认为客观性等同于现实主义——"最完美的实现了功能性［Zweckmässigkeit］、舒

适、健康的要求"（1896b）。[1]但他接着说，客观性本身不足以产生艺术，我们也需要"从社会环境，从可用材料的品质，以及从环境和历史条件下地点的氛围"中（1896b），发展出建筑作品的特征。简而言之，客观性是艺术的前提，但它本身不可能是艺术。从这以后，这个词被致力于实现现代现实主义建筑计划的评论家们广泛采纳和使用，尤其是柏林建筑师和评论家赫尔曼·穆特修斯，如马尔格雷夫指出的，穆特修斯在1902年的一本小书《风格－建筑与建造－艺术》（Style-Architecture and Building-Art）中，建构了一个系统的现实主义议程。在这本书中，穆特修斯用遍了现实主义的词汇——'Realismus'，'Zweckmassigkeit'，'bürgerlich'，和'Sachlichkeit'都扮演了重要的角色。穆特修斯的目的是找到一个与英美居住建筑的实用性相当的德国概念，并在18世纪德国中产阶级的非纪念性建筑里找到了这个概念："中产阶级从高度贵族化的艺术里，提取出一种为自己所需的艺术——简约、客观、合理……"（53）；19世纪的错误在于总是努力"将日常承负的工作变成丰碑。几乎在每一个早期阶段，至少在艺术实践依然保持本土性的那段时期，人们可以看到纪念性的建筑艺术和简约的中产阶级（bürgerlich）建筑艺术的区别"（75）。穆特修斯提出，现在，应该取缔"风格"：

在我们巨大的桥梁、汽船、火车、自行车之类的物品中……我们可以看到需要引起我们关注的、已体现出的真正现代的设计理念和新的设计原理。在此，我们会发现一个严格的，有人可能称之为科学的客观性，一种对所有流于表面的装饰形式的克制，一种严格遵循作品应该服务于的

---

[1] 前文中的实用性和本句中的功能性在原书中给出的德文参照词都是Zweckmässigkeit，但英文分别对应的是两个不同的词：practicality和functionality，为显示意义的差异，随原书采用了两个不同的中文译词。——译者注

起居室，安妮女王之门大街185号（185 Queen Anne's Gate），伦敦，理查德·诺曼·肖（R. N. Shaw），1896年。"客观性"。德国评论家赫尔曼·穆特修斯发展出一套全新的术语——"家常"，资产阶级，客观性和目的性——来描述他在19世纪晚期英国家居建筑中所感觉到的舒适、实用和简朴。

实用用途的设计。(79)

［当工头］只是寻求公正合理地处理……由场地、建造、房间设计，及门窗、供暖和照明资源的排布所提出的那些要求时，——我们已经在走向严格的客观性，而我们也已开始将其视为现代感的基本特征。(81)

对穆特修斯来说，客观性是对19世纪建筑风格泛滥的补偿，如果遵从于此，将会产生一种真正的德国建筑。从这些穆特修斯使用客观性方式的实例中，我们可以看到它的内涵非常丰富：反装饰的、非贵族的、立足于民间的、存在于日常物品中的、合理的、科学的、节制的、实用的、真实的、现代的——所有这些，甚至更多。客观性一直被广泛使用，且不仅限于建筑圈中；到1920年代，它被应用到现代主义文化的各个方面，在魏玛德国几乎成为"现代主义"的同义词。*Die neue Sachlichkeit*是对非表现主义现代艺术的一个普遍性描述，经常被翻译成"新客观主义"。[5]

目的性（Zweckmässigkeit）

在使用新创造出的客观性的同时，穆特修斯也使用了目的性（Zweckmässigkeit）这个常见得多的词。在德语中，"Zweck"的字面意思是"目的"，说德语的人既用它来表示对直接物质需求的满足，即实用性；也有内在的生命意志或天命的意思，即沙利文所说的"功能"的含义。使用这种意思的一个例子，见雨果·哈林（Hugo Häring）1925年的文章"形式的方法"（Approaches to Form）。[6]通常，它没有的意思是理性的建造，即"现实主义"所传达的理念。尽管其"实用性"的含义早已确定，但特别耐人寻味的是，20世纪早期试图赋予它美学意义的尝试。自从康德明确地将目的排除在美学的范畴之外，它便暗示了在理解什么是艺术上的一个重大转变。这种转变的一个标志是1914年出版的历史学家保罗·弗兰克的著作《建筑历史的原理》。弗兰克用四个范畴分析了建筑变迁的过程：空间形式、物质形式、视觉形式和"目的意图"（Zweckgesinnung）。弗兰克很清楚地表明他所说的"目的"，Zweck，与建造没有任何关系。相反，它是一个历史的问题：他发现当他能从美学的方面分析空间，却对空间的使用意图一无所知时，它没有任何意义。

例如，1746年，建于康斯坦茨湖边的诺伊比尔纳（Neubirnau）教堂，尤其代表了第三阶段的空间、物质和视觉形式，但由于现在空无一物，它就像是一个没有内容的蛋壳。并且，失去了原有陈设的每一处空间都会给人同样的洗劫一空、了无生机的感觉。……当我谈到建筑的目的时，我指的是建筑形成了为特定时间段里各种活动所使用的固定场地，它为一个确定的活动序列提供了路径。就像它们有自身的逻辑进程一样，空间的序列，以及每一个空间中的主要和次要通道，也因此有它们的逻辑。"(157)

历史学家面临的困难是，他永远无法见证那些活动，那些原先发生在建筑物里的事件，因此，他永远不可能知道空间的这个方面："我们常说，坐满了1753年王宫贵族的慕尼黑王宫剧院，在当时与今天

剧院，慕尼黑王宫（Residenz），慕尼黑，弗兰索瓦·屈维利埃（F. Cuvilliés），1750—1753年。弗兰克发现，当它不再为18世纪的宫廷所使用，且丧失了其"目的"——或"功能"时，对现代的目击者来说，剧院美学上的一个元素也失去了。

是不一样的。人是建筑的一部分"（159）。在改变了用途的建筑中——如改作了监狱的女子修道院里，历史原型的经验丧失更加严重——"甚至当一座18世纪的宫殿依然保留了某些或全部的陈设，游客被领着在它的房间里四处走动时，它仍然是一座木乃伊"（159）。"尽管如此"，弗兰克继续写道，"当一个空间形式里能够具体体现使用意图时，这种消失的生活痕迹便能留存在建筑的背后"（160）。正是这个将"目的"与"空间"连成一体的评论，由康德那样小心谨慎划分开的两个范畴组成的合并，预示了1920年代发生的转变。

在1920年代早期，以"G小组"（G group）闻名的柏林左翼建筑师圈里，对目的性的强调是一个关注的重点。[7]通过这样的强调，他们有意扰乱整个以前存在

的建筑美学的概念，以使康德曾经宣称的艺术之外的东西，建筑的目的，现在确确实实地成为了建筑真正的主题。建筑和使用方式之间的相互关联如今被看成是建筑最重要的内容，不只是与"美学"相对立，而是要取代它，为那个概念构筑一个全新的意义。正如德国评论家阿道夫·贝恩所指出的，"当一座建筑的各个部分以它们的使用来安排，当美学空间变成了生活空间……建筑便摆脱了旧的、陈腐的和固定不变的秩序的桎梏"（119—120）。只有在这种语境下，我们才能理解密斯·凡·德·罗在1924年一个题为"建筑艺术与时代意志"（Building Art and the Will of the Epoch）的演讲中，对目的性所作的令人惊讶的绝对化的评论：

声称这些［当代工程］只是功能结构

［Zweckbauten］的说法是不恰当的。一幢建筑的目的［Zweck］就是它真正的意义。所有时代的建筑都服务于目的，相当真实的目的。但是，这些目的在类型和特征上是有差别的。目的始终是建筑的决定因素。它决定了形式的神圣或世俗。（Neumeyer，246）

在1920年代晚期，密斯自己也不再坚持这种观点。在1930年的一篇文章"漂亮而实用地建造！停止这种冷酷的功能性［Zweckmässigkeit］"（Build Beautifully and Practically! Stop This Cold Functionality）中，密斯采取了更为温和的路线，他批评了时下的"唯功能性"（function-proclaiming）［Zweckbehaftet］建筑，并回到与穆特修斯和贝尔拉格更接近的观点，认为尽管对目的的考虑是美的前提，但它本身并不会产生美（Neumeyer，307）。值得指出的是，当这些言论都以英文的"function"来翻译时，密斯的转变很容易被误解：他用目的性而不是客观性就很清楚地表明，他说的是目的的表达，而不是建造的理性表达——对于后者，他的想法从未有过改变。而密斯抛弃目的性的原因，至少部分地与1920年代后期，它的客观性和功能（Funktion）在德国建筑争论中的发展有关。

正是我们前面提到过的一本书，阿道夫·贝恩于1926年出版的《现代功能建筑》，特别详细阐述了一系列"功能"术语的意义。贝恩的书名有些误导，因为书中有关客观建筑的部分正好与有关目的的部分一样多。这本书的目的是讨论所有的大体上可以被看成是客观的观点，它的一部分价值在于它对自穆特修斯的《风格一建筑和建造一艺术》出版20年来，这个方向的发展做了一个合理的、不偏不倚、具有批判性的解释。贝恩的书尤其令人感兴趣的地方在于，他所认为的客观作品的宽泛程度，和他区别客观的不同表现的标准。在战前的建筑师里，他特别提到了彼得·贝伦斯（Peter Behrens）和亨德里克·贝尔拉格（Hendrik Berlage），但他在他们对英雄形式的恋恋不舍上充满怀疑（贝伦斯的AEG的作品中，他更喜爱Humboldt-Hain的总装车间，认为它比更著名的汽轮机车间"更朴素，更客观"）；在1914年以前，只有弗兰克·劳埃德·赖特的住宅展现出了"一种积极正面的客观性……通过返回到住户们最基本的功能需

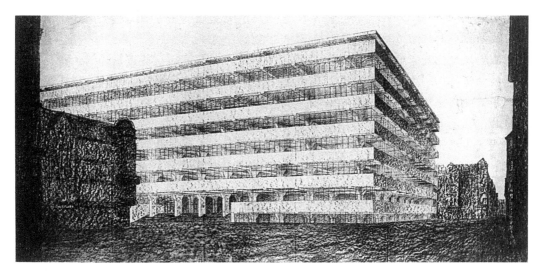

密斯·凡·德·罗，办公楼项目，粉笔画，1923年。"一幢建筑的功能［Zweck］就是它实际的意义"。密斯·凡·德·罗在1920年代早期对"功能"的强调被认为要颠覆建筑美学以前的整个传统。

牛舍，加考农场（Gut Garkau），吕贝克（Lübeck）附近，雨果·哈林，1922—1925年。"建筑成为被塑造的现实。"评论家阿道夫·贝恩充满赞许地将哈林建筑完全从实际出发的曲线与新艺术运动浪漫的随意性相比拟，尽管如此，但对它过度的个性不无批评。

求上，直接以生活为基础"（100）。正是这个标准——建筑物使用者的生活的实现——决定了客观建筑的品质，并且在这里，贝恩提出了一些与以前相当不同的观点，其中一个即是要求对建筑师的角色有一个全新的概念：

当建筑师解决他的业主对生活的态度、生活方式和经营方法的问题时，他才能把握和实现他真正的艺术作品，也就是创造性的工作……由于这个原因，作为业主，不只是买一块地、买一些砖和雇一位建筑师。业主必须是一种行为，其对所需要空间的占据是如此确定、清晰、丰富和有机，以至于它可以被转化成砖石砌筑的墙体之间的关系……"（120）

贝恩认为，在一战后的作品中，最成功地将业主的意愿转化成砖石的结构，把建筑当作"被塑造的现实"来处理的，是汉斯·夏隆（Hans Scharoun）、哈林、埃瑞许·门德尔松（Erich Mendelsohn）和汉斯·普尔希（Hans Poelzig）的作品，

即现在通常被称为"表现主义"的作品。的确，他最喜欢的例子之一是门德尔松的卢肯瓦尔德（Luckenwalde）制帽厂（1921—1923），在这座建筑里，"从最符合生产程序的组织方式中，发展出了一个紧凑的、紧密契合的空间形式，一个试图遵从并适合企业功能、生产流程的形式，就像一个机器的各个部分一样"（116）。然而，尽管赞同这些建筑师的工作，尤其是他们否定"形式"的倾向，贝恩还是对结果过于强调每个委托的个性的方式提出了批评。在贝恩看来，这种过度的个性化是与客观的现代性倾向背道而驰的。像同时代的很多德国人一样，贝恩对现代性的观点深受社会学家格奥尔格·齐美尔的影响，即将现代性看成是解决统一性和普世性原则与独立和个体的生命形式的冲突的方式。他批判了那些被他描述为"浪漫的功能主义者"的德国建筑师，因为他们的作品不容易适应未来使用的改变，并因此缺乏与个体状况相对立的、对社会来说必

不可少的普遍性。另一方面，在勒·柯布西耶的作品中，他发现了一种以"属于人类社会的基本意识"（131）为基础的、从一般性和典型性演化而来的建筑。"他的思考是从整体推向细部"，他"使总体性成为他的起点"（132）。像齐美尔一样，贝恩认为从个人或个体中演进而来的任何东西都不可能承载社会的意义，要成为真正功能的，建筑就必须去认识什么构成了社会，即社会的集体性。

如果每一幢建筑都是一个建成整体的一部分，那么它就要从其美学和形式的需求中，接受某些普遍有效的规则，不是从单体的功能特征［Zweckcharakter］而是从这个整体的要求中产生的规则。因为这里，在最终的社会领域里，必然蕴含着美学最原初的基本要素。（137）

贝恩的观点，认为真正的功能主义不是显现单体建筑自身的目的，而是与社会普遍的集体目标相关的目的，是他后来详细阐述的一个主题。在1927年时，他写道，"每个事物［thing］都是一个节点，是人与人关系的交叉点……因此，从事实出发的工作就是指在每个行业里社会化的工作。而客观的建造即意味着社会化的建造"（摘自Bletter，53）。贝恩对功能的社会性认定听起来或许有些像1945年以后的某些功能主义观念；但是，如我们从使他提出这一声言的思想中看到的，它无论如何与那些主要基于机械—生物的起因—结果式的功能性观念的思想毫无关系，而是来自于德国浪漫主义表达本质与观念的信条。虽然1920年代后期，说德语的人所表述的一些关于功能的看法或许听上去非常机械的——例如，汉斯·迈耶（Hannes Meyer）经常被引用的"建造"（Building）一文开篇便是，"世界上所有的事物都是这个公式的产物：功能［Funktion］乘以经济"（95）——前面的讨论已清楚地表明，即便梅耶把住宅看成是一个生物性的装置，这也绝不是普遍持有的观点，只不过是在有关"功能"被扩展意义的更大争

论中，一种极端主义者的辩论术而已。

6. *1930—1960年英语世界中的"功能"*。大约在1930—1960年间的英语国家里，"功能的"成为了"现代建筑"的一个统称。[8]当流亡的德国建筑师普遍回避这个词的使用时——他们一定发现这个英文单词意义贫乏，无法完全描述20世纪头30年里在德国产生的思想的多样性，而本地的英国人和美国人却不加区别地大肆使用。在这一时期的大多数时间里，"功能"是引导有关现代建筑论战的最重要的术语，因此，它既被新建筑的支持者也被新建筑的反对者使用。其角色含糊不清的一个绝好的例证，是在希区柯克（Hitchcock）和约翰逊的《国际式》（*The International Style*）这本随1932年在纽约现代艺术博物馆举办的展览出版的书里。希区柯克和约翰逊为了使现代主义在美国获得认可，清除了它所包含的政治内容，他们意欲用"功能的"概括他们想舍弃的、欧洲现代主义的那些方面——其科学、社会学和政治上的主张。然而，为了将现代建筑介绍成一种纯粹的风格现象，他们不得不制造出一个虚构的范畴——"功能主义"建筑，并将所有有改良主义和共产主义倾向的作品归入其中。事实上，他们将"功能主义者"描述为那些对他们而言"所有风格的美学原则都毫无意义且脱离现实"（35），这与在欧洲发生的情况几乎没有任何关系，以至于他们只成功地发现一位建筑师——汉斯·梅耶，符合这一描述。他们对"功能主义者"工作方式的解释是对贝恩小心翼翼平衡的论点的歪曲，"使特定的客户满意是欧洲功能主义者常常忽略的一个建筑的重要功能"（92）。

面对与此类似的诋毁"功能"的企图，一些现代建筑师和评论家从1940年前后开始，为恢复它的名誉做了大量的工作。对现代主义者来说，重要的是既要表明他们的作品不是由"形式"和"美学"决定的，又要避免被贴上冰冷的功

入口大堂，屋顶公寓，2号高点项目（Highpoint II），卢贝金和泰克顿事务所（Lubetkin and Tecton），1938年。"技术功能主义无法产生真正的建筑。""功能主义"带来的解放是短命的：到1930年代后期，大多数第一代欧洲现代主义者都不愿意设计任何可能被视为"功能主义"的东西。

能主义者的标签。结果是试图定义"功能"的含义、使其偏向几个特定目标的努力。其最早的标志之一来自阿尔瓦·阿尔托（Alvar Aalto），他在1940年的一篇讨论什么是未来10年主要议题的文章"建筑的人性化"（The Humanizing of Architecture）中，写道："技术的功能主义无法创造真正的建筑"。来自现代主义主流之外的压力，来自前达达主义者、超现实主义者和后来成为情境主义者的压力——对所有这些人，对抗功能主义是他们自我定位的主要方式之一，也迫使现代建筑师为功能主义辩护。弗雷德里克·基斯勒（Frederick Kiesler）就是一例，1925年，他曾强烈呼吁"功能的建筑。满足生活功能灵活性的建筑物"，到1947年，他成为了一名纽约的超现实主义者，并声称"建筑中的'现代功能主义'死了……已经在卫生＋唯美主义的神秘感中消耗殆尽"（150）。然而，有一位功能性的反对者，就有100位支持者想要使之更加锋利。因此，1954年，瓦尔特·格罗皮乌斯（当他1935年到英国时，曾表达出对功能主义重要性的贬抑）巧妙地修改了一下对包豪斯的描述，使它听上去更人性化："功能主义不仅仅是一个理性主义的过程，它也包含了心理学的问题"（97）。而在年轻一代的建筑师中间，"功能的"甚至离它早先的意思更远：1957年，史密森夫妇宣称，"'功能的'这个词现在必须包括所谓的非理性和象征性的价值"（1982，82）。然而，尽管这一时期，"功能"是一个饱受争议的术语，并且上述的事例也说明了为延伸它的意义或使之更为准确而做的尝试，却根本没有出现一个全面的功能理论。形式——功能关系理论的确定只是在1960年以后才出现，颇具讽刺意味的是，它是作为对现代主义发动全面攻击的一部分出现的。

7．形式——功能的范式。在有关"功能"的现代主义的争论中，隐含着的假设是建筑物与居住其中的社会成员之间存在着一种关系。当1960年代以来这个议题被逐渐理解，问题就成了一个要么将它描述为社会环境影响了建筑物的形式，或者相反，建筑物对社会产生作用的问题。给这个议题做一个历史解释的困难在于，虽然这类想法肯定存在，而且对现代主义确实至关重要，它们却没有被清晰地阐述过，即便有，在1920年代晚期之前，也很少被称作"功能主义"。我们必须尝试并解释的历史问题是"功能"的转变，即从描述建筑物自身的结构力对形式产生的作用，到描述社会环境对建筑物的影响和建筑物对社会产生的影响。这一转变的关键是"环境"概念的引入，后面我们会注意到，甚至在描述我们想要了解的现象时，我们都无法回避这个概念。

作为第一步，我们也许会问，现代的"功能主义"与以前的有关人与建筑关系的古典理论有多大的区别？无疑，在古典的建筑理论里，建筑物适合性是很重要的——它是维特鲁威的术语"适用"（commodity）所包含的部分意思。这个范畴在18世纪的法国经历了相当大的改进，并发展出了一个专门的术语"合宜"（convenance）来描述建筑物和他们的使用者之间令人满意的关系。1752年，雅克-弗朗索瓦·布隆代尔的文章将合宜定为建筑的第一原则，他这样解释他所说的意思，"对合宜精神主导的平面来说，每个房间必须根据它的用途和建筑物的性质来放置，必须有与其目的相关的形式和比例"（26）。在英语中，convenance通常被翻译成"相配"（fitness）：例如，约翰·克劳迪斯·劳登（J. C. Loudon），1830年代英国一位多产的建筑作家和出版商，紧紧地追随布隆代尔的分类，将合宜表述成"视觉上与目标的相配"，而bienséance是"视觉上目标的表现"：

在现实和表达中，一幢大厦可能是有用的、坚固的和耐用的，除了有用和真实再没有任何其他的美；那就是视觉上与目标的相配，并且也是视觉上目标的表达；或者，以更通俗的话来说，那很适合它所

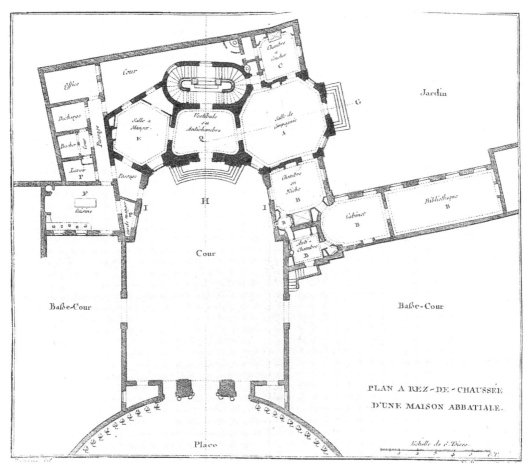

雅克–弗朗索瓦·布隆代尔，某修道院院长住所的底层平面，1773年。"对合宜精神主导的平面来说，每个房间必须根据它的用途和建筑物的性质来放置……"尽管布隆代尔的合宜观考虑了使用，它却没有包含有关建筑物和其使用者之间关系的理论。

设计的使用方式，而且是它所是的样子（1114）。

至于说什么是合宜或相配性，布隆代尔和劳登都含糊不清，而这正是古典传统中建筑理论家的特色，当他们认为建筑必须与使用相匹配时，他们并没有一个可以称之为有关它的理论的东西。此外，布隆代尔，劳登和古典传统中的其他作者都没有解释建筑物与使用之间的关系——没有提议说一个是另一个的必然结果；而对建筑师的所有要求是，在一个"适当的特征"里将两者相配。渐渐地，合宜变成了一个越来越没有活力的概念，逐渐归入到"舒适"（comfort）中。（如前文所述，霍拉提奥·格林诺夫的意义在于他试图通过德国浪漫主义的"功能"理念，将合宜与"特征"联系起来，从沉寂中恢复合宜或他称为的"与使用相适应"的活力。）然而，所有这些古典范畴所缺乏的——并且正是这种缺失使它们区别于后来的现代主义的各种"功能"概念的——，是建筑物在机械意义上满足生产它的社会需求的意识。要提出这个主张，必需既要有一个社会的理论，也要有一个社会的起因与结果的理论，而恰恰是现代功能主义中这些理论的出现，使它与古典的合宜分道扬镳。

无疑，改变了理解建筑物与使用的关系的社会理论的源头是，生物学。除了"功能"和"层级"的概念，生物学给予社会研究的还有milieu或者说"环境"的概念。古典的合宜所没有的、而现代的功能主义所包含的，正是这个概念，即人类

工人在邻近工厂的花园里休息，吉百利公司样板住宅，伯恩村，伯明翰，c. 1900年。在19世纪晚期和20世纪早期，由进步的工厂主创建的公司城中，存在着一种设想，认为环境的改善将会对居民的社会和道德品质产生影响。

社会通过它与物理环境和社会环境的相互作用而存在。的确，无论怎么被强调都不为过的一点是，没有"环境"的概念，就没有现代的功能主义（反之，无论何时碰到"环境"，或功能主义公式中的另一个系数"使用者"这些词时，你便能确定离功能主义不远了）。然而，特别难以确定的是，在什么时间、什么地方、以什么方式这一范式进入到了建筑的话语中：我们可以肯定18世纪时是没有的，我们也能确定20世纪后半叶它的存在，那么，在这之间发生了什么？米歇尔·福柯（Michel Foucault）曾在《词与物》（The Order of Things）中对此进行了探索，最近保罗·拉比诺（Paul Rabinow）在《法国现代》

（French Modern）中也做了同样的工作，但我们依然无法理解，"环境"这个似乎无所不在的概念是如何在现代思想中建立起来的。我们能做的最好的事是总结这个过程中一些比较著名的观点。

从亚里士多德的时代开始，milieu或环境就是理解植物与动物变化的一个基本概念，但亚里士多德和他的追随者们认为生物体与其周围的关系是平衡和谐的，而18世纪晚期拉马克却引发了一个决定性的转变，拉马克认为这种关系总体上是不稳定的：一个具有生命活力的生物体总是设法使自己依附于它所处的环境，而环境对生物体的存活漠不关心，只是促使生物体去适应它。19世纪初，拉马克的生物体与其环境关系论被社会学家采纳，如圣西蒙（Saint-Simon），成为了一个非常流行的理解社会进程的模型。例如，它构成了奥诺雷·德·巴尔扎克（Honoré de Balzac）在1830年代和1840年代写的系列小说《人间喜剧》（La Comédie humaine）的主题；在明显地献给拉马克主义的博物学家艾蒂安·若弗鲁瓦·圣伊莱尔（Geoffroy Saint-Hilaire）的第一部小说《高老头》（Le Pére Coriot，1835）中，它通过讲述巴黎一幢出租房里的房客对周围环境的适应，描写了他们的命运。但是，在确定其在建筑和都市研究中的应用时，我们必须更加审慎。虽然像维奥莱-勒-迪克这样的作者认识到了社会条件的重大意义（的确，在第十讲中，在解释为什么同样的建造原理在不同的时间和地方应用产生了不同的结果时，它是其论点的一个重要部分），它也只是被笼统地表述，并没有提出建筑影响社会的互惠理论。同样，莱奥波德·艾德茨在1881年坚持认为，"建筑师应当谨记，像所有的艺术有机体和自然生物体一样，建筑形式是环境产生的结果"（467）；但是，同样，这里说的只是一个单向的过程。另一方面，到19世纪末，在由改良派的工厂主为他们的雇员修建的英国示范村里，和在田园城市（garden city）运动的早期作品中，都明显的隐含了一个相反的过程，即建筑物对居住者的影响。而且在托尼·加尼尔（Tony Garnier）于1901—1904年设想的"工业城市"（Cité Industrielle）中，对城市的布局和建筑与居民的生活方式之间的关系有明确的假定，与社会博物馆（Musée Social）①那些人的思想一脉相承。拉比诺比较详细地讨论了这一时期法国的社会和空间思想，并评论说，"社会问题"的提出与自由放任的政治经济的崩溃，以及国家承担其公民福利的假设息息相关（169）；对milieu的兴趣和对"功能主义"（即使当时并不这样称呼）的笃信，是这个过程的一部分，并在魏玛德国和战后西欧的社会民主政权中脱颖而出。

另一个相当不同的思想脉络可以追溯到18世纪法国的重农主义和苏格兰的政治经济学的影响。出自这些传统的19世纪早期的实用主义者相信，为了整个社会更大的利益，需要对局部进行调整。而建筑物通过限定这个世界的某些部分在此发挥着作用——杰里米·边沁（Jeremy Bentham）的圆形监狱是最著名的例子，但同样的原则不仅贯穿在监狱建筑中，而且也是其他类型的机构建筑的基础，如学校、医院和收容所。尤其在工厂里，众多社会单元对整体利益发挥和谐影响的理想得到了最广泛的应用。但是，我们应该小心，不要像最近出现的一种倾向所做的那样，假定这些机构建筑表明了一种最初的现代功能主义。1829年，当法国建筑师路易·皮埃尔·巴尔塔（L. P. Baltard）评论英国的监狱——"它们像一部受单一马达驱动的机器一样运转"时，他指的是监狱里日常运行的协调一致，而不是它对监禁者的影响；相似地，正是"一个由永不间断和谐运转的机械和智力器官组成的巨大的自动装置的构想"（13），使安德鲁·尤尔（Andrew Ure）在1835年对曼彻斯特的纱厂感到如此兴奋。至于说监狱或工厂对身处其中的那些人的道德状况的影响，19世纪初的人们认为这是由其内部实行的生活法则规范的，而非建筑物本身；与最近一些历史写作的暗示相反，事实上很难找到证据表明，19世纪上半叶已有信念认为人的行为能够通过建筑的形式得以修正。但是无可否认，这种区别相当精微，而且到19世纪晚期，当进步的工厂主通过修建雇员的样板住宅，开始将工厂里的组织原则扩展到工厂外他们雇员的生活中时，这种区别已变得很难察觉了。例如，在伯恩村，伯明翰郊外吉百利公司的样板住宅里，对住宅及其布局本身能够为居住者的生活和

---

①Musée Social，社会博物馆，1894年成立于法国的私人基金会，是一个独立的社会问题研究机构。

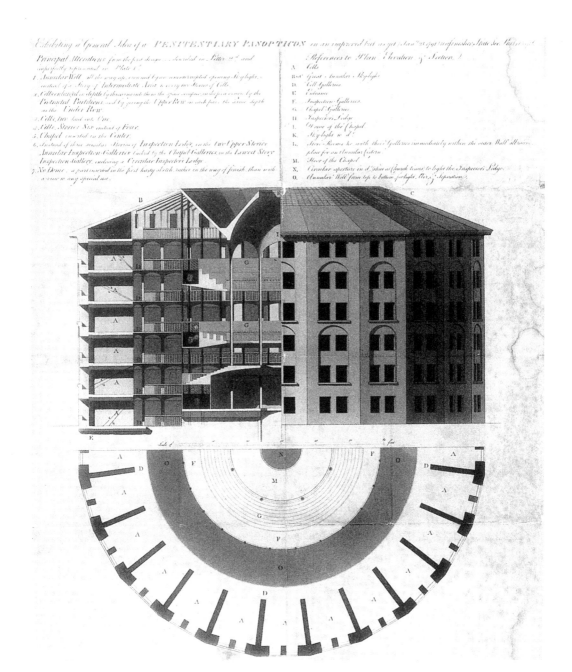

"用于教化的圆形监狱"，版画，1791年，来自威利·雷弗利（Willey Reveley）为杰里米·边沁画的图。这栋建筑最初的模型，是将其作为一种为了整体利益而规范社会各组成部分的手段。

社会发展带来改变的期望显而易见。

　　然而，当时的人们绝对没有用"功能的"来谈及上述的任何一种发展，也没有一个能与这些实践紧密相联、以其他称谓为所知的"理论"。通过这些和其他19世纪的实例编撰一个描述功能主义实践发展的历史叙事，一直是过去30年里历史学家的工作。同样地，任何一个从我们前面讨论过的那些毫不相干的想法和事例中综合而成的、貌似"功能主义"的理论的创造，也只是在1960年代当建筑师和评论家开始反抗现代主义时才出现的；现代主义建筑师，其思想方法也许被有些人有意描述为"功能主义"的，如莱斯利·马丁爵士，通常非常小心地使他们自己远离任何决定论的暗示。

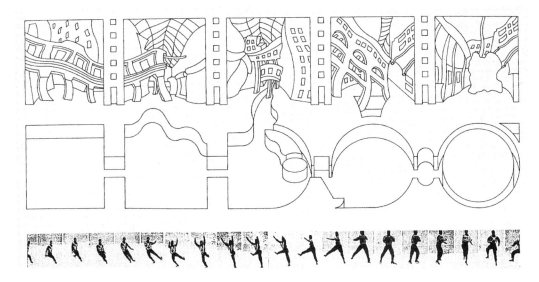

伯纳德·屈米，《曼哈顿手稿》，图，1978年。在《曼哈顿手稿》里，试图不借助"功能"的概念，去探查身体和社会的运动与建成空间的关系。

最早也是最著名的对正统现代主义持有异议的作品之一，是阿尔多·罗西影响广泛的著作《城市建筑学》，于1966年首先以意大利文出版。罗西对"天真的功能主义"的批判是其论点的一个重要部分，即一座城市的建筑是由其中保留了它的社会记忆的各种通用类型构成的；欧洲城市是由生命远长于其最初用途、没有任何意义损失，且功能与其继续存在毫不相干的建筑物组成的。"天真的功能主义的分类……其前提是，所有创造出来的都市人造物是以固定不变的方式服务于特定的功能，并且它们的结构与它们在某个特定时刻承担的功能完全吻合"[1]（55）。他继续说：

> 仅功能本身不足以说明都市人造物的连续性；如果都市人造物的类型学的起源只是功能的话，这几乎无法解释遗存的现象。……实际上，我们常常不停地赞赏随时间推移而失去了功能的元素；这些人造物的价值往往只体现在它们的形式之中，而其形式是城市总体形式中不可缺少的一部分。[2]（60）

事实上，罗西自己对"功能主义"的概念也是模糊的：它只收集能为他的"类型"观提供对立面的事实依据，并因而使他能够论证形式的首要性。

在罗西之后不久，法国哲学家亨利·列斐伏尔和让·鲍德里亚（Jean Baudrillard）都表现出相似的定义"功能主义"的冲动，不是出于对它本身的兴趣，而是因为它能帮助阐明他们对于现代性的论点。对列斐伏尔来说，在《空间生产》中，"功能主义"是"抽象空间"的一个特征，而扁平化、同质化、令人窒息的空间形式正是现代资本主义社会的特点。一方面，列斐伏尔说，"空间的科学应该被看成是一门使用的科学"；另一方面，他又警告说，"像功能主义提议的那样，仅根据功能来确定使用方式既不准确也过于简单化"。他继续说，"功能主义强调功能到了这样一个境地，因为每一个功能在所支配的空间中都被指派了特定的位置，以至于功能复合的可能性被排除了"（368–369）。取

---

[1] 转引自阿尔多·罗西，黄士钧译，《城市建筑学》，北京，中国建筑工业出版社，2006，56。略有调整。——译者注
[2] 转引自阿尔多·罗西，黄士钧译，《城市建筑学》，北京，中国建筑工业出版社，2006，61。略有调整。——译者注

代功能强加于使用方式上的局限，列斐伏尔感兴趣的是空间的共选性（co-option）（他举的例子是早期基督教对罗马巴西里卡的选用），因为正是通过这些过程，主体自身直接实现了一个生活的"社会空间"的生产。在列斐伏尔看来（他与罗西对此观点一致），"功能主义"因其固化了使用的方式而枯竭。

对鲍德里亚来说，考虑的是资本主义以符号代替商品的倾向，"功能性只不过是一个阐释的系统"（196–197）：它完全是一个武断的尝试（尽管看起来是理性的），企图根据物体的使用方式固化它们的意义，从而使它们免受时尚的影响。"当我们仔细思考这件事，在将一个物品简化为其功能的情况下，有些东西是不真实和几乎超现实的：而且它足以将这种功能性原则推向极致，而暴露出它的荒谬"（192–193）。鲍德里亚将功能主义和超现实主义看成是两个必然的对立面；功能主义假称形式表征了用途，而"超现实主义却利用了功能主义的计算法在物体和它自身之间造成的距离……将野兽的皮毛和衣服的褶皱，脚趾和鞋的皮革混合在一起：超现实主义的意象通过否定这种分离戏弄了它"（193）。

这些事例足以说明，不仅在建筑中，而且是在多个学科里，赋以功能主义特定的属性是形成对现代主义，更普遍地说对现代性批判的一个必要的组成部分。历史研究也走过了一个相应的过程。自1960年代后期以来，对特定建筑类型的历史的广泛研究，如学校、医院、监狱、市政厅等，可以被看成是为形式——功能的范式找到某些基础的普遍尝试的一部分。然而，这个阶段里特别有两本书，彼得·柯林斯的《现代建筑设计思想的演变》（*Changing Ideals in Modern Architecture*，1965）和菲利普·斯特德曼（Philip Steadman）的《设计进化论》（*The Evolution of Design*，1979），开始着手寻找建筑中功能主义思想的渊源，尤其

是确认环境影响形式这一观念的起源：柯林斯和斯特德曼都认为它出自拉马克的进化论。然而，尽管一些20世纪的功能观念的确符合拉马克主义思想的这件事或许千真万确，但如我们已经看到的，几乎没有任何证据能证明任何一位19世纪的建筑师或建筑理论家（也许除了霍拉提奥·格林诺夫和詹姆斯·福格森以外）曾这样理解"功能"的含义，而且除去最模糊不清的兴趣，也没有任何意愿将建筑看成是人类与环境相互作用的一部分。尽管写作建筑的人一直喜爱与建造理论相关的生物学类比，但只有极其片断的证据表明，他们或许将其看成是将建筑解释为一种社会现象的方式。如果拉马克的生物体——环境的理论确实是功能主义现代观念的起源，它似乎更像是通过社会学而非与生物学的直接类比达于建筑的。

从1960年代到1980年代，我们看到以前思想分散的片断汇聚成了一个或多或少连贯的功能主义的说法——大多数这样做是为了攻击它——在这个时期之后，各种各样恢复"功能"活力的努力延续至今。这些努力来自于行事目的相当不同的人。一方面，我们有建筑师伯纳德·屈米，在其1970年代和1980年代的一本文章选集中，他这样解释它们总的主题："为对抗一种被夸大了的建筑形式观，它们旨在重新恢复功能这个词；另一方面，更具体地说，就是重新在空间中镌刻上身体的运动，以及在建筑的社会和政治领域里发生的行为与事件"（3–4）。1996年，屈米选择以这种方式表述他早期的见解直接针对的是彼得·艾森曼，艾森曼在过去的20年里，一直在宣扬形式优先、反功能的观点。事实上，检视屈米自己早年的观点，可以看到很多比1996年评述所说的对"功能"更严厉的批评。尽管他那时一直对制造事件、活动、运动和冲突感兴趣，但早年的他认为"功能"不足以描述这些。1983年，他曾写道：

通过超越"功能"的传统定义，"［曼

哈顿] 手稿" 采用了多层面结合的研究来说明内容计划（program）的概念……今天，讨论内容计划的想法决不意味着要返回到功能——形式相对立的观念，和内容计划与类型或某种乌托邦实证论的新说法之间的因果关系上。相反，它开启了一个研究的领域，在这个领域里，空间最终与发生在其中的事件直接相遇。（71-72）

显然，在这两段文字之间的13年里，"功能"的内涵所发生的转变足以使屈米想要支持它的用法。

另一个"功能"的辩护者是比尔·希利尔，他在《空间是机器》（*Space Is the Machine*）中，提供了迄今为止对"形式——功能范式"（希列尔的用语）和它的问题最明晰的研究。然而，希利尔明确表示，他的目的不是去除"功能主义"，而是去理解这个理论错在哪里，以便用一个更好的理论取代它。普遍接受的现代建筑失败的看法可以比较恰当地从"功能"失败的方面进行阐释。希利尔写道：

由此，似乎可以顺理成章地推断，设计师所采用的功能主义的理论是错误的，然而，那种功能的失败却证实了形式——功能关系的核心重要性。毕竟，如果形式和功能的关系不够强大的话，就不可能有功能的失败。那么，接下来应该呼唤一个新的功能理论。然而，正当功能的失败引人注目地引起了公众对它的关注时，功能的理论反而被普遍的舍弃了，形式——功能的问题也被排除在知性的思考之外。要理解这个明显不通情理的反应——并明白它在某种程度上被认为是正当的——我们就必须准确地理解它被拒绝的部分是什么。（376）

于是，像以前这个领域里所有的探险者一样，希利尔必须先从极少的证据的碎片中，推测性地创造出不曾有过的、但其存在又是理解现代主义所必需的"理论"。希利尔解释"形式——功能"理论的一些特点已经被我用在了这个条目中，但依然值得在整体上对他的论点做一个总结。

希利尔说，形式——功能范式中隐含的错误是，虚妄地假设建筑物能机械地影响个体的行为。"一个物质实体，如一栋建筑物，如何能直接侵扰人的行为？"（379）。这种声言违背了基本的常识——而且值得一提的是，没有实用主义者或19世纪早期的政治经济学家曾下此断言。然而，同样是常识，建筑物里所发生的事情和它们的形式之间多少存在着某种关系。希利尔通过假设"在建成环境的所有层面上，从住宅到城市，形式和功能的关系都需要经过空间构型（Spatial configurations）这个变量"（378），解决了这个自相矛盾的难题。然而，缺乏任何空间构型概念的这一范式的现代主义公式被——理所当然地——视作无用之物而否决了。

对这样一个从根本上无法令人满意的人与建筑物关系的理论如何得到众人认可的问题，像其他人以前做的一样，希利尔把它归结为拉马克的进化论在自然科学以外所具有的普及性和持久力。尽管在生物学界，拉马克的生物与环境的互动论很快被达尔文的经由随机变异过程的生物进化论所取代，但在建筑和都市研究中，拉马克的学说却存留了下来。希利尔强调，环境决定论的惰性，虽然在其既无力解释也无力预测任何事上已表露无遗，但更令人瞩目的地方在于，它是建立在一个误导和虚妄的隐喻上，即人造环境似乎被当成了自然环境来对待。

这使探寻者忽略了建成环境最重要的一个事实：即它不只是社会行为的一个背景——它本身就是一种社会行为。在被主体使用之前，它已经浸染了各式各样的模式，这些模式恰恰反映了其所源于的创造它的种种行为。（388-389）

根据希利尔的观点，正是现代建筑中这个特别不恰当的隐喻遗留的问题，不仅造成了形式——功能的范式被否定，而且在先锋建筑的圈子里，至少暂时阻断了所有对建筑物和其使用方式的关系的兴趣。

回顾"功能"这个概念的历史，显然，

一直存在着讨论建筑物与其内部及周围生活之间的关系的现实需求。然而，设想这个关系的方式是建筑思想的古典传统与现代主义之间最明显的区别之一。如果说，现代主义找到讨论这个关系的方式是建立在一个不适当的隐喻上，而这个隐喻也似乎正处在停用的过程中，那并不意味着讨论这个关系的需求也将中止。现在的问题是发展出一个令人满意的概念和恰当的术语去代替"功能"，抑或，彻底地清除"功能"的生物学和环境决定论的内涵。

1. 对于Lodolí，参见Rykwert，"Lodolí on Function and Representation"，1976；和 *The First Moderns*，1980，chapter 8。
2. 参见Andrew，*Louis Sullivan*，1985，32–34、62–67。
3. 对于这三个词相对含义的简单讨论，及翻译它们的困难，参见R. H. Bletter，introduction to Behne，*The Modern Functional Building*，1926（trans. 1996），47–49。
4. 参见Mallgrave，"From Realism to *Sachlichkeit*"，在Mallgrave（ed.），*Otto Wagner*，1993，281–321。
5. 对与视觉艺术相关的一般含义，参见Willett，*The New Sobriety. Art and Politics in the Weimar Period*，1978，especially111–17。其在建筑语境中的使用，见Miller Lane，*Architecture and Politics in Germany*，1968，130–33。
6. 关于这篇文章及Häring的"功能的"概念，参见Blundell-Jones，*Hugo Häring*，1999，chapter 8，77–89。
7. 关于G小组（G，代表Gestaltung，是他们杂志的名字），参见Neumeyer，*The Artless Word*，1991，11–19。
8. 关于1930年代在英国对其意义的一个有益的讨论，参见Benton，"The Myth of Function" 1990。

历史（History）

这种"未来主义"的建筑不能服从任何历史连续性规则。安东尼奥·圣伊利亚（A. Sant' Elia）和菲利波·托马索·马里内蒂（F. T. Marinetti），1914，35

历史现在不怎么困扰我们了……我是个传统主义者。我相信历史。菲利普·约翰逊，1955

归根到底，建筑的历史是建筑的素材。阿尔多·罗西，1982，170

生产有意义的建筑并不是拙劣模仿历史，而是清晰的表达历史。丹尼尔·里伯斯金，1994

196　　当建筑师谈论历史时，总会引起争议——而且常常令人困惑。"历史"成为"问题"主要是现代主义造成的后果，现代主义的主要特征之一被广泛认为是清除一切与过去有关的事物。然而，在建筑中，早在现代主义出现之前，"历史"就已经成为了话题，在讨论20世纪"历史"的意义之前，有必要理解它在19世纪的用法。

19世纪的"历史建筑"

历史学是19世纪的科学：因为它不仅积累了大量关于过去的知识，而且也发展出各种关于历史变迁过程的理论以解释现在与过去的差异。一般意义上的艺术，特别是建筑，在历史科学中占据着特殊地位，这不仅因为建筑作品体验给人提供幻觉，似乎穿越了将过去与现在隔开的面纱，而且19世纪的艺术理论也给予建筑作为历史证据的独一无二的意义。对于黑格尔，艺术的真谛在于"通过强迫人们，无论是否受过教育，经历所有人类心灵最深处与最隐秘处能够承担、经验与产生的情感"（46），将所有人类可能的精神（mind）带入意识。就此而言，艺术与所有来自过去的文献或证据都不同，因为它能让观察者进入人类意识本身。因此当瑞士艺术史家雅各布·布克哈特在关于1867—1871年的历史的讲座中问道，"历史以什么方式通过艺术说话？"（72），他理所当然的认为建筑的部分内容就是"历史"，不仅仅因为建筑是过去事件的记录，而且建筑也证明了人类精神（mind）反思自身存在的能力。

19世纪历史科学的发展对建筑师大有益处，因为历史为建筑师提供了发现适用于所有时代建筑的通用原则的方法。维奥莱-勒-迪克的写作回顾（reflect on）了这一现象，在他《建筑类典》一书中关于"修复"的条目里写道：

从有记载的历史开始以来，我们的时代，也只有我们的时代，在考虑历史的时候以独一无二的态度对待过去。我们的时代希望对过去加以分析、分类、比较，然后按照人类的发展、进步与种种变迁，一步步写出完整的历史。不能把这种新分析态度误认为只是一时的风尚，心血来潮，或者我们的软弱，如同某些肤浅的观察者所以为的……我们时代的欧洲人已经到达人类智慧发展的这样一个阶段，在此他们加快前进的步伐，并且也许正是因为已经进步得太迅速，他们同时深切感到需要重建整个人类的过去，就好像人们为了以后进一步工作而收集大量资料……人们如何可能再犹豫退缩并对过去的一切意义视而不见呢？（1990，197-198）　198

就维奥莱而言，历史提供了质疑旧的偏见，恢复被遗忘的原则的手段。

但如果历史能够成为建筑师力量的源泉，那么它也会使他们受到约束；出于两个原因，"历史"成了一个问题。首先，

皇家司法院，河岸街，伦敦，乔治·埃德蒙·史特里特（G. E. Street），1874—1882年。"历史的建筑"：19世纪建筑师被寄予厚望：既要利用他们所得、关于过去建筑的史无前例的知识，又要创造一种在后世看来能显现其时代品质的建筑。

以前的建筑知识的单纯堆积妨碍了建筑师的独创性。就像英国建筑师乔治·吉尔伯特·斯科特在1857年所说，

与之前相比，当今时代最大的特点是我们熟悉艺术史……作为我们的娱乐和学识，这相当有趣，但对于作为艺术家的我们，我恐怕它将称为阻碍而非助益。（259-260）

到了1890年代，很多建筑师对于摆脱过度历史知识的重负感到十分悲观；美国建筑师亨利·凡·布鲁恩特在1893年的写作表明，期待建筑师有效地利用通过历史获知的一切过去的建筑是多么有害：

事实上已经很明显，只要我们记得过去以及所有时代的建筑大师的成就，就再也不可能产生希腊、罗马、基督教、伊斯兰或文艺复兴那样伟大的建筑风格。（327）

面对过多的考古信息，19世纪后半期的首要问题是如何避免没完没了的风格复兴带来的通胀效应，就像很多建筑师所见，这只会导致艺术贬值。

"历史"给19世纪建筑师造成的第二个问题是它使建筑师不得不创作"历史建筑"。也就是说，如果以前的建筑提供了了解过去人类意识的途径，那就可以认为19世纪创作的建筑也应当为后人揭示19世纪的人类思想。拉斯金在《建筑七灯》之"记忆之灯"（The Lamp of Memory）中所写的"将今日的建筑历史化"的职责（第六章 §2），指的正是这一对于未来的责任。许多完全意识到自己所承担责任的建筑师，对于他们的艺术不能充分阐释当下感到相当不快，而这也是19世纪后半期建筑争论的主要的话题。有关这一问题最有趣

的陈述出现在威廉·莫里斯1889年的"哥特式建筑"演讲中：

仅此一次，当现代世界发现折中主义的贫乏，它需要且必得要有一种建筑风格，而我必须再次告诉你，这种风格只能是摧毁封建制度一样广泛而深刻的变革的一部分；只有做到这一点，建筑风格才真正具有历史意义；它不能摈弃传统；它不可能从零开始；然而不管它可能是什么样子，它的精神都与它自己时代的需求和愿望一致，而不是模仿过去。这样，它才能记住过去的历史，将历史置入当下，并以历史教导将来。（492）

莫里斯的演讲同时包含了19世纪"历史建筑"的两种含义：它可以是一座包含关于过去建筑综合知识的建筑物，不管是从考古学来说还是从它隐含的原则来说；也可以意味着一座在将来可能被认为阐释了当代精神的建筑物。

"历史"和现代主义

20世纪初期先锋派的反历史态度已是众所周知，某种程度上这也是19世纪历史科学发展施加于建筑师的压力下，不可避免的结果。就像曼弗雷多·塔夫里所说，"先锋派在创建反历史和呈现作品时，与其说是反历史，倒不如说正是基于历史概念，这是先锋派在那个时代唯一合理的反应"（1968，30）。拒绝历史是先锋派对过去的报复。建筑师复仇的一些基础工作已经由哲学家弗里德里希·尼采准备好了，他在《悲剧的诞生》（The Birth of Tragedy）、《历史的用途和滥用》（The Uses and Disadvantages of History），以及《道德的谱系》（The Genealogy of Morals）中，已经攻击了19世纪的历史科学。事实上，尼采并没有否认历史本身的重要性，相反他看到了征服与遗忘历史的需求，以获得超越历史的自觉，从而能够彻底的生活在当下；[1]但是尼采——以及特别是他最广为流传的著作《悲剧的诞生》——很容易被理解为在鼓吹抛弃历史。这无疑是

现代建筑中最著名的反历史论述之一，即本章一开始所引用的1914年未来主义建筑宣言的基础。

1920年代欧洲现代主义建筑的发展中，对传统主义和学院派建筑的反对，是少有的几个得到大多数新建筑拥护者赞同的原则之一。在1928年于拉萨拉（La Sarraz）举行的国际现代建筑协会（CIAM）成立大会上，声明的第一段就说签署者"拒绝在自己的作品中采用先前时代和属于以往社会结构的设计原则"。瓦尔特·格罗皮乌斯设立的德国包豪斯教学课程里，学生并不学习建筑史——这是与以往建筑教育方式的前所未有的决裂。格罗皮乌斯后来为这一教学方针辩解说"若无知的初学者了解到过去的伟大成就，他可能很容易对自己的创造力感到气馁"（1956，62）。当格罗皮乌斯在1936年移居美国并担任哈佛大学建筑系系主任时，他也带来了他的反历史主义，但也很实际地做了调整以适应美国的情况：利用美国文化的力量来自于对待历史的绝对实用和彻底摆脱了历史的神话——这是个被多元化的人，从拉尔夫·沃尔多·爱默生到亨利·福特广为传播的神话——格罗皮乌斯通过将新建筑与新英格兰实用主义（New England pragmatism）联系起来，证明了他把建筑历史排除在哈佛核心课程之外的合理性。[2]

根据现代建筑师所生产的那些建筑，以及上文所述的事件，到1940年代普遍认为现代主义是反历史的。然而事实上这并不完全正确，因为从另一种意义——威廉·莫里斯的意义而言——现代建筑是彻底"历史的"，因为它声称自己是真正当下的建筑，体现着将在未来被认识到的时代的意识。而正是这一点，即证明现代建筑是真正"历史的"建筑，成为德国历史学家尼古拉斯·佩夫斯纳出版于1936年的论战性著作《现代运动的先驱》（Pioneers of the Modern Movement），以及希格弗莱德·吉迪恩（Sigfried Giedion）的出版于1941年的《空间·时间·建筑》（Space

199

博泰加·德拉斯莫住宅（Bottega d'Erasmo），都灵，加贝蒂
（Gabetti）和伊索拉（Isola），1953—1956年。"一切过往风格的
复兴都是软弱的标志"：尼古拉斯·佩夫斯纳因其"历史主义"
挑选了加贝蒂和伊索拉颇具争议的博泰加·德拉斯莫住宅。

Time and Architecture），该书以1938—1939年应格罗皮乌斯邀请在哈佛所做的一系列演讲为基础）的基石。但由于那时"历史"已经是个贬义词，所以无论是佩夫斯纳还是吉迪恩都不可能把现代建筑描述为"历史的"，虽然他们实际上都想这么做。当吉迪恩说到，"我们在建筑中寻找我们这个时代精神自觉的表现（19），前辈们马上会认为这种目标是"历史的"。吉迪恩和佩夫斯纳这样的评论家最受诟病之处在于他们所谓的"历史主义"。卡尔·波普尔（Karl Popper）的《历史主义的贫困》（The Poverty of Historicism，1957）使这个词变得流行起来。佩夫斯纳的"历史主义"的含义（与波普尔没有任何关系），是用来反对19世纪建筑师们的实践，这正是他在当前建筑师中所看到的危险转向。如同他1961年在伦敦英国皇家建筑师协会（RIBA）的一次演讲中所解释的：

> 历史主义是这样一种倾向，即如此相信历史的力量，以至于扼杀原创的做法，代之以来自先前时代的手段……我所感兴趣的现象，以及我用历史主义来表达的含义，是指对最近风格的模仿，或者是受到这些风格的启发，而这些风格从未复兴过。当然，一切对过去风格的复兴都只是虚弱的标志。（230）

现代主义之后的"历史"

佩夫斯纳的很多"历史主义"案例来自意大利，而且我们必须在战后意大利的背景下来理解"历史"对建筑话语的重新接纳。当《卡萨贝拉-续刊》（Casabella Continuità）的编辑埃内斯托·罗杰斯在1955年写道："历史连续性的问题……完全是建筑思想的新近成就（202）"，他所描述的在当时是一种独特的意大利现象。这里有几个原因。首先，战前意大利现代主义从未像格罗皮乌斯或CIAM主要成员那样反历史；20世纪艺术小组（novecento group）已经发展出一种建筑风格，它是现代的，但也直接和明确的使用传统要

素，即便更强硬的现代主义者，理性主义者，也令人惊讶的顺应（accommodating towards）历史建筑。[3]战后意大利现代主义者使用显而易见的传统形式与主题，这与他们自己对现代主义的理解是一致的，尽管这让教条的盎格鲁-撒克逊评论家们大为震惊。[4]其次，所有战前的意大利现代主义者都为法西斯统治工作——并且在此过程中创作出一些基础作品——这个事实将战后的意大利建筑师置于困境中，因为虽然他们反对法西斯主义，但他们不想否认现代主义者的作品质量。"连续性"（continuità）概念为罗杰斯提供了解决这一困境的办法，艺术作品所承载的意义不仅反映它的时代，而且在于它的语言，它超越了它所承载的直接的历史意义。因此罗杰斯写道，"没能真正根植于传统的建筑不是真正现代的；而古代作品除非能够通过我们的声音产生共鸣，它们在今天也没有任何意义"（1954，2）。连续性的性质有赖于两个相关的现象，"历史"和"境脉"——或是今日所说的"文脉"。在建筑师应当同时兼顾二者这一点上，罗杰斯毫不含糊：如同他在1961年所写，"理解历史对于建筑师的成长至关重要，因为他必须能够将自己的作品融入既有文脉[preesistenze ambientali]中，并辩证的考虑背景环境"（96）。罗杰斯赋予"历史"的重要性不仅仅是对意大利建筑师所处困境的回应：也是对第一代现代主义建筑师（尤其是格罗皮乌斯）及其设想每个设计问题都应当产生独一无二的解决方案的明显批评。罗杰斯对历史的理解并非天真；他知道克罗齐（Croce），也并没有错误地将"历史"与"过去"混淆。"历史"，过去与现在之间的辩证法，只能在当下被制造，因此每一座新的建筑作品同时也是历史的，这或多或少导致对现存建筑的重新诠释。在这个意义上，罗杰斯将建筑视为"历史"。

尽管罗杰斯将"历史"带入现代建筑话语，并阐明它对建筑师的重要性，但

胡应湘堂，普林斯顿大学，罗伯特·文丘里，1984年。（图的左侧是一座古老的1920年代的大学建筑物）"与时俱进，深思熟虑"：比起那些意大利人的附会，文丘里的"历史"既不彻底也无雄心。

并不清楚建筑师如何实际运用他们的知识。就像《卡萨贝拉》圈子里的一个年轻成员维托里奥·格雷戈蒂在1966年所写的，"历史提供了一种奇妙的工具：它的知识似乎是不可缺少的，可是一旦获得了历史知识，并无法直接运用；它就像某种长廊，我们必须完全穿越它才能从中逃离，却无法习得行走的艺术"（87）。米兰小组的成员在1966年同时出版了格雷戈蒂的《建筑的领域》和阿尔多·罗西的《城市建筑学》。两位作者都专注于历史知识如何可为建筑所用这个问题。罗西的书更为著名，它在1982年英文版之前已经被翻译为德文、法文和葡萄牙文，该书引起了英语世界对"历史"的关注。在关于连续性的一篇附注中，《城市建筑学》推进了由罗杰斯发起的争论。罗西的论点是功能主义不足以成为一种城市形式的理论，因

为建筑物比它最初的功能更持久，而且可以在自身不改变的情况下获得新功能。与使用方式的一系列变化相比，罗西提出城市是由"永久性"构成的——"纪念物，即关于过去的物质表征，以及城市的基本格局与平面的恒定，揭示了这种永久性"（59）。关于城市土地开发和划分的历史研究可以揭示出都市人造物的永久性，"城市成为历史文本；事实上，研究城市现象却不运用历史这是不可想象的"（128）。对于被教育为相信科学方法是分析城市的唯一方法的这一代来说，这些来自建筑先锋派一员的提议，可说是极具争议的。

如果说罗西通过"历史"所表达的意义，部分是指由人造物的永久性所体现出的城市发展过程，那么另一部分则包含在"集体记忆"的概念中，这个概念来自法国社会地理学家。他们关心的是解释是什

犹太人博物馆室内，柏林，丹尼尔·里伯斯金，1989—1998年。里伯斯金的博物馆说明，关于过去的历史是当下制造的，并强调了其中的艰难。

么使得每个地方（place）都不一样：单纯的经济因素并不能解释这一点，因为很多地方有相似的经济条件却仍然彼此不同，所以为了解释地点的独一无二性，他们假定每个地点都有自己的"存在"（being），其集体记忆通过建筑形式得以表达。罗西接受了这样一种想法："每一座城市都拥有由传统、生活感受以及未实现的愿望所组成的独一无二的灵魂"（162）。罗西观

点的独创性在于斡旋（mediating）于两个关于城市历史的概念中，即"永久性"与"集体记忆"，那些现存的建筑，不仅仅将两个概念连接在一起，而且为研究和证实*连续性*提供了具体的证据。"把历史视为集体记忆，视为集体及其地点间的联系，其价值在于它帮助我们把握城市结构的意义，它的个性，以及这种个性的形式——它的建筑"（131）。罗西最终的目的是使

连续性成为更严密的概念；与罗杰斯的推测与概括性相比，罗西提出了如何研究，以及如何使之对新建筑有积极贡献。

如果说罗西的《城市建筑学》特别在欧洲大陆是使得"历史"成为建筑师们认真关注的主题的话，那么在美国和英语世界，罗伯特·文丘里的《建筑的复杂性与矛盾性》起到了相同的作用。该书与罗西的著作同年出版，即1966年，而且和罗西的著作一样是对正统现代主义的批评，另一方面，文丘里的著作又完全不同，特别是他的"历史"的含义。罗西的攻击目标是"功能"，文丘里的则是"形式"，尤其是现代建筑中过分简约化的形式。通过范围广泛得令人目瞪口呆的历史案例，文丘里为复杂和模糊的形式辩护。他引用托马斯·斯特恩斯·艾略特（T. S. Eliot）来证明他对于当代建筑讨论的观点：其言外之意是如果现代主义文学意识到自己对传统的依赖，那么现代主义建筑也应当如此——而且这将大大丰富现代主义的含义。与罗西相比，文丘里使用"历史"的意味远为谦逊，事实上可说是传统的：当文丘里写道"作为一名建筑师我试图通过先例和深思熟虑，遵循对过去的自觉意识，而不是遵循习惯"（13），这是大多数十九世纪的建筑师都熟悉并且会赞成的目标。文丘里的"历史"由用现代主义构图原则进行分析的先例组成。对于深受文丘里影响的后现代建筑师来说，文丘里著作的主要教益在于历史先例可以使意义丰富，而且对于一批数量可观的后现代建筑师来说，这成为"历史"的主要吸引人之处。美国后现代主义者罗伯特·斯特恩（Robert Stern）在他写于1977年的文字中将此总结得极为精辟，"建筑物的历史就是建筑所蕴含的意义（meaning in architecture）的历史"（275）。

在1955年，意大利以外任何一位名副其实的现代建筑师都将"历史"视为无关紧要的；他或她的作品，如果是好的，必然超越历史。菲利普·约翰逊在1955年的

一次演讲中，很好地总结道：

> 近来最重要的拐杖如今已经没有用了：即历史的拐杖（Crutch of History）。过去你总是可以依赖书本。你可以说，"你说不喜欢我的塔楼是什么意思？克里斯托弗·雷恩爵士（Sir Christoper Wren）就这么做过。"或者，"他们设计的国库大厦就是这么做的——我为什么不可以？"如今历史不再烦扰我们了。（190）

但到了1970年代早期，一切都变了，每个人都想显示他们的作品有"历史"。大多数情况下，这意味着声称它通过使用可识别的主题而具有某种"意义"。建筑师理解的"历史"通常远不是那么确定：例如，当罗西评论早期现代主义运动说"对我来说似乎历史以其最好的结果出现了"（1982，14），人们不禁疑惑这神秘的成分是什么——但某种程度而言这没什么关系，因为我们知道罗西试图做的只是确保，尽管先锋的现代主义者否定历史与传统，却仍可归入伟大建筑的标准。

听一听诸位建筑师在过去20年里谈论的"历史"，如果有人觉得听到的是一个18世纪建筑师在谈论"自然"那也情有可原。一个含糊而给定的范畴，只用于确定建筑物的位置并为提供建筑物的某些特征，这是两者的共同感觉；而且正如18世纪的前辈对于自然形成过程毫无兴趣一样，20世纪后期的建筑师通常也对历史学科自身发生的事情明显缺乏好奇心。因为在20世纪的历史学家中，19世纪那种认为历史是关于绝对真实的确切科学的信念受到挑战，基本上被否认。普遍被接受的观点是，历史所做的就是对将特定意识形态合法化、并且为特定人群利益服务的过去事件进行解释，这些事件，历史学家的大部分注意力转向考察历史是如何被制造的。在历史学家中，"历史"被理解为当下的产物，即通过现在的思想整理与解释来自过去的材料，而建筑师仍相信过去的建筑作品本身就是"历史"。过去制造的建筑如何能成为

当下制造的"历史",这种矛盾很少有建筑师为之操心。"遗产"是这种困惑的最佳例证：过去保留下来的物品和建筑物被作为"历史"本身，而使之成为历史的过程中，那些偏好与权益却隐藏在呈现于我们眼前的令人满意的有形整体之中。

从20世纪历史哲学中获得教益并将之运用于自己作品的少数的建筑师之一是丹尼尔·里伯斯金。里伯斯金充分认识到历史并非给定的、不变的范畴，历史只能借由制造而存在，并在当下被重新制造。如他在1994年所写，"在开放社会中工作的建筑师，有责任与城市中所表现的互相冲突的历史解释做斗争"。在一系列博物馆委托项目中（柏林，奥斯纳布吕克，伦敦维多利亚和阿尔伯特博物馆），这些项目的性质正要求认真思考历史进程，里伯斯金显示出对这一问题的敏锐理解，尤其在柏林的犹太人博物馆项目中，在这里，他试图将战后德国犹太人历史的问题性与建筑的主题结合在一起。1997年他在伦敦建筑联盟（Architectural Association）的一次演讲中说道："这座博物馆有意变得难以组织，因为历史是那样的。"博物馆显示出历史并未过去——即使我们所描述的事件是由过去的人所做，也应由生活在当下的我们最终对它负责。犹太人博物馆揭示出的对"历史"的理解，将后现代主义所宣扬的本质上装饰视角的历史远远抛在了后面。

1. 关于Nietzsche对于历史的想法，参见White，*Metahistory*，1973，chapter 9。
2. 参见W.Nerdinger，"From Bauhaus to Harvard：Walter·Gropius and the Use of History"，见于G. Wright和J.Parks（eds），*The History of History in American Schools of Architecture*，1990，89–98.
3. 参见Doordan，*Building Modern Italy*，1988，尤其是74ff。
4. 关于"新自由"复兴和米兰的维拉斯加塔楼引发的争论，参见Tafuri，*History of Italian Architecture*，1944—1985，chapter 4。

记忆（Memory）

我们也许可以没有她［建筑］而生活，没有她而祈祷，但我们无法离开她而回忆。约翰·拉斯金，1849，第6章，§11

很长时间里我们谈论的不是历史，而是记忆。朱利欧·卡洛·阿尔甘（G. C. Argan），1979，37

……在城市中，记忆始于历史终止之处。彼得·艾森曼，为罗西写的引言，1982，11

为了纪念而建造是建筑最古老的一个目标。希望建筑能够延长关于人或事件的社会集体记忆，使之超越那些知晓或见证这些人与事件的个体的精神记忆，自古以来这就是建筑不变的特点，我们也有许多现存的案例可以被称为"意向纪念物"，就是那些用于纪念特定的人或事件的建筑物。但不得不说，建筑物在延长记忆方面是不可靠的；时常是，物体存留下来，但它纪念的是什么人或事却被遗忘了。格拉诺姆遗址（Glanum）的罗马陵墓是为谁而建？即便知道名字，也没有太大意义，因为我们对他一无所知。奥兰治（Orange）的拱门纪念的又是什么？一场战争，一次胜利，当然，但除此之外没有任何事情被记住。虽然人们相信纪念物具有抵抗人类脆弱记忆的力量，但其成功却寥寥可数。

现代对于"记忆"和建筑的兴趣较少关心有意识的纪念，更多关心的是记忆在感知一切建筑作品中所起的作用，无论是有意的还是无意的。从18世纪以来，记忆应该成为建筑体验的必要部分的观点，至少以三种不同形式反复出现，每次都服务于一个不同的目的；这是最能说明建筑思想普遍变化的概念之一。没有比最近阶段的变化更能说明这一点的了，在现代主义以为记忆已经被消灭之后，1970年代和1980年代见证了真正的记忆洪流，淹没了城市的每一个角落。

作为对建筑理解的一部分的"记忆"，不像最近的一些讨论让人所认为的那样直截了当。首先，在何种意义上记忆构成建筑美感的一部分还远未确定，至于记忆是否属于建筑确实也还存在疑问。[1]其次，"历史"与"记忆"的差别并非总是清晰的：在最近的讨论中，两者常常含义相同。第三，在这三个历史阶段中，每一次"记忆"的含义都不一样，假定彼得·艾森曼在20世纪所说的与约翰·拉斯金在19世纪，或是霍勒斯·渥波尔（Horace Walpole）在18世纪所说的是同一个意义，这是非常错误的。第四，也就是最后，建筑师与规划师迷恋"记忆"——特别是其后现代主义阶段的部分原因，与自古以来哲学家和心理学家习惯在试图描述记忆的心理过程时，把建筑与城市用作隐喻有关。即使类比的点常常使人们注意到记忆与城市之间的不同，将记忆与建筑视为同一的诱惑却仍然难以抗拒。举个简单的例子，西格蒙德·弗洛伊德（Sigmund Freud）在《文明及其不满》（*Civilization and Its Discontents*）中用罗马来说明头脑中逐渐积累的材料的保存，但接着强调这幅画面与心理组织相比又是多么不合适（6-8）。但这并未阻止他把罗马作为"永恒之城"与记忆的中心来谈论。[2]然而，最为特别呈现出将建筑与记忆间假定联系的是历史学家弗朗西斯·耶茨（Frances Yates）在《记忆的艺术》（*The Art of Memory*，1966）中对古典记忆术的重新发现，即以记忆宫殿或剧场作为记住冗长演讲的手段：把演讲中的论点分别放在一座想象的建筑的不同房间或特定地点，演讲者能够一步步地回忆起整个演讲。虽然

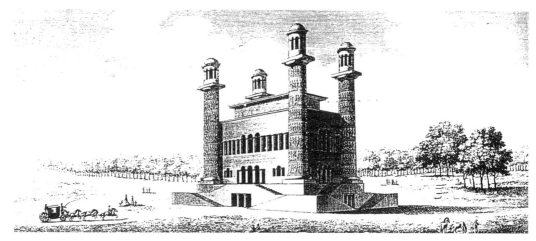

（上）克劳德·尼古拉斯·勒杜，"记忆神庙"。勒杜为他的理想城市设计的"记忆神庙"，在一个特定建筑中区分出了一种自文艺复兴以来就被认为普适于所有建筑的目的。

（下）罗马陵墓，格拉诺姆遗址，圣雷米（St Rémy），普罗旺斯，法国，公元前30年。无论这一陵墓纪念的是谁都早已被遗忘。

弗朗西斯·耶茨的著作在建筑界被广泛阅读，也必定很有影响，但它也只是一种特殊的记忆术的历史描述，无法证明作者更牵强附会的观点，即建筑本身就是一种"记忆的艺术"。在把"记忆"作为一个建筑范畴来思考时必须考虑到这些复杂性。

　　让我们来看一看"记忆"的三个历史阶段。记忆最初作为建筑或其他艺术的美学要素而出现是在18世纪。主要是因为它的样子使它看上去有能力抵抗知识扩张所带来的破碎感，抵抗意识到的文化与文明整体性的丧失。作为对艺术品的某种回应，记忆的培育为某种形式的修复提供了希望。[3] 在建筑这一特定领域，"记忆"的独特价值在于建立了主体的自由：迄今为止建筑的评价标准都是比例等由权威们定下的规则，而由记忆而来的价值则给予每个个体从作品中获得愉悦的自由。至于发现"记忆"的哲学源头，通常认为来自约翰·洛克（John Locke）的《人类理解论》（*Essay on Human Understanding*，1690）中关于思想过程（mental processes）的论述，它向个体所承诺的感知的自由与洛克在其他著作中所说的公民的政治自由是一致的。洛克关于感知的论述，由于约瑟夫·艾迪生（Joseph Addison）1712年发表在《观察者》（*Spectator*，nos 411–421）上有关"想象的愉悦"（The Pleasures of the Imagination）的一系列文章而广为人知。在第六篇文章中，艾迪生提出快乐不仅仅来自视觉和其他感官，也来自对想象之物的沉思（contemplation）—"想象的第二快乐来自思想的活动，它把产生自原始对象的观念，与从表现对象的雕塑、绘画、描述或声音中获得的观念相比较"（no. 416）。艺术品的力量，艾迪生认为，来自它们所唤起的联想。"我们的想象带领我们意外地进入城市或剧场，平原或牧场，远离呈现于感知之物；而且，当想象

记忆宫，来自罗伯特·弗拉德（Robert Fludd），《记忆的艺术》（*Ars Memoriae*），1617年。弗朗西斯·耶茨对中世纪及文艺复兴演讲术中记忆宫殿的重新发现，促进了再度兴起的对建筑物与记忆之间关系的兴趣。

映现于似曾发生的场景中，那些最初令人愉快之处，就在此影响之下显得更令人愉悦，记忆强化了原初对象所带来的愉悦之感"（no. 417）。艾迪生本人没有提到与建筑有关的联想和记忆的关联。除了文学，他的理论在18世纪的不列颠最有用武之地的是风景园林。然而在18世纪前半叶，园林建筑物、废墟和雕像的目的，是为了唤起特定的记忆和联系（例如，斯托的废墟和雕像激发了对不列颠历史和宪法自由的思绪），18世纪后半叶出现了引人注目的变化，转向一种完全缺乏成规的联想形式。托马斯·惠特利在《现代园艺观察》（*1770*）中将这一变化描述为由象征转为表现的联想模式，没有任何特定参照的自然景象，将唤起每个个体的独特观念，这本身就成为美感愉悦的来源。

在18世纪后期的英国美学中，思想活动的三个不同层级间的联系——对物体、记忆和想象的直接感知——成为主要话题。如卡姆斯勋爵在《批评的要素》中所说，"我们居住的这个世界充满了各种事物，其变化与其数量一样可观：这些……用许多感觉装备了我们的头脑；而这与记忆、想象，以及反映一起，形成了毫无空隙或间隔的完整的感知序列。"（第一卷，275）。在卡姆斯之后，阿奇博尔德·艾利森（Archibald Alison）和理查德·佩恩·奈特（Richard Payne Knight）发展出这样的观点，联想的序列越是延伸与多样，美感就越是丰富。就像艾利森在《论品味的本质与原则》（*Essays on the Nature and Principles of Taste*，1790）中解释的，"我们的想法越多，或者主题的设想越是延伸，与我们相连的想象的数量就越多，我们从中获得的崇高感或美感就越强烈"（第一卷，37）。由此看来，记忆为佩恩·奈特在《品位原则的分析性探询》（*An Analytical Enquiry into the Principles of Taste*，1805）中所称的"提高了感知能

斯托的自由神庙，白金汉郡，英格兰，詹姆斯·吉布斯，1741年。这座建筑唤醒了特定的——假如休眠了的——盎格鲁-撒克逊的自由之记忆。

力"：它增强了物体能够唤起的理念范围。佩恩·奈特写道：

就像智力的所有乐趣都来自观念的联想，联想的材料越是多样，快乐领域就越是广阔。对于思想丰富的头脑，几乎所有呈现在感官面前的自然或艺术对象，或者能够激发观念的新思路或结合，或者能使原有的想法更为生动或强烈。（143）

作为一种美学接受理论，联想（association of ideas）有一些严重缺陷，这至少部分解释了这种理论的消亡。首先，它严重依赖于个体的品位与判断，而且将美感主要限制在那些受过人文教育的人，因为只有他们才享受充分的记忆：如艾利森在有关古典建筑的论述中所说，"无疑，普通人会觉得自己对于这些建筑产生的美感（Emotion of Beauty）比不上受过人文教育的那些人，因为他们不具有早就通过现代教育关联起来的联想"（第二卷，160）。强烈依赖于特定个体偶然体验

的美学论述，与普遍性的理论相比缺乏说服力。联想的第二个缺陷是，它将美学完全置于主体的思想过程内。愉悦产生于客体激发的各种思路——理念（the ideas），如佩恩·奈特所说，"自然而然地在我们的记忆中联结"（136），而非遇到客体而激发。在德国美学哲学中，主要是康德，他认为美涉及的是对客体的认识与观看主体情感之间的某种东西。把美视为仅仅与思想的内在过程有关，并且是意识无法控制的，这种美学理论德国哲学家不会感兴趣，可能正因如此，"记忆"与"联想"在康德哲学，以及其他19世纪德国美学理论中并无一席之地。即便在英国，"记忆"与思想的联结也很快失去了吸引力：就像柯勒律治在1817年所写："［联想的］原则太模糊，无法起到实际的指导作用——哲学中的联想就像医学中的刺激一样：解释了一切因而什么都解释不了；最关键的是它无法解释自身"（第二卷，222）。

詹姆斯·拉塞尔（James Russel），罗马的英国鉴赏家，油画，1750年。"联想"将美学感知限制于那些有足够特权而获得了大量合适记忆的人身上。

如果18世纪的"记忆"与"联想"概念因其缺点而对我们有所打击，就像对柯勒律治一样，那我们不应忘记它们的主要目的是削弱秩序、比例和装饰这些传统准则的权威性。一旦达成这些目标，它们就没有价值了，我们也可以彻底忘掉是不是它们，为第二阶段、19世纪中期约翰·拉斯金的建筑"记忆"奠定了基础。约翰·拉斯金接受了陈旧的、18世纪的联想理论，并成功的将它转变成一个更为经久耐用的概念。"记忆之灯"是《建筑七灯》中的第六灯，在此，拉斯金写道："只有两个强有力的征服者能对抗人类的遗忘，诗歌与建筑"。两者之中，建筑更胜一筹，因为它体现的"不仅仅是人们如何思考与感受，还体现了他们的手所做的，他们的力量所完成的，以及他们的眼睛所看到的。"（第六卷，§ii）。换言之，建筑提供的是对人类劳动的记忆，既包括体力的，也包括精神的。古代建筑触发的记忆并非关于古人美德与自由的泛泛主题，也不是对克劳迪亚（Claudian）景观的回忆，而是对于该作品特性，以及建筑施工时的工作性质和劳动条件的准确感受。拉斯金的"记忆"观与其18世纪前辈们的差别很大。首先，记忆中的东西并不是一系列无穷无尽的想象，而是准确而确定的：［人类的］劳动。其次，记忆不是个人的，而是社会的和集体的：就像一个民族的文学与诗歌一样，民族的建筑是通过共同的记忆以形成民族认同的手段之一。第三，"记忆"并非仅与过去相关，而是当下对未来所承担的责任：

当我们建造时，让我们想象一下，我们是为了永恒而建造。让我们不是为了当下的快乐，也不仅仅为了目前的使用而建造；让后代为我们的工作而感谢我们，也让我们想象一下，当我们将一块块石头垒起，会有那么一个时刻到来，这些石头因为曾经被我们的手触碰过而变得神圣，当

人们看到建筑中包含的劳动与工作时会说，"看！这是我们的父辈为我们所做的。"（第六卷，§x）

拉斯金的"记忆"观与他的"历史"概念密切相关，试图把两者区分开是无用的。在拉斯金的时代，这两个概念主要影响了对古代建筑的保护。拉斯金的观点的意义在于，他强调建筑像诗歌一样，不属于任何人，也不属于现在，而是属于一切时代；现在仅拥有它的权益（life interest），现在的责任是为子孙后代保护它。拉斯金宣称：

我们是否应当保护过去的建筑，无论是从权宜之计还是感情来说都毫无疑问。不管怎样，我们没有权利去触碰它们。它们不是我们的。它们部分属于建造它们的人们，部分属于我们的人类之后的所有世代。（第六卷，§xx）

拉斯金的记忆观念并非对于新建筑，而是通过威廉·莫里斯及建立于1877年的古代建筑保护协会（Society for the Protection of Ancient Buildings），对英国保护运动的发展有最直接的影响。不过拉斯金对莫里斯的影响并不仅限于建筑思想，而且莫里斯也将"记忆"发展为他政治思想中的关键因素。在拉斯金后来关于建筑的著作《圣马可的安息》（St Mark's Rest）和《亚眠的圣经》（The Bible of Amiens，1883）中，"记忆"仍是重要的，但是在不同的和更为普遍的意义上。在这些著作里，某些建筑物提供了人类历史、神话和宗教的全部内容；它们不完全是记忆的具体体现，而是触发人类记忆，并将之与理解联系在一起的手段。

对拉斯金有关古代建筑纪念意义的有趣修正稍后出现在奥地利艺术史家阿洛伊斯·里格尔（Alois Riegl）的一篇论文里。这篇论文写于1903年，是奥匈帝国政府旧建筑保护提案的一部分，在论文中，里格尔质疑人们在这些古建筑中到底看重的是什么？由此，他在"历史价值"（historic-value）（即建筑物作为特定历史时刻的证据）和"时间价值"（age-value）（或者说对于时间流逝的普遍感受）间做了区分，并得出结论。对大多数人而言，他们在古代建筑中看到的是"时间价值"。

在里格尔写这篇论文的时候，"记忆"概念已经受到攻击。尼采在论文"历史的用途与滥用"（On the Uses and Disadvantages of History）中对于记忆的最著名的攻击，以及对遗忘的庆贺，出现于1874年。尼采在此声称"可以没有记忆而生活……但离开遗忘而活着是不可能的"（62）。不管是否直接承认，尼采所坚持的抹除历史与记忆是现代主义建筑，以及现代主义绘画和雕塑中一再出现的主题。

在现代建筑的话语中，"记忆"很少被提及——现代主义者甚至没有否认记忆，只是忽视它。对于现代建筑和现代艺术来说，任何损害作品的内在性，任何并非一眼就可看穿的东西都是要抵制的，对作品构成威胁的这些特性中，最重要的是记忆。有这一想法的是杰弗里·斯科特的《人文主义建筑学》（1914），该书深受德国哲学美学传统的影响。在对"浪漫主义谬见"（The Romantic Fallacy）的攻击中，斯科特写道"浪漫主义不赞成造型艺术。浪漫主义过于关心模糊性和记忆，以至于无法在完全具体的事物中找到自然的表达"（39）。文学的重点与价值，浪漫主义的媒介：

主要在于它的意义（significance）、含义（meaning）以及与直接构成文学材料的声音的联系。反之，建筑主要通过直接的吸引力来影响我们。它的重点与价值主要在于材料，以及我们称之为形式的，对材料的抽象安排……从根本上说，这两种艺术的语言是不同的，甚至是对立的。（60-61）

但是，如果说绘画、雕塑和建筑的造型艺术中，记忆被拒绝了，那么在现代主义艺术的一种形式——文学中，记忆却是头等重要的。确实，对某些现代主义文学的评论家来说，"记忆"就是文学的方式，尤其是在写作与阅读中。没有

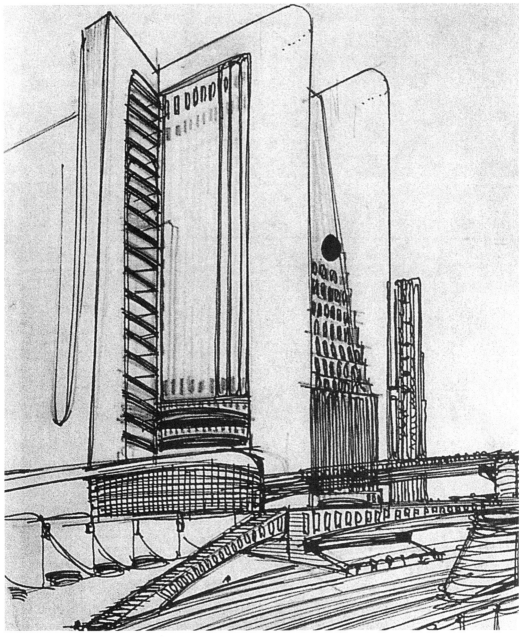

圣伊利亚，为"新城市"（*La Città Nuova*）绘制的"住宅区"
（*case gradinante*）图，1914年。未来主义者，和大多数现代主
义者类似，拒绝将"记忆"作为美学感知的一部分。

比马塞尔·普鲁斯特（Marcel Proust）的
《追忆似水年华》（*A la Recherche du temps
perdu*）更能说明这一点——这本书如此
出名的原因，正如瓦尔特·本雅明（Walter
Benjamin）所说，它更是一部关于"遗
忘的著作"，"其中记忆是纬线，而遗忘
是经线"（204）。普鲁斯特意识到没有遗
忘，就不会有记忆，以及他对记忆存在
于与遗忘的辩证关系的兴趣，都是很重要

的，这也是使他与20世纪早期另一个记忆
的伟大研究者，西格蒙德·弗洛伊德联系
在一起的地方。不过普鲁斯特特别感兴趣
的是记忆与建筑的语境，因为他曾是拉斯
金的热心读者，特别是拉斯金有关建筑的
论述，而且实际上他把《亚眠的圣经》翻
译成了法文。普鲁斯特完全理解拉斯金关
于建筑物、文学与记忆间联系的看法，并
使之成了他自己的观点——他甚至把《追 214

越战纪念碑，华盛顿特区，林璎（Maya Lin），1982年。民众对越战纪念碑以及其他20世纪战争纪念物的广泛称赞，引起了对现代建筑，通过拒绝记忆，已经在多大程度上与储存的情感意义割裂的关注。

忆似水年华》的结构描述得好像一座天主教堂。[4]然而，普鲁斯特所发展的记忆观念与拉斯金的非常不同；对拉斯金来说建筑就是记忆，而普鲁斯特强调的是记忆与物体，包括建筑之间不稳定的、难以捉摸的联系。就像他在《斯沃恩的方式》（Swarnn's Way）中写道：

重新夺回［我们的过去］是徒劳的：我们智力的所有努力都是一场空。过去隐藏在智力无法到达的某个地方，存在于某个物质对象中（或是在物质对象将会给予我们的感觉中），而我们对此一无所知。这取决于我们是否能在最终死去之前偶然遇见这个物体。（第一卷，51）

对于普鲁斯特，建筑物会引发不自觉的记忆，但这个过程是偶发的、不可靠的。因此，人们可以说，"记忆"在现代

主义美学中是重要的，它的价值来自于对物体的物质世界、建筑和记忆的精神世界之间的根本差异和不一致的认识。18世纪和19世纪的建筑记忆概念中没有这种差异，而且，我们应当看到，在20世纪晚期的记忆概念中这也同样被忽视。

让我们现在转向建筑记忆的第三阶段，即属于20世纪的最后阶段。要把握这个阶段的独特性，需要先了解一些背景。总体而言，20世纪沉迷于记忆，在某种程度上这是前所未有的。对博物馆、档案、历史研究与遗产项目的巨大投入是惧怕遗忘的文化的征兆。没有什么比虚拟记忆，即个人电脑令人震惊的商业成功更明显的了。同样在20世纪，对"历史"和"记忆"做出了区分，可能最有说服力的论述来自德国批评家瓦尔特·本雅明。对于本

雅明，"历史"——19世纪的科学——为了统治者的利益而歪曲事件；而通过"记忆"，过去的碎片以无法控制的方式涌入现在，因而，记忆是个体抗拒历史霸权的主要手段。

通过某种史无前例的活动，西方文明显示出对物质对象抵抗记忆衰退能力的异乎寻常的信心：即纪念战争牺牲者的建筑物。纪念每一个死者名字的纪念物，像法国的蒂耶普瓦勒（Thiepval），意大利的格拉巴山（Monte Grappa），或是更近一些，华盛顿特区的越南战争纪念碑，在历史上并无更早的案例。不管出于什么理由，也不管它们的目的是什么，这许多的纪念物都建立在一种假设之上，无论个人还是集体，对这些死者的遗忘，是现代社会最大的威胁之一；这些纪念物证明了对于以物质对象保存记忆的能力的坚定不移的信心。[5]

在所有这些不同的纪念活动与产物中，现代建筑以及现代艺术，并未参与其中，它们仅仅是旁观者。而当建筑师或艺术家，试图参与这些延续记忆的活动时——像勒·柯布西耶的Mundameum项目，立刻引起敌对的批评。[6]现代主义美学对记忆的否定，实际上已使任何声称自己是现代主义者的人，不可能再与悼念性或纪念性的工作联系在一起。对记忆的贬低也被建筑和工艺美术以外的哲学强化——例如，莫里斯·梅洛-庞蒂《知觉现象学》（Phenomenology of Perception）的第二章对联想进行了广泛攻击，声称记忆不是知觉的一部分。

另一方面，随着西方社会有这么多纪念活动的进行，到1960年代，建筑师发现自己正眼巴巴地望着这一丰富的情感表现的宝库（以及利润丰厚的工作），而这是他们曾经固执地与之断绝关系的活动。与晚期现代主义建筑的单调和"沉默"相对立，重新接纳"记忆"看上去特别有吸引力，这个时期的文字作品看上去也支持这个策略。最著名的是法国哲学家加斯东·巴什拉（Gaston Bachelard）的《空间的诗学》（The Poetics of Space，1958），一本被广泛阅读的著作，它真正的主题也许更准确的表述是"记忆"而不是"空间"。巴什拉的目的是"显示房屋（house）是整合思想、记忆与人类梦想的最重要的力量"（6）。但就算这看上去给予了建筑师关心"记忆"的自由，困难在于巴什拉关心的记忆是纯粹精神的，就像他小心翼翼解释的，并不容易描述，更不用说物质性的构筑物（13）。我们再次碰到这样一个事实，虽然个体的记忆能够被建筑，甚至某种空间特征触发，但建成的建筑物，如弗洛伊德和普鲁斯特都认识到的，并不是令人满意的与记忆的精神世界相对应之物。20世纪早期已经建立起来的，记忆与建筑之间固有的差异，在巴什拉的著作中已经毫无疑义。最近，在法国哲学家米歇尔·德·塞都（Michel de Certeau）的著作里，两者间的关系甚至被推离得更远，对他来说"记忆，是一种反-博物馆（anti-museum）：它无法被固定在一个地方（localizable）"（108）。记忆的独特力量来自"它能够被改变——不固定的，流动的，没有确定的位置……当记忆再也不能改变，它就在消逝"。他接着说，"记忆来自另一个地方，它外在于它自己，它改变相关的事物。记忆的手段与它是什么有关，也与它令人不安的熟悉感有关。"（86-87）看看德·塞都的用语，建筑与记忆间的确定联系看上去比它对于普鲁斯特还要不可信。

20世纪后期记忆被重新带入建筑话语，这来自对现代主义教条的较为直接的挑战。作为其中一员，德国建筑师奥斯瓦尔德·马蒂亚斯·翁格斯（O. M. Ungers）解释道：

作为文化与历史价值承载物的记忆被"新建造派"（Neues Bauen）有意识地否定与忽视。功能正确的环境组织的匿名性，声称自己凌驾于集体记忆之上。历史塑造的地方与历史的独特性被牺牲在唯理论的

集合住宅，吕措广场（Lutzowplataz），柏林，奥斯瓦尔德·马蒂亚斯·翁格斯，1982—1984年。翁格斯在1980年代早期的项目有意识的唤起了如今已经失去的城市的"记忆"。

功能祭坛上…几乎没有一座城市留下来与它的历史形象相契合。（75-77）

在那些与记忆重新发明相关的人中，迄今为止最著名，也是被讨论得最多（也因为他运用这个概念的不确定性）的是意大利建筑师阿尔多·罗西。在他的《城市建筑学》（1966）中，作为他对现代主义教条批评的一部分，他提出发展城市建筑

新形式的方法是研究那些已经存在的建筑。城市中的建筑不仅仅揭示出城市的恒久特性，而且在更深的层次，它们也描绘了城市的"集体记忆"。罗西说：

城市本身就是人们的集体记忆，和记忆一样，它与物体和地方相连。城市是集体记忆的场所（locus）。场所与市民之间的这种联系就变成了这座城市的建筑与景

观的主要图景，某些人工制品会成为记忆的一部分，新的城市图景就出现了。从这个完全积极的意义上说，理念（ideas）穿过城市的历史并塑造了城市。（130）

然后他总结道"记忆……就是城市的意识"（131）。

罗西谈及"记忆"的目的是为现代建筑找到"功能主义"以外的理论基础，这在1950年代和1960年代早期与米兰杂志《卡萨贝拉-续刊》相联系的建筑师圈子中很普遍。[7]罗西的观点所表达的是，无论谁在城市中进行建造，他都不仅仅改变了城市的物质肌理，而且更大胆地改变了城市居民的集体记忆。罗西的这些观点并非来自我们曾经讨论过的那些前辈，而是特别来自两位战前的法国作家，其中一位是历史学家，马塞尔·波尔特（Marcel Poëte）；另一个是社会学家，莫里斯·哈布瓦赫（Maurice Halbwachs）。从波尔特那里，罗西知道仅仅通过功能关系来调查研究城市现象是不够的，就像芝加哥社会学家尝试的那种，只能通过显示在当下证据中的关于城市过去的记录来研究。正是波尔特给了罗西"永久性"的观念，也就是说城市复杂性的实质在于那些跨越时间而难以磨灭的特点的持久存在。另一个观念，即城市居民分享着城市中建筑物所体现出的集体记忆，罗西是从社会学家莫里斯·哈布瓦赫那里得来的。哈布瓦赫是埃米尔·涂尔干（Emil Durkheim）的学生，哈布瓦赫"集体记忆"概念的缺点和源头也正来自涂尔干的社会理论。简单说来，涂尔干提出，社会是通过经验性的机构——宗教、政府、文化等而存在——但是是集体意识将社会整合在一起，社会成员共享集体意识而成为社会的一部分。现代社会的疏离与示范来自于集体意识的衰退。莫里斯·哈布瓦赫在1920年代和1930年代所做的法国工人研究断定，工人在工作过程中必须参与的那些事导致他们失去了与社会的联系，而这种失落是对法国最大的威胁。他认为，唯一的补救方法，就

是加强工作场所以外的社会环境，这样可以补偿工作场所带来的疏离感。在两次世界大战间，在为使现代生活重拾人性而创建巴黎周边许多"花园郊区"的过程中，哈布瓦赫与亨利·塞利埃（Henri Sellier），以及法国花园城市运动（French Garden City Movement）联系在一起。[8]《集体记忆》（The Collective Memory），即罗西从中学到"记忆"概念的书，是哈布瓦赫的最后一部著作；事实上，在这本书里，哈布瓦赫遇到了一些麻烦，他提出社会群体有可能通过对于特定场所的共同记忆，保持群体的同一性，但与记忆相连的并不是真实存在的物理空间，而是由该群体形成的空间的特定心理图像。[9]换言之，记忆的代理者并非城市中的人造物，而是它们的心理图像。罗西对哈布瓦赫著作的精心阅读，而且是逐字逐句的阅读，几乎没有考虑这其中的细微差别，而哈布瓦赫把它看得非常重要。他也基本没有注意到继承自涂尔干社会学的弱点——尤其是强调社会疏离而不是经济原因；以及假设个体心理为社会集体行为提供了合适的模型。罗西不仅未加批判地重复了哈布瓦赫的假设，而且更重要的是，他将此假设放入更加理想化的框架中，而与哈布瓦赫自己的想法相去甚远：例如，罗西写道，"过去与未来之间的结合存在于城市理念之中，就像记忆贯穿着人的一生那样"（131）。他也把城市表现为有着自己终极目的，并实现自己的理念的对象。但如果说罗西对哈布瓦赫概念的使用与哈布瓦赫自己的想法没有多少关联的话，我们也许能够接受，罗西的记忆观念，如卡洛·奥尔莫（Carlo Olmo）所说，更像诗而不是严密的理论；不管怎样，虽然罗西主张"记忆"，但他特别是在之后的写作和项目中，由于特别喜欢城市人造物的自主性，而变成了彻底的反历史。然而，尽管有这样的前后不一，是罗西为1970年代和1980年代的欧洲和美国建筑师提供了这样的思想，即城市肌理构成了它的集体记忆。

另一个经常被引用，将"记忆"带入现代建筑语境的例子，是1975年柯林·罗和弗雷德·科特写的论文《拼贴城市》。在对现代主义建筑和都市主义教条的不足的广泛反思中，作者质疑现代主义对未来乌托邦环境的实现过于专注。明确参照了弗朗西斯·耶茨的《记忆的艺术》，他们问，理想城市是否会"同时表现得既是预言未来的剧场，又是记忆的剧院"（77）；他们的重点在于人们应当有在两者间选择的自由，而不是只能将自己置于未来。总体而言，现代主义错误的假定新事物可以不承认满载记忆的文脉，尽管它正是从中出现的。在罗的全部作品中，这篇论文有些异乎寻常，因为其他都是强调作品本质的一心一意的现代主义的。然而，由于对多元化的提倡，这篇文章是建筑后现代主义发展中的重要文本——它对记忆的呼吁也是其中一部分原因。

对罗西，翁格斯，罗及其他人思想的狂热接受，导致了新教条的出现，如安东尼·维德勒说的，"大概可以将都市主义定义为把城市作为自身纪念物来建造的工具性理论与实践"（1992，179）。然而，这个观点的困难之一，是缺少来自历史时期的直接证据，说明有人曾经真的如此构想城市或建筑：这只是波尔特和哈布瓦赫的观点——即城市应当以这些方式讨论——通过罗西和其他人的调和所带来的结果。在将城市是其居民的具体记忆这个观点合理化之外，又出现了一种新的历史计划，致力于证明这个观点在以前就出现过。其中最具野心也是最成熟老练的是克里斯蒂娜·博耶（Christine Boyer）的《集体记忆的城市》（*The City of Collective Memory*，1994），目的是发现"城市如何成为集体记忆的场所？"（16）。然而尽管彻底研究了这一观念的思想来源，但奇怪的是，博耶对这个命题本身没有一丝怀疑：即假定城市就是记忆的实体，她接受了新的教条。

作为建筑学主题的一部分，正统的后

现代记忆观念有三重征兆。首先，对20世纪心理学、哲学与文学领域中对记忆的普遍讨论，缺乏广泛研究的兴趣；尤其是忽视普鲁斯特和弗洛伊德的洞察力：即"记忆"本身是无关紧要的，重要的是记忆与遗忘间的张力。古希腊人将遗忘之泉（Lethe）与记忆之泉（Mnemosyne）放在一起，并坚持那些想在特洛福尼尔斯（Trophonios）询问神谕的人，必须先喝遗忘之水，再喝记忆之水，这不是没有道理的。其次，有一个泛泛的，且没什么正当理由的假设，即社会记忆可以参照个体记忆来解释。第三，假定建筑物，或任何人造物，为不确定的记忆世界在物质世界中提供了令人满意的对应物，这远不可信。

在最近对于社会记忆的研究中，重点已经从物转向了活动，把活动作为记忆的载体（operative agents）。保罗·康纳顿（Paul Connerton）在《社会如何记忆》（*How Societies Remember*，1989）一书里，区分了纪念活动中的"铭刻型"（inscribing）与"参与型"（incorporating）实践，并提出"铭刻型"实践——即记忆被记录在某个物体上——在创造社会记忆方面，不如"参与型"实践有意义，后者结合了某种身体行为的记忆。正是通过庆典、仪式、行为符号和重复，集体记忆通过社会成员得以再生产，并有可能最终附着于某些特定的地点。从这些方面来看，像战争纪念物这样的物就不如围绕着它举行的仪式与活动来得重要；而且确实，除非能与某种"参与型"的实践相结合，否则希望通过建筑来保存社会记忆就会徒劳无功。这也是多洛雷斯·海登（Dolores Hayden）得到的教训，她在《场所的力量》（*The Power of Place*，1995）中描述了洛杉矶的某些地方为保护社会记忆而做的各种项目。其中没有一个依赖于建筑，甚至人造物，除非作为次要的手段：这些项目强调的是对研习会的公共参与，这些研习会对特定场所的历史联系和意义进行了阐释与再阐释。

现代主义曾有很好的理由将"记忆"从建筑和都市研究中分离出去。从1960年代现代主义把建筑减少到了明显的沉默状态来看，把"记忆"恢复为建筑和都市研究的积极组成部分的尝试是可以理解的；然而，建筑师与城市规划专家对20世纪其他学科关于"记忆"的研究所显示出的漠不关心，使得建筑是否对"记忆的艺术"有所贡献仍存疑问。"记忆"可能仍是转瞬即逝的建筑范畴——本质上记忆与建筑并不相容。

1. 比如参见Scruton，*Aesthetics*，1979，138–143。
2. 比如参见"Roma Interotta"的众多项目，刊载于*Architectural Design*，vol. 49，1979，nos 3–4。
3. 参见Ballantyne，*Richard Payne knight*，1997，chapter 1。
4. 参见R. Macksey，为Proust所做的引言，*On Reading Ruskin*，1987，xxxi。从这一对Proust前言的翻译到他自己对*The Bible of Amiens*和*Sesame and Lilies*的翻译，完整的说明了Proust对Ruskin的着迷。
5. 参见Gillis（ed.），Commemorations，1994，提供了一些有关20世纪战纪念物在种类和特性上的有趣讨论。
6. 参见Teige，'Mundaneum'，1929；这一项目因其纪念性，以及它"非现代和古旧的特征"而受到批判。
7. 参见Olmo，'Across the Texts'，1988，*Assemblage*，no. 5，提供了有关Rossi思想的背景。
8. 参见Rabinow，*French Modern*，1989，321，336 on Halbwachs。
9. 参见Halbwachs，*Collective Memory*，尤其是140–141。

自然（Nature）

建筑，与其他艺术不一样，不会在自然中找到范本。戈特弗里德·森佩尔，1834，就职演讲，引自汉斯·森佩尔（H. Semper），1880，7

建筑师应该像画家一样尽量少住在城市里。将他送到山上，让他在那里通过扶壁，通过穹顶学习自然的领会。约翰·拉斯金，《建筑七灯》，1849，第3章，§24

人类所能的，是自然所不能的。自然不会建造房屋，不会制造火车头，不会建造游乐场。它们都出自人类表达的欲望。路易斯·康，1969，引自沃曼（Wurman），75

220　　"任何关于自然利用的完整历史"，雷蒙·威廉斯写道："都将是人类思想史的很大一部分"（221）。关于建筑也一样，在建筑中，在建筑是什么或可能是什么的思考中，过去500年的大多数时间里"自然"已经成为主要的范畴，即便还不是最重要的。唯一一次重要的断裂是20世纪早中期，即现代主义盛期，"自然"基本上被搁置；然而从1960年代起，随着环境运动的开始，被重新发明的"自然"回到了建筑语汇中。

人所创造的世界——"文化"，与人所生存于其中的世界——"自然"，这两者间的区别可能是曾经有过的最重要的思想范畴，对于一切学科的形成都是最基本的。建筑也不例外。似乎显而易见的是，在这个分类中，建筑——一个人类的产物——属于文化，而不是自然，与自然完全不同。通过与自然的关系来定义建筑的

许多尝试可能确实看上去很怪异，但如果我们想弄清过去的人们如何构想和生产建筑，那就必须理解这些尝试。在建筑与自然关系的论述中进行区分是值得的，有些论述认为建筑像自然，遵循或模仿同样的法则；另一些说建筑就是自然，男人与女人是自然之物，建筑为他们提供遮蔽或象征性表达，这使建筑成为自然的产物，就和说话一样。在这个意义上建筑被视为人在这个世界生存的条件。对于两种观点都加以拒绝的20世纪建筑理论家，他们所面临的问题是，若建筑既不是自然也不像自然，那它到底是什么。

1. *作为建筑美之源泉的自然*。

对建筑美讨论的最初模式，和其他艺术一样，来源于新柏拉图主义哲学家取自柏拉图的对话集《蒂迈欧篇》中关于自然界结构的论述。秉持着柏拉图的观点，自然界中一切事物要么受数字关系的支配，要么受几何学的支配，新柏拉图主义者认为，艺术，只要能令人类的思想满意，就遵循同样的原则。将这一观点运用至建筑的，最突出、最著名的是莱昂·巴蒂斯塔·阿尔伯蒂的《论建筑艺术》，该书写于15世纪中期。最重要的是，阿尔伯蒂在这本书里概述了他的*concinnitas*理论（和谐的原理，形成部分与部分、部分与整体优美关系的基础），自然的重要性作为建筑的范本而出现：

不管在整体还是部分，*concinnitas*像在自然界一样的盛行……自然产生的一切事物都规范于*concinnitas*法则，她关心的是无论如何，她的产物必须绝对完美……我们可以得出以下结论。美是各部分在整体中，按照一定的数字、轮廓和位置协调一致的形式，受*concinnitas*支配，这是自然界绝对的和最基本的原则。这就是建筑艺术的主要目的，也是建筑的庄严、魅力、权威与价值的来源。（302-303）221

阿尔伯蒂赋予*concinnitas*的重要性也许暗示着他相信自然是建筑的绝对权威，但在其他地方他更为谨慎。在遵循柏拉图

自然是第一观点的同时，阿尔伯蒂也承认亚里士多德的艺术观本质上与自然不同。在《物理学》中，亚里士多德曾经写道——他的措辞，对于17世纪艺术和建筑理论家尤其重要——"总体而言，艺术是对自然所无法完成之物的完善，也部分地模仿了自然"（第二书，§8）。这一有关艺术如何不同于自然的观点，也出现在阿尔伯蒂著作中有关建筑美的另一个主要章节（第六书，第二章），在此，阿尔伯蒂写道："即使是自然界自身，也很少能够生产出在各方面都完善且完美之物"，暗示着应当从自然中进行选择；而这就是艺术的任务，因为"谁会否认只有通过艺术才能获得正确的和有价值的建筑？"（156）。与通常认为的阿尔伯蒂是建筑美应当与自然美一致的辩护者相反，无论在这里还是在其他地方（159），阿尔伯蒂认为技巧与技能都是美的源泉，从而开启了到17世纪更为流行的，并认为建筑是一种人工艺术的观点。

首先明确对建筑美建立在自然之上这一观点提出挑战的，是17世纪法国理论家和建筑师克劳德·佩罗（Claude Perrault），在其《五种柱式》（*Ordonnance of the Five Kinds of Columns*，1683）中。佩罗否认自然在建筑比例中的权威地位，这确实引人注目而且很激进，并且标志着两个世纪以来，第一次从根本上重新思考建筑与自然间的关系。他在"柱式"中说得很简要，但非常明确：

无论是对自然的模仿，还是理性的模仿，还是良好的感觉，都不能构成人们从柱子各部分的比例和有序排布中获得美感的基础；确实，人们从中获得的愉悦，不可能找到比习惯更好的来源。（52）

尽管佩罗很明确，但他的论点在当时并没有想象的那样引起争论。然而，从很长的时间来看，佩罗的论点标志着美在物体之中这一观念的最终消亡，取而代之的是美由观看的主体所建构[1]。这个主题将在下面第六点中进行讨论。

2．*建筑的起源*。

建筑起源的问题一直是建筑理论家们讨论的主题。[2]在维特鲁威《建筑十书》（*De Architectura*）的第二书第一章中，建筑有一个神话起源，文艺复兴和之后的理论家，对于第一座建筑的样子做了更广的，有时候是更狂野的猜想。是洞穴、棚屋还是帐篷为建筑提供了原型，这个问题没有任何考古学证据——也不可能找到——却纯粹是为了证实现在建筑所遵循的原则。最早从原始人的假想房屋演绎出自己论点的建筑文本是菲拉雷特的论文（1460—1464），它提出最早的房屋是树干搭成的棚屋，树干提供了柱子的原始形式。在17世纪后期，为一切人类创造物（尤其是国家）的当下或理想状态进行论证，构想在最初人类发现自己的自然条件下假设的起源，已成为惯例。对于建筑，有关最初的建筑，以及柱式起源的维特鲁威神话（第四书，第二章），为将建筑与人类的第一自然状态联系在一起提供便利的支持，并流行于文艺复兴时期的建筑写作中。但是，到了18世纪，维特鲁威英雄的原始建造者的想法不再被认真对待，仅仅被当成迷信。尽管如此，关于建筑神秘起源的故事仍继续存在，但目的已极为不同，现在它是为了证明建筑是理性的体系。迄今运用这一自然界中建筑起源故事以证明当代理论的最著名的例子是法国作家马克–安托万·洛吉耶的《建筑随笔》（*Essai Sur L' rohitecture*，1753）。这本对洛可可进行了广泛批判的著作，如此开篇：

建筑和其他艺术一样：它的原则是建立在简单的自然之上，在自然的过程之中可以清晰的找到它的规则。让我们设想一下原初状态的人，他没有任何辅助手段，只有本能与需求引导着他的行动。他需要一个休息的地方。在一条安静的溪流旁，他看到长满青草的河岸；青翠的绿色令他眼睛感到愉悦，河岸和缓的下坡在邀请着他；他来到河岸，在这点缀着花朵的地垫上，闲散的伸展着肢体，他只想在平静中

222

原始建造者，源自菲拉雷特的论文（1460—1464年）。在维特鲁威关于建筑起源的神话中，将最初的建筑与人类最初的"自然的"状态联系在一起。

享受自然赐予的礼物。然而，很快炎热的阳光令他焦灼，他不得不去寻找遮蔽处。

在尝试了森林与洞穴之后，他发现这些都不能令人满意，

他决定自己来弥补大自然的疏漏。他想要一个居所可以保护他不受太阳曝晒。森林里掉落的树枝为他提供了材料。他从中选择四根最粗壮的，将它们立起形成一个方形。顶端他又用了四根树枝穿插过去，然后再往上使用更多的树枝，倾斜着靠在一起，并分别在两侧各自会聚在一点。屋顶用树叶覆盖，足够紧密以阻挡阳光和雨水的穿透，我们的原始人就住了进去……这就是自然的简单过程；艺术模仿自然过程而诞生……只有保持最初的简洁才能避免错误，并获得真正的完美。直立的树干让我们想到柱子，上面的水平木块让我们想到檐部。最后，形成屋顶的倾斜部分给了我们山墙。艺术大师们都认识到了这一点。但是注意：没有比这带来更丰富结果的原则。从此以后，就能很容易将建筑的基本组成，与仅仅出于需求或任性而加上去的部分加以区分。（1755，8–10）

洛吉耶的独创性体现在他对建筑自然起源的描述中，虽然这是读者最熟悉的一点，而是他对起源的运用。如沃尔夫冈·赫尔曼（Wolfgang Herrmann）所说，"他的棚屋并不是遥远过去的奇怪景象，也不是建筑进化理论的一个因素，而是使得永恒法则的推导成为可能的伟大原则"（1962，48）。洛吉耶并未忘记他的质朴的棚屋，在书中他按照棚屋所体现的基本原则提出他所讨论的建筑的各个方面的优点。在结束对洛吉耶的讨论之前，有必要强调他给"自然"这个词带来的意义：自然不是像阿尔伯蒂和其他人所认为的比例及其美的来源；也不可以以浪漫主义者想认为的那种方式体验；自然是建造与装饰的原则，与它最相近的类比应当是"理性"（reason）。

洛吉耶绝不是最后一个将建筑理论建立在假想的起源建筑上的建筑思想家——奎特雷米尔·德·昆西和戈特弗里德·森佩尔做了同样的事情。然而，在19世纪早期，"自然"本身经历了哲学和科学意义的转换，以至于将假想的起源建筑称为"自然的"已经没有意义了，而且确实到森佩尔在1850年代写作时，他谨慎地弄

223

清楚了这样描述对他心中所想是多么的不恰当。

3. 维护建筑价值: "模仿" (mimesis), 或者说模仿自然。

在古典作家的艺术理论中，特别是西塞罗 (Cicero) 和贺拉斯，一个基本观点就是艺术 (这里主要指诗歌) 的本质是它有能力模仿自然。[3]在15世纪，艺术品忠实地再现自然被认为是评价艺术品的首要标准，而这种对模仿自然的追求是显而易见的，例如在达·芬奇的作品中。虽然诗歌、绘画和雕塑都能够通过再现自然而取得成果，但建筑并非是再现的艺术：它既不能复制自然之物，也不能像诗歌那样表现人类的情绪与情感。建筑固有的缺乏再现自然的能力，并因此不足以成为模仿的艺术，成了严重的障碍，使之无法作为人文艺术而被接受。如果建筑师要得到与诗人、画家同等的社会角色，并将自身与工匠充分区别开，就必须证明建筑是一种自然能在其中得到再现的艺术。在15世纪晚期到18世纪晚期的三个世纪中，这成了建筑思想中占据主要注意力的话题。

一般而言，为证明建筑是模仿的艺

224术，出现了两种观点。第一种声称建筑模仿了它自己的自然范本——即假设的原始棚屋。就建筑复制了棚屋或帐篷的形式，将树木或兽皮转换成石块而言，建筑可以说是对自然的模仿。这个理论在18世纪得到了长足的发展，我们还是可以在维特鲁威 (第四书，第二章) 那里找到一些对它的辩护。在对全部人类知识雄心勃勃的编辑与分类，即狄德罗 (Diderot) 的《百科全书》(Encyclopédie) 中，建筑与绘画和雕塑一起，被描述为模仿的艺术。尽管达朗贝尔 (d' Alembert) 关于《百科全书》的《基本话语》(Discoitrs Preliminaire, 1751) 对这一论断没有提供任何背景，证明这个观点却引起了18世纪后半期的建筑师们的兴趣。威廉·钱伯斯在《论公共建筑》(Treatise) 中使用的关于建筑自原始棚屋开始发展的图片，就来源于这一先入

卷首插图，马克-安托万·洛吉耶，《建筑随笔》，1753年。建筑之神指着自然的房屋，并以它的原则来指导人类。

为主的观点。

第二种观点同样在18世纪得到发展，它认为虽然建筑确实没有再现自然外在的样子，但建筑能够而且确实再现了自然内在的原则，而且在这个意义上，提供了远比其他艺术更深刻的模仿形式，其他艺术对自然的再现是直接而表面化的。我们已经在洛吉耶那里见过这种再现自然的说法，但在18世纪后半期这一观点得到更仔细与全面的阐述。从社会的和物质的角度说，这一观点的目标很明显，因为它使建筑第一次能够宣称建筑艺术不仅与其他艺术一样，而且超越了其他艺术。

最充分完整的证明建筑模仿自然的是法国建筑理论家奎特雷米尔·德·昆西，他在1788—1825年间为潘寇克 (Pancoucke) 的《方法论百科全书》(Encyclopédic Méthodique) 所写的一系列文章中，提出

了一个新颖独特的观点。奎特雷米尔的目标是捍卫达朗贝尔的论点，即建筑是模仿的艺术，并以建筑如何模仿自然提出比洛吉耶更有说服力的解释；同时，他试图修复有关模仿的早期理论中的错误。奎特雷米尔的出发点（虽然与文章发表的时间顺序并不一致）是正视这样一个问题，即建筑应当模仿的"自然"指的是物质世界，还是人们所认为的那个世界的理念？某种程度上这个问题在他之前从未有人触及过。他的答案是"自然"两者皆是。他写道：

> 在此，应当在最广泛的意义上使用"自然"这个词，也就是说，既包括物质存在的领域，也包括道德与思想的王国……不必将一种艺术称为"模仿的"艺术，如果它的范本是来自显而易见的物质的自然。这类范本只符合两种艺术［绘画与雕塑］，它们通过模仿身体与色彩使自身为人所见……因此，一旦理解自然是所有艺术的范本，就必须避免将自然的观念局限于明显的，自然之中，简而言之，局限在感官的领域。自然存在于不可见之处，就像存在于对视觉的冲击一样……模仿并不一定意味着复制某物的外表，模仿自然，不是模仿她所做的，而是像她一样创造，也就是说，一个人可以在她的行为中模仿自然……（Imitation）

奎特雷米尔的下一个议题，而且也是之前大多数作者都回避的话题，建筑对自然的模仿是字面上的，还是隐喻的：他的回答，是他卓越而巧妙的建筑理论的核心，就是建筑两者皆是。奎特雷米尔认为建筑建立在两个原则之上——石材对木构建筑的直白模仿，以及对自然之物的秩序与和谐原则的类比模仿。为了先把木结构改造为石构的理论，奎特雷米尔提出原始房屋有三个"类型"的源头：洞穴、帐篷与木构棚屋，每一种都为建筑提供了一个自然的原型。然而，"三种原型中，自然能呈现给艺术最完美和最好的无疑是木头"，这就是希腊人遵循的

道路（Architecture）。奎特雷米尔又为模仿木构棚屋赋予了许多重要性。确实，这对他来说"这是激发建筑魅力的最重要的原因之一"（同上），并且构成了自然的基本法则。对于奎特雷米尔，石材对其他材料的描绘绝非一个应受到责难的谎言，而是能激发建筑魅力的令人愉快的虚构故事。一切艺术，他认为，都通过掩盖真相来达到效果，因为人"希望被诱惑但不愿被欺骗"（同上）。正是通过对自然建造过程的直白模仿，即通过木构棚屋对它的再现，建筑才成功地产生与其他艺术一样强烈的模仿感。奎特雷米尔的理论中特别值得注意的是，与早期的一些作者不同，他们将人工技巧视为修正或抵抗自然，或反之的手段，奎特雷米尔认为两者之间没有矛盾；确实他将转变过程中涉及的人工技艺本身视为一种类自然的过程。当他承认"当然，自然并没有建造小屋"，他继续说道，"但是自然用它的结构引导了人们，而人，在本能、粗鄙的本能的指引下，如果你愿意，以及在一种早期不可能误导的感情的指引下，将自然的真正感觉传递给了小屋。"虽然在这一点上，论点显得有些狡猾，因为奎特雷米尔承认棚屋和转换过程除了神话没有别的基础，而且他说，甚至两者都抛弃也不会使它们所说明的原则失去合法性。如果确实是这样，那看上去对奎特雷米尔就像对洛吉耶一样，他们所谈论的原则其实来自理性，而他们的"自然的"基础只不过是用于阐明这些原则的发明。对于这种观点，逻辑上的下一步就是抛弃"自然"——而这正是1850年代森佩尔在他的出色的理论中所做的。

现在转向第二个原则，即类比的模仿，奎特雷米尔这样概述他的观点："建筑师模仿自然当……他已明显跟随着自然在一切作品中发展出的体系时"（Imitation）。并不逼真的模仿自然使建筑成为了最理想的艺术：

> 对自然的秩序与和谐原则的一般性模

原始棚屋，源自威廉·钱伯斯，《论公共建筑》（*Treatise on Civil Architecture*）。18世纪晚期，建筑师对建筑的"自然"起源的兴趣，是为了证明建筑的确是一门模仿的艺术。

仿，这些原则与我们感官的爱好有关，也和知觉理解力有关，赋予［建筑］以灵魂，并造就了一种不再是复制者，不再是模仿者，但却是自然的竞争者的艺术……我们已经看到自然在一切方面都只为［建筑］提供了类比。它模仿自然的范本而不是与之相比；……它并不复制它所看见的，而是模仿自然制作的方式；它学习的不是结果而是原因：从此，即使在模仿中，它也是独创的……它的模型是无处不在的自然秩序，但并非处处可见。（Imitation）

奎特雷米尔的自然模仿理论在历史上被认为是一条死胡同。它的极度理性使他的"自然"成了人为的构建（特别是与这一时期德国作家与哲学家赋予这一概念的生机相比），因而很难令人信服。奎特雷米尔关于自然的观点属于18世纪中期有关知识分类的启蒙式争论，在建筑实践中的运用有限，以后也没有追随者。另一方面，他的建筑艺术观作为纯粹的观念，又非常有价值而难以抛弃，因而脱离了"自然"的参照而延续下来。

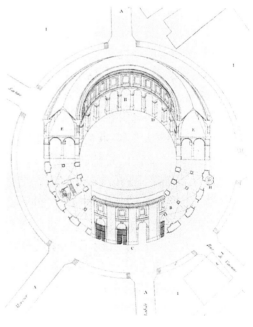

勒·加缪·德·梅济耶尔，谷物交易大厅，巴黎，1762—1766年（已拆除），总平面和俯视剖透视（细节）。在奎特雷米尔·德·昆西看来，建筑——如这个被认可的谷物交易大厅是"自然的竞争者"，它模仿的是自然的过程而非复制其外表可见的效果。

4．*自然被用来证明艺术创作的正当性。*

在一些古希腊哲学中，人们已经注意到自然与艺术的差别，如亚里士多德认为，"艺术部分完成了自然未能完成的"。渐渐的在16以及17世纪的意大利，在其产品中自然总是不完美的这一观念在艺术思想中占据了主导地位，为艺术家背离自然的范本提供了正当性。这个观点在16世纪与米开朗琪罗和瓦萨里联系在一起；在17世纪，贝尼尼1665年访问巴黎时告诉法国绘画学院（French Academy of Painting）的成员说"自然总是软弱而吝啬的……研究自然的艺术家必须首先擅长认识自然的缺陷并更正之"（Fréart de Chantelou，166）。这个观点迅速被法国的艺术圈接受；例如，安德烈·费利宾（André Félibien）在《完美画家的理念》（*L'Idée du Peintre Parfait*）中说道："虽然自然是美之源泉，但艺术超越了自然，因为我们发现在自然中，单个物体常常在某种程度上是不完美的；自然的意图是每一个物体都应该完美，但却受到偶然事件的干扰"。这个观点并没有立刻对建筑发生影响，那时自然范本的观念还没有发展起来，但在园林设计中结果是非常显著的。16世纪的意大利园林，如兰特庄园（Villa Lante），或17世纪的法国园林，如安德烈·勒诺特（A. le Nôtre）设计的位于沃乐维康宫（Vaux-le-Vicomte）和凡尔赛宫的园林，都打算制造出有机的自然作品，以证明人类智慧与技艺本身具有超越自然获得美的力量。在有关造园艺术的著作中，如杰克斯·博伊斯·德拉巴罗德里（J. B. de la Barauderie）的《论造园》（*Le Traité du Jardinage*，1638），安德烈·莫莱（André Mollet）的《欢乐园》（*Le Jardin du Plaisir*，1651），以及克劳德·莫莱（Claude Mollet）的《天象与园艺全景：关于秘密和创造》（*Théâtre des Plans et Jardinages*，1652），都因"自然"参照的缺席而引人注目。

自然的不完美证明了艺术家创作的正当性，这一观念被广泛接受，并持续至18世纪后期。英国建筑师威廉·钱伯斯爵士在他的《论东方园林》（*Dissertation on Oriental Gardening*，1772）的开篇，基本重复了他的朋友，画家约书亚·雷诺兹爵士（Sir Joshua Reynolds）的想法，"没有艺术的帮助，自然就无法令人愉悦"。然而在那时，这一观点也是（钱伯斯，著名的托利党保守党人）对当时流行的、得到许多辉格党人喜爱的能人布朗（Capability Brown）的景观园艺的"自然主义"的攻击。

5．*作为一种政治观念：自然是自由的，没有束缚的。*

将"自然的"视为一种美德，即自由而不矫揉造作的现代看法，在18世纪初之前并不存在。这一由英国哲学家发展起来的意义，是专门针对欧洲暴君，尤其是对路易十四否定自由、言论自由等"自然"权力的抵制，而且也只是在有关园林设计的陈述中才得到清晰表述。尽管这一观点出现在约翰·洛克的哲学中，但是沙夫茨伯里勋爵（*Lord* Shaftesbury）首先对它独特的美学维度进行了阐释。在《道德家》（*The Moralists*，1709）中，他写道：

我不该再拒绝我心中为了自然的事物而升起的热情；既不是艺术，也不是人类的幻想或随想，闯入那个原初的国度破坏了他们的真正秩序。即使是狂野的岩石，长满苔藓的山洞，未经加工的洞穴，和破碎的瀑布，以及一切荒野的可怕的美（grace），越是表现自然，就越是迷人，显现出超越于对高贵花园拙劣模仿的壮丽。（Hunt 和 Willis，124）

约瑟夫·艾迪生（例如，《观察者》，no. 414，1712年6月25日）与亚历山大·蒲柏（《致伯灵顿勋爵书》，1731）也表达了类似的观点。

这些关于自然之美的本质上是文学的观点，被园丁和园艺家斯蒂芬·斯威策（Stephen Switzer）在他的著作《自然

凡尔赛宫花园，安德烈·勒诺特，1661年。"劫难眼使自然的观看反转，树木被切割成了雕塑，雕塑厚重的如同树木"：亚历山大教皇对欧洲专制君主花园诡计的蔑视，使他看到自然中不受约束的自然美。

园艺》（*Ichnographia Rustica*，初版于1718年，1742年增订再版）直接运用于园林设计：

大自然的漫不经心，松散的长发，随微风飘扬，为最优美的金字塔，或最长最精致修剪的墙树提供了想象，增添了更多可能；然而，尽管我们不会因此全然否认某些适当地方的这类事物，但我们应该保持这种美，排除更自然的东西。（Hunt and Willis，153）

他认为，乡间小屋应当结合两种美，才能超越小屋边的正式花园，

人们有时会经过围场或谷场，有时经过野生的灌木林和花园，有时经过淙淙的小溪和河流，这些地方并非经过艺术处理，而是来自自然的奢侈品，只是经过艺术家之手略有挥霍。（同上）

虽然这些观点在18世纪的第二个十年变得流行，但又过了20年，它们才被运用到景观园林的实践中。据霍勒斯·渥波尔，是1730年代晚期，威廉·肯特及其位于白金汉郡斯托的极乐园，才首先去除围墙，将整个自然视为园林（1771）。在此，

在斯托，政治的自由与自然给予的无拘无束之间的联系是非常明确的。而对这些自然观念的运用，构成了英国如画的景观设计的基础，并成为18世纪后期景观园林艺术实践的主要主题，但它们延伸至建筑则更缓慢，主要是和美学理论的发展联系在一起，这将在下文论述。自然作为政治上的自由权力之基础的观点稍后的版本出自19世纪美国哲学家拉尔夫·沃尔多·爱默生，以及20世纪政治哲学家狄奥多·阿多诺（Theodor Adorno）和麦克斯·霍克海默（Max Horkheimer）的《启蒙辩证法》（*Dialetic of the Enlightenment*）中。下面会讨论这两者对建筑的影响。

6. 作为观看者感知构建的"自然"。

美来源于物质的客观世界——或者说"自然"——转变为美并不在对象的物质性之中，而在于人类思想理解物质对象的方式，这一观点的转变已在前文暗示过与克劳德·佩罗有关（见上文的 1. ）。如大卫·休谟（David Hume）所说，"美并非物质本身的性质：它仅仅存在于凝视着物质的思想之中；每一个人都能感受到不

同的美"（1757，136–137），这一观念的发展来自追随洛克传统的英国哲学家。它在艺术中的运用，首先经由约瑟夫·艾迪生1712年发表于《观察者》（nos 411–421）的一系列关于《想象的愉悦》的文章而得到普及：

一旦接受了那些景象，我们就有能力将它们保持，并改变与合成各式各样的图像与美景，使之最令想象愉悦；通过这样的能力，一个地牢里的人能用胜过一切自然美景的景色与景观来愉悦自己。（no. 411）

作为艺术的衡量标准，"自然"不再是简单的外部物体或现象，而且也包含了人类赖以知晓的体验能力。

和建筑有关的，18世纪中期被广为阅读且最具影响力的著作是埃德蒙·伯克（Edmund Burke）的《崇高与美的观念起源的哲学考察》（*A Philosophical Enquiry into the Origin of our Ideas of the Sublime and the Beautiful*，1757）。和佩罗类似，伯克并不接受美的建筑的比例来自自然物体，或是人类的形象："这对我来说非常明显"，伯克写道，"人体从未给过建筑师任何想法"。与其他事情相比：

对建筑师来说，没有什么比用人体作为模型更奇怪更异想天开了，因为没有两样东西能比人和房屋，或寺庙更相似了；我们需要注意到他们的目的是完全不同的吗？我怀疑的是：通过展示艺术作品与自然最出色的作品之间的一致，这些相似被设计出来以使艺术作品合法化，而不是后者［自然的作品］为前者的完美提供线索。（100）

伯克否认建筑或任何艺术的效果依靠对自然比例或和谐的模仿，这使他专注于他的主要观点，即自然的景象引起崇高和美的审美感受，艺术的成功之处在于它可以在观者心中再造同样的痛苦或愉悦。如伯克所说，"在想象中，除了由自然物体的属性引起的痛苦或愉悦，愉悦的感觉也可以来自仿制品与原件具有的相似之处，"（17）。伯克没有仔细阐述这些想法与建筑

的关系，但其他人，包括法国人和英国人这么做了。

认为在主体中激发与他或她体验自然之物时同样的感觉是建筑师的任务，这一观点成为18世纪晚期和19世纪早期建筑师的主要出发点。法国建筑师朱利安–大卫·勒罗伊在他的著作《君士坦丁大帝统治以来基督徒教堂的不同排布与形态之历史》（1764）中，一下就抓住了伯克理论的潜力：

所有宏伟壮丽的奇景都令人震撼：我们从高山之巅或大海之中所见的无尽的天空、辽阔的陆地或浩瀚的海洋，似乎提升了我们的心智，开阔了我们的思想。同样，我们伟大的作品也给我们留下了相同的印记……（50）

通过建筑创造的效果引发特定情感成为法国建筑圈主要讨论的话题，特别显著的是在勒·加缪·德·梅济耶尔的著作《建筑的禀赋》（*1780*），让–雅克·勒柯（J.-J. Lequeu）古怪的建筑创作，以及布雷的方案中。

在写于1790年代的未完成著作《建筑，艺术随笔》中，布雷写道："如果……一个人能够用他的艺术在我们心中激发那些我们观看自然时体验到的情感，这样一种艺术远好于我们拥有的任何事物"（85）。因此，布雷自己一方面投身于研究自然形式，另一方面研究自然引发的情感，以创造他所说的"建筑的诗篇"。布雷情感理论最好、也最具原创性的例子是他的"阴影之建筑"（architecture of shadows）：

我在乡村，在月光下的树林边。我的目光被光线所产生的阴影所吸引……因为我独有的情绪，这个景象对我来说显得尤为悲伤。阴影中挺拔的树木给我留下了深刻的印象。我的想象力夸大了这一景象，于是我瞥见了自然中最忧郁的一切。在那里我看见了什么？物体的体量矗立在黑暗中对抗着光的虚弱……我被自己所经历的感觉所震撼，我立刻开始思考如何将之运

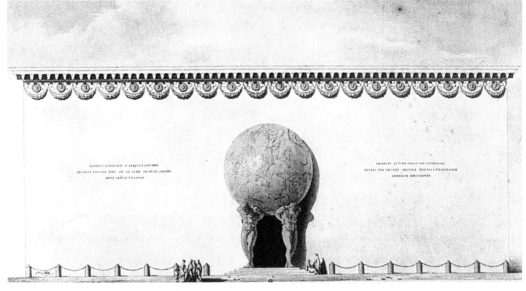

艾蒂安–路易·布雷，国王图书馆设计图，巴黎，1788年。布雷宣称"阴影之建筑"是其个人向自然学习的发现，并经常给予他的设计以适当的"性格"。

用于建筑。

我试图找到构成阴影效果的组合。为达成这个目的，我猜测光（如在自然中所见）恢复了曾在我的想象中栩栩如生的一切。这就是我如何寻找以发现这种新型的建筑。（106）

除了布雷和勒杜已实现的作品，以及巴黎勒·加缪·德·梅济耶尔的谷物交易大厅（Halle au Blé），也许运用了这些想法的最好的建成作品来自英国建筑师约翰·索恩爵士，他确实仔细研究了勒·加缪·德·梅济耶尔的著作，对英国的如画理论也极为熟悉。他在林肯律师学院广场的自宅，如大卫·沃特金所提出的，是一次诠释勒·加缪·德·梅济耶尔的感性建筑（architecture of sensation）的尝试。[4]在他的讲演中，索恩坚决否定了建筑范本来自自然的观点，并坚持建筑完全是"创造的艺术"（532）；他的建筑超越其他艺术的观点与奎特雷米尔·德·昆西把建筑描述为"自然的竞争者"相去不远。

7. 作为"第二自然"的艺术。

这一创自歌德的对艺术的描述，标志着19世纪早期有关艺术—自然关系观念的根本转变，它抛弃了到那时为止大多数对

自然的用法。这个关于艺术与自然间关系的新想法并非像以前大多数想法那样，来自对艺术的研究，而是来自对自然的研究。虽然奎特雷米尔曾经暗示过建筑与自然类似，因为建筑具有不模仿和创新性的优点，但他有关自然本身的观念是僵化而理性的，对直接观察到的自然现象没有任何关注。这一思想的变化，即通过对自然的考察来引导对艺术的理解，而不是通过研究艺术来指导对自然的理解，最清晰的表达在歌德的著作中，而它的传播主要归功于歌德和他的圈子。

歌德广泛的科学研究和他作为诗人与评论家富有创造力的作品一样重要——而且就他而言它们之间没有区别。特别是他对解剖学和植物形态学的研究，影响了他对艺术与自然关系的理解。歌德对林奈及法国自然科学家的批评是，他们根据物种的组成部分来分类，就好像这些物种是和人工制品一样被建造的；如1794年歌德在回忆他与席勒的一次谈话所说，"应当有另一种表现自然的方式，不是根据分开的部件，而是根据从整体到局部的活生生的现实"（引自Magnus，69）。正是这种对活生生的整体的追求构成了歌德研究自然

230

的特点，也使他认识到"在自然中无静止之物"。歌德不仅相信艺术家应当以同样的方式工作，这样作品才能成为艺术家活力的外在表达，而且斯宾诺莎（Spinoza）提出，他不认为心灵获得的感受与激发他们的源头间有清晰的区别，而这在对自然物体与对人工制品的感知中一样正确。如他所说，"凝视着自然，整体的与局部的，我总是问自己：这里表达的是客体，还是你自己？……现象与观察者从未分离，而是与后者的个性交织在一起"（引自Magnus，236）。换言之，艺术品的品质在于他们来自活的精神，观看艺术品会对活生生的主体获得生动的感知。就此而言，艺术既在形式上也在感知上与自然相似。

其中一些想法出现在歌德年轻时的论文"论德国建筑"中，该文章写于1772年。它主要是对洛吉耶有关"自然"的理性主义观念的攻击，提出建筑作品的力量在于它们是人类表现的本能的产物。在关键段落中，歌德写道：

在人类的天性中有着创造形式的愿望，当人类生存得到保证时，这种愿望就变得活跃。只要他不必焦虑或恐惧，就像半神一样即便在放松时也很忙，他迫切的寻找能够吸收他的精神的材料。因此野蛮人用奇形怪状的线条，难看的形式与俗气的颜色表达他的椰壳屋、他的毛皮、他的身体。

埃尔温·冯·施泰因巴赫的主教堂正是这种永无止境的精神的产物。

然而，1786—1788年歌德在意大利逗留期间，当他第一次遇到古代作品，他对于建筑与视觉艺术的想法真正得到了发展。1787年8月11日在罗马，他写道："如今事物在我面前展开，某种程度上艺术正在成为我的第二天性，从人类最伟大的头脑中诞生"（《意大利旅行记》（Italian Journey），306）在参观维罗纳的圆形露天竞技场，阿西西的密涅瓦神庙，以及斯波莱托（Spoleto）的高架渠之后，他记录道：

我见到的第三个古代构筑物……一种第二自然，它服务于城市的目标，这就是他们的建筑……只是到了现在我才感到自己对反复无常的大建筑物的厌恶是多么正确，比如魏森施泰因山（Weissenstein）上的温特卡斯顿（Winterkasten），毫无目的的建造了一个什么都没有的东西，一个巨大的装饰性糖果，和其他上千种东西一样。它们都死气沉沉地站在那里，因为没有内在活力的东西就没有生命，既不能也不会成为伟大的东西。（100）

当他问自己希腊人是如何获得艺术上的完美，他回答"我的推测是他们按照与自然运作一样的法则来工作，这也是我正在追寻的"（137）。同时，这些作品中所表现的部分"自然"来自观看主体的积极参与：参观了帕埃斯图姆（Paestum）的古希腊神庙后，歌德写道"只有环绕与穿行过它们，才能真正感受到其中的生机；人们感到生命再次从中显现，这正是建筑师打算、也确实赋予它们的"（179）。

尽管歌德自己偏爱希腊和罗马建筑，但建筑追随自然的方法，并因生命力而获得生机，这个观点与哥特建筑有更强的联系。歌德圈子中尤其是年轻成员，特别是施莱格尔兄弟对哥特式有更强烈的兴趣，他们在1805年拿破仑打败普鲁士之后参与了德国爱国主义运动。作为一种德国艺术，以及在19世纪的大部分时间，哥特式被视为最符合自然模式的建筑。

到这时，建筑是"第二自然"这一观点的两种最复杂的发展出现在19世纪两位伟大的建筑思想家的著作中，即德国建筑师戈特弗里德·森佩尔与英国评论家约翰·拉斯金。两位作者都完全接受歌德及其后德国哲学家所做的区分，即建筑，虽然与自然有某些相似之处，但不是自然；如黑格尔在《美学》（1835）中所说的，建筑"是由人类之手建造的无生命自然的显现"，与"个体化的且由其内在精神赋予生机"（第二卷，653–654）的有生命的自然不同。

圆形剧场，维罗纳，蚀刻画，弗朗西斯科·马谢里（F. Masieri），1744年。"第二自然。"歌德看到的第一座罗马建筑，他在古代建筑中看到了与有机自然中发现的完全相同的生命过程。

坦率地说，森佩尔的思想成是将奎特雷米尔·德·昆西的模仿理论与德国的理想主义哲学结合起来，从而产生了迄今为止最精巧的建筑人工理论。人们事后可以说主要是森佩尔的思想，使欧洲建筑师能够在20世纪初彻底摈弃建筑的自然模型。森佩尔强调建筑并非起源于自然。"建筑"，1834年森佩尔在德累斯顿的就职演说中说道，"与其他艺术不同，在自然中找不到模仿的对象"（H. Semper，7；引自Ettlinger，57）。相反，森佩尔相信"工艺美术……是总体理解建筑以及艺术形式的关键"（Attributes of Formal Beauty，1856—1859；Herrmann，Semper，224）。因此，森佩尔的大部分著作都和建筑没关系，但涉及编织、陶艺、金属、木工和石工工艺。另一方面，虽然森佩尔相信建筑并非来自自然，但他确实认识到建筑形式的发展方式与自然有相似之处，尽管他总是小心的强调只不过是相似。这一灵感来自位于巴黎植物园（Jardin de Plantes）

的居维叶的动物博物馆，这里物种按照进化的顺序排列；森佩尔的德国唯心主义训练使他从这些骨骼行列中想到先天形式的存在。

正如自然中一切都在发展，并以最简单的原型形式加以解释，正如自然的无穷多样基于简单而稀少的思想，正如自然通过千百次的更改以持续更新同样的骨骼……同样地，我对自己说，我的艺术工作也基于某些由原始观念决定了的标准形式，但它却能够产生无尽变化的现象。［Prospectus，Comparative Theory of Building，1852，见Semper，《建筑四要素及其他论文》（The Four Elements and Other Writings），170］

森佩尔有关人工制品的观点主要包含在两个段落中——《建筑四要素及其他论文》（1851）的第五部分，和《论风格》（1861）第一卷第60节。在这些文字中，森佩尔发展出三个不同的但又互相联系的论点。第一个是，从历史上看，技术艺术

（technical arts）先于建筑艺术，建筑艺术只不过是将为了其他目的而发展出的技巧运用于建筑主题——如编织，烧制泥土，为台地而摆放与切割石材，以及木工。从这些工艺中发展出了技术符号，如篱笆的编织形式，或木工的木材节点，它们赋予建筑以意义。第二个论点是，从历史上看，人类对围合的渴望先于他对实现这一目标之手段的了解：

空间观念的正式形成……无疑先于墙，即使是用石材或其他材料建造的最原始的墙。

用于支撑、防卫、承载这个空间围合的结构是必须的，它与空间和空间划分没有直接关系。（*Der Stil*，254）

最初的建筑行为是空间的围合，而不是棚屋的结构。因此，制作围合的艺术（最初来自编织席子与毯子）提供了最基本的建筑符号，永远也不应该忽视这个符号，尽管制作墙体的技术手段可能改变。森佩尔写道：

当后来轻质的编织墙转变为土坯、砖瓦或石砌墙时，枝条编织（wickerwork），最初的空间隔断，在实际上或观念上都保持着最初的重要意义。枝条编织是墙的本质。挂毯仍然是真正的墙，可见的空间边界。它们背后通常有很坚固的墙体的存在理由与空间创造无关，而是为了安全，为了支撑荷载，为了墙体的耐久性等。只要不需满足这些辅助功能的地方，地毯仍是划分空间的原始手段。甚至在建造坚固墙体已成为必需的地方，而坚固的墙也只是内部的、不可见的结构，隐藏在作为墙体真正与合法代表的彩色编织挂毯之后。（*Four Elements*，103-104）

将地毯的概念转换为后来的墙体材料确保了墙体没有失去最初的意义，即作为面层限定空间。

第三个论点，根据前两个而得出，即一旦经过了最原始的阶段，就掩饰了建造材料的真实性，这是建筑的固有属性。森佩尔的观点与奎特雷米尔·德·昆西的相似，

虽然他表达的方式不同。森佩尔提出纪念性建筑最初来自节日构筑物，即装饰有花和植物的木构架；当有更持久的需求时，这些装饰元素就被转换成其他材料，如木材或石材。在一个脚注里，他继续写道：

我认为衣服和面具与人类文明一样古老……当形式作为有意义的符号，作为人类的自主创造而显现，现实与材料就必然被否定……未受污染的情感引导原始人否定一切早期艺术努力中的现实性；而在所有领域中，伟大的、真正的艺术大师又向它回归——只是这些在艺术发展盛期的人们也会掩饰面具的材料。（*Der Stil*，257）

因此，对于森佩尔来说，整个建筑艺术都产生于将观念或主题从一种材料转换至另一种材料的能力；对于奎特雷米尔来说，变换曾经是维护旧观点的方法，即建筑是模仿自然的艺术，而森佩尔以其德国背景，将变换视为形成建筑意义的主要原因，这意义完全来自于建筑是人类的作品，绝非依赖于对自然的参照。因此，正是森佩尔，砍断了建筑与自然间的联系。

如果说森佩尔的成就是结合了奎特雷米尔的古典主义与德国浪漫主义思想，那么，拉斯金的成就就是在英国如画理论中加入了同样的德国哲学学派的理论。[5]在英语世界的作家中，任何时期都没有人像拉斯金那样对艺术及建筑与自然间的关系投入如此多的关注，他的思想也很难概括。拉斯金强烈的宗教观念使他将自然视为上帝的作品，而这与他对英国风景绘画的赞美结合在一起，使他坚定的相信自然是一切美的唯一源泉。他给画家的建议是"全心全意地到大自然中去，艰难而信任地与它同行，除了洞悉她的意义是多么美好，以及记住她的教诲，不要想其他，不要拒绝，不要选择，不要蔑视"（*Modern Painters*，1843，第三部分，第六节，第三章，§21）。在《建筑七灯》（1849）中，拉斯金对建筑师提出了相同的建议："建筑师应该像画家一样尽量少住在城市里。

绳结——"原始技术的象征",《论风格》,第一卷,1860年。森佩尔强调建筑与其他艺术不同,它并非源自自然,而是源自人类研制的各种工艺过程,编织即为其一。尽管如此,他仍将建筑视为一种"第二自然",其发展与有机的自然异曲同工。

将他送到山上,让他在那里学习自然通过扶壁,和穹顶所理解的东西"(第三章,§24)。当然拉斯金相信美最初来自于自然之物,在"力量之灯"与"美之灯"中,拉斯金追随伯克的想法,即建筑的效果来自于自然的"和谐一致"。然而,另一方面,无论在绘画中,还是在建筑中,拉斯金认为若仅仅模仿自然的形式和物体,只能获得低劣的、缺乏创意的美:真正的艺术的品质来自人类意志的加入,以及他将自己的创造力量在自然提供的原材料上留下印记的能力。如拉斯金所言,建筑所表现出的崇高来自"人类对上帝的作品感受到的愉悦"(*Stones of Venice*,第一卷,1851,第二十章,§3)。正是这种最早由拉斯金在《生命之灯》中描述的,可与歌德的"创造形式的意愿"相比拟的意愿的活动,赋予建筑以精神力量,由此建筑能够吸引人类的情感,并与之沟通。在1850年代早期,概括了他思想的一个段落中,拉斯金区分了:

人类对来自自然的愉悦之源的接受,与人类安排它们时发展出的权威与想象的力量:因为这两种,不仅仅是哥特式,也是一切好的建筑的精神要素……属于它,也比其他一切艺术主题、人类的作品,以及人类一般力量的表达更令人赞美。一幅图画或一首诗常常不过是人对出自自身某些东西的赞赏的牵强附会;但建筑更接近

于他自己的创造,产生于他的需求,表达了他的天性。(*Stones of Venice*,第二卷,第六章,§40,1853)

表达在建筑中的两种特定的推动力是"承认不完美,承认渴望变化",正是这些将人类与自然的建筑区分开。"鸟巢与蜂窝不会表达任何类似之物。它是完美和不变的"(同上)。因此拉斯金很清楚,虽然建筑的表达手段可能得自对自然的学习,但建筑绝非仅仅对自然的模仿,因为使之成为建筑的是它作为证据,泄露了人类创造美的精神渴求。这些观点使我们远离如画理论拥护者所提出的那种自然的凝视(contemplation of nature)。对于拉斯金,建筑是"第二自然",因为它是人类独有的心智与体力劳动能力的成果;虽然这赋予最好的建筑作品以生机,可与自然产物媲美,但它们从未获得有机自然的完美,而建筑必定最终总是要以此来衡量。在拉斯金关于建筑的汗牛充栋的著作中,更重要的部分来自一个疑问,人类意志与自然材料间的结合是如何被认识到的?

应当加上在拉斯金后来的写作中他对自然的态度发生了改变。在《空气女皇》(*The Queen of the Air*,1869)及后来的著作中,他的观点是自然的重要意义并非经由对自然现象的观察,而是通过神话被领会,拉斯金相信,神话远比单单观察更为完善的表达了自然的意义和本质。这些观念对随后的建筑思想的重要性是有限的;威廉·理查德·莱瑟比的《建筑,神秘主义与神话》(*Architecture, Mysticism and Myth*,1891)是唯一一次在和建筑相关的方面发展这些观点的尝试。在建成作品中,可能拉斯金早期"自然"观念的最好案例是迪恩(Deane)和伍德沃德(Woodward)的牛津博物馆(1854—1860);稍后的例子,更加诗意的理论可能出自查尔斯·弗朗西斯·安妮斯利·沃伊齐(C. F. A. Voysey)和查尔斯·哈里森·汤森(C. H. Townsend)的著作。

235

约翰·拉斯金，圣洛大教堂的细部，诺曼底，源自《建筑七灯》，1848年。对拉斯金来说，野草的精致与雕刻的笨拙之对比，是说明建筑与自然于本质上不同的证据。然而拉斯金相信建筑师应该学习自然，因为他们所创造的东西与自然的不同之处，在于它具有人类创造力量之印记。

室内，牛津博物馆，迪恩和伍德沃德，1854—1860年。体现博物馆目的的植物和动物雕刻，使该博物馆成为拉斯金同时代的，关于他的建筑与自然关系之理念的最佳示范。

8. *作为"文化"解毒剂的自然*。

18世纪从沙夫茨伯里（Shaftesbury）时代起，出现了自然是抵抗文化之人造物的一种手段的观点，英国浪漫主义诗人柯尔律治和华兹华斯充分发展了这一观点。但只是在美国，这个观点才对建筑发生影响。这里的关键人物是哲学家拉尔夫·沃尔多·爱默生。受到歌德以及英国浪漫主义诗人的启发，在1830年代写作的爱默生将自然视为由人的思想力量所揭示的事物的品质："它的美是他自己心灵的美"（1837，87）。但在自然中，爱默生也见到了超自然的启示："每一个自然事实都是某种精神事实的象征"（1836，49）。因此，借助自然，人类认识到他自己的精神存在："每一个对象都正好开启一种新的精神能力"（1836，55）。爱默生思想的重要

性一部分在于其美国背景。他在1837年抱怨说"欧洲那种御用的诗才，我们已经听够了"（104），他提出美国人应当直接从日常体验和自然中寻求灵感：

我不要求伟大、遥远、浪漫；就像在意大利或阿拉伯所做的；就像希腊艺术，或普罗旺斯的吟游诗人；我拥抱普通，我在熟悉的低处探寻。让我洞察今日，而你也许拥有古老的和未来的世界。（102）

这种日常体验的一部分是美国人遇到的，没有受到历史限制的自然环境，从中也许会产生生命哲学和艺术。爱默生的同时代人霍拉提奥·格林诺夫在论文"美国建筑"（American Architecture，1843）中认识到这些思想对建筑的一些潜力，但是最受爱默生思想影响的人是建筑师路易斯·沙利文，他的写作不仅是对爱默生风格的效仿，

而且他对自然的吹捧是彻底的爱默生超验主义。沙利文的随笔《启发》（Inspiration，1886），尤其是"什么是建筑"（What is Architecture?，1906），是非常纯粹的爱默生式，然而在他的建筑中，特别是（令现代主义者如此不安的）华丽的装饰中，沙利文寻求摆脱文化习俗与传统的创造，以实现爱默生的理想——"艺术是经过人工升华的自然"（1836，47）。路易斯·沙利文的助手弗兰克·劳埃德·赖特显然同样吸收了很多爱默生思想，但他在建筑上实现这些思想并未借助自然主义的装饰。

9. 拒绝自然。

总的来说，在欧洲人的思想中，对于以"自然"为艺术模式的兴趣在19世纪后半期迅速衰落。这在某种程度上归因于自然科学的发展，达尔文及其他人的理论实际上强调了自然过程与艺术过程的差异。对于作家和艺术家，自然越来越不能引起兴趣。"自然不能教给我们任何东西"，夏尔·波德莱尔（Charles Baudelaire）在1863年的"现代生活的画家"（The Painter of Modern Life）中写道，"自然除了罪恶不能提供任何建议"（31—32）；对于波德莱尔，艺术的品质在于它的人工性。自然与艺术之间类似的明确区分是弗里德里希·尼采的常见主题：如他在《悲剧的诞生》（1872）中写道："艺术不是对自然的模仿，而是在自然之外为了战胜自然而兴起的形而上的补充"（140，White翻译，343）。在社会与政治思想中，关于自然的观点也在这个时期出现转变：马克思和恩格斯提出两种自然，一种是人类从中获得物质资料的自然，第二种是作为人的活动结果而生产的自然，它变成了商品。[6]"自然"与"文化"的区分——迄今如此重要的主题——本身也引起了疑问。

到19世纪末，尤其对那些拥护"现代"的建筑师，自然不能提供任何东西。对维也纳建筑师奥托·瓦格纳，1890年代第一位被广泛认可的现代建筑支持者，建筑的独一无二性在于"唯有建筑能够产生

在自然中没有范本的形式"（62），并"能够以全新的构成方式展现成果"（81）。这个可以很容易从森佩尔发展而来的观点，成了20世纪初现代主义建筑的独特态度，并成为普遍占统治地位的建筑思想。如果"自然"在建筑思考中已经不再作为组织性的范畴起作用，那它的替代物是什么？作为对一切视觉艺术都有关的普遍问题，德国艺术史家威廉·沃林格在他的著作《抽象与移情》（Abstraction and Empathy，1908）中认识到了这个问题。在沃林格看来，艺术既不表现自然，也不是第二自然，它的价值也不在于参照自然；不如说艺术"是与自然平等并立的领域，它最深层最内在的本质，与自然毫无关系，就自然被理解为事物的可见外表而言"（3）。沃林格的观点是艺术是自我独立的现象，只能根据它自己的法则来理解，这法则尤其通过艺术中抽象与表现间的张力而显现。沃林格赋予抽象的价值对两次大战间的建筑师和艺术家有广泛影响：例如，对于荷兰风格派艺术家特亚·凡·杜斯伯格（Theo van Doesburg），艺术的任务是忽视自然的一切方面，包括重力。

从20世纪建筑的历史来看，什么可以取代"自然"作为建筑的组织概念（organizing concept），这一问题最重要的回答来自意大利未来主义者。根据1914年的未来主义建筑宣言，"正如古人从自然要素中获得艺术灵感，我们……必须从我们已经创造的全新的机器世界中寻找灵感"（Conrads，38）。建筑可以从技术中寻找范本，这个观点无疑是20世纪取代"自然"的最重要的观念；填补驱逐"自然"后留下的真空的需求，以及对它卷土重来的恐惧，至少可部分解释支持这个观念的热情。但技术并非自然的唯一替代品；另一个主要的替代物是建筑自身的传统。两本差不多与未来主义建筑宣言同时的英文著作是这一观点的例子，即雷金纳德·布洛姆菲尔德的《艺术夫人》（The Mistress Art，1908），和杰弗里·斯科特

237

细部，盖蒂墓的大门，格雷斯兰德墓园，芝加哥，路易斯·沙利文，1890年。沙利文的华丽装饰，使之后的现代主义者困惑，它涉及了超自然主义者的传统，即在自然中看到日常的启示，且不受文化染指。

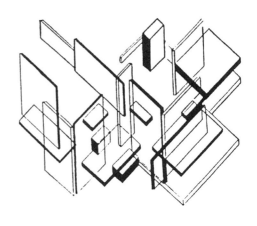

特亚·凡·杜斯伯格和科内利斯·凡·埃斯特伦（Cor van Eesteren），私人住宅（Maison Particulière）轴测图，1923年。"一个不自然的现实"：对新形式主义者来说，艺术旨在创造出一个独立于自然的世界。

的《人文主义建筑学》（1914）。两本书都直接攻击了拉斯金式的自然主义，并提出代之以对建筑作品本身的研究：如布洛姆菲尔德所说，建筑师的科学"只能通过研究和观察真正的房屋而获得。因为这才是我们的'自然'——而不是树木，洞穴和岩石。房屋和材料研究之于建筑师，就像解剖学研究之于雕刻家"（104–105）。

然而，并非所有20世纪现代主义建筑师都否定自然。两个杰出的例外是美国建筑师弗兰克·劳埃德·赖特和瑞士建筑师勒·柯布西耶。赖特对自然的强调属于美国的爱默生和沙利文传统。在赖特许多关于自然的陈述中，下面这个是典型的："首先，自然为建筑主题提供了材料，我们所知的建筑形式从中发展起来"（In the Cause of Architecture, 1908, *Collected Writing*，第一卷，86）。虽然这听上去像18世纪的作者，但它的意义十分不同，涉

及到美国建筑的身份定位（identity）。而且值得加上一句的是，当下一代美国建筑师路易斯·康故意拒绝"自然"（"人类之所能，自然之所不能"），这在一定程度上标记了美国与欧洲传统的重新结合。

在现代主义建筑师对"自然"的普遍否定中，另一个例外是勒·柯布西耶。柯布西耶的早期训练深受阅读拉斯金的影响，而且除了在1920年代有一段他更倾向于未来主义和机器隐喻，他始终有着来自拉斯金的对"自然"的热情。柯布西耶主要的城市规划方案，光辉城市，其首要目标是恢复人在城市化过程中失去的与自然的联系，在其中，单元（Unité）是一种片段。柯布西耶在1930年代和1940年代的反城市化方案，都涉及使人回归到能更完美的沉思与享受"自然"的状态。单元被设想为可达成此目标的综合性机制，即在单

238

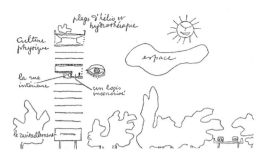

勒·柯布西耶，人、建筑和自然：居住单元的图示。"一个人站在了一面墙或玻璃之外侧的地板上，面对太阳，空气和绿植。他的眼睛看见了这些东西。"勒·柯布西耶将建筑的目的看做将人归还于自然，并为舒服地思考创造条件。

法院，波尔多，理查德·罗杰斯事务所，1993—1998年。"自然"作为生态系统。建筑的目的变成与自然最小的对立：这里法院房间上部的木质椭圆形穹顶的形状，被设计用来优化自然的通风，以消除机械通风带来的能耗需求。

元中，认识"自然"成为建筑的目的。

10. *环境保护主义：自然作为生态系统，以及对资本主义的批判。*

自1960年代末以来，"自然"之前所具有的意义已经被环境保护运动彻底改变，环境保护运动不赞成过去所认为的"自然"和"文化"是两个分离的范畴，而是强调他们是单一个系统的一部分。这已经改变了正统现代主义者（特别是那些在森佩尔传统中成长起来的）对"自然"的漠不关心，并使自然再次成为建筑中一个强大的概念，尽管它一如既往的不清晰。认识到房屋是能源的过度使用者——高达一半的世界能源使用于建筑产品和行为——和自然资源的贪婪的消费者——仅仅在美国每天有3000英亩未开垦的土地用于建设——对脆弱的生态系统平衡造成重要影响，这使建筑被视为对这个星球上的未来生活造成影响的实践活动。作为这一观点的例证，理查德·罗杰斯（Richard Rogers）写道："建筑必须把对自然的对抗最小化。为做到这一点，就必须尊重自然法则……使我们的房屋参与自然的循环将使建筑回归至它的根源"（1997，98）。从这些方面看，评价建筑的标准是最小化对生态系统的干扰；罗杰斯的波尔多（Bordeaux）法院，它的形状来自"自然空调系统"，是这种方法的一个例子，是传统大型办公建筑的解毒剂，罗杰斯将大型办公建筑描述为"一个高能耗的环境，

人们与自然隔绝"（88）。

罗杰斯和"可持续"建筑的支持者所指的"自然"绝不是一个简单的概念。这些理念的来源，环境保护运动本身的特点就是多元化，有着多种起源，以及广泛不同的目标。[7]一方面，它的思想基础是法兰克福学派的政治哲学，特别是阿多诺和麦克斯·霍克海默的《启蒙辩证法》（*The Dialectic of the Enlightenment*，1947），其中面向社会的主要问题不是人对人的剥削，而是人对自然（从一切意义上）的利用。从这些方面来看，对资本主义的批判从社会生产关系转向了人类与"自然"的关系。这个观点至少为绿色运动提供了部分基础，而且支持了他们对国际资本主义的抨击；它也激发了"另一种"（alternative）建筑的发展，运用主流

工业生产体系之外的技术和流程，作为对占主导地位的政治与经济秩序的有意识批判。罗杰斯的作品，以及大多数绿色建筑鼓吹者的作品，应该不在这个类别内。另一方面，技术对世界的潜在破坏力，蕾切尔·卡森（Rachel Carsond）在其著作《寂静的春天》（*Silent Spring*，1962）（该书被普遍认为是启发绿色运动的主要因素）中最先提出了这个问题，其本身并不意味着先进技术不利于绿色建筑。像福斯特建筑事务所的作品法兰克福商业银行（Frankfurt Commerzbank）使用了非传统的材料和精密的电力系统以创造出低能源消耗的建筑；当然对于福斯特，以及许多其他建筑师来说，尊重自然法则并不排除在完成的结果中使用高水平的技巧。可持续或"绿色"建筑就像绿色运动本身一样，是一种非常宽泛的教义，一位作家将其定义为"少量使用地球资源，并表现出这样一种生活方式，即认为自己是自然的伙伴"（Farmer，6）。环境保护主义可能已经使"自然"成为衡量建筑品质的新标准，但"使建筑进入自然循环"到底意味着什么，人们远未达成普遍共识——例如，关于什么是"绿色"建筑的合适材料，就有各种各样的观点。[8] 环境保护主义的可信之处，以及它的许多矛盾之处，必然使"自然"继续成为建筑中活跃的——且引发争论的范畴。

1. 参见 Herrmann，*The Theory of Claude Perrault*，1973，42，140，168–79；以及 A. Pérez-Gomez 为 Perrault 作的引言，*Ordonnance*，1993，1–44。
2. 关于这一主题的历史，见 Rykwert，*On Adam's House in Paradise*，1972。
3. 有关后文艺复兴时期模仿理论的发展，见 Lee，*Ut Pictura Poesis*，1967。讨论这一理论与不同艺术间相对社会价值之间的关系，参见 P. O. Kristeller，'The Modern System of the Arts'，1951。
4. Watkin，*Sir John Soane*，1996，213–215。
5. 关于 Ruskin 对德国哲学的借用，参见 Swenarton，*Artisans and Architects*，1989，第一章。
6. 参见 Neil Smith，*Uneven Development*，1984，尤其16–28。
7. 有关"自然"与环境保护主义之间的矛盾的讨论，参见 Soper，*What is Nature?*，1995，尤其第八章。
8. 参见 Hagan，'The Good，the Bad and the Juggled'，1998。

秩序（Order）

创造建筑即是建立秩序。给什么以秩序？功能和物件。勒·柯布西耶，《精确性》，*Precisions*，68

如今的建筑由秩序构成，在希腊语中称作 *taxis*……秩序既是对作品各个细部的分别平衡调整，又是于整体而言，以比例的处理达到对称的效果。维特鲁威，《建筑十书》，第一书，第二章

240　　　"秩序"这个英文词有过多的含义——牛津英语词典给出了31种名词解释和9种动词解释。其中只有两三个与建筑有关，但我们不能指望在有关建筑的使用中，"秩序"与其他至少38种含义没有任何交集。理解建筑"秩序"的最清晰方式，是看看它的最终指向。在1970年代早期（当时，秩序的整个意义发生了转变）之前，"秩序"共有四种用法：1. 通过部分到整体的关系达于美的实现；2. 社会等级（秩序）的再现；3. 通过将建筑用作社会和文明秩序的范型（model），或工具，避免混乱；4. 在都市层面上，用以抵抗城市内在混乱的趋势。这些意思并不必然总是泾渭分明，事实上，正是从它们之间的重叠中产生了这一概念的许多有趣之处。"秩序"是第一代现代主义建筑师高度看重的一个属性（如上文引自勒·柯布西耶的话所表明的），但在所有的现代主义概念中，它也是最容易受到攻击的概念之一；1960年代，建筑界对它进行了各种各样的批判，接着这些批判扩展到建筑以外的领域中，并在某种程度上改变了"秩序"的整个意义，如下文所述。

1. **通过部分到整体的关系达于美的实现。**

　　上文引用的维特鲁威的段落给出了"秩序"在古代建筑中所理解的原始含义，这一含义一直延续至今。然而，即使在古代，这种普遍性的含义与各种特殊的秩序系统，如"柱式"（Orders）、多立克、爱奥尼、柯林斯等之间，也已存在着模棱两可之处。纵观古典传统的历史，这两种含义的重叠，普遍的和特殊的，已经成为它们共同的优势，我们可以从建筑师查尔斯·穆尔（Charles Moore）1977年的一段评论中发现这一点："我们不能仅仅是按照语义上的欣赏秩序来装饰我们的建筑，我们应该为它们提供清晰易懂的秩序"。

　　维特鲁威选择用"秩序"这个术语来描述建筑各部分的和谐安排，是借用了亚里士多德的"*taxis*"的概念——很可能他之前的古希腊建筑师也一样。在《形而上学》中讨论数学时，亚里士多德宣称，"美的主要形式是秩序、对称和确定性，数学在某种特殊的程度上证明了这一点"（1078b）。亚里士多德在《诗学》（*Poetics*）第七章讨论情节结构时，采用了同样的观点，只不过这次是生物学的类比："要获得美，一个生物，以及由部分组成的每个整体，不仅要展现各部分安排上的某种秩序，而且要有一个确定的规模。美关乎尺度和秩序……"。这种维特鲁威采用的"秩序"的意义，即将其作为数学或生物学上从局部到整体的关系的美，从古代一直沿用到文艺复兴，并直至我们现在，尽管里克沃特（1996）指出，这种延续并非是一以贯之的。从阿尔伯蒂到今天，可以寻找为建筑提供一种"秩序"系统的数学或几何原理的努力，从未停止。最近的例子中就有勒·柯布西耶的比例系统——模度，以及克里斯托弗·亚历山大的数学集合（mathematical sets）。

241　　　所有这些在建筑内定义秩序的各种尝试，都表现出一些相当主要的认识论问题。首先，建筑到底要建立谁的秩序？物

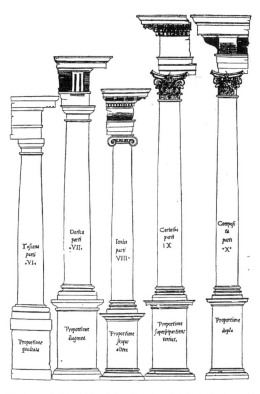

柱式，出自塞巴斯蒂亚诺·塞利奥，《塞利奥建筑五书》（Dell'Architettua），第四书，1537年。16世纪的建筑师塞巴斯蒂亚诺·塞利奥第一个将"柱式"系统化为"五种建筑风格"；然而，从古代开始，"秩序"（order）一直既被用来表示与整体相关的各个局部的总体安排，也指一种柱子。

品？空间？人流（Flows）？感知？社会关系？在我们可以说出秩序存在于何处之前，不可能建立任何秩序的体系——然而，通过界定什么应该被秩序化（通常是对物质现实的一种精神抽象），创造出的秩序已然被限定和预设于抽象的模型之下。或者，稍微不同一点地说，"秩序"永远是关于抽象而不是事物的。因此，如果我们找到了建筑中的"秩序"，它便是我们一开始就知道的抽象物的冗赘的重构。第二个问题是，秩序从何处来？显然，来自思想，但以何种形式呢？如我们已经看到的，数学一直是建筑秩序一个颇受欢迎的来源，但也存在着其他范型，主要是自然，它同样是亚里士多德提出的，并为文艺复兴的理论家所继承。当18世纪法国理论家奎特雷米尔·德·昆西写道，建筑的模型存在于"自然的秩序"中，并进一步补充说这种秩序"随处存在却无处

可见"（Architecture，33）时，在某种程度上他是在重申一个非常古老的理念。但即使是在奎特雷米尔生活的时代，科学思想的发展将"自然"本身从一种普遍性的抽象概念变成了一种现象，其内在的运作易于分析，且易于扩充可能的、看不见的自然"秩序"，因此为建筑创造出一个非常丰富的新范型资源。约翰·拉斯金在19世纪对晶体和矿物形成所做的研究，以及20世纪建筑师们对生物学家达西·汤普森（D'Arcy Thompson）在《论生长与形式》（On Growth and Form，1917）中对动植物生长模式研究的兴趣，即是两个运用非数学派生的其他的"秩序"观念的实例。在后1945年的时代，对"秩序"的兴趣又转向了知觉心理学，研究人的感知作为人造世界秩序组织的关键：克里斯托弗·亚历山大对数学集合的研究便是建立在这样的原则上，即存在着某些易于为人的知觉所把握的模式；而凯文·林奇分析城市秩序的基础并不是城市本身，而是人们借以认识城市的感知感官。

2．作为一种社会等级（秩序）的再现。

在古代，人们便已知道建筑既指定也维护着社会等级。维特鲁威在《建筑十书》第六书第五章中罗列了不同职业的住宅之间的差异，并评论道，"如果建筑是为业主的身份地位而规划……我们就会免受非议"。大约1450年之后，随着席卷欧洲的家居建筑热潮，社会差异的建筑表达成为了一件重要的事情：后文艺复兴时期古典传统的一个主要特点是对"礼仪得体"（decorum）和"规范适宜"（propriety），即社会等级的含义的关注。这些事情与理解柱式本身一样是古典系统最根本的一部分，事实上它们与柱式的正确使用都需要了解礼仪的各种原则。亨利·沃顿爵士在《建筑元素》（Elements of Architecture，1624）一书中阐明了社会等级和家居建筑之间的重要关系，他在书中写道："每个人适当的府邸和家"应该

24

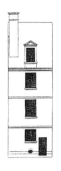

不同大小的住宅通过它们得体的外观维持了社会等级的差别。
来自勒米埃（Le Muet），《合理建筑的艺术》（*Manière de Bien Bastir*，1647）。

"根据主人的等级，装饰得体且令人愉悦"（82）。使"礼仪得体"成为如此具有煽动性议题的，正是16世纪围绕居住建筑的奢侈发展起来的社会话语：一方面，人们认为有地位的人必定会将房子修建得豪华，尤其是那些有政治职位的人；另一方面，壮观的建筑引起了社会下层人士的羡慕，他们试图模仿上层人士奢侈的行为导致了最初等级划分的解体，并威胁到现存的社会阶层，以及社会秩序。[1]这种紧张局面在16和17世纪的欧洲随处可见，法国1515年的一个例子便表明了这种争论：

那些从未从国王处领取过薪俸或圣职的绅士，或只是所获微薄的人，总想要完全或部分地模仿宫廷风格。然而，确实不该如此，因为他们除了想效仿王子和他们的宫殿去生活以外，并无他愿。于是，高贵的品质因缺乏合理的秩序而被摧毁……（Seyssel）

正是为了规范这些矫虚伪饰，并因此维护社会等级，当时发展出了建筑装饰形式与顾主地位相当的"礼仪得体"的观念。法国大革命以后，人们对得体的兴趣逐渐减弱，也许因为它已证明在维护社会等级上的无能为力。无论这种感觉持续到20世纪，最终都被鲁琴斯这样的建筑师颠覆了，他为资产阶级雇主建造的小住宅，均采用了贵族府邸的风格。

3. *通过将建筑用作社会和文明秩序的范型或工具，避免混乱。*

从18世纪晚期开始，建筑"秩序"与社会"秩序"之间就被大家认为存在着联系——不论是在维持"良好秩序"的意义上，还是从更具体的角度来看，从一种自然存在的、预先注定的社会组织的意义上。这种联系既表现为一种松散的联盟，又呈现出一种严格的对应性，易于调控。我们可以把英国建筑师查尔斯·罗伯特·柯克热尔（C. R. Cockerell）1841年在皇家学院的讲座作为松散联盟的一个例子。柯克热尔对"秩序"的主要兴趣来自他对如画美学的批判。他觉得，如画的实践者在追求多样性和不规则性上走的太远，"忘记了建筑物的主要感染力正来自于其自身的规则和秩序与周围不规则物体和风景的对比中"（159）。然而，柯克热尔也提出了建筑和社会秩序之间的联系："如果我们还记得，最伟大的建筑作品通常是在政治和道德的混乱时期完成的，我们可以在这些作品中认识到，革命和骚动所否定的对秩序的自然热爱"（159）。

如果柯克热尔认为秩序化的建筑是对政治混乱的自然回应，那么，通过建筑手段准确管控全体公民的期望，在18世纪末和19世纪初发展起来的机构建筑中，达到了一个相当完美的高度。无疑，这一主题最著名的倡导者是英国哲学家杰里米·边沁以及他的监狱模型的构想——圆形监狱。边沁相信他的建筑会在所有进入它的人中产生"一种钟表般的规律感"，并达到"行动几乎脱离想法"的程度。[2]尽管产生于1780年代后期的圆形监狱，毋庸置

243

疑地是将建筑设想为在混乱和缺少秩序的世界里恢复秩序化关系的最清楚的案例，但它绝不是孤例。事实上，边沁认为圆形监狱最大的一个优点是它是一个能够运用于任何机构的模型。1780年代，在监狱改革家约翰·霍华德（John Howard）的影响下，英国已经建造了一系列由威廉·布来克本（William Blackburn）设计的监狱，这些监狱力图恢复囚犯对社会关系理想模型的理解。对这些实验的兴趣又受到了法国大革命的刺激，它似乎在确认之前许多人的怀疑，即社会从根本上说是无序和不稳定的，如果它要维系下去，就需要纠正的措施。在19世纪初的一段时间里，相比于其他事物而言，欧洲所有国家大量的关注都投向了通过建筑来规范社会的方式上；不仅是监狱，而是所有的机构建筑都被倾注了相当多的兴趣，医院、学校、济贫院、避难所和工厂等，全都源于对规范社会关系、抑制社会边缘人——病人、穷人、精神病患者以及年轻人——的无序倾向的关注。

伯纳德·屈米在1977年讨论现代主义建筑时写道，"'风格派'对基本形式的坚持不仅是要恢复某些过时的纯粹性，而且也是在刻意地回归到一种安全的秩序中"（82），他这里所说的"秩序"如柯克热尔的一样，显然指的是道德，但不是针对整个社会，而是个体的心理。

4. 抵抗城市的混乱。

对城市混乱的抱怨自城市出现以来就一直存在：事实上，几乎所有人都认为城市在本质上是混乱的，需要施加一些秩序以使其适合居住。在文艺复兴早期以来对这一主题的思考中，一直存在着一种假设，即由明确定义的部分组成的城市是有序的，甚至于一座建筑、街道和广场看起来规则的城市也会是有秩序的。这一思想的种子在阿尔伯蒂那里就已出现，为获得秩序，他曾劝告要注重道路和广场的布局与组成关系，并建议将外邦人隔离至他们自己的区域里（191）。必须指出的是，这

种认为看上去组织有序的东西即是有序的假设业已成为现代时期最大的谬误之一，尽管如此，从阿尔伯蒂到奥斯曼男爵（Baron Haussmann）、丹尼尔·伯纳姆（Daniel Burnham），以及1950年代和1960年代的规划大师们，它都被城市设计的推崇者们视为理所当然。然而，20世纪如圣彼得堡或巴黎的历史可以立刻证实，认为物理上有序的地方政治上也会稳定是毫无理由的。

在过去的250年里，我们看到了为摆脱这一谬误，认识到秩序的视觉表象只是试图使内在的混乱看起来规范整齐的幻觉，并承认正是不一致使得一座城市成为城市，所做的一系列的努力和尝试。这从来就不是一个容易论证的观点，因为如果我们不要一个城市的视觉秩序，那我们是要无序吗？既然混乱是城市自身必然的产出，那需要建筑师或规划师做些什么？正如他们经常提醒我们的，建筑师和规划师最主要的技能在于创造*秩序*。最早的一个试图打破巴洛克幻象的例子是1753年洛吉耶的《建筑随笔》，在一番常见的对巴黎混乱的抱怨之后，洛吉耶做出了一个惊人的辩护，认为城市在细节上应该包含丰富的多样性，"以使秩序与某种程度的混乱并存"（224）。在1765年的《建筑观察》（*Observations sur l'Architecture*）中，他再次为多样性辩解，并提出了相反的论断："无论是谁，只要他知道如何设计一个公园，就一定会描绘一个城市的蓝图……城市必须既规则整齐又充满幻想，既有联系也有对立，以及不同于蓝图的偶然性，细节上的绝对秩序，整体上的混乱不清、喧嚣、躁动"（312–313）。洛吉耶的后继者并没有遵从他的建议——奥斯曼的巴黎恰恰是一个反例，整体有序，细节混乱。最近，人们又重新对城市的混乱产生了兴趣。在《城市意象》（1960）中，凯文·林奇一面强调城市应该被看做是一种条理连贯的图式（pattern），一面承认在美国的许多城市中"具有形式秩序的区域几乎

菲拉雷特（Filarete），理想城市斯福钦达（Sforzinda）的平面，1460—1464年。完美的形式代表了完美社会的图景，但是历史并没有表明有序的平面必然带来社会的稳定。

毫无特色"（22）。林奇坚称："完全的混乱……从来都不会令人愉悦"，但也同时希望避免过于秩序化的环境而限制了未来的活动模式："我们寻求的不是终极不变的而是开放的秩序，能够持续不断的进一步发展"（6）。在文丘里和斯科特·布朗1972年的《向拉斯韦加斯学习》中，我们可以看到对城市无序越来越浓厚的迷恋：他们援引亨利·柏格森（Henri Bergson）对混乱的定义"一种我们看不见的秩序"，将拉斯韦加斯大道（the Strip）的环境，表述为一种不显而易见却端倪展露的案例：

城市生活中应该发生各式各样的社会关系，尤其应该包含通过面对面的遭遇而产生的社会冲突。因为经历了差异和冲突的摩擦会使人们亲身体悟到他们自身生活的氛围……要使这种冲突的经历成熟起来，我们需要破除从奥斯曼男爵在巴黎开始占据统治地位的假设，认为城市规划的方向应该是使城市成为一个有序清晰的整体。替代这种观念……城市必须被看作一种由各部分组成的社会秩序，没有一致的、可控制的整体形式。……鼓励未经过分区规划的都市地方，不再集中地管制，将会在视觉和功能上提升城市的混乱无序。我相信这种混乱无序优于僵死的、预先决定的规划，这种规划限制了实在起作用的社会探索。（138-142）

拉斯韦加斯大道的秩序包罗万象；它是在各个层面上的包罗万象，从看似不协调的各种土地使用方式的混杂，到看似不协调的广告媒介的混搭，并配以一个以富

美家胡桃木纹板装饰的新有机或新赖特式餐馆主题的系统。它不是一个由专家主导且视觉上舒适的秩序。（52-53）

借用奥古斯特·赫克舍（August Heckscher）的话，他们说"混乱近在咫尺；它的邻近，而非回避，产生了……力量"。但毫无疑问，最彻底破除视觉秩序与都市秩序间旧有联系的著作是理查德·桑内特（Richard Sennett）的《无序之用》（The Uses of Disorder，1970）。桑内特批判了美国白人中产阶级郊区那种纯净化的、看似安全可靠的世界，以及大部分社会交往向家庭领地的退缩。他指出美国城市的问题在于都市计划试图减少或避免城市中社会冲突的误导性目标；桑内特论辩说，与之相反：

桑内特对混乱的呼吁意味着不再需要我们先前所认为的城市规划；对建筑而言也同样如此吗？

从1920年代至1960年代，在现代主义建筑的圈子里，"秩序"是一个强大的概念——的确，对很多实践者来说，正是这一概念赋予他们的活动以正当性，及他们介入社会领域的权力。勒·柯布西耶在《精确性》中的言论（本条目开头的引用）清楚地表明，"秩序"一词同时包含了形

巴黎，伏尔泰大街和勒努瓦大街汇合处，19世纪明信片。"有一种假设，城市规划的方向应该是为城市整体带来秩序与清晰"：奥斯曼的巴黎成为1960年代激进的都市研究者反对秩序井然的主要案例。

式构成与功能的考虑，这也吸引了英国建筑师史密森夫妇，1950年代，他们常常将他们所做的工作描述为"整秩"（ordering）[1]而不是"设计"。而"秩序"所包含的意义之广可谓大的惊人，密斯·凡·德·罗1938年接受阿默学院（Armour Institute，之后的伊利诺伊理工学院）聘任的就职演说就是一例。在这里，我们需要援引其中的一部分：

然而，秩序的理想原则，以对其理想和形式的过度强调，既无法满足我们对真实和简约的兴趣，也缺乏实践意义。

所以，我们要强调秩序的有机原则，在决定局部和整体的关系时，它会使部分既有意义又可度量。

对此我们必须态度鲜明。

从物质材料经由使用意图而成为创造性工作的漫长过程只有一个目的：从我们时代乏味的混乱中创造出秩序。

但我们希望有一种秩序，可以使每件东西在其所位，同时我们也希望每件东西都能合其本性。（Neumeyer，317）

密斯将秩序视为建筑的一个关键概念：他所说的秩序包含了上文描述的第一个意思（局部到整体的关系），第三个意思（一种改善混乱和混淆不清的方式），甚至还暗示了第二种含义，在他的声明里每一个事物（而不是人）都有其恰当的位置。

1950年代，密斯·凡·德·罗的作品在其他方面受到美国评论家的重视，就是它的秩序。例如，彼得·布拉克（Peter Blake）评论860号湖滨大道公寓为"向外界展现了一种统一有序的图式"。（194）1960年代反击正统现代主义的建筑师们特别挑选了这个范畴作为攻击的软目标——软的部分原因是它在过去数十年中因过度使用中而变得相当脆弱；部分原因是其固有的矛盾性。第一个对所谓的现代主义建

---

[1]亦可说是"赋予秩序"，有关史密森夫妇语境中ordering翻译的解释见词条"设计"脚注1。

湖滨大道公寓860-880号，芝加哥，密斯·凡·德·罗，1948—1951年。"统一有序的图式"：现代主义建筑对"秩序"的热爱在1960年代变成了一个攻击的软目标。

筑师的"纯粹秩序的古板梦想"的广泛批判，出自罗伯特·文丘里1966年的《建筑的复杂性与矛盾性》。文丘里的书并非在反对秩序——相反，它对此非常认同——只是建议以与正统现代主义的假设不同的方式、在不同的地方去理解和发现它。书中提出了两个不相关联的论点。第一个，也是该书最明确的主题，提出的是即使各部分的关系是复杂且矛盾的，建筑作品中依然有可能存在一个有序的整体；建筑作品理应能够在不失去整体连贯性的同时，包容由活动安排与使用需求带来的不一致性与不规则性。事实上，对文丘里来说，建筑最有趣的恰恰是秩序被这类反常现象打破的时候。"每一部分都十分完美的建筑也可能是不完美的，因为反差产生意义。巧妙的不协调使建筑充满了活力"（41）。不过，他依然坚持"必须先有秩序才能打破秩序"，"事实上，打破秩序的倾向能够使夸大秩序变得合理"（41）。文丘里希望看到总体秩序强大到足以包容意料之外的变化与添加的建筑物："我们的建筑必须比自动售烟机存在的更久"（42）。

文丘里关于秩序的第一个论点本质上与组合有关，尽管原创，依然没有脱离最初的维特鲁威式的含义。而文丘里的第二个论点则完全不同，他驳斥了美国建筑师、评论家和都市专家所持的传统观念，即美国的城市景观是无序的。效仿波普艺术家的做法，文丘里在讨论美国街道的照片时，论述道，

> 在这些构图中的某些部分，有一种浅藏于表面之下的内在统一感。它不是那种显而易见或轻而易举的统一，如源自比较简单和缺乏矛盾构图的控制全局的强势结合或主题式的秩序一般，而是源自于一种不易把握的整体复杂而有些虚幻的秩序。（104）

换句话说，文丘里想要说的是，如果人们愿意仔细观察，就会发现那些被大多数人以混乱而摒弃的城市景象实际上存在着一种秩序。"也许正是从那些庸俗、受到鄙视的日常景观中，我们能够得出具有复杂性和矛盾性的秩序，它对我们的建筑作为都市整体有效且至关重要"（104）。这便是《向拉斯韦加斯学习》中所探求的主题。

1960年代末，其他建筑师与评论家也开始对无序产生兴趣——罗伯特·马克斯韦尔，以罗伯特·赫里克（Robert Herrick）的诗句"盛装中甜蜜的混乱"，将建筑师或是城市规划师的问题看作是"如何从一个简单且本质上可控的系统中生成一种令人满意的复杂性"（26）。然而，讨论"无序"是一码事，去构建它却是另一码事：特别是一个作品，阿尔瓦·阿尔托的沃尔夫斯堡文化中心，因一栋建筑中容纳了众多截然不同、几何系统相互独立的部分而激起了大家的兴趣。文丘里曾评论过这栋建筑，并由德米特里·波菲里奥斯（Dimitri Porphyrios）做了详尽的记录——无论内部各种各样的空间多么地迥然有异，整个的形式却非常统一。

1960年代晚期，受两位法国哲学家米

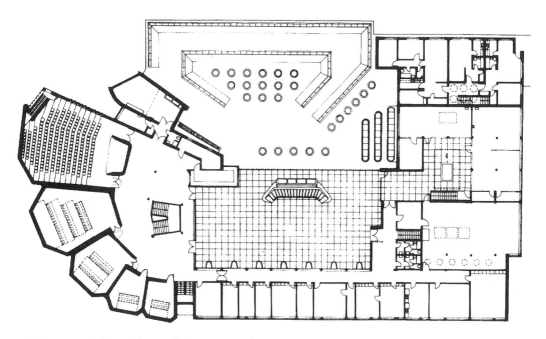

文化中心平面，沃尔夫堡，阿尔瓦·阿尔托，1958—1963年。"他既没有使局部过于分散，也没有像密斯那样让它们看起来相似……"：文丘里钦佩阿尔托拒绝屈服于现代主义对秩序的强迫。

歇尔·福柯与亨利·列斐伏尔作品的影响，"秩序"的意义发生了整体的转向。两位哲学家并未直接讨论建筑中的"秩序"，而是普遍意义上的"秩序"，尽管他们都知道建筑对"秩序"异乎寻常的关注。对福柯与列斐伏尔来说，秩序系统的创造已成为现代资本主义的主要特征之一，这些秩序系统渗透在思想、社会生活、经济关系、时间、空间等一切事物中。两位思想家都认为，将经验的整体简化为各种抽象秩序的系统是现代社会唯一的、最与众不同的特征。空间也不例外，据福柯所言，"在我们的时代，空间以秩序化的图式（patterns）向我们展现它自己"（351），也就是说，空间不是作为直接的经验，而是以各种人为开发的序列关系、树状关系、网络关系的抽象体系去理解的。只要建筑在显示"秩序"，它便只是在复制早已存在于各处的东西。在这种体系里，建筑师所表现出的对"秩序"的兴趣也许可以被认为完全是他们自己实践内一个微不足道的游戏，并没有更大的关注；但福柯，尤其是列斐伏尔，都认为建筑师对思想的抽象模型的广泛流行负有部分责任。列斐伏尔批判了所有思想形式在现代世界中所表现出的还原主义（reductivism），赋予单一概念特权，从而使其他所有事物都符合这个概念的趋势。那些由专家开发的简化模型尤其危险，因为一旦应用在特定的实践中，它们便会以它自我认定的正当性与必然性强加秩序于其上。"都市主义与建筑学为此提供了很好的例证。工人阶级尤其为这类'简化模型'的后果所苦，其中包括各种空间模型、消费模型，以及所谓的文化模型"（107）。

在福柯与列斐伏尔的写作之后，我们再也不可能天真地谈论建筑中的"秩序"了：在建筑作品中，人们可以看到同样的形成方式——在生活的所有其他方面所遭遇的秩序化过程的一种具体体现。伯纳德·屈米可能是最早领会到这一点，并试图将其转化为优势的建筑师。对屈米来说，现代科学与资本主义的联盟已使世界约减为模型与概念；他反复强调要抵制建筑去物质化而成为概念的领域，这使他怀疑围绕建筑产生的思想的所有范畴，尤其是那些宣称建筑具有"统一性"。建筑作品的"统一性"是"统一化、中心化和自我生成主体"的神话产物，"其自身的自主性反映在作品的形式自主性中"（Disjunctions，208）。屈米的目标是构想与表现他的作品不受那些使现代建筑为资本主义与现代科学所羁绊的概念模型的约束。这尤其意味着对统一与秩序观念的质疑。关于他自己的两个作品，一个理论的（《曼哈顿手稿》，1978）和一个实际建成的（拉维莱特公园，巴黎），屈米写道："如它们最初的构想，这两个作品既没有开始，也没有结束，而是由重复、变形、叠加等等组成的运行系统。尽管它们有自身的内在逻辑……秩序的观念却不断地被质疑、挑战和逼迫"（209）。换言之，对屈米来说，质疑"秩序"既不与追求美也不与避免混乱有关，而是关乎在后结构主义时期，如果不沦为将所有事物简化为抽象模型的帮凶的话，建筑师还能做什么的界定。

然而，值得注意的是，屈米并没有提议完全废除"秩序"，而只是质疑它。其他一些作品看上去全无"秩序"的建筑师，如蓝天组事务所（Coop Himmelblau），或者墨菲西斯建筑事务所，无论他们试图使建筑设计或建造的过程如何混乱和包罗万象，都出人意料地坚决坚守着"秩序"，尽管是开放式的：墨菲西斯的汤姆·梅恩在认为建筑理应通过它的不完整反映现代文化的流变的同时，仍坚持道："我们关心的是建立总体和多重的连贯性或秩序，并遵循于此"（8）。最近，一位评论家保罗·艾伦·约翰逊评论说："毫无疑问，在许多建筑师看来，如今建筑中的秩序因太过熟悉而不再能激发人们的兴趣了"（240）。尽管与30年前相比，现在确实可能比较少地谈论"秩序"，但这几乎与其变得"太熟悉"没什么关系。真正的原因在于对它的讨论已经变的太过"困难"，因为它引发的议题太过庞大，也太过危险。如果建筑不创造"秩序"，它根本没有存在的必要，而环境变迁的进程也可以留给它们自发地进行；但如果建筑致力于"秩序"的创造，它就会陷入到一些远超于它能应付的事情中，陷入到经验被过滤、转化，并以简化的形式反馈给我们的过程中，而这一切都是以"文化"的名义进行。在这些情形下，我们可以很好地理解为什么建筑师可能会在"秩序"的问题上选择沉默。

1. 对这些议题的讨论，参见Lubbock，*The Tyranny of Taste*，1995和Thomson，*Renaissance Architecture*，1993。
2. Bentham，1791，引自Evans，*Fabrication of Virtue*，215。参见Evans讨论圆形监狱模型一书的第五章。

简约^①（Simple）

德国馆室内，世界博览会，巴塞罗那，密斯·凡·德·罗，1929年。"既简单又复杂。"

如果创造出的作品是我们时代的一种真实反应，那么简约、实用，几乎可以被称为军事化的方式就必须得到充分且完全的表达。奥托·瓦格纳，1902，85

我的建筑观就是这样，非常简约。密斯·凡·德·罗，1925，摘自纽迈耶，23

我想我们的工作并不简单。詹姆斯·斯特林，1984，来自斯特林1998，151

249　　"简约"绝对是建筑语汇中最过度使用的词汇之一。尽管并非现代主义的专门用语，且在20世纪前已积攒了过于丰富的含义，它仍然被现代主义建筑师频繁地用于描述他们作品的独特性，也因为如此，它被广泛地视为一个现代主义美学的一个定义属性。当以罗伯特·文丘里为代表的晚期现代主义建筑师将其挑出来作为现代主义最被抵制的特点时，这一印象又被大大地加强了。结果，自1970年代末以来，几乎所有的建筑师都竭力拒绝"简约"，或者至少，像詹姆斯·斯特林那样，与其保持距离。

大多数现代主义先驱——奥托·瓦格纳，阿道夫·路斯，亨德里克·贝尔拉格，赫曼·穆特修斯，路易斯·沙利文，弗兰克·劳埃德·赖特——都特地强调"简约"是他们所开创的风格的标志。而下一代的现代建筑师几乎无不以"简约性"来描述他们自己的作品，或他们倾慕的建筑。有几个例子可以说明这种情况普遍的程度：1930年，勒·柯布西耶写道："让我们时刻铭记，简约的方式铸就伟大的艺术。历史告诉我们简约是思维发展的

趋势。简约性源自判断，源自选择，它是精熟的标志"（1930，80）。菲利普·约翰逊在1947年《密斯·凡·德·罗》（*Mies van der Rohe*）一书中写道：巴塞罗那馆的"设计既简约又复杂"（58）；图根哈特住宅（Tugendhat house）的室内有简约之美；"简约是"IIT"每一幢校园建筑的特征"（140）；正是在约翰逊的这本书中，最早公布了密斯的格言"少即是多"。而埃罗·沙里宁（Eero Saarinen）曾这样描述他的CBS大楼（1965），"我相信，它的动人之处在于，它会是纽约最简约的摩天楼"；"当你看着这幢建筑，你会准确地知道发生的一切。它会是一个非常直接而简约的结构，只做必须做的事情"（16）。或者像凯文·林奇的评述，城市设计应该力求"形式的简约：几何意义上形式的清晰、简洁，各组成部分的限定……这类性质的形式更容易融入到意象中，事实证明，观者会将复杂的现实转化为简约的形式"（1960，105）。

这些事例非常清楚地说明，现代主义的"简约性"不是应用在建筑的某个单独 250 方面，而是囊括了从设计方法，到结构表

① Simple在本词条中兼有简约、简单、简洁、甚至简明之意，为统一起见，本词条的翻译尽可能使用"简约"或"简约性"以保持整篇文章的连贯。个别地方因上下文的关系，采用了其他几种翻译。除非有特别的含义或可能产生的歧义，文中没有再做特别的说明或标识。——译者注

达，到感知效果的所有部分。当我们转过来看对现代主义"简约性"的反对时，它们也同样各不相同。其中既有简·雅各布斯（Jane Jacobs）对现代主义城市理论的错误假设——"城市即简约性的问题"——的抨击（1961，499），也包含了罗伯特·文丘里对复杂而矛盾的建筑的呼吁。文丘里在《建筑的复杂性与矛盾性》一书的第二章阐述了他的观点，他认为现代主义的简约化是一种压制复杂和矛盾的倾向。这在本质上是对那种摒除了尴尬或不调和元素的简约化组合的反对："肆无忌惮的简约化产生的是枯燥乏味的建筑。少即是无聊"（17）。文丘里并不全然反对将简约性作为目标，除非它是强制性的：承认建筑的复杂性并不否定路易斯·康所说的"追求简约的欲望"。但当令人心智愉悦的美学上的简约性有力且深刻时，它一定源自内在的复杂性"（17）。文丘里的目的是想表明，如何认识建筑内容计划（programme）的复杂性，并结合需求共同创造连贯一致的建筑物。这一主题成为了最后一章"走向困难整体的责任"（The Obligation Towards the Difficult Whole）的主要内容。

自1960年代后期文丘里的书出版以来，只有当"简约"被认为具有某种明显的复杂性时，才是一个正面的批判性词语。例如，威廉·柯蒂斯（William Curtis）曾这样描述英国建筑师丹尼斯·拉斯登（Denys Lasdun）的作品："在这个框架里，强加的简约性和错误的简约性都令人憎恶。考查几幢建筑物的设计过程，我们可以看出，拉斯登设计中表面的'简约性'之下如何隐藏了一种对立元素间紧张的统一"（1994，198）。

那么，"简约"在现代主义语汇中到底是什么意思呢？作为一个批评性的范畴，其大部分价值显然来自它所反对的方面，而不在于其自身所具有的内在含义。在整个18世纪和19世纪，这个词的魅力来源于它对一个或另一个批判性价值对抗的

舞厅，甘吉宫（Palazzo Gangi），巴勒莫（Palermo），1750年代。对18世纪的建筑师而言，"简约性主要是一个反对洛可可风格的过度与放纵的术语"

力度。而与现代主义相关的问题是，在20世纪，它有没有获得超越于之前的使用中附着其上的新的含义？

1. *18世纪对洛可可的抨击*。尽管塞利奥在16世纪就已经将"简约"作为其批判性语汇中一个积极术语，且此后它常被用于描述古代建筑，但第一次成为一个争议性的词语还是在18世纪中叶法国和意大利对洛可可的抨击中。在1750年代之前，洛可可的反对者不断地强调"简约性"的种种好处。例如，皮埃尔·帕特在1754年写道："在希望赋予建筑精巧奇妙的氛围外，一直作为建筑首要属性的宏伟壮丽和高贵的简约却被忽视了"（15）；或者像意大利建筑作家弗朗西斯科·米利吉亚在1768年所说："建筑之疾源于过度丰富。因此，为使建筑完美，我们必须去除多余之物，撕下那些被愚蠢和随意损毁了建筑的装饰。建筑越简单越美"（1768，66）。不过"简约性"最受人称颂的鼓吹者当属《建筑随笔》中的洛吉耶神父，文中他独具匠心地提出"简约性"不只是古代建筑的一个品质，而是建筑的一种基本属性，根植于建筑的本源。紧接着他对原始人的建筑——原始棚屋——的著名描述之后，他解释道，"正是由于不断趋向这

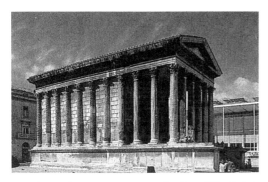

卡雷别墅，尼姆（Nîmes），公元前一世纪末。"其简约与高贵震撼着每一个人"：洛吉耶将古代建筑的"简约性"视为对他自己所处时代建筑的一种修正。

个原型的简约性，一些根本性的错误才得以避免，达于真正的完美"（10）。对洛吉耶来说，希腊建筑的完美正在于它近乎本质的简约性，因为它只使用具有结构用途的元素。事实上，唯一一座洛吉耶列举的遵循了"建筑真正原则"的古代建筑是位于尼姆（Nîmes）的卡雷别墅（Maison Carré），"其简约与高贵震撼着每一个人"（11）。

洛吉耶对洛可可的批判与同代人的不同之处在于，他将"简约"转变成一种源于本性的、经验丰富的建筑师可操纵的正面品质，而不只是抱怨简约性的缺失。

事实上，我从建筑上去除了许多冗余之物；剥去了通常用以装饰它的小饰品小玩意；只留下它的自然状态和简约性。但请不要误会：建筑师、他的作品或方法并没因此而有丝毫消减，我要他做的只是简单自然地处理，永远不要去表现任何带有艺术性和强制性的东西。那些从事这一职业的人会发现，这远非减轻他们的工作，而是要求他们花精力做大量的研究，达到超乎寻常的精准……一个建筑师被奢余之物吸引的唯一原因是他缺少天分；他只能超负荷的工作，因为他没有使之简化的智慧。（56-57）

洛吉耶的这一思想，即"简约性"是经验丰富的建筑师可以把握、产生巨大影响的一种积极品质，被18世纪其他作家采纳并反复强调，例如雅克–弗朗索瓦·布隆代尔就在他的《建筑学教程》中写道：

简约的建筑应该是所有的建筑中最受推崇的；简约性是大师作品的共同属性；它蕴含着艺术无法定义的特征，即使最好的教授也无法传授；仅凭简约性一项便可令人眼悦心迷；它催生了崇高，无论如何，它都比那些违背艺术的牵强组合，和毫无原则的人加诸在他们建筑上的繁琐装饰，更胜一筹，因为元素的混杂、雕塑的奢余比我们所说的简约性更容易取悦大众。只有极少数的行家懂得如何去感受它、欣赏它。（第一卷，396-397）

将这种简约性作为解救过度装饰的良方的想法在新古典主义中变得十分常见。例如，它是英国建筑师约翰·索恩爵士——简约性是他最喜欢的一个批判性用语——在皇家艺术学院讲座（Royal Academy Lectures）中采用的几种使用它的方法之一。对装饰，索恩警告说："年轻的建筑师常常误入歧途，认为大量的装饰总会使建筑更美丽。这是一个错误；一切真正的装饰都隐含于简约之中"（637）。"简约性"对索恩来说是"野性"的对立面，正如他在一个附注中所写："简洁的形象，即简约性，总好过过分的狂野。简约性可以不断复制而不单调乏味，迎合动感却不过度变化"（603）。

索恩，像他之前和之后的其他学者一样，也意识到过度的简约性可能会带来平庸或乏味（590）——他或许一直记得约书亚·雷诺兹爵士在《艺术论稿》（Discourses on Art）中的警告，纯粹的追求简约性必然会"令人不快，心生厌憎"，简约性应该仅仅被当作一个"负面的美德"，一种"对过度的校正"（149）。

2. 感觉的最大化。18世纪中叶，哲学的新思想认为，审美寓于人对对象的感知中，而非对象里。这引发了一场新的、非常重要的对简约的重新评判。根据卡姆斯勋爵在1762年发表的《批评的要素》——最早且最具影响力的作品之一，提出了与建筑相关这些理念，并写道："简约性应该是主导原则。过多的装饰只会扰乱人的视线，使对象无法留下一个完整的印象"（第二卷，387）。而且，艺术作品的美学目标应该是"以一个仿若一笔写成的完整印象触及心灵"（vol.1，181）。在德国作家约翰·约阿希姆·温克尔曼的《古代艺术史》（The History of Ancient Art，第二版，1776）中有一段长篇大论的相似论述：

> 正如我们所有说的做的一切一样，所有的美都因统一性和简约性而得以提升；对任何一个自身伟大的事物，若以简约性处理和表现，都会使之更为光彩夺目。它既不会受到更严格的限制，也不会失去任何伟大之处，因为心智可以在一瞥之间对它有一个全面的认识和判定，以一种单一的想法理解并接受它；然而，使其得以接受的意愿，在我们的感受之前便已寓于它自身真正的伟大之中，通过对它的领会，我们的心智变得更加博睿。所有那些需要我们分开考虑、或无法一下子全面了解的事物，从组成部分的数量上，便已丧失了一部分的伟大，就像一条很长的路会因许多点缀其上的物件、或许多可以停歇的小酒店而被缩短了一样。真正令人心神激荡的和声并不在于各种琶音、连接音和含混音，而在于简单的长音调。这就是为什么一座规模宏大的宫殿会因过多的装饰而显得小，而一座住宅却因优雅和简约而显得大。（43-44）

简约的特殊意义在18世纪末到19世纪初的建筑师中广为流传。另一段来自索恩的有关古典建筑必备品质的论述中，我们可以发现，他将简约性视为影响感官——即建筑艺术的终极目标——所必需的品质之一："必须要有秩序和恰当的比例；各组成部分既要复杂精致，又要简单明了，体块、光与阴影变化多样，以此创造出丰富的感受，快乐、忧伤、狂野，甚至是惊讶和好奇"（587）。并非只有新古典主义的拥护者赞赏简约性的优点，拉斯金就曾在《建筑七灯》中写道："尽管幽暗简约，所有美好之物都会随之而来"（第三章，§xxiii）。

无疑，尽管很少明说，"简约"作为能使作品对感官产生直接且巨大影响的品质，是这个词贯穿始终的一个重要含义，并沿用至现代主义时期。

3. *方法的经济性*。因花费较少而希冀"简约"是19世纪早期建筑学话语的一个特征，并主要与法国建筑师让-尼古拉斯-路易·迪朗密切相联。在迪朗为教授巴黎综合理工学院工程师的建筑初步而撰写的《皇家工艺学院建筑课程概要》中，"简约性"是贯穿整本书的一个关键术语。迪朗的"简约性"的特别和新颖之处体现在以下的阐述中，"我们将得出这样的结论，一栋建筑越对称、越规则、越简单，就花费越少。更不必说，如果经济性要求所有必需的部分最大程度的简约，那么它必然会严令禁止任何无用的东西"（第一卷，8）。

尽管迪朗的简约性并不仅限于经济方面——他也同样用它指建筑的效果："最能在实施中产生宏大影响的项目都是以最简约的方式进行排布"（第一卷，34）——，但他却是因将经济性作为一个设计的原则而闻名。需要强调的是，迪朗所说的"简约性"仅限于平面布局、分配和体块组织等所有与设计有关的方面，与建造无关。迪朗的原则在法国工程界里成为了一种标准，并被反复强调，如在他的后继者莱昂斯·雷诺（Leonce Reynaud）的《建筑论稿》（Traite D'Architecture，1850）中一般。

4. *作为艺术与建筑史的一个阶段*。正是18世纪温克尔曼所取得的成就表明，艺术是一个进步发展的过程。温克尔曼的研究主要是关于古希腊艺术，和它们的三个历史阶段的分类：兴起、古典繁盛和颓废衰落。第一阶段的艺术以"浮夸"、激情过度为特点，而在古典时期，则让位于"高贵的单纯（simplicity）和静穆的伟

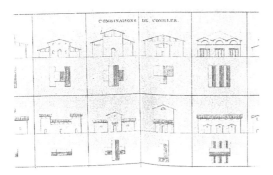

让-尼古拉斯-路易·迪朗，屋顶的各种组织方式，来自《皇家工艺学院建筑课程概要》（1817年）。"经济性要求所有必要部分最大程度的简约"：迪朗偏爱"简约性"——就像屋顶的构成一样，因为它省钱。

大"。温克尔曼强调古典时期伟大艺术的单纯并不是轻易获得的，正是这种节制的丧失陷艺术于衰落之中。之后的哲学家和艺术史学家大都接受这样的观点，"简约的风格"在任何一个文化里都代表了最高成就的阶段。例如，格奥尔格·威廉·弗里德里希·黑格尔就在他的《美学》一书中强调简约的风格应该与原始阶段的简陋和粗野毫无关系。

253　　那些最初简单自然的粗陋之物与艺术和美无关……简约——简洁之美，理想比例——，是经过各式各样的调节，最终克服了重叠复合、变化多端、混淆不清、铺张奢华和艰涩造作时，才得到的结果……就像一位绅士的行为举止一样。（第二卷，615）

纵观19世纪德国艺术史，认为"简约"标志着一种风格历史发展的成熟阶段的观念已深入人心——毫无疑问，当现代主义建筑师以简约描述他们的作品时，即试图借此来宣称现代主义的成熟度和历史的正当性。需要补充的是，维也纳建筑师阿道夫·路斯在1900—1910年间的一系列论文中关于装饰原始而堕落的属性的论断，即是此类理论中的一种嘲讽性说法。

5.*简单的生活，讲求实际*。19世纪末，评论家们以中产阶级住宅中家居的舒适性为主要模型，坚持认为要实现建筑的更新，就要遵循实用主义和实事求是的原则。这一观点的主要倡导者当属德国建筑师和评论家赫曼·穆特修斯，他在《风格—建筑与建造—艺术》一书中解释道：

就像今天我们都在工作一样，每个人都是中产阶级的装扮，我们新的构造形式（目前为止它们还不是建筑师的作品）趋于彻底的简约和直接一样，我们也希望住在本质和目标均是简约而直接的中产阶级的房间里。（94）

此处的关键在于穆特修斯采用的一个词：*sachlich*。这个词的含义很多，"实用的"、"物质的"、"事实的"、"讲求实际的"、"质朴的"，"直接的"和"功能性的"[1]，很难翻译成英文。穆特修斯的*sachlich*建筑的样板是英国安妮女王运动的家居作品，尤以理查德·诺曼·肖（Richard Norman Shaw）的为代表。穆特修斯认为：

在过去，除了纪念性建筑也有一种简约的中产阶级建筑艺术……它满足了人们对住宅和其他器物的日常需求。在这样的生产中……物品简单、自然，只求必要和亲切，且通常遵循着代代相传的当地的工艺传统，不大受纪念性建筑变化的影响。（75）

19世纪后半叶，英国建筑师的一大成就是复兴了这一传统，即"一种简单、自然、合理的建筑"（96），并将其转化为他们家居设计的表现方式；其结果与德国和奥地利的新艺术建筑的过度装饰形成了鲜明对比。

穆特修斯有关"简约性"寓于日常舒适中的想法来自于威廉·莫里斯。莫里斯的著作里洋溢着对简约性的赞美。正是他构建了这样的观念，认为在普通男女简单的生活和环境中，存在着艺术作品最本质的素材。以众多事例中的一个为例，莫里斯写道，"生活的简约性，即使是最为简朴的，都不是苦难，而是精致优雅的基础……从生活的简约性中可以产生出对美的渴望"（1881，149-150）。在穆特修斯和德意志制造联盟的推动下，将"简约性"作为平常生活表达的这种含义在现代

起居室，斯担利·帕克（Stanley Parker）住宅，莱奇沃思（Letchworth），哈特福郡（Hertfordshire），巴里·帕克和雷蒙德·昂温，1907年。"简单的生活"：受威廉·莫里斯启发，朴素的室内成为了一种生活方式的标志。

福特 T型车。于1909年推出，福特大规模生产的轿车对20世纪早期的建筑师而言，成为"简约性"最初的典范。

主义的圈子里扮演了举足轻重的角色，尤其是在魏玛德国。

6．*生产的理性化*。"简约"的最后一个，也是唯一一个仅为现代主义使用的含义，来自亨利·福特制造廉价汽车的方法。这些理念在1920年代的欧洲产生的冲击，和对它们不仅能为建筑生产和建筑实践带来革命，而且能彻底改善整个生活质量的不合时宜但广泛的期待，使它成为现代时期"简约"最强有力的内涵之一。在亨利·福特的自传《我的生活和工作》（*My Life and Work*，1922）中，他陈述了他的信条：

我总是朝着简约的方向努力。普通人赚得如此之少，却要花费如此之多去购买甚至最基本的生活必需品（更不用说我认为每个人都有权分享的奢侈品了），因为几乎我们制造的每一样东西都比它需要的复杂得多。我们的衣服、食物、家居布置——所有的都可以比现在简单得多，也好看得多……先从一个合意的物件入手，仔细研究，找出某种别除所有无用部分的方式。这种方式适用于所有的事物——鞋、裙子、住宅、机器、铁路、轮船、飞机。当我们砍掉了无用的部分、简化了必需之处时，我们也同时降低了制作的成本。（13–14）

福特接着描述了简约化的原则如何应用在他自己的产品——福特T型车的发展和提升上。

1920年代的建筑师们有意识地采纳了福特的简约观，密斯·凡·德·罗就曾在1924年承认说："福特想要的是简约并富有启发性"（250）。期望大规模的生产方式导向建筑的标准化，从而导向建筑及整个城市形式的简化的想法，至少可以回溯到格罗皮乌斯1910年的"美学统一原则下的住宅供给计划书"；当如俄罗斯建筑师莫伊谢伊·金兹伯格在未来的工人住宅中提到"以简约的逻辑理性地利用空间"（79）时，他所想的是现代的大规模生产方式可能为设计带来的好处。

需要强调的是，亨利·福特的"简约性"与迪朗的并不相同。对迪朗来说，简约性指的是建筑物的设计和组织中的经济性，而福特的简约性在于对生产方式、劳动方式、材料和工厂的重新组织：无论是汽车还是住宅，最终产品设计的任何简化都不是其最后的目标，而仅仅是实现生产的各种经济性的手段。

面对"简约"中过多赋予的含义，人们或许要问为什么现代主义建筑师和评论家们仍然继续使用它。1953年，当密斯·凡·德·罗描述他设计的伊利诺伊理工学院的小教堂时，因受制于各种标准和矛盾，以至他的描述听起来似乎有

小教堂，伊利诺伊理工学院，芝加哥，密斯·凡·德·罗，
1949—1952年。"它应该是简约的；事实上，它也是简约的"：
对密斯而言，"简约性"具有超凡的内涵。

些词不达意："这座教堂一点也不壮观醒
目：它也不打算壮观醒目。它应该是简约
的；事实上，它也是简约的。但它的简约
性不是简陋，而是高贵，小中见大——
准确的说，是具有纪念性的"（328）。然
而，弗里茨·纽迈耶（Fritz Neumeyer）曾
经说，密斯想要传达的是他的建筑观，即
建筑是获得先验知识启示的手段。[2]对18世
纪的作家，简约是取得最大精神影响力的
手段，在此之后，简约的目的也许像尼采
在《历史的用途与滥用》一书中要求历史
学家的那样，是"将已知的东西融入一个
从未听说过的东西之中，并极其简单而又
极其深刻地宣称这一普遍法则，以至简单
化于深刻，深刻化于简单"[1]（94）。对密
斯·凡·德·罗来说，或许正是这种感觉把
这个词从其他词——*sachlich*生产主义——
的意义中挽回了，对这些意义他毫无兴趣。

1. 参见S. Anderson,Introduction to Muthesius，*Style-Architecture and Building-Art*，1902，尤其14–19，34–35和38页，n.10.
2. 参见Neumeyer，*The Artless Word*，1991，chapter VI

① 引自［德］尼采著陈涛，周辉荣译，历史的用途与滥
用［M］，上海：上海人民出版社，2005：50。——译
者注

空间（Space）

我真正的兴趣在于设计建筑空间。尼尔·德纳里，1993，95

空间是一个人可以以建筑之名给予另一个人的最奢侈之物。丹尼斯·拉斯登爵士，1997

任何有关建筑的定义均需要以对空间概念的分析和阐述为前提。亨利·列斐伏尔，1974，15

256　　　这些评论，其中两条来自于当代建筑师①，另一条来自于哲学家，把我们引向这样一种假设：在"空间"中我们发现了最纯粹的、不可约减的建筑本质（substance）——一种建筑所独有的，区别于所有其他艺术实践的特性。可是，如果说这看起来令人安慰并言之凿凿的话，一旦我们发现关于"空间"的含义是多么鲜有共识时，这种信心又随即消散了。而当我们认识到，如果上述任何一条评论发表于1890年代以前，那么，在一小群德国美学哲学家之外，均是毫无意义的，我们所保留的关于空间可能是建筑的基本范畴的信念就变得更不确定了——直到1890年代，建筑学的语汇里根本没有"空间"一词。对它的采用是和现代主义的发展紧密相连的，因此，无论它意味着什么，都要归于现代主义的特定的历史境遇。与此情形相同的，还有"空间"一词的同伴："形式"和"设计"。

　　自从18世纪以来，建筑师已有关于"体量"（volume）和"空虚"（voids）的讨论——偶尔也会用"空间"（space）作为一种同义词：例如，索恩曾论及"空的

空间"（void space）（602），以及在设计平面中需要避免"空间的损失"（603）。¹尽管"空间"依然常常被这样理解，但现代主义建筑师采用"空间"一词所要传达的更多，而正是这些迭生的含义才要我们在这里详加考察。

　　现代建筑中使用"空间"一词的模糊性很多源自于试图将其与一般哲学范畴中的"空间"混为一谈。将这个问题稍作区分的话：空间既是一种物理属性，有关维度或广度；又是一种意识（mind）属性，是我们得以感知世界的工具的一部分。因此，它同时既是世界之中的某一事物，建筑师可对其进行操作（manipulate）；又是一种精神构建（mental construct），透过它人类意识可以理解这个世界，由此又完全外在于建筑实践的领域（尽管它可能会影响对结果的感知）。试图默认并混淆这两种毫无关联的属性似乎成为讨论建筑空间的必不可少的条件。这种混淆显现在大多数有关建筑空间的话语中，一种通常被当作是某种信条的说法就是建筑师"制造"（produce）了空间——在本文开头引用的德纳里和拉斯登的陈述即暗示了这种信念。亨利·列斐伏尔的《空间生产》一书的部分目标就是要揭示这一问题，它源自于由意识所构想的空间与由身体所遭遇的"生活"空间之间的区别；列斐伏尔的书是关于空间的最全面和最激进的批判，质疑了接下来要描述的建筑学内部有关空间的一切话题——然而，尽管如此有力，它对建筑学内部通常讨论空间的方式仍然影响甚微。

　　作为一种建筑范畴，空间的发展产生于德国，对于德国作家来说，我们必须转向它的起源和目标。这随即显示出用英文讨论该话题的问题，因为在德语中的空间一词"*Raum*"，同时既表示一种物质围合，即"房间"；又表示一个哲学概念。

---

①此书出版于2000年，其所引"当代"建筑师的评论均出自于1990年代。——译者注。

正如彼得·柯林斯指出的："对于德国人来说，不需要费力去想象房间是无限空间的一小部分，因为事实上他不可能不这样做"（1965，286）。而无论在英语还是法语中，一种物质的围合都不会这么轻易与一种哲学构建相联系，由此，作为对德语"Raum"一词的英语翻译"space"就丧失了这种最初的启发性。关于这种在德语中存有的可能性而在英语翻译中丧失的例子，可见于对鲁道夫·辛德勒（Rodolf Schindler）1913年《宣言》（Manifesto）的翻译，这会在后面讨论到。

除了意识到翻译对该词含义所施加的影响外，我们还应考虑到时代的因素。在建筑学中，"空间"的意义从来就不固定，它视境遇和所托付的任务而改变。当德纳里和拉斯登热心于讨论空间之际，我们可不要以为他们所表示的是密斯·凡·德·罗在1930年代所表示的那个意思。我们必须总在追问与该范畴——在这里是指"空间"——相对的是什么：在1990年代评价"空间"的理由和1930年代不同。尽管发言者倾向于表明他们所谈论的是一种不可改变的绝对事物，"空间"和任何其他建筑学的术语一样，都是转瞬即逝的。

现代主义建筑空间的前提

在建筑中使用的这些术语在多大程度上借助于先前发展出来的哲学讨论，又在多大程度上发自于建筑实践内部清晰表达的体验和感知，有时很难说清楚：然而，就"空间"一词而言，有清晰的证据表明在美学中关于空间的论述要先于其在建筑内部的使用。虽然我们不能由此推断哲学给建筑概念提供了整个框架，但它提供了一部分框架是毫无疑问的。建筑学"空间"源自19世纪德国的哲学思考，其中有两个不同的传统需要考虑。一个以戈特弗里德·森佩尔为中心，试图从哲学而非建筑传统中创建一种建筑理论；另一个则关注于用心理学的方式研究美学问题，尽管它与康德的哲学有一些关联，但也直到

1890年代才开始出现。虽然在实际中，这两个学派的思想区别并不是那么大，但将它们分开来考虑还是有益的。

将"空间"一词作为现代建筑的重要主题，当首推德国建筑师戈特弗里德·森佩尔。在他对建筑起源的完全独创的理论描述上（他是第一个如此做的人，抛开了柱式的参照），森佩尔提出建筑的第一动力是空间的围合。相对于空间的围合而言，物质构件是第二位的，因此"墙体是那样一种建筑要素，在形式上表达并呈现了*空间围合*"（*Der Stil*，254）。在诸如此类的一些关于围合先于物质的论述中，森佩尔暗示建筑之未来在于空间创造。他是如何达成这一洞见的还不甚清楚：但就其从哲学而非建筑源头发展出的思想，则可能多少归功于他读到的黑格尔的《美学》。对于黑格尔来说，"围合"是关于建筑的目的性（purposiveness）的特征，因而就此而言，完全不同于、也不足以表达其美学的、承载思想的特性。然而，黑格尔关于建筑论述的整个要点在于强调这样一个问题：最初产自于满足人类物质需要的事物，何以可能同时是纯粹象征性和无目的性的，是独立思想之体现（见第二卷，631–632）。在解释这个问题时，黑格尔简略地讨论了围合空间，虽然他的论述没有展开，但无疑极具启发，尤其有关哥特式的宗教建筑，被他看作为对目的性的超越，在其中，通过空间围合的方式——"分化了长度、宽度、高度以及这些维度的性质"（第二卷，688）——一种独立的宗教思想实现了。据哈里·马尔格雷夫所言，在1840年代，"围合"作为一个建筑的主题在建筑师中间被讨论——他引用卡尔·博迪舍（Carl Bötticher）的文章《希腊与德国建造方式的原理》（Principles of Hellenic and Germanic Ways of Building，1846）——但没人达到森佩尔那样的地步：提出空间围合乃建筑之根本属性。[2]虽然森佩尔关于空间的论述是简要的，但其影响（无论对与其观点相同者还是不同

者）是巨大的。对那些在20世纪最初十年最早将"空间"清晰表达为建筑主题的德语圈的早期现代建筑师而言，毫无疑问他是这些人空间概念的来源。我们发现阿道夫·路斯在1898年"饰面的原则"一文中以森佩尔式的措辞宣称："建筑师的基本任务是提供一个温暖的可居住的空间"；他继续讲到"实效既产生于物质，也产生于空间形式"（66）。荷兰建筑师亨德里克·贝尔拉格在以德语出版的1905年的演讲（"关于风格的思考"（Thoughts on Style））中谈道："既然建筑是空间围合的艺术，我们在构造意义上和装饰意义上都必须强调建筑的空间属性。因为这个原因，不应该首先从外部来考虑一幢房子"。在随后1908年的一篇文章中，他更为明确地宣布："建筑的目的是创造空间，由此它应当从空间出发"（209）。或者在1910年，德国建筑师彼得·贝伦斯再次在演讲［随即出版为《艺术与技术》（Art and Technology）］中谈到："建筑是体量（volume）的创造，它的任务不是去覆盖（clad）而是去围合空间"（217）。所有这些建筑师都对1920年代的一批现代主义者产生了深刻的影响，值得注意的是他们所有人关于空间的构想均遵从森佩尔的模式，将其视为围合的问题。毫无疑问，这种视空间为围合的观念是建筑师发现最容易运用于实践措辞中的，不管其他人怎么描述建筑空间，在很长一段时间内，这都是被最广泛采用的一种概念——即使在其他含义引入之后。

我们要在这里提到的另一位建筑思想家是维也纳建筑师卡米洛·西特（Camillo Sitte），他也讲德语，也是森佩尔的学生，并且也对1918年之后的一代建筑师有着巨大影响，其著作《遵循艺术原则的城市设计》（City Planning According to Artistic Principles）出版于1889年。西特将城市设计看作为"空间的艺术"（Raumkunst），而他关于城市塑造的对策完全是基于创造围合空间的原则。其他建筑师仅仅从内部

路斯公寓中丽娜·路斯（Lina Loos）的卧室，维也纳，阿道夫·路斯，1903年。"建筑师的首要任务是提供一个温暖的可居住的空间"。

来考虑空间围合，西特则机敏地将该建筑主题转移到了室外空间。这一洞见——即"空间"不仅属于建筑内部，而且属于其外部——到1920年代期间变得极为关键。

接下来转向另一支传统，促成了1920年代新的空间理解。我们将关注19世纪后期在美学感知方面的理论发展。按照康德（实际上他是这一哲学传统的创建者）所言，空间是意识（mind）的一种属性，是我们得以理解世界的工具的一部分。在《纯粹理性批判》（1781）一书中，康德概述了他所意味的空间："空间"，他写到，"不是一种源自于外在体验的经验主义的概念"（68）。"空间不代表事物自身的任何属性，也不代表它们之间的关系"（71）。相反，空间是存在"于意识中的一种先验……作为纯粹的直觉，由它决定所有物体"，并且包含"先于一切经验的，决定这些物体间关系的原则。因此，唯有从人类的立场出发，我们才能论及空间、延展的事物以及其他"（71）。作为一种意识的能力（faculty），空间具有审美判断的可能性，这一点并非康德提出。在《作为意志和表象的世界》（The World as Will and Idea，1818）中，叔本华在一篇有关建筑的有趣的随笔中，认识到了这种可能性，他谈道："建筑首先存在于我们的空间感知，因此诉诸我们对此的先验能力"（第三卷，187）。但这仅仅限于单方面的

见解，直至1870年代移情理论的发展，一些事情才开始提出。哲学家罗伯特·费舍尔第一个看到了移情之于建筑的可能性，主要论及了身体知觉的投射，以这种方式解释形式的意义，而在该文序言中他解释其对移情的理解得自于梦的研究，以及这种方式——"身体，在梦中回应某种刺激，将自身物化为空间形式"（92）。然而，尽管他提出身体投射于空间胜过于形式，但并没有继续发展这方面的论点。

当费舍尔在发展移情概念的同时，哲学家弗里德里希·尼采则致力于写作将对艺术实践产生深刻影响的著作。尼采的影响是难以估测的——似乎在德语国家中，如果说有一个哲学家是所有19世纪末和20世纪初的青年艺术家和建筑师都曾拜读过的，那就是尼采。虽然事实上他甚至没有谈到建筑，也没有太多直接关于视觉艺术的内容，但毫无疑问，他的著作被青年风格派（Jugendstil）以及相类似的早期现代建筑师广泛吸收，对他们而言，这些和任何建筑理论同等重要。这里我们要关注的是尼采对于空间理论的贡献，关于这方面他甚少直接论及，但其艺术理论的含义之于现代思想的影响，也许和我们将要考察的那些专门性的建筑空间理论一样多（如果不是更多的话）。在尼采的第一本著作《悲剧的诞生》（1872）中，他发表了著名的论断："存在和世界只有作为一种艺术现象才得以证明"（141）。如果艺术和生活合一的话，那么大多数美学理论所依赖的主客体之间的区分也就可以抛开了，而艺术，以及生活，可以从纯粹主观性的观点来探讨。尼采论证了文化通常源自于两种本能：太阳神的（Apollonian）——图像的认识，以梦境表达于意识；以及酒神的（Dionysian）——陶醉，在歌咏和舞蹈中来体验。太阳神以视觉提供外观的愉悦，而酒神（尼采的伟大发现）包含了身体之完整存在；我们将要考虑的正是酒神对于空间理解的启发。尼采对酒神本能作了如下表述：

人轻歌曼舞，俨然是一更高共同体的成员，他忘步忘言，飘飘然乘风飞飏。他的神态表明他着了魔……此刻他觉得自己就是神，他如此欣喜若狂、居高临下地变幻，正如他梦见的众神的变幻一样。人不再是艺术家，而成了艺术品。（37）[1]

他继续说道："身体的全部象征都加入表演，不仅是双唇、脸部、语言，而且是整个舞姿，促使一切进入韵律的运动"（40）。酒神精神的驱动力是过剩的精力，"本能的快乐的溢出"（142）。这种力的过剩，表现为韵律的舞蹈，生发于空间内，并转而由这种行为所激发。尼采认识到空间作为一种"领域"（field）的重要性，在此得以感知酒神本能的呈现；正如他在笔记［出版为《权力意志》（The Will to Power）］中写道："我相信作为力的基础的绝对空间：力是限定者和成形者"（293）。之后，在回答他自身的反问"'世界'之于我是什么？"时，他回应道：

世界……并非模糊无用之物，也非无止境延伸，而是作为一种确定的力设定于一个确定的空间，这一空间也非处处"空无"（empty），而是充满了力，是力的表演，力的波浪，既统一又多样，此消彼长。（550）

这种产生于身体运动的活力而将空间视为力的场域的观点，如果说对尼采而言还只是暗示而未及发展的话，对于那些拜读过他著作的德国和意大利建筑师而言，则从未忘怀。

回到移情理论，直到1893年，三篇几乎同时出现并且显然是各自独立完成的卓越文献，才将叔本华所论及的可能性发展了出来。其中第一篇是德国雕塑家阿道夫·希尔德布兰德写的《美术中的形式问题》，提出对世间之物感知过程的关注可

---

[1]译文来自：周国平译.悲剧的诞生：尼采美学文选.北京：生活·读书·新知三联书店，1986：6.——校者注

能导向不仅是对雕塑，而且是对绘画及建筑的内在主题的把握。希尔德布兰德对建筑的理解，受到其朋友康拉德·费德勒（Conrad Fiedler）的影响，后者对森佩尔的阅读提示了围合空间——森佩尔定义为建筑的原动力——可能成为考量建筑的主要对象。[3]对于希尔德布兰德来说，艺术家的职责就是在以下两者之间做出区分：其一是事物通过外表而简单呈现的那些方面；其二则是所谓"形式的理念"（idea of form），即"相比于外表而提炼出的总体"，因此只能在想象中了解。为了达成有关形式的清晰理念，希尔德布兰德强调运动——不仅是眼睛的，而且是身体在空间中的运动，以提供给意识必要范围的图像，由此可能产生想象构成的感知。视觉艺术的任务就是在单一的图像中重构对象存在于其中的自然空间，重构观看主体的运动——由此揭示其形式。他强调空间作为理解形式的先决条件，无疑具有原创性，以下是他的描述方式：

通过空间连续体，我们所说的空间是三维的延展，是三维的移动性或者我们想象的动觉（kinesthetic）活动。它最根本的属性是连续性。让我们想象空间连续体如同水体一般，我们能将容器浸于其中，由此定义一个个的容积（volumes），就像特别形成的个别的身体一样，同时却不失将所有一切作为一个连续水体的概念。（238）

通过唤起这种空间概念，可以精确地涉及艺术再现，他继续写道：

如果我们给自己设定这样一个任务：使这种自然空间作为一个整体在视觉上显现，那么我们必须首先在三维上把它想象为部分地由一些个别物体的容积，部分地则由空气所填满的虚空（void）。这个虚空的存在与其说由外部事物所限定，不如说是由内部事物所激发。如同一个物体的边界或外形标示出它的体积一样，同样也可能用这种方式来组织物体：它们引起了一种由其所界定的空气体积的概念。严格来说，一个物体的边界也同样是围绕它的空气的边界。（239）

在这些话语中，希尔德布兰德提出了至少三种在1920年代关于空间的典型性思想：空间自身是艺术的主题；它是一个连续体；它由内部激发。历经这一段震撼之后，森佩尔关于空间是围合的思想已被远远抛在后面，无疑显得沉闷了。

希尔德布兰德将绘画问题表述为：处于平面上的单个图像如何传达出他所如此鲜活描述的空间；对于雕塑而言，这个命题则稍难一些，一个分离的形体如何表达出它所必然从中分离出来的周围空间的连续体。但对于建筑而言，这个问题则略有不同，因为"我们之于空间的关系直接表现在建筑中，它引发确切的空间感而不再只是对空间中运动的可能性的想法"。作品本身已经使我们面向空间，而无需想象性的感知介入。由此引向希尔德布兰德的著名论断："空间自身，在形式的内在意义上，成为视觉的有效形式"（269）。换而言之，在其他艺术中，艺术家不得不通过人物或了无生气的实物来表达空间；在建筑中，则不必如此：因为空间能够被直接理解，无需经由其他事物重构，空间自身是眼睛所关注的形式。（参见"形式"）相对于之前所有的建筑评论家，包括森佩尔在内，将墙体或承重体视为传达建筑主题的要素，希尔德布兰德主张这些"仅在总体空间意向效果之内，才呈现特定的相对价值"（269）。换而言之，除非意识已先行把握空间为一种形式，否则无法将物理要素视为物质之外的任何它物。"只有在一种特别的整体感知的空间语境中，功能性的思想（诸如承重或支撑）才得以发展出特别的形式"（269）。尽管希尔德布兰德关于建筑的话语是简要的，它们打开了一种全新的建筑论述的可能性，20世纪的许多人将关注于此。

其显著性丝毫不亚于希尔德布兰德之空间论述的则是奥古斯特·施马尔松更为明确的建筑评论文章——《建筑创作的本

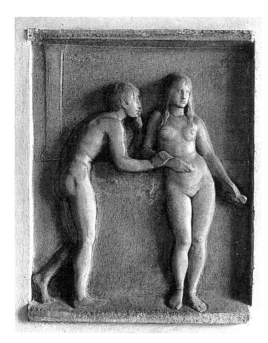

阿道夫·希尔德布兰德，追求（courting），大理石浮雕，1880年。希尔德布兰德将雕塑的任务看作是表现物体存在于其中的空间连续体；而建筑则无需表达那样的空间，在建筑作品中，空间的存在（prensence）使其物质要素具有了美学意义。

质》，于1893年演讲并于次年出版。这篇文章是对何者构成建筑美学的思辨和追问。如同希尔德布兰德一样，施马尔松否认建筑美学依赖于物质构件。他字斟句酌地问道：

是大堆斧劈的石头、交接完好的梁、牢固起拱的穹顶构成了建筑艺术品？还是只有当人类美学观照开始将作品本身置于整体之中，并以纯粹自由的视觉想象（vision）理解和欣赏所有各部分时，艺术作品才产生出来？（285）

那种视觉想象，他进一步指出，是由空间感觉构成的；如果我们关注整个建筑历史的话，所有作品的共同属性就在于它们实现了空间的构建。如同希尔德布兰德一样，施马尔松将建筑中的空间等同于形式。也正是在这一点上，这两位作者关于空间概念的相似之处消失了，施马尔松开展他全新的"内在美学"（aesthetics from within），其根源在于移情理论——即在感知事物时，意识将其关于身体感觉的知识投射其上。但到此为止，移情理论有的

都是对物体的感知，在这里，施马尔松机敏地将它转移到与空间的遭遇中。从我们关于世界的身体体验出发，通过多种视觉和肌体感觉，我们获取了关于空间的直觉感受。

一旦我们学会将我们自己、并且仅仅是我们自己体验为空间的中心，其空间坐标交汇于我们，我们即发现了这一宝贵的核心——可以说成是原始资本投资，这是建筑创造的基础。……我们的空间感觉［Raumgefühl］和空间想象促使了空间创造；它们在艺术中追寻圆满。我们称这种艺术为建筑，浅显地说，即空间创造之母。（286–287）

对于施马尔松而言，空间因我们的身体而存在——"可以这么说，空间的构建是人类在场的发散，源自于主体内部的投射，无关乎我们是在物理现实上处于空间中还是在意识上将自己投射其中"（289）。换言之，空间的构建是主体身体自身的空间感知的一种三维的负形，或如其稍后所言："我们感知空间的构建，如同一个具有自身组织的、外在于我们的身体"（293）。

事实上，就其可能性而言，即使在1920年代，这些富于高度启发性的思想也已远远超出了建筑师中所流传的关于建筑空间的理解极限。特别是施马尔松强调"空间构造"是一种意识属性，而不能混淆于建筑物中展现的实际的几何空间；这一点——后来为哲学家马丁·海德格尔所发展——很大程度上与建筑师擦身而过。就其完整意义而言，施马尔松的思想对建筑实践的影响有限，但对建筑史来说就不一样了。施马尔松的设想，在逻辑上导致应当将过去的建筑作为不同历史阶段中空间直观感受的实现来研究——如他所言："建筑史就是空间感知的历史"（296）。这一教益被后续的历史学家所继承并努力探求，尤其是阿洛伊斯·里格尔和保罗·弗兰克——我们也许应承认：通过这些和其他一些历史学者的努力，作为艺术史追寻的一个目标，

"空间感"（spatiality）获得了另一种生命力；而这一感觉应当与它在建筑师中的流传相区分，即使这二者有时会相遇——如在希格弗莱德·吉迪恩广为人知的写作中。

1893年出现的第三个空间论述见之于美学哲学家西奥多斯·里普斯（Theodor Lipps）的文章"空间美学与几何学——视觉的错觉"（Raumästhetik und Geometrisch-Optische Tauschungen）。里普斯最为著名的是他对移情美学的发展。在文章中，他提出了两种观看方式：视觉的——这与物质相关；美学的——这关乎去除物质之后所留下的。对里普斯而言，空间是非物质化的对象，他这样说道："既然有力的、生动的空间是抽象空间艺术创造的唯一对象，那么没有什么能阻止我们去除掉物质的载体。因此，在空间的抽象表现艺术中，空间形式就有可能纯粹地、非物质化地存在。"[4]在其后的文章中他解释了这种空间美学："空间形式的美是我能够获得在其中自由运动的理想的感觉。反之，则是丑的形式，而在丑的形式里我无法如此——想要在其中自由运动并观察这种形式的潜在冲动被阻碍且不可能。"[5]里普斯的理论与施马尔松的十分不同，他没有关于空间作为围合的概念——他对于空间的兴趣更多在于将其作为事物内在生命视觉化的一种方式。尽管里普斯的思想比希尔德布兰德和施马尔松更少针对建筑，但在三者之中，他可能在短期内对建筑师产生了最大的影响，尤其是通过青年风格派的实践；[6]同样值得指出的是，在众多德语空间理论家中，他是英文作家杰弗里·斯科特提到的仅有的一位，后者1914年的《人文主义建筑学》成为将这种新的空间感作为建筑学主题的首篇英文文献（尤见226–230）。

至此，在建筑空间成为建筑师谈论的主题之前，我们已经了解了知识界和哲学界关于它的话语的前提性讨论。直到1900年，存在的空间概念的多样性，可部分地解释为知性问题的多样性，并对其做出了解答。在此，我们可以简要总结如下：

1. 用来描述建筑的初始*动机*：对于黑格尔、尤其对于森佩尔而言，空间围合的意义在于它是建筑作为一种艺术，所要发展的目标。

2. 用来描述建筑中美学感知的起因：如施马尔松和里普斯所特别发展出的，"空间"提供了这样一个问题的解答——即在建筑作品中，何者激发了审美感知。

3. 用来满足这样一种期望，它是所有19世纪艺术理论的基础，即艺术作品应当揭示运动。天生静止的建筑作品如何表达出运动，这是长久以来的关注。歌德在1795年写的一段富于启发性的文字与一个世纪以后发展出的解答联系起来：

作为一种艺术，建筑作品往往被认为只是针对眼睛，但它应当首先（对于这一点关注甚少）针对人类身体的运动。在舞蹈中，我们根据一定的规则运动，会感受到愉悦；那么，当我们引领一个人蒙上双眼穿过精心建造的房屋时，也应当能引发他同样的感觉。（Gage, 196–197）

希尔德布兰德文章的特别意义在于根据主体运动的身体体验，提出"空间"作为讨论运动的方式。

从"空间"到"空间感"（spatiality）[①]

一些关于空间的想法融入日常语言建筑，始于1900年之后。我们举两个早期的例子，有关建筑师谈论其作品为"空间的艺术"。首先是慕尼黑建筑师奥古斯特·恩

[①]Spatiality一词，也有译为"空间性"的。但从本篇提供的材料中，追溯相关背景和脉络，该词的引入是在艺术史的讨论中的一个精细问题，表明"人类意识感知空间的能力"，这一定义和理解延续了相关美学传统，强调了人类精神和意识的感知特性；但在其后的发展中，正如本篇后文中所述，该词慢慢转变为有关空间乃至建筑物自身的性质，如此更易于为建筑师所用，但也削弱了其最初的概念。由此看来，"空间性"的译法更多表达了后一种理解，即有关空间乃至建筑自身的属性；而在此处，则将其译为"空间感"，以回归该词最初的含义，强调其之于意识和感知的属性。——译者注

艾薇拉（Elvira）工作室楼梯，慕尼黑，奥古斯特·恩德尔，1898年。"人类以他的身体创造了建筑师和画家所称的空间"：恩德尔的作品受到他所了解的西奥多斯·里普斯的美学空间理论的影响。

德尔，他曾参加过一些里普斯的讲座。在其1908年的《大都市之美》（*Die Schönheit der Grosser Stadt*）一书中，恩德尔关注到他所称的"空间的生活"。他如此说道：

人类用自己的身体创造了建筑师和画家所称的空间，这一空间完全不同于数学和认识论的空间。绘画和建筑的空间是音乐和节奏，因为它以某种比例延展我们，进而释放并包围我们……大多数人认为建筑是一些物质部件、立面、柱子和装饰。但所有那些都是第二位的。关键不在于形式，而是与之相反——空间：在墙体之间有节奏延伸着的、并为墙体所限定的虚空。（71-76；引自van de Ven，150）

将空间视为负的形式，在他这种观念里不难看出里普斯的思想印记。至于空间是由身体所产生的言论，却又表达出相当不同的一种空间理解，在某些方面对应着施马尔松的"空间的构建"，尤其强调了其与数学空间的截然不同；然而，与此同时，关于空间韵律性和音乐性的描述，则又与施马尔松无关，其源头使人想起尼采263

所述的酒神（Dionysian）精神。[7]

建筑师关于空间的第二种早期讨论来自于维也纳建筑师鲁道夫·辛德勒，其后来移民美国。他在1913年的宣言开端提出，过去"所有建筑学的努力是为了征服物质体块"，而在当前，这种对于结构的关注不再适用了。

我们已不再去塑形物质体块。现代建筑师构思这个房间［Raum］，并用墙壁、顶棚和楼板来构成它。唯一的构思是空间及其组织。消除了物质材料，消极的室内空间［Raum］在房屋的外部显得积极起来。因此"箱形"（box-shaped）房屋成为这种新发展方向的基本形式。（10）

有关空间的这种论述主要归属于将空间作为围合的传统，由森佩尔、路斯和贝尔拉格清晰地阐明；但辛德勒强调去除结构体块，去除物质，又使人回想到1893年希尔德布兰德、施马尔松和里普斯的所有三篇文章或其中任何一篇。[8]辛德勒在1934年写了一篇文章，描述了关于空间的发现，由此激发了这一宣言。在文章中，他清楚表明一直致力于寻找一种脱离物质性而自由思考建筑的方法。在此，至少以恩德尔和辛德勒为证，我们可以总结：在1890年代各种关于空间的新概念中，最为深奥微妙的部分——施马尔松的"空间的构建"——恰是建筑师最不关注的。

然而，在历史思考领域，施马尔松的思想却是最具建设性的。在1900—1914年间，建筑历史内部有一个特别活跃的阶段，始于10年前有关空间话语激发的关于主体的重新思考；在这个过程中，该话语有一些改进和提升，尤其是关乎所谓"空间感"——人类意识感知空间的能力——的定义。两位作者对此作出了特别贡献：阿洛伊斯·里格尔和保罗·弗兰克。里格尔的第一本书《风格问题》（Stilfragen（Problems of Style））出版于1893年，其首要关注在于阐明艺术的发展无需仰赖外部因素，诸如目的、材料或技术来理解；

而是与其自身内在发展相关——这只能通过连续历史阶段中人类不同的美学感知来说明。在接下来的《晚期罗马的艺术与工业》（Late Roman Art and Industry，1901）一书中，里格尔提出，古代作品中显示的不同观看方式应首先以他们空间感知的变化来理解。里格尔如此提出他关于建筑的讨论：

晚期罗马建筑的特征在于其与空间问题的关联。它将空间视为立体的物质的量，以此区别于近东和古典建筑；但它并不将其视为无限无形的量，这又使它不同于现代建筑。（43）

里格尔继续详细描述晚期罗马建筑中显示出的各种有区别的空间感知特征（features），但整个作品中具有重要意义的是这样一种假设：如果人类有意识解读物质世界的能力确实追随一种历史发展的话，那么在已建成的建筑空间演变中，即可发现这一证据。对于现代建筑而言，这一暗示是明显的，因为作为一种新的历史发展阶段，假若现代性具有任何意义的话，它必定伴随一种新的空间感知，并且必定显示于一种新的建筑中。抛开孰因孰果的困惑不论，这对于1920年代担负起现代建筑事业的历史学者，诸如希格弗莱德·吉迪恩而言，其影响是显而易见的。

关于建筑空间感的第二个重要历史研究是保罗·弗兰克的《建筑历史的原理》（1914）。在该书中，追随施马尔松和里格尔关于空间是建筑历史的关键主题的意见，他开发了一个分析文艺复兴时期和后文艺复兴建筑空间的方案。弗兰克的主要功绩在于区分了早期文艺复兴建筑的"叠加空间"（additive space）和后文艺复兴建筑的"空间划分"（space division）。通过叠加空间，弗兰克意味着建筑物的空间感由一系列清晰区分的隔间组合起来；在巴洛克教堂中，这种区分开始被打破：

每个半圆都具有相互贯通的效果，将

两个空间融合在一起，由此它们的边界表面不能用特定的方法确定……对于普通观者，空间像是穿透了巨大的桶形拱顶并溢出几何边界。这导致一种无法忍受的不确定性。（30）

叠加空间的对立面是空间划分，在1550年之后发展起来；在这里，与其说空间是由一系列隔间组成的，不如说"有一种平滑的空间流动"（46）穿过整体——它被构想为更大的、无尽空间的一部分。室内的轮廓变得不那么令人关注，更多关注于室外"无限的、无形的、普适的空间"（47）。在这一时期的建筑物中，人们看到"将整个室内空间表达为一个片段、某种不完整事物的意愿"（47）。这一倾向到了18世纪巴洛克时期变得更加明显，室内"以一种偶然的、未定义的普适空间片段之面貌出现"（61），如位于德国班茨（Banz）的朝圣教堂，"室内具有一种连续粘合的整体（unit）效果，侧旁的小礼拜堂和边廊从属于它；并且，作为一种波动的结构，它看上去像是与无限的室外空间相联系"（65）。弗兰克的计划固然提供了一个关于特定建筑物空间感的论述，比至此为止我们所遇到的任何说法都更精确，但必须要承认，这是以空间感自身的概念为代价的：施马尔松的空间构建很明确是一种意识的效应，而非与建筑物中发现的实际几何空间相混淆。这一区分在弗兰克那儿失去了，对他而言空间感[1]已经成为建筑物的属性：尽管对于那些关注于建筑的人来说，这使它看起来更具实际用途，但同时它也暗中削弱了这一概念，而将我们带回到将空间视为围合体或连续体的物质感觉上。

"建造的"（built）空间

在1920年代，空间作为建筑语汇中的一个范畴，已经被完整地建立起来。然而在已经建成的作品中，很少有实例可以证明建筑是一门关于空间，而非材料的艺术。第一次世界大战之前，贝尔拉格和贝

室内，位于班茨的朝圣堂，1710年。"普适空间（universal space）的一个未定义之片段"：在弗兰克的诠释中，"空间"从一种精神感知的属性转变为一种物质属性。

伦斯的作品并非以空间品质著称，阿道夫·路斯亦如此——虽然其后来的作品表达了他的"容积规划"（Raumplan），然而在1914年前，其作品主要在材料和表皮上体现特色。仅有一位建筑师的作品能被视作为"空间的"（如贝尔拉格所称），即弗兰克·劳埃德·赖特——虽然赖特本人直到1928年才从"空间"的层面描述自己的作品。[9]在建筑创作中，1920年代一个显著的特征是：种种不同的努力毫无疑问都是为了实现建筑作为一种"空间的艺术"。这段建造作品（built work）的历史已经广为人知，无需赘言。我们应该强调，在1920年代，虽然已经存在相关语汇及概念，并可由此讨论一些作品，但这些词汇及概念并非产自于这些作品。

然而我们不应该简单地认为，空间是现代主义建筑师所采用的，仅仅是因为在此之前已经有所讨论。正如我们所见，发

---

①在这里，spatiality一词也可译为"空间性"。——译者注

展这个讨论的目的是为了回答三个不同的问题——历史学的、哲学的和美学的，虽然建筑师或许对这些问题产生兴趣，但是它们最终无一是建筑学的。在20世纪最初的十年里，建筑师所面对的特殊问题是相当不同的，即定义和确立"现代"的合法性，并且建立一种讨论它的方式。在此，"空间"为他们的目标服务。首先，有关"空间感"的概念在它对独特的并具有历史特征的事物的定义中，提供了一种新的建筑学能拥有的最好的例证。其次，"空间"提供了一个非隐喻的、非参照性的范畴用以讨论建筑学；与此同时，使得建筑师接触到物理学和哲学这些社会意义上的高级论述。至于如下问题：建筑学总是由于仅仅被视为一桩买卖或交易而饱受忽视，宣称处理"空间"这种最为非物质化的特性，使得建筑师果断地将他们的劳动以精神的而非体力的方式呈现。最后，相比于哲学与科学，建筑学对于空间产生兴趣的动机是不同的：措辞的一致，不应该误导我们认为他们在讨论同一件事情。

尽管有可能过于简化，但我们可以试图总结在1920—1930年间，是什么与当时刚刚出现的"空间"范畴相伴而生。正如范·德温（Van de Ven）的著作中所澄清的那样，"空间"的含义所产生的结果几乎无止境，每一位建筑师和理论家都在发明新的变化：莫霍利-纳吉在他的《新视界》中阐述了这个问题，他列出了44个用以描述不同种类空间的形容词。但是如果忽略太过细微的探讨，我们可以说，在1920年代，大概存在三种不同的空间含义，为建筑师和评论家所使用：空间作为围合体（enclosure），空间作为连续体（continuum），以及空间作为身体的延伸。

1. *空间作为围合体*。这层含义从森佩尔建立的传统以来就为人所熟知，并且由贝尔拉格和贝伦斯所发展。对于1920年代早期的大多数建筑师来说，这是对于空间含义最为寻常的理解。阿道夫·路斯的"容积规划"即体现了这层含义。他在

弗雷德里克·基斯勒，空间中的城市，奥地利馆，巴黎装饰艺术博览会，1925年。空间作为一种连续体。基斯勒的装置是最早将空间作为都市化的一个脱离重力的非物质要素。

1920年代，第一次使用该词去描述其体量化的住宅室内。

2. *空间作为连续体*。内部空间和外部空间是连续和无限的，这一概念对于荷兰风格派群体来说十分重要；同样，对于围绕在埃尔·利西茨基（El Lissitsky）和莫霍利-纳吉周围的包豪斯的一群人而言，也是如此。这个概念在战前历史学家阿尔布雷希特·布林克曼（Albrecht Brinckmann）的著作（《广场和纪念物》（*Platz und Monument*），1908）中已有所提及。但是这个主题的发展是1920年代空间思考中一个最原初的方面。对于这种概念最早最清晰的阐释之一是威尼斯建筑师弗雷德里克·基斯勒的"空间中的城市"（City in Space），这是1925年巴黎博览会奥地利馆中的一个装置，对此，基斯勒在《风格》第七期中作了如下阐释：

自由空间中的一个张力系统
空间向都市的一种转变
没有基础，没有墙体
与大地的分离对静力学轴线的抑制
通过创造新的居住的可能，它创造了

一个新的社会

（引自Banham，*Theory and Design*，1960，198）

这个概念在莫霍利–纳吉的《新视界》中发展得最为清楚（下文将论及）。

3. *空间作为身体的延伸*。空间被感知为在体量中想象性的身体的延伸，这个观念源自施马尔松。然而，这个观念的另一个变体源自于包豪斯教师齐格弗里德·埃贝林（Siegfried Ebeling）的著作《作为膜的空间》（*Der Raum als Membran-Space as membrane*，1926），其对于密斯的影响近来被弗里茨·纽迈耶重新强调[10]。埃贝林将空间视作为一层膜，一种保护性的覆盖，如同树的表皮，处于人和外部世界之间。由此它被人的行为直接塑形，并均衡他与外部世界的关系。空间，由人的生理感觉所塑造，成为"一个连续的力场"，被人的运动和生活欲望所激发。关于空间的这种不同寻常的存在主义的观点，被在莫霍利–纳吉的《新视界》一书中提到。

在1920年代，建筑师所描述的关于建筑空间的众多版本中，迄今为止最有趣的是莫霍利–纳吉的《新视界》，最初于1928年出版。莫霍利–纳吉在负责包豪斯课程中，面临如下问题：如果"空间"是建筑学中真正的主题，它应如何被教授。尽管莫霍利书中大部分概念源自于过去30年间所发展的有关空间的话语，但他努力对他们进行了卓有成效的高度综合，而最重要的是，他将先前建筑感知中所关注的一种思辨美学，转变成一种可实际操作以用来创造新作品的体制（在做这项工作的时候，莫霍利不得不忽略了施马尔松的警告，使得"空间"——作为一种物质存在，与"空间感"——其精神概念，混为一谈）。"建筑的根源，"莫霍利写道："在于掌握空间的问题"（60）。鉴于美学中已经宣称建筑为空间的艺术，而留给建筑师去促使其发生，这样的论断确是恰当的。受施马尔松和心理学家的影响，莫霍利

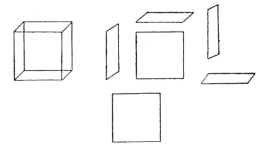

"体量和空间的关系。如果一个体量（即一个清晰界定的物体）的侧墙朝不同方向分散开，那么空间模式或空间关系即由此发生。"莫霍利–纳吉各种关于空间的解释之一，出自拉兹洛·莫霍利–纳吉，《新视界》（1928年）。

接受空间是一种生物性的能力（biological faculty），但同时，受到里格尔和弗兰克影响，他意识到"空间感"具有历史性的方面，并且对应于各个时期有着不同特点。因此建筑学的任务就是使人类认识到当下的空间意识。关于如何产生出上述观点，莫霍利的描述材料丰富、内容多样，几乎难以总结，但我们可以抽取出一些基本观点。在描述如何理解空间时，他明确否定了空间作为围合的概念：

用不了多久，人们就会这样理解建筑……不是作为内部空间的复合体，抑或仅仅作为应对寒冷和危险的遮蔽物；也不是只作为一个固定的围合，抑或不可改变的房间的组合。而是作为生活的有机组成部分，作为掌握空间体验的一种创作。（60）

在上述以及其他一些评论中，他清楚表明了对于森佩尔的空间传统，以及阿道夫·路斯的*容积规划*组合的摒弃。他同样明确反对将"空间"等同于"体量（volume）"。其观点可以用一句话及其相应的图解来阐释，"如果一个体量（即一个清晰界定的物体）的侧墙朝不同方向分散开，那么空间模式或空间关系即由此发生"（60-61）。在这个例子中，既可以注意到这一已经确立的观点：即空间无关于材料（这一点他在其他地方也有论及）；而且也可以注意到：空间可以通过分解结构的构件而获得，由此在它们之间的虚空

中，可以创造一个连续的空间，穿透建筑、连接内部和外部。他这句话的部分观点表述在一段说明中，为勒·柯布西耶的拉·罗歇住宅图片所写，他在此写道："一个'空间的断面'通过条带、线框和玻璃所组成的网络从'宇宙的'空间中切割出来，仿佛空间是一个可切分的、致密的物体"（58）。但他的观点还不仅如此，因为在连续的空间中，"边界变得不定型，空间被认为是流动的……开口和边界，穿孔和运动的表面，将边缘带向中心，将中心向外推。连续的波动，向旁边、向上方、向各个方向发散，宣告人们已经占有……无所不在的空间"（63–64）。所以，空间不仅仅是通过建筑物呈现出的宇宙的连续体——作为这种观念的补充，他还持有如下观点：空间是运动的产物，随着观者自身在空间中的运动而变化这个观点，让人联想到他的同事埃贝林的空间作为膜的观点，这对于莫霍利来说无疑是重要的，因此建筑物成为了"空间中创造性表达的规划（plan）"。但是即便如此也都不能穷尽他所持的空间概念，因为他还宣称空间有其自身的"动态力场"（62），独立于人在其中的占有这个观点，班纳姆认为是从波丘尼（Boccioni）和意大利未来主义那里找到的来源。在他的文章和他颇具独创性选用的图片中，莫霍利暗示出建筑作为空间艺术的创造所能达到的状态。

在此，我们可以对于1930年代早期的建筑师的空间做出一个典型的评论，并对于它服务于哪些目的作一些细节的考虑。密斯·凡·德·罗在1933年在一本介绍镜面玻璃发展潜力的小册子上，谈到这种材料带来的机遇："只有现在我们才能清楚地表达空间，展示空间，并将其与景观相联系"（Neumeyer，314）。[11]为何密斯认为这是可取的？为何他用空间一词来表达建筑的目的？在此我们必须考虑"空间"与什么相对立。对于密斯这样的建筑师来说，1920年代的问题是"现代"。在当时所有可以实现这个目的的手法中，有两种

是密斯特别关注的。其一，受到尼采的影响，是主张生活在当下，摆脱历史和文化的限制；转译到建筑中，这意味着肯定主体的自由运动，肯定生活展现的机会——与此相反，先前的思想认为建筑物是一个物质实体，容纳和限制着主体的生活。这也意味着摒弃有关建筑物的一切"历史的"认识：其体量感，其物质性。通过一种非实体性的"表皮和骨骼"的建筑，密斯达成了个人对这个问题的认识。第二种途径是对"象征性"的消除；这一思想线索在战前德语圈中发展起来：即建筑如欲现代，则应客观（*sachlich*，意思是"实事求是的"或是"真实的"），而非通过象征方式达到目的。对于密斯同辈的柏林建筑师门德尔松和哈林的批判，正在于他们的作品象征性过强、同时体量庞大——这两种属性都与密斯所理解的"现代"相去甚远。在1930年左右，密斯实现了两个作品，位于巴塞罗那的德国馆和捷克斯洛伐克布鲁诺（Brno）的吐根哈特住宅，这两个作品被普遍认为是冲破了以上两种属性的束缚。密斯的目标似乎是创造这样一种建筑：通过使用者与它相遇，带来"现代精神"的意识——具体而言，这种意识可以通过自由的运动和机遇达成，如密斯所形容的"抓住生活"，不受体量和物质所限。正如密斯的朋友路德维希·希尔伯塞默（Ludwig Hilbersheimer）对于吐根哈特住宅颇具洞察力的评论那样："人们必须在这个空间中运动，它的韵律如同音乐"（Neumeyer，186）。由此，当密斯谈论空间，就优先考虑主体性而言，实际上是通过这种方式表示他对一种"现代"美学属性的认定，以及与一切"传统"建筑表达的对立。对于密斯来说，"空间"无疑是建筑的本质——但并非所有时代的建筑，而是仅仅代表"现代"。

在英语中，"空间"作为一个词条的出现相对较晚。除了1914年杰弗里·斯科特所著的《人文主义建筑学》的独特案例外，在1940年以前，英语的写作中没有表

达出德语文献中关于"空间"一词的丰富性。正如上文所述，赖特（自1918年辛德勒来到他的事务所工作之后，或可期望他具备了一些"空间"的概念）直到1928年才开始用"空间"一词。值得一提的是，当希区柯克和约翰逊为纽约现代艺术博物馆的展览撰写《国际式》时，他们完全是在用旧的"体量"（volume）一词描述新建筑，仅仅试探性地提到了一次"空间"："体量感觉上是非物质性和无重量的，一个有几何界限的空间"（44）。通常来说，"空间"作为一个英文词条普及开来，似乎是在德国建筑师移民到英国和美国之后——当时对于他们来说，这个词已是其语汇中自然的一部分。莫霍利-纳吉所著的《新视界》在1930年被翻译成英文，这提供了在英语世界中认识"空间"的主要来源。而1938—1939年，瑞士历史学家希格弗莱德·吉迪恩在哈佛大学的诺顿演讲于1940年以《空间·时间·建筑》为题出版，将建筑历史作为空间的艺术来论述，成为首篇重要的英文文献，并可能标志着空间一词在英文语汇中被采纳。虽然关于"空间"和"空间感"的概念，该书并没有比前人的著作有更多的论述，但吉迪恩的著作仍然是重要的，这是因为该书有着英语世界中庞大的建筑师读者群，由此建筑空间的话语传播开来，并且规范化。不仅如此，通过文本和图片令人信服的结合，吉迪恩成功的展示了建筑空间不只是一个概念，而且在整个现代建筑的建成作品中实际存在且可以识别。没有人像吉迪恩那样好地展现了，在所有艺术门类中，现代建筑如何最为成功地表达"这种新的空间感"（428），而这种空间感正是现代视觉和意识的独到之处。

通过吉迪恩的影响和第一代现代主义建筑师建立起来的威信，在1950年代和1960年代，"空间"在全世界范围内成为建筑话语中的标准用语。这使得罗伯特·文丘里和丹尼斯·斯科特·布朗在1972年的《向拉斯韦加斯学习》中指出："或许，在建筑中最为粗暴的要素就是空间。如果说交接（articulation）已经接替了装饰……空间则取代了象征"（148）。正如该论述所暗示的，尝试减轻"空间"一词所附着的重要性，成为1970年代末期到1980年代后现代主义建筑的特征之一。如查尔斯·詹克斯（Charles Jencks）所总结的那样，相较于现代主义的实践，后现代主义对空间的处理方式刻意的谦逊和暧昧："边界常常不明确，空间无限延伸而无清晰的边缘"（50）。而更为显著的则是如下之普遍趋势：后现代主义建筑趋向扁平化及对作品图像的夸大，这样的努力，通常被批评为忽视了"空间"。本章一开始引用的德纳里和拉斯登的评论，即可视为对所关注的后现代主义贬损空间的回应。

然而，从1980年代到1990年代，使建筑圈内对"空间"保持兴趣的，首先是对于建筑的语言学模式的抵抗，该模式流行于1950年代末到1970年代。这种抵抗明显地表现在与此非常迥异的工作中：包括建筑师伯纳德·屈米和理论家比尔·希列尔。1975年，屈米在他最早发表的论文中就攻击了"建筑对象是纯粹的语言，建筑就是无止境的关于建筑符号的语法和句法操作"这样的观点（1975，36）。屈米对于这种趋势的排斥往往涉及将建筑回归于一种概念，将其描述为意识之物，这促成了他对空间的兴趣。他这样写道："我对抽象语言领域以及概念的非物质世界的探索，意味着将建筑从其错综复杂的元素——空间中去除……空间是真实的，因为它似乎在影响我的理性之前就影响着我的知觉"（1975，39）。然而，就建筑话语所公认的空间而言，它是通过将其描述为一种概念达于此的。在随后的论文中，屈米意识到（这显然是建筑学内部第一次有人这么做）"空间"的奇特之处就在于它既是一种概念（"空间感"），同时也是某种体验：

根据定义，空间的体验中缺失了建筑的概念。另一方面，不可能在质疑空间本

269

270

吐根哈特住宅室内，布尔诺，捷克斯洛伐克，密斯·凡·德·罗，1929年。"人们必须在这个空间中运动，它的韵律如同音乐"：路德维希·希尔伯塞默对于吐根哈特住宅室内的感观。

质的同时，创造或体验一个真实的空间。理想与真实空间之间的复杂对立，在意识形态上显然不是中立的，它所隐含的悖论是根本的。（1976，69）

接下来的若干年中，对于这个悖论的探索成为屈米思考的一个主题。如他所述："我的论点是，*建筑的时刻即是*，当空间体验成为其自身的概念时，建筑生死共存的那一刻"（1976，74）；或者如他后来所述："建筑的愉悦在于有关空间的观念和体验突然重合"（1977，92）。对"空间"所特有难题的这种少见的洞察力——至少从建筑世界内部来说——很大程度上归因于屈米对于亨利·列斐伏尔著作的熟悉。

至于建筑形态学家比尔·希列尔，他在发展空间句法方面的工作同样来源于他对于建筑话语转借其他学科（尤其是语言学）概念这一趋势的反抗，同时也源于他的决心——基于建筑现象本身寻找一种描述和分析建筑的方法。在讨论到这样一个问题——建筑物与在其内外所发生的生活的关系时，希列尔认为建筑问题的处理与其作为物质实体，不如作为空间构型（spatial configuration）。为了避免与其他学科类似，希列尔提出"建筑的范式是一种构型范式"（391）；"建筑物是……概率性

戴伊广告公司办公楼（Chiat Day offices），海洋公园，洛杉矶，弗兰克·盖里和克拉斯·欧登伯格（Claes Oldenburg），1989—1991年。后现代建筑中象征多于"空间"。

（probabilistic）的空间机器，通过其构型能够吸纳和产生社会信息。"仅仅以空间构型来探寻一种描述和分析建筑物与环境的方法，希列尔对此的兴趣来自于这样的认识：即建筑学唯一有效的理论源自于建筑学所独有的命题。

海德格尔和列斐伏尔

至此，我们已经主要考量了建筑学内部的空间话语。如果我们将注意力转向20世纪两个主要的哲学研究——其一是德国哲学家马丁·海德格尔（Martin Heidegger），其二是法国哲学家亨利·列

斐伏尔，建筑学特有的空间观念的局限性就显现出来了。

海德格尔对于空间的理解是：空间既非像康德所说的那样是意识的属性——通过这种属性我们可以感知世界，也不先于人在世界上而存在。简而言之，没有独立于人在其中存在的空间。"空间不是人类所面对的事物。它既非外在物体，也非内在体验。不是说有人类并且在人类之上还有*空间*"（Building，Dwelling，Thinking，358）。这一见解首次出现于《存在与时间》（*Being and Time*，1927）中，伴随下述基本假设："空间不在主体之中，世界也非处于空间之中……空间既非在主体中发现，主体也非观察这个世界'仿佛'它已处于空间之中；而是这个'主体'［*Dasein*］，如果从本体论来理解，即是空间的"（*Being and Time*，146）。既然空间性（spatiality）是我们遭遇世间事物的主要方面，这样的空间就不是我们脱离开事物所能知道的，而只有通过它们与其他事物的关系来得知。他说："任何持续已在之物都有其位置，世界中之存在预先以此为据。该已在之物位于'哪里'……由其他已在之物来定位"（*Being and Time*，137），并且给出例证：房屋中的房间由它们与另一个对象——太阳的关系来定位。而通常事物所处的区域，他指出，"只有当人们在其位置上找不到某样事物时，才会明确地感受到这种区域"（138）。

在1952年的文章"筑、居、思"（Building，Dwelling Thinking）中，海德格尔将这些思想更具体地与房屋联系起来。相较于有关这一主题的传统建筑思想，海德格尔强调："房屋从未塑造'纯粹的'空间"（360）。相反，他指出，我们看到的应是"处所"［（locale，在《存在与时间》中，他用这一词汇来代替"哪里"（where）］，"处所"由位于其中的物体的显现而产生：他以桥梁为例——某一特定河岸的延伸之处（local）"只有当桥梁实现时才开始存在"（356）。他所理解的空间——他如此描述道："为空间形成房间，并让其置入边界"，只有在已存在的处所中才会出现："*因此，空间从处所而非'空间'中获得其存在*"（356）。考虑到处所和空间的关系，他解释到一个特定的处所可能有距它或远或近的一些地方（place），而这些可以测量的距离，构成了一种特别的空间，即间隔（interval）。为了替代实际物体的标识，也可以将这种间隔抽象，将其作为一种延展，后者可以用纯粹的数学方式来表达，即"空间"——但这一被抽空了的空间（他经常标以引号以示区分，而这与一般理解的建筑师的空间相当接近），仅仅是一种抽象物，并可被转用于任何地方，失去了与处所的关键性联系——而后者才是空间最初品质之所在。一方面，空间是依据具体对象及存在于其中的人而定，没有边界；另一方面，空间作为一种数学抽象可由坐标标识，并具有外部限定的边界，这两方面的区别在海德格尔的空间论述中是根本性的。至此可以清楚地看到，海德格尔的空间观几乎与1890—1930年间所有建筑师的空间观相反；他不仅在其描述中试图取消距离及所有量化部分，还否认其身体性的解释或共鸣——而这对于施马尔松及其追随者来说至关重要。海德格尔空间论述中有关主体自身身体的缺席，这一特别之处激起莫里斯·梅洛-庞蒂关于空间的另一种论述，在《知觉现象学》的第三章中，他提出认识身体自身空间感的需要，他如此说道："对于我来说，我的身体存在远非只是空间的一个片段，如果没有身体，于我而言就根本没有空间"（102）。他总结道："身体是我们拥有世界的基本媒介"（146）。

海德格尔对建筑的影响直至1960年代才被注意到，这一影响是双方面的：首先，在某些圈子里，"场所"超越"空间"成为流行术语。例如荷兰建筑师阿尔多·范·艾克在1961年这样写到他的阿姆斯特丹孤儿院：

我得出这样的结论，即无论空间和时间意味着什么，场所和时机意味着更多，因为人的印象（image）中空间即是场所，时间即是时机。被精神分裂式的决定论者的思维方式所割裂，时间和空间滞留于冻结的抽象概念……因此一座房子应当是一系列场所——一座城市无非也是一系列场所。（237）

其次，海德格尔坚持认为"空间"不可度量并不可量化，这可能与近来关注于这方面的一些尝试有关。由于海德格尔的论点着重于哲学而非建筑，其思想之于建筑实践的即时性关联是不容易见到的，对于建筑更具影响的可能是由一些书籍所提供的关于其思想的诠释：克里斯蒂安·诺伯格-舒尔兹的书以及加斯东·巴什拉被广泛阅读的《空间的诗学》，后者法文版最初于1958年出版。

现在转向亨利·列斐伏尔的《空间生产》一书，法文版最初于1974年出版。我们要仔细探究这一最早也是唯一全面的"空间"批判，与此同时，它还试图建立一种普遍的空间理论。事实上，《空间生产》质疑了目前为止本篇运用于建筑的一切"空间"言论。该书格外的睿智而复杂，要完全概括其观点是不可能的，接下来的论述只是展示列斐伏尔讨论中与建筑最直接相关的部分。

列斐伏尔的出发点是对"空间"是什么的忽略，这种忽略不仅在于哲学，也在于所有人文科学：意识思考着空间，而这一思考正是在空间之内做出的，这一空间既是概念的，又是物理的，是社会关系和意识形态的化身。该工作的一个目标即是要揭示：思想所创造的空间与思想所发生于其中的空间的关系的本质。列斐伏尔强调，这种分裂并非一直是所有社会的特征，他的主要目的之一是将其作为现代文化的一个特征来面对。

《空间生产》一书的核心是"社会空间"范畴。在探讨列斐伏尔理论的任何方面之前，必须先尝试理解这一难以捉摸的概念。社会空间是社会的文化生活在其中发生之处，它"纳入"了个人的社会行为（33）；但它不能被理解为"仅

仅是一个'框架'……也非一种几乎中立的形式或容器，被简单地设计为用来接受一切注入其中之物"（93-94）。社会空间也不是一件"事物"，可"以其自身"来对待（90）；尽管它是一个产品，但它"决不像一升糖或一码布那样被生产出来"（85），而是应理解为"同时既是*工作*又是*产品*——是'社会存在'的物质实现"（101-102）。列斐伏尔以一种特别传神的隐喻描述：社会"藏匿"空间，制造它并占用它，两者相伴而行（38）。现代社会的特殊和最应受谴责的特性是它将这种复杂的空间约简为一种抽象，而这一复杂的空间立刻被感知（通过日常生活的社会关系）、被构想（通过思维）并被生活着（通过身体的体验）。西方历史的整体倾向是将整个社会空间描述为一种抽象，他将其简略地命名为"心智空间"（mental space）。列斐伏尔的计划是重回社会空间的意识。"社会空间将在这样一种程度上显示其特殊性，它一方面不再混淆于意识空间（由哲学家和数学家所定义），另一方面也不再混淆于物理空间（由实践-感官活动和'自然'感知所定义）"（27）。

现在让我们转向其对建筑学的含义。值得称道的是，列斐伏尔在"建筑空间"（architectural space）与"建筑师的空间"（space of architect）之间作出了区分（300）。"建筑空间"，通过人们对它的体验，成为生产社会空间的方式之一：

建筑产生活的身体，每个身体带有其自身明确的特征。这样一种身体的激发原则，它的出现，既不可见也不清晰，也非任何话语的对象，因为在带着疑问使用空间的人们当中，在他们生活着的经验之中，它进行着自我的再生产。（137）

另一方面，"建筑师的空间"则与本篇整体相关：它是在建筑师的专业实践中受建筑师影响的空间操作，是操作活动发生于其中的话语。如果说"建筑空间"，只是在单个的主体中复制社会特质并于其中被发现，那么它既不好于也不坏

孤儿院室内，阿姆斯特丹（如今为贝尔拉格学院），阿尔多·范·艾克，1958—1960年。"无论空间和时间意味着什么，场所和时机意味着更多。"部分受到海德格尔的影响，在1960年代，"场所"取代"空间"成为建筑学的流行术语。

于其所从属的社会；而"建筑师的空间"，则是列斐伏尔所痛恨的。当列斐伏尔写道："任何建筑定义本身都需要对空间概念的预先分析和阐述"时（15），脱离上下文的话，这可能被认为他也赞同空间是建筑独有的品质。没有比这离事实更远的了。就列斐伏尔而言，任何学科都包含了空间（107），而建筑学并不由于其与建筑物的关系，就比其他学科有更多之于空间的权力。与此同时，没有一个单独的学科能够给出关于社会空间令人满意的描述，因为每个学科都倾向于将它抽象以适合于自己的目的。在这方面，建筑学比大多数更糟："遵从建筑师、城市专家或规划师作为空间事务的专家或最终权威，无疑是最高幻想"（95）。尽管建筑师凭借对空间的传统参与，而在空间实践中宣称这种权威，他们和其他人一样对精神和物理空间的分裂负有责任，在其服务于意识的统治者和操纵者中，他们强化了这种分裂并使之固化。在《空间生产》的后面，列斐伏尔又回到这一点："很容易想象，建筑师所面对的是从更大的整体中切下来的一片或一块空间，这一部分空间被视为'给定'（given）的，并可根据他的品位、技能、思想和偏好来对待"（360）。但是，列斐伏尔继续道，这是一种错误的理解。首先，给建筑师的空间并不是欧基里得几何式的中性、透明的材料：它已经是被生

产了的。"这个空间一点都不无辜：它符合某种特殊的战术和策略；这很简单——它是占主导地位的生产方式的空间，因此是资本主义的空间"（360）。从列斐伏尔对"社会空间"的整体分析中总结出来的基本观点，是他关于整个20世纪上半叶建筑空间传统的最有效的一个批判，并且挑战其潜在的假设：空间是预先存在的、中性的给定之物。而为什么说这是一种错误的理解的第二个原因则是：假若建筑师认为他们是在一种"纯粹的自由"状况下创作的话，他们是受骗了——因为建筑师的眼睛已不全是他或她自己的了，而是由他们生活于其中的空间所组构的。第三点，建筑师所用的工具——例如他们的绘图技能——并非中性透明的媒介，其自身即为权力话语的一部分；并且，绘图实践本身正是这样一种主要方式，通过这种方式，社会空间转变为一种抽象，为了达到交换的目的被均质化，并且被抽空了生活体验。第四点，由建筑师所实践的绘图技术（事实上是整个建筑学实践）给予眼睛超越其他一切感官的特权，维持着以图像及场景取代真实的倾向，这一倾向贯穿了现代资本主义。

眼睛……往往将对象降格为距离，使之处于消极被动的状态。只能被看见的那一个被缩小为图像——一种冷淡的漠然。由此镜面效应成为普遍。由于观看的行为

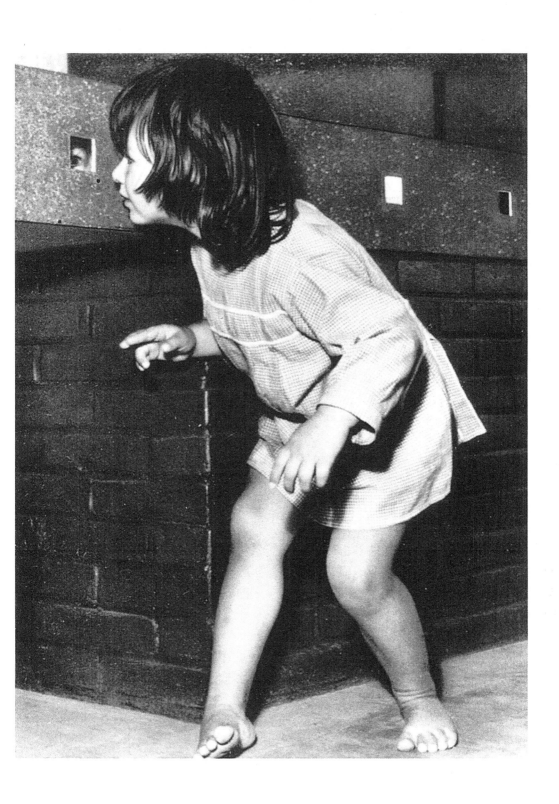

与所见之物混淆不清，两者都变得无能为力。当这一过程完成时，在强烈的、盛气凌人和压抑的视觉之外，空间没有独立的社会存在。（286）

对于列斐伏尔来说，建筑是将空间缩小到其视觉图像的同谋。第五点，建筑学，尤其是现代主义，对空间的同质化也负有一部分责任，"将'真实'（real）缩减为一种存于虚空中的'设计'（plan）并且不再赋予其他特质"（287）。简而言之，建筑学对固化由空间所犯的欺骗之罪负有相当大的责任，因为"空间有时会说谎，如同事物一样"（92）。

隐含在列斐伏尔关于"建筑师空间"的批评之后的，是他对"抽象空间"的批判。"抽象空间"是资本主义展现社会空间的形式；其基本特征是将心理空间从"生活"空间中分离出来，结果导致人类主体不仅只是与其劳动成果相疏离，如同马克思（Marx）所看到的那样，而且是与整个日常生活经验的疏离。这种抽象空间，由哲学和科学所创造，"在其投射到社会乃至物理'现实'之前，形成于思想者的头脑中"（398）；其结果是关于空间的意识不仅通过其生活发生，而且可通过对它的再现来发生，后者通常是单薄的、约简的，由知识学科和其他资本主义意识形态的实践来提供。在这一约简过程的影响下，空间被描绘成清一色的一致，并由此被当做可相互交换的，而其中的矛盾迹象则受到压制。

抽象空间，作为统治工具，使孕育于其中的一切窒息……这种空间是致命的，为了强加一种抽象的同质性，它会摧毁产生它的历史条件、其自身的（内在的）差异，以及任何有发展迹象的差异。（370）

在抽象空间中，居住者自己也成为抽象物——诸如"用户"，无法看到空间——除却呈现于他们面前的残缺的、切片状的形式（313）；而当他们发现所处空间*显得*条理清晰而透明的时候，这也正是抽象智性空间所取得的扁平化、约简化的

一部分。

对于列斐伏尔来说，在所有需要为心理和生活空间分裂——即现代抽象空间的特征之罪行负责的职业中，很少有像建筑师这样负罪深重的。他如此说道，"作为一种*意识形态的*行为，建筑师和城市规划师给出的是一个空洞的空间，一个基本的空间，一个准备用来接受零碎内容的容器，一个引入不相关的事物、人和居所的*中性媒介*"（308）。这是列斐伏尔书中一再提出的控告，它清晰地表明，建筑学中的"空间"话语，远非建筑学的独立性断言，而是有关现代时期权力和统治的操练。

列斐伏尔的分析使他不同于几乎之前有关建筑空间的一切言说或写作。尽管《空间生产》一书有强烈的现象学元素，列斐伏尔还是和海德格尔保持了距离，主要是由于海德格尔对历史的忽视，他将身体省略为空间的维度，除了神话的方式外，他无法说明"存在"（being）是如何生产出来的（121-122）。在这里讨论过的有关空间问题的作者中，与列斐伏尔最有共同之处的是尼采和梅洛-庞蒂。列斐伏尔的目标，如他在某处所说的"是将社会实践看作为身体的延伸"，根本上是尼采式的；但在同一段话中他又继续道，"（这种）延伸……作为时间中的一部分空间发展而产生，由此也作为历史性自身的一部分如同被*生产*一样的被构想"（249）。在关注于发展一种空间的*历史*分析方面，他又与尼采不同。

我们现在要回到早前提出的一个问题，即20世纪建筑话语中，"空间"享有至高无上的地位的原因所在。从建筑师的职业和艺术地位考虑，在247页给出了多种不同的建议。借助于海德格尔和列斐伏尔的思想，现在我们可以重新回到这个问题。两位作者共同澄清了：建筑师所谈的空间并非一般意义的空间，而是对他们自身*职业*的特别的理解——这是为了他们自身的目标所发明的一个范畴。然而，与此同时，如同列斐伏尔所阐明的，这一"空

间"并非简单地服务于他们的目标，而是现代资本主义社会权力和统治的主导话语之一部分。列斐伏尔著作的特殊价值在于抵制这样一种倾向：将建筑作为自主决定的实践——设定自我目标并发明自我规则；相反，如同列斐伏尔所阐明的，建筑只是许多社会实践中的一种，而在其空间控制的操作中，它所服务的并非其自身目的，而是一般而言的权力。

列斐伏尔的论述中未能解释的一个问题是，为何有关空间话语的清晰表达未能更早的出现，因为根据他的论题，建筑空间所服务于的"抽象"空间的形成在20世纪之前很久就已开始了。尽管事实上列斐伏尔没有明说，但他引导我们去假想：在空间一词成为术语之前，建筑学中已存有关于它的话语；如果是这样的话，我们能否假设，最先从有限的、特定的审美哲学之一角所发展出的"空间"一词，之所以被建筑师热情地接纳，是源自于这样一种愿望，给他们长久以来所从事但无法说出来的事情一个名字？或者我们是否可以假设：在建筑师这方面，对空间语言的采纳是出自于一种天真的愿望，将其自身与权力与权威资源联系在一起，而后者正是他们可能的业务资源？通过物理空间和空间话语这两方面，可以说建筑师实现了他们

的传统职责：寻找一种方式去表达原本只存在于思想意识中的事物。这确实是列斐伏尔部分表达的观点。如果任何这样一种论点是对的话，那么我们必须承认建筑学中有关空间话语的成功，较少与建筑有关，而更多与统治权力的需要相关，即将后者在空间领域的统治表现为一种可以接受的、看起来不那么冲突的描述。

1. Robin Middleton, 'Soane's Spaces'（1999）指出：在其著作 *Elements of Criticism*（1762）中，哲学家Lord Kames曾强调过在建筑感知中主体空间体验的重要性——"空间连同处所进入到每个可见对象的感知中"（1817 ed., vol. 2, 476）——Soane曾仔细阅读并记录过Kames的著作。
2. Mallgrave, *Semper*, 1996, 288.
3. 参见Fiedler, 'Observations on the Nature and History of Architecture'（1873）, in Mallgrave and Ikonomou, 130, 135, 142; 也参见他们的绪论, 29–35.
4. 引自van de ven, 81.
5. T. Lipps, *Aesthetik*, 1923, 247; 引自M. Schwarzer, 53.
6. 参见Mallgrave and Ikonomou, 47.
7. 参见Neumeyer, *The Artless Word*, 181–183, 关于Endell的著作及其影响的讨论。
8. 参见Mallgrave, 1992, 关于Schindler文章的讨论。
9. Berlage在1912年评论赖特住宅的室内时说，它们是"塑性的——作为对比，欧洲人的室内是扁平的、二维的"。见Allen Brooks, *Writings on Wright*, 131。Wright首次采用空间一词见于：'In the Cause of Architecture Ⅸ, The Terms', published in 1928; 见Wright, *Collected Writings*, vol. 1, 315.
10. 参见Neumeyer, *The Artless Word*, 171–177
11. 有关该声明之意义的讨论，参见Neumeyer, *The Artless Word*, 177ff.

结构（Structure）

事实上，所有的建筑都源于结构，其首要目标应使外部形式与结构相一致。维奥莱-勒-迪克，《建筑学讲义》，第二卷，1872，3

在英语中，你把一切都称为结构。在欧洲，则非如此。我们称棚屋为棚屋而不是结构。对于结构，我们有一个哲学的理念。结构是一个整体，从头到脚、到最后一个细节都遵循着同样的理念。那才是我们所说的结构。密斯·凡·德·罗，引自卡特（Carter），1961，97

我们不能根据形式谈论结构，反之亦然。罗兰·巴特，《今日神话》（Myth Today），1956，76

建筑师不是要质疑结构。结构必须屹立不动。毕竟，万一建筑倒塌，保险费（以及名誉）又会如何呢？伯纳德·屈米，《六个概念》（Six Concepts），1991，249

276 与建筑相关的"结构"一词有三种用法：

1．泛指任一建筑物的整体。例如威廉·钱伯斯爵士1790年写道："民用建筑是建造者艺术的那个分支，它包含了服务其目标的所有结构，无论是神圣的或世俗的……"（83）；或如约翰·索恩爵士1815年所说的："伊尼戈·琼斯、克里斯托弗·雷恩爵士以及肯特受到了应有的批评，他们的品位遭到责难，他们的判断备受质疑，因为他们有时在同一结构中混合了罗马和哥特的建筑"（600）。直到19世纪中期以后相当长的一段时间，在英语中，

这都是"结构"一词仅有的建筑含义。

2．建筑物的支撑系统，有别于建筑物的其他要素，如装饰、饰面或设备。这是维奥莱-勒-迪克在本词条最开始的引言中暗指的含义。这一理解在19世纪后半叶普遍流传。

3．一种图式使绘制的方案、建筑物、建筑群或整个城市和区域变得易懂。这一图式可以通过不同要素中的任何一个被识别：最通常的是构造部分的布置；体块——或其负形，容积（volumes）或"空间"；相互连通或传递的系统。这些要素本身并非"结构"，仅仅是使"结构"得以被感知的符号。20世纪的主要特征即是被看作承重"结构"的要素在数量上的增长。

第一种含义非常直接，几乎不需予以说明。另两种含义则是一切复杂情况之所在。第二、第三种无法断然分离，因为第二种其实不过是第三种的特殊情况，尽管在实践中它们经常被好似截然不同地谈论着。含义二和三的混淆，潜藏于现代主义者对"结构"的使用中，且由于含义一的存在愈加混杂不清（尤其在英语中，这种情况比其他的语言更加强烈），并造成了这样一种印象，即结构是一个事物（thing），建筑师对此有着独特的专业权限。由此而导致的混乱状态在下列的句子中可见一斑，这是建筑师尼古拉斯·黑尔（Nicholas Hare）在1993年所写的有关奥雅纳建筑事务所的彼得·福戈（Peter Foggo）在布劳德盖特的项目："无论是室内还是室外，各个部分都以极大的精确性被清晰地表达，然而，它们是通过结构和构造层级分明的逻辑构建为一个连贯的整体"。我们几乎无法辨别这里"结构"指的是建筑物的物质支撑，还是通过其他要素显现的一个不同的、不可见的图式。

解开这一混乱的关键在于认识到"结构"是一个隐喻，它或始于建筑物，在游历了不同领域之后又回到了建筑学中。此外，"结构"并不是一个而是两个隐喻，

每一个来自不同的领域：第一个来自博物学，这赋予了它在19世纪的含义；第二个来自语言学，这提供了它的20世纪的含义。然而在其他领域中——比如人种学——当结构的新的语言学含义被引入时，曾有过一场强有力的清除学科中原有生物学隐喻的运动，而在建筑学中这从未发生；值得一提的是，在建筑学中一直存在着两个根本敌对的隐喻在一个词中长期共存的现象。毫无疑问，这与"结构"最初的第一层含义有很大关系，它允许建筑师宣称在结构事务上拥有特权。一旦"结构"的第三层、语言学的含义被维护而排除其他的含义，这一权力就会消失，因为建筑师无法比一个语言的使用者更能宣称去"创造"结构。

结构作为整体清晰可辨的要素，与其支撑方式有关

这一含义主要与19世纪中期法国建筑师及理论家维奥莱-勒-迪克有关，尽管他并不是发明者，却无疑是推广者，通过他的著作在法国以及在英国和美国译本的广大读者群，形成了现下的广为人知。维奥莱的观点是，结构是一切建筑的基础，他反复表达这一点，并且是他认为哥特建筑优越的理由。他观点的特点如下：

把13世纪建筑的形式与其结构分开是不可能的；这种建筑的每个部分在结构上都是必需的，就像在动植物的王国里，没有一种形式或者过程不是出于有机体的需要产生的……我无法告诉你形式控制的法则，因为形式的天性就是要使自身适应结构的所有要求；给我一个结构，我会向你指出由其自然而产生的形式，但如果你改变了结构，我必须改变形式。[①]（*Lectures*，第一卷，283-284）

维奥莱为展示古代建筑"结构"，说明其著述的分析图，清晰地表明"结构"是一种怎样程度的抽象：在旁观者眼中，砖石建筑的厚重体块化为了乌有，只剩下生活中不可见的纯粹的侧推力与约束

芬斯伯里大街（Finsbury）1号，布劳德盖特（Broadgate），伦敦，奥雅纳（Arup）建筑事务所，1982—1984年。"结构与建造的层级逻辑"，但"结构"能看得见吗？

力的系统。维奥莱的"结构"概念很快在美国被接受，并为在维也纳受过教育的建筑师及理论家莱奥波德·艾德茨，及他的朋友，颇有影响力的评论家蒙哥马利·斯凯勒所采用，后者以其对阿德勒和沙利文的办公大楼的评论而著称。艾德茨，在他的《艺术的本质与功能》（1881）一书中，借用了维奥莱"结构"是建筑基础的观点，并将其置于德国哲学的唯心主义的框架里使用。艾德茨将"结构"看做是潜在理念再现的方式，而不是将"结构"的完美视作建筑的主题；如他所说，"建筑师的难题是刻画出他所处理的结构的情感；在一定程度上刻

---

① 译文引自尤金·埃曼努尔·维奥莱-勒-迪克，白颖、汤琼、李菁译，《维莱奥—勒—迪克建筑学讲义》，北京：中国建筑工业出版社，2015：214。略有修改。
——译者注

圣殿，圣勒代瑟朗（瓦兹省）（Saint-Leu d'Esserent, Oise）。在维奥莱-勒-迪克的分析图中，砖石建筑的厚重体块在观看者眼前化作了不稳定的点，以此揭示"结构"。

画出那种结构的灵魂"（287）。艾德茨主要关心的是理念与"结构"的关系。而专注于寻找一种"现代"建筑的蒙哥马利·斯凯勒，与维奥莱有着更为相近的"结构"观；在斯凯勒笔下，我们也同样能清晰地看到构造的抽象与物质构件的混淆，这是这个词在英文中十分典型的用法：如在其1894年的论文"现代建筑"（Modern Architecture）中，

这些塔楼，"芝加哥建造"的真正结构，是一种钢与黏土砖的结构，而当我们寻找它的建筑表达，或其建筑表达的尝试时，我们将一无所获。无论砖石结构的建筑包裹有什么优点或缺点，它始终是一种包裹，而不是事物本身，事物本身不可能出现在任何地方，无论内外。结构无法以历史建筑的方式予以表达，因此表达它的尝试也一直没有付诸实施。（113–114）

与维奥莱一样，斯凯勒也是从生物学的角度设想"结构"："在艺术中和在自然里一样，有机体是相互依存部分的集合，

这些部分的结构由功能决定，形式则是结构的表达"（115），他接着援引了生物学家居维叶的话予以说明。维奥莱最著名的英语世界的追随者是威廉·理查德·莱瑟比，他将建筑历史的特点描述为"实验性结构中的愉悦"（70）。在法国，维奥莱的影响相当广泛：在吸取了他的理念的早期现代主义者中，奥古斯特·佩雷或许是最著名的——并且在描述他的思想时，佩雷习惯性地使用了他从维奥莱那里学来的范畴"结构"。例如，"我们时代伟大作品可以采用主体-结构，即钢或钢筋混凝土的框架，它之于建筑物就如骨架之于动物"。

建筑作品的"结构"与外表之间的差异，是所有后维奥莱时代的建筑师和作者关注的基本问题，它并不像现在看起来那么自然。习惯于结构工程师与建筑师之间的专业分离，我们很容易将"结构"——支撑系统——作为与建筑物其他部分相分离的一个属性来谈论。尽管是维奥莱使这种思考方式广为流传，并使"结构"作为这种抽象的代名词得以普及，而他之所以能达于此，要归功于法国建筑和结构在18世纪后半叶的发展。正如安托万·皮孔（Antoine Picon）展现的，描述和分析独立于建造传统及假定的"稳固"观之外的支撑系统的能力——换而言之，独立于任何真正的建筑物之外去思考支撑系统——正是18世纪晚期法国工程师们的成就。[1]尽管在克里斯托弗·雷恩爵士和克劳德·佩罗的早期作品中已有这种方式的先例，但只有在18世纪晚期围绕建筑师雅克-日尔曼·索弗洛（J.-G. Soufflot）、帕特和工程师佩罗内（Perronet）的作品的争论中，它才发展成为一种理解建筑议题的有效路径。在这些争论中，对于背离看起来稳固这一广为接受的惯例存在着明显的犹豫，只有索弗洛，特别是佩罗内，准备冒此一险。佩罗内陈述其论点的方式尤其重要：在1770年写的支持索弗洛在圣日内维耶图书馆（Sainte Genevieve）中的细柱的一封信中，佩罗内赞扬了哥特式建筑的品质：

279

这些后面的建筑物的神奇之处主要在于，它们在某种程度上是模仿动物的结构［structure］建造起来的；高耸精致的柱子，带有横向、斜向、居间肋的窗花格，可以比作骨骼，而只有四五英寸厚的小石块和拱石，则可比作这些动物的肉。这些建筑物会有自己的生命，像骨架或是大船的船体一样，似乎是以相似的模式构成。（Picon，1988，159-160）

这听上去与阿尔伯蒂把建筑物的构造比作动物的皮肤与骨骼[2]的著名段落（第三书，第十二章）十分相似，但其根本目的则完全不同。阿尔伯蒂关注的是构筑物各个部件之间的连接性，而佩罗内更注重于它们相较于建筑惯常规则的轻盈性。佩罗内的言论中有两处在当今语境下尤其值得注意。其一，正是博物学而非简单的建筑建造的荷载系统，为佩罗内提供了"结构"的模型。正如我们从前文的引用中已经看到的，许多之后采纳了这一"结构"命题的建筑师不厌其烦地提醒大家，结构是一个生物学而非建筑物的隐喻。[3]于是，我们可以看到，"结构"作为建筑中指代支撑系统的术语最初是一个来自生物学的隐喻，而非建筑物，尽管这种生物学用法可能本身是借自于建筑物的。

这将我们带到了佩罗内的引文中提出的第二点，即解释为什么他以及其他人如此喜爱"结构"的生物学含义。据安托万·皮孔所言，佩罗内想要的是一个与建造实践或建筑物不同的建造或"结构"理论。建造，一个建筑师耳熟能详的术语，囊括了建筑所有的一般性实践，不仅有原理，而且有惯例，及劳动实践；因此在18世纪中叶的法国，布隆代尔把建筑学分为"分布"（distribution）、"装饰"（decoration）和"建造"（construction），这一划分粗略地对应于维特鲁威的三要素：实用、坚固和愉悦。但是对佩罗内和其后的理性主义者来说，把与"稳固"有关的一切归于"建造"的名下，并不令人满意，因为"建造"总会为建筑的实际经

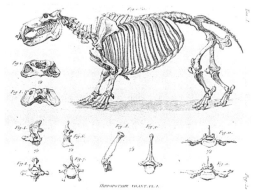

（上）圣杰内芙耶芙（Sainte Geneviève）（先贤祠）室内，巴黎，雅克-日尔曼·索弗洛，始于1757年。索弗洛纤细的柱子引发了对它们稳定性的担心，并导致了与动物"结构"间的比较。
（下）河马骨架，来自居维叶，《骨骼化石》（Ossemens Fossiles），1821年，第一卷。河马巨大的重量承载在最小的骨头上。

验和偏见所拖累；正如让-尼古拉斯-路易·迪朗在19世纪初所言，"建造""表达了建筑中所使用的不同工匠技艺的汇合：如砌作、木作、细木作、铁作等"（第一卷，31）。而"结构"的意义在于它使他们不受2000年来所积累的源自已有物体的传统智慧的价值所干扰，去思考支撑系统。尽管佩罗内在1770年代就暗示了结构是一种摆脱各种工匠技艺传统思考建筑的

方式，他事实上并没有使用与建筑物相关的术语"结构"——在写给索弗洛的同一封信的后面，他一直用的是"建造"这个术语——"在我们的建造［constructions］中模仿自然，我们可以用较少的材料做出更持久的作品"。具体什么时候"结构"开始被用来描述抽象的支撑系统并不清楚：例如，朗德勒（Rondelet）的《论建造艺术的理论与实践》（*TraitéThéorique et pratique de l'art de Bâtir*，1802—1817）中并没有使用这个词，而是把我们如今认为的"结构"的主题称作"建造的理论"（*théorie desconstructions*）。最早使用"结构"的现代概念的人之一是一位英国作家罗伯特·威利斯，他对哥特建筑的分析明显受到了法国理性主义思想的影响——但他依旧几乎没用这个词。在1835年的著作里，他用短语"力学建造"指代后来他称之为的"结构"。威利斯这样解释他的范畴：

在一栋建筑的建造中能观察到两件事：重量如何真正得以支撑，以及它们似乎得到了怎样的支撑。前者我称之为力学的或实际的建造，而后者为装饰的或表象的建造，这两者必须明确区分。（15）

威利斯的确偶尔用"结构"来代替"建造"，但当他意指"真正的"支撑系统时，总会加持以形容词"力学的"：很明显，威利斯不曾期待他的读者能自行理解"结构"的现代含义。奥古斯都·威尔比·诺斯摩尔·普金（A. W. N. Pugin）在《尖拱或基督教建筑的真实原则》（*The True Principles of Pointed or Christian Architecture*，1841）开篇的名言也同样源自法国和意大利的理性主义，而他用的词是"建造"而非"结构"，结构本身在1841年的英国一直没有他所要表达的意义。甚至到1870年代，英国作家在想要表示独立于物质实体之外的支撑系统时，仍然使用的是"力学结构"这一短语。毫无疑问，正是在法国和英文译本中的维奥莱–勒–迪克，使"结构"作为一个独立的

隐喻得以普及。

一旦成为可能，且随后习惯于脱离建造的物质事实去构想结构的力学系统，大部分关于"结构"的论战就转向考虑它在多大程度上应该、或不应该显现在最终形成的作品中。这一直是一个熟识的现代主义的争论：密斯·凡·德·罗在1922年的文章"摩天大楼"（Skyscrapers）即是一例，文中以维奥莱–勒–迪克（甚至更多的是莱奥波德·艾德茨）会赞同的方式陈述了这个议题：

只有在建造中的摩天大楼才能揭示出鲜明的建造思想，而后是无法抗拒的高耸的钢骨架留下的印象。随着墙体拔地而起，这种印象毁失殆尽；建造思想，艺术赋形的必要基础，被形式的琐碎无谓击溃并扼杀。（Neumeyer，240）

当密斯明确地把结构想象成理念——"鲜明的建造思想"——的时候，他已相当明显地将它区别于建筑物中实际的物质表现，而这种区分，尤其在英国，无论多少次重建总是分崩离析：威利斯和其他人一直无比渴望建立的是，现实中不可见的一个抽象的"结构"，一种各部分之间的关联，但最终却总是被现代建筑师们当做一个物质对象，一个事物。在本词条开篇引用的密斯关于棚屋与结构的评论，即注意到了这一矛盾。

由维奥莱–勒–迪克提出并得到密斯·凡·德·罗和一大批现代主义建筑师支持的力学或构造的"结构"的首要性，无疑得到了普遍地接受。在19世纪，维奥莱同时期的德国人戈特弗里德·森佩尔提出了完全不同的建筑理论，他认为结构并不重要，相对于创造围合空间这个首要目标，结构完全是次要的。因此在《论风格》中他写道："用于支撑、维护、承载这个空间围合的结构是一个基本要求，它与空间或空间分隔并无直接关系。它既与原初的建筑思考相去甚远，也非最初决定形式的要素"（第一卷，60，1989，254）。森佩尔的维也纳信徒阿道夫·路斯

也表达了相似的对结构的漠视。"建筑师的一般任务是提供一个温暖可供居住的空间"，地毯和挂毯有助于此。"无论是地板上的地毯，还是墙上的挂毯，都需要一个结构框架在恰好的地方托住它们。创造这个框架是建筑师第二位的任务"（1898，66）。更近一些时候，将构造结构降为明显的从属地位一直是建筑"解构"最直白的含义。例如，维也纳的建筑事务所蓝天组（其方式与他们的同胞的阿道夫·路斯有着诡异的相似性）："在最初的阶段，结构设计从来不是当务之急，但在方案要实现时，它的确变得非常重要"（Noever，23）。讽刺的是蓝天组及其他解构主义建筑师的作品，结果常常是其对结构独创性的要求远远超过那些以"理性"的结构方式发展出的作品。如罗宾·埃文斯所言，"建筑师从结构中的解放所带来的是建筑师从结构中的解脱，而不是建筑物"（1996，92）。

所有这些都没有尽力去解决一个更基本的问题，即为何应该有一个被称作"结构"的独立范畴存在。因为如我们所见，"结构"这个远非天命所授的范畴，是一种抽象概念，是18世纪晚期从博物学的隐喻中创造出来，以使建筑师得以从"建造"一词，从建筑的日常实践的常规化制约下解放出来。这一术语的显著特点在于，它起始于抽象，其真正的意义在于非可视性，却在现代用语中一直被转译成一个事物。

"结构"，在建筑学以外的领域

在"结构"成为建筑语汇的一部分的同时，它也在经历其他学科中的发展。我们需要简要的思考一下博物学中"结构"的观念是什么，正是它为建筑师和其他领域的人提供了一个如此强大的图景。

18世纪，博物学的主要工作是物种的分类。最初由林奈建立的方法，是通过标本各部分的视觉特征对它进行归类，而每个部分都是根据四个标准进行评定：数

建设中的湖滨大道860-880号，芝加哥，密斯·凡·德·罗，1950年。
"只有在建造中的摩天大楼才能揭示出鲜明的建造思想"。

量、形式、比例和位置（situation）。这四个评定项组成了结构："我们所说的一个植物各个部分的结构，指的是形成其躯体之部件的组合与排列"（Tournefort，1919，引自Foucault，1970，134）。米歇尔·福柯已论证这一方法完全无法分辨这种分类下植物或动物的*生命*属性；的确，若如这些博物学家所描述的那样，他们自己可能也根本不是生物体。[4]正是试图克服这一缺陷，并描述动植物生命品质的尝试，成为18世纪末的博物学家——拉马克、维克-达吉尔（Vicq d'Azyr）和居维叶——工作的显著特点；原先仅凭视觉特征被分类的局部，现在则是在它们对有机体整体的相对重要性的层级系统中进行分类，这个体系必然会根据各部分的功能对它们进行定义。在这种方法中，"结构"现在成为了表达各部分相关功能的特征，而不再是一种仅仅以视觉标准为基础的属性。如福柯指出的，其结果是使"分类即意味着将可视的与不可视的，与某种程度上其更深的缘由联系在一起"（229）。而"结构"使可视与不可视的联系成为可能，并成

282

为定义"生命",定义生物体有机属性的方式。

在它对于佩罗内、结构工程师们,以及后来的维奥莱-勒-迪克的吸引力中,博物学家关于"结构"观念的重要性首先在于,它使他们可以将建筑物构想为各功能部分间层级化的组织关系,且不必理会它们呈现在眼前的表象;其次,它使他们可以像思考生物体一样去思考建筑物,生物体的形式并不依某些预设的理念而固定不变,而是可以根据各个部分间的相关功能进行变化。"结构"的这一概念——即作为有机物中生命的属性——的吸引力,对于任何想要质疑由古典传统惯例规定的公式的人,如18世纪末的建筑师和结构工程师,都是显而易见的。正是从博物学家那里,建筑师通过类比发展出了他们的"结构"观,即结构是各部分运行功能间的一种关系,一种独立于建筑物的视觉特征来理解的关系。

另一个使"结构"变得重要的主要领域(除了将在下一节讨论的语言学以外)是社会学。这里博物学家的"结构"观念再一次为社会学研究提供了模型。而赫伯特·斯宾塞(Herbert Spencer)是这一发展过程中的关键人物,对斯宾塞而言社会研究与博物学研究并无太大不同:他指出,"就如生物学发现的某些发展、结构和功能的普遍性特征,贯穿所有的有机物一样……社会学也必须认识社会发展、结构和功能的真相"(1873,59)。"结构"对于斯宾塞来说是社会的功能单位,他将它们分成"功效的"(operative,即生产的)和"调节的"(regulative),如教会、司法、军队这样的机构。当社会规模不断扩大,且变得愈加复杂,它们的结构亦是如此:"和生命体一样,社会团体的特征也同样,当它们的尺度增大时,结构也在扩大"(1876,§215,467)。"结构"永远是某个特定功能的结果:"不同的职责势必导向不同的结构"(§254,558);而且"没有功能的改变就没有结构的改变"(§234,504)。

3号厂房(Funder-Werk),格兰河畔圣法伊特(St Veit/Glan),奥地利,蓝天组,1988—1989年。建筑师从"结构"中的解放,并不一定是建筑物的解放。

在斯宾塞的"结构"理论中,我们可以看到我们在生物学和建筑学的理论中业已看到的那种观念,一种在器官或建筑部件的"功能"与结构之间直接且确定的关系。即便仅仅因为它强调了出自生物学的"结构"概念与功能相关联的程度,斯宾塞的机械"结构"观都值得我们注意;无论怎样,因为他在19世纪末被广泛阅读(路易斯·沙利文和弗兰克·劳埃德·赖特都提及过他),如果要在建筑学之外寻找结构的隐喻,在赋予"结构"的现代意义上,斯宾塞和那些早期的生物学家具有一样的影响力。而斯宾塞的社会理论也碰巧成为下文将要讨论的结构观念潜在的攻击对象。

"结构"作为使事物可理解的方式

尽管生物学曾提供了"结构"的模型,其地位却在20世纪初期被语言学所取代,从那以后语言学提供了"真正的结构科学"(Barthes,1963,213)。索绪尔的主张,"语言是一个相互依存的术语系统,其中每个术语的意义只来自于其他术语的同时在场"(114),提示出语言的研究方法,它并非通过询问词意为何(*what*)、而是词何以(*how*)载意。使语言清晰易懂的不是附着于特定词语上的含义,而是他们于其中被使用的系统。语言的"结构"不再是词语和其所指之间的功能性关

283

联，而是成为对语言中差异系统的研究。"结构"和"功能"的分离对20世纪语言学卓越的发展是根本性的，这一领域以其实践者在不同的语言结构模型的发明中展现出的创造性而著称。在所有其他已形成的将"结构"理解为知性图示（schema），并借此使事物可被理解的学科中，没有比结构人类学更引人注目的了。尽管传统上人类学家和社会学家，如赫伯特·斯宾塞，已经通过询问社会机构与实践为的是什么，它们在社会组织中服务于什么功能来进行社会研究，结构人类学却不理会这些，因为那种研究将导向纯粹经验的、趣闻轶事式的社会描写。取而代之的是，结构人类学认为一切社会活动的产物在本质上既可转移、也可互换；正是这个系统，这些产品，无论是仪式、机构或人造物，在其中被转移和替代的系统，揭示了结构，即社会的"生命"，而非附着于产品之上的特定的意义或功能。以这些角度思考的"结构"，不再是对象的一种属性，尽管它可以通过对象获得理解。

"结构"的语言学意义最有前景的运用不是在建筑中，而是在空间中。当内部空间以常规的方式从结构的生物/力学的隐喻角度来讨论时——如柯林·罗和斯卢茨基对于勒·柯布西耶位于加歇的斯坦因别墅（1963，168-169）的"空间结构"的评论——结构的语言学含义提供了一种全然不同的可能的分析模式。空间，像语言一样，不是一种物质，当它被看成是"社会"空间而非围合的"建筑"空间时，它是社会构建自身的属性之一。人类学家克洛德·列维-斯特劳斯（Claude Lévi-Strauss）曾对此评论道：

正是涂尔干和莫斯（Mauss）的伟大功绩，首次唤起我们对应被视为几个原始社会结构的空间的可变属性的关注……实际上，我们一直没有试图将空间配置与社会生活其他方面的形式属性建立内在的关联。这是非常遗憾的，因为在世界上很多地方，聚居地、村落或营地等的社会

结构和空间结构之间存在着明显的关联。（1963，290-291）

然而他继续说道，在世界其他地方的社会空间与社会结构之间任何明显关联的缺失，以及这种关联在别的地方所表现出的错综复杂，使得为其设计任何一种结构模型都十分艰难。尽管如此，他自己对南美波洛洛村落的分析，如《忧郁的热带》（Tristes Tropiques，284-320）里所的描述的，优美而颇具说服力的例子说明了社会空间的结构分析所具有的潜力，也激励了形态学和空间结构方向的研究发展。

稍有不同，但显然更加诗意的，有关新的语言学含义上的"结构"与客体之间关系的解释是罗兰·巴特提出的：

所有结构主义活动的目标……是重构一个"客体"，并是以这样一种由此可以表明这个客体运行（即"各种功能"）法则的方式来进行。因此，结构其实是那个客体的一个拟象，但是一个有导向性的、利害相关的拟象，因为模拟所得的客体使原客体中一直不可见的，或者你愿意，不易理解的某些东西显现出来。结构主义者取其本真，将其分解，然后重组。①

巴特说，结构活动是"名副其实地杜撰一个与原始世界相似的世界，不是为了复制它，而是为了使之易于理解"（1963，214-215）。巴特自己的例子是在他的"埃菲尔铁塔"（The Eiffel Tower，1964）文章中介绍的，他指出雨果和米什莱（Michelet）分别展示了巴黎和法国的文学鸟瞰：

使我们能超越感觉并看透事物的结 284 构……巴黎和法国，在雨果和米什莱的笔下……成为可理解的，但并不损失它们的任何物质性——这一点正是新颖之处；一种新的范畴，具体的抽象范畴出现了；而且这就是我们今日可以赋予结构这个词的

---

① 本段及其下的译文参照了：罗朗·巴尔特著，袁可嘉译. 结构主义——一种活动［J］. 文艺理论研究，1980，（02）：166-167。在此处采用哲学上的一般用法，将object（s）译作客体。

意义：一组理智的形式。① （1964，242-243）

建筑师可以自己创造"结构"的可能性，如巴特建议作家和艺术家所能做到的那样，从结构主义和符号学被广泛研究的1950年代末起，就令人感到好奇并心驰神往。对这个语言学隐喻的兴趣已经在第五章里详细地讨论过。在建筑学和语言学结构间构建可被感知的类比的方式之一例，是由一群荷兰建筑师尤其是赫曼·赫兹伯格阐释的，他们的作品发表在《论坛》杂志上。赫兹伯格的观点是，由建筑师制造的形式是冰冷无生命的，压抑而非解放的；他的目的是发展出可以由建筑的使用者以他们自己的方式诠释和完善的形式。为了描绘他的意思，他认为可用的建筑形式和形式容纳个人诠释的能力之间的关系，可以被理解为语言和演说的关系；在这个框架之中，"我们假定有一个潜在的形式的'客体'结构——我们称之为建筑形（arch-forms）——它的衍生物是我们在某种特定境况下所看见的"（144）。如赫兹伯格所见，建筑师所承担的是在社会已建立起来的"建筑形"的现有结构中工作，永远不可能创造全新的事物，然而建筑师或许可以做出各种各样的物体，它们能被使用者重构从而成为新的意想不到的事物。尽管在这些荷兰建筑师中间，把社会感知和建筑之间的关系呈现为一种语言学意义上的"结构"，那从来都只是最不严密的类比，但应当强调的是，这种"结构的"冲动，这种去发现一个能将世界表述清楚的系统、并以建筑形式来重构它的欲望，是1960年代后期至1970年代建筑学的一个主要执念。

由于结构主义自认的矛盾和将世界描绘成一种抽象的趋势，转而反对结构主义也是1960年代后期至1970年代的一个主要特征，在亨利·列斐伏尔和雅克·德里达的写作中尤其明显。不过列斐伏尔质疑的是将生活变成了一个抽象的概念，而德里达提出异议的是"可理解性"这个结构主义所基于的概念（尤其见德里达的Structure，Sign and Play in the Discourse on the Human Sciences一文）。这两种论点都引发了对建筑学的一些兴趣，而语言学模型和结构主义思想在1960年代的建筑界曾具有强大的吸引力。

伯纳德·屈米在1970年代工作和写作的动力，就是他对结构主义"将建筑去物质化至概念领域"，以及使"话语和日常经验的领域相分离"（1976，68，69）的趋势的反对。从很早开始，屈米就将"结构"作为一个特别的轻蔑对象："语言或结构这些词，专门用于一种无法置身于愉悦语境中的阅读建筑的方式"（1977，95）。在他的各种策略中，对结构的质疑是主要的话题，比如拉维莱特公园的规划：

我们知道建筑体系一直以它们所再现的一致性而著称。从古典时代到现代运动……不连贯的结构观完全不在考虑之列。建筑的真正功能，如其仍被理解的那样，排除了反结构化的结构（dis-structured structure）的理念。然而，控制拉维莱特公园设计的叠加、置换和替代的过程，只可能导向对结构概念的彻底质疑……（1986，66）

但是，拉维莱特公园"质疑结构"的方式目前还不清楚：这个方案有三个叠加的系统（一个网格、不同的运动模式、不同的表面）的事实，更像是证实而非怀疑"结构"的必要性。不只如此，这一构想忽略的问题是：对使用者理解这个方案或任何一片城市的其他区域来说，一个知觉对象，一个思维"结构"到底有多必要，以及"结构"究竟在不在建筑师的能力范围之内。据屈米说，当他表现出对"解构"的兴趣时，雅克·德里达非常惊讶，问他"一个建筑师怎么会对'解构'感兴趣？毕竟解构是反形式、反层级、反结

① 本段译文摘自：（法）罗兰·巴尔特著，李幼蒸译. 埃菲尔铁塔. 北京：中国人民大学出版社，2007：9。

构的，与所有建筑学的主张相反"（1991，250）。德里达最初的惊奇余存至今。去除了结构，建筑实践还会继续存在吗？结果是什么？答案就像"结构"自身一样模糊不清，并完全取决于问题指向的是哪种隐喻，生物学的还是语言学的。如果是生物学的，它会导致建筑物的坍塌、无形式性、混乱；而如果是语言学的，结果可能是盲目、晦涩和最终主体的湮灭。因为任何一种前景都无法接受，所以"结构"，以其所有的模糊性，作为一个建筑的概念似乎不太可能被取代。

285

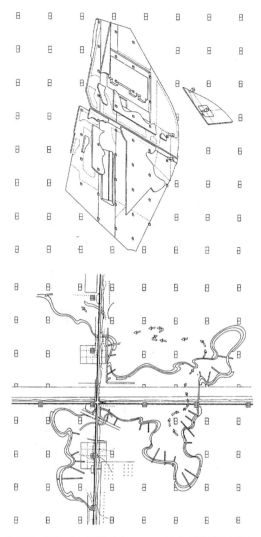

1. 参见Picon，*French Architects and Engineers*，1992，尤其是 chapter 7
2. Alberti的*De Re Aedificatoria*的众多译本表现出因"结构"含义的历史转变带来的困难。第三书第四章的开篇之句 *"Reliquum est, ut structuram aggrediamur"*。Bartoli在1565年将这句话译为 *"Restaci a dare principio alla muraglia"*；Leoni在1726年将Bartoli的译文翻译为英语 *"We now come to begin our wall"*；Rykwert,Tavernor和Leach在1989年从最初的拉丁文译为 *"It now remains for us to deal with the structure"*。尽管这在十八世纪或许可以接受，但给现代读者带来了误解的风险，他们可能会错误地认为Alberti具有一个现代意义上作为支撑系统的抽象的"结构"概念。在其他地方，Alberti写的，*"Structurae genera* sunt haec"（Book III, chapter 6），被翻译成意大利 *"La maniere degli edifici somo queste"*；Leoni则将意大利文译为 *"The different sorts of structures are these"*；Rykwert等人更准确地将拉丁文译为 *"These are the kings of construction"*——由于这一段指的是筑墙的方法，这里无疑"结构"（*structura*）是现代术语中的含义。
3. Steadman，*The Evolution of Designs*，1979，chapter 4，对这一点上有详细的论述。
4. 参见Foucault，*The Order of Things*，1966，160–161；关于此讨论的争论基础，见132–138，和226–232。

伯纳德·屈米，《空的案例》（La Case Vide），拉维莱特公园方案图，巴黎，1985年。
屈米的拉维莱特公园提案质疑了被广泛接受的"秩序"和"结构"的观念。
（上）"这些点，是一个叠加于表面上的*folies*的网格。"
（下）"这些线和点结合——美术馆与电影漫步道和*folies*撞在了一起"

透明性（Transparency）

> 有关透明性的各种想法是跟我们时代最相关的特征之一。汤姆·梅恩，1991，79

"透明性"是一个完全现代主义的术语，20世纪前不为建筑学所知。这并不仅仅与玻璃在建筑学上的使用发展有关，因为把"透明性"仅限定在对玻璃特质的描述上会错失其重要意义。这个词在建筑学里有着三重含义：前两重含义"字面的"和"现象的"之间的差别首次被柯林·罗和罗伯特·斯拉茨基（Robert Slutsky）用两篇文章清晰地表述出来。第三重含义，"意义的透明性"更为模糊且尚未被那样精确地定义。

1. *字面的透明性*，意思是一座建筑对着光能让人看穿，这是因为幕墙技术的发展，可以加大玻璃支撑间距，并固定住大面积的玻璃。这些发展无疑对建筑的现代主义十分重要，现代主义建筑师利用了它美学上的意义——消解了作为建筑要素的墙体，并反转了传统的室内外关系。这就是例如德国建筑师阿瑟·科恩1929年的看法：

> 这个时代的贡献在于现在可以有独立的玻璃墙体，以一层玻璃包裹建筑：不再是带窗户的实墙。尽管窗户可能是主导部分——这窗即墙，或换言之，这墙即窗。并以此我们到达一个转折点。这与几世纪以来的成就相比，是全新的。……外墙消失了——墙体，数千年来必须是诸如石头或者木头或者泥土制品这类实心材料，但现在的情况是，外墙不再是人们对一座建筑第一印象的来源。人们开始透过玻璃注意到的是室内、有纵深的空间以及勾画出它们的结构框架。墙体几乎隐形，只有在光变形的反射以及镜面效应的情况下才能看得见。（170）

科恩勾勒出的美学可能被拉兹洛·莫霍利-纳吉在同年发表的《新视界》（*Von Material zu Architektur*）描述为"透明性"——并成为固定下来的术语。字面上的透明性贯穿了整个建筑学的现代主义阶段，只是短暂地因为后现代主义者偏爱假实墙的品位而被摒弃过；而后现代主义的被清除以回归玻璃表皮前所未有的扩张和隐形为标志。特别是在法国，那里的技术工艺理性主义传统很强大，这个词的使用带有特定的政治内涵：如同科洪写的蓬皮杜中心的字面上的透明性："建筑被看成一个人人可以进入并且被公众欣赏的物体"（1977，114）。让·努维尔的一些作品和福斯特在尼姆的加里艺术中心（Carré d'Art）也可以这样评价。

2. *现象的透明性*——实体之间可见的空间——是柯林·罗和罗伯特·斯拉茨基在1955—1956年期间发表的两篇文章的主题[1]。他们讨论的问题是戈尔杰·凯普斯（Gyorgy Kepes）在《视觉语言》（*Language of Vision*，1944）中提出来的：

> 如果我们看到两个或者更多图像相互重叠，每一个图形都试图将公共的部分据为己有，那就遇到空间维度上的矛盾。要解决这一矛盾，我们必须假设一种新的视觉特质的存在。这两个图像必须都天生具有透明性：意即它们可以相互渗透而不会在视觉上相互破坏。不过透明性不仅仅意味着视觉特点，而是暗示着更宽泛的空间秩序。透明性意味着对不同空间位置的同时感知。空间不仅是后退脱开，而且可以持续波动。透明图像的位置含义模糊，因为我们看到的图像忽而是近处的，忽而是远处的[1]。（160-161）

凯普斯关于透明性的含义显然与立体主义绘画的空间手段有关，罗和斯拉茨基

---

[1] 相关翻译参考了金秋野、王又佳的译本，具体参见柯林·罗，罗伯特·斯拉茨基著. 金秋野，王又佳译. 透明性［M］. 北京：中国建筑工业出版社. 2008：24-25。——校者注

讨论的第一部分就集中于此。但是把同样的想法诉诸建筑学会引发，如他们所说的"难以避免的困惑"。

因为，绘画只能暗示第三个维度，而建筑却无法压制它的存在。在建筑中有现实的而不是假造的三维，字面的透明可以变成一种物理事实；但是现象的透明更难实现——并且的确，讨论如此困难，以至于一般来说，评论家一直全身心地期望把建筑中的透明性仅限于材料的透明（166）。

他们继续并展现勒·柯布西耶某些作品——位于加歇（Garches）的斯坦因别墅，联合国设计竞赛和阿尔及尔办公楼——以一层层的平板创造出一个空间深度的幻象，与建筑的空间现实有所不同，并这样在观看者的头脑中创造一个凯普斯所说的"意义不明的含义"。在这两篇文章中的第二篇里，他们接下去表明这样的幻象并非现代建筑独有，而是可以在例如文艺复兴宫殿以及米开朗琪罗为佛罗伦萨的圣罗伦佐设计的立面上都可以看到。

尽管凯普斯在1944年显然是第一个将这类透明性命名为"现象的"，这一特性无疑在此之前就在建筑中被论及了。罗和斯拉茨基自己就提到在莫霍利-纳吉的《新视界》中提及的"透明性"，就有暗示这类透明性。而在莫霍利-纳吉的作品发表前一年，在建筑现代主义的扩散中同样重要的瑞士历史学者和评论家希格弗莱德·吉迪恩的《法国建造》（Building in France，1928）中，就有意以"现象的"谈论透明性。比较勒·柯布西耶和奥占芳（Ozenfant）的纯粹主义绘画和勒·柯布西耶的别墅，吉迪恩写道："不光是在照片里，也在现实里，房子的边缘是模糊的。这油然而生——就像雪景中特定的光线条件——实体的分界被去物质化，这无法区分上升或下降，并逐渐产生在云端行走的感觉"（169）。像其后的评论家一样，吉迪恩将这种效果的发现归功于画家："我们应感谢荷兰人，蒙德里安（Mondrian）

（上）阿拉伯世界研究中心，巴黎，让·努维尔，吉尔伯特·勒岑斯（G. Lezens），皮埃尔·索里亚（P. Soria）和法国AS建筑工作室，1987年，字面的透明。
（下）位于佩萨克（Pessac）的住宅项目，靠近波尔多，勒·柯布西耶，l925-1928年 @ FLC L2（6）1-45. 希格弗莱德·吉迪恩注意到勒·柯布西耶立体派绘画上不同物体的相互贯通和他的建筑照片里重叠的实体之间相似的"透明性"幻象。

和杜斯伯格，他们让我们第一次睁开眼看到表面、线和空缺之间的摆动关系"（176）。

3.*意义的透明性*。这种感觉及其在现代美学中的意义，美国评论家苏珊·桑塔格（Susan Sontag）在"反对阐释"（1964）中解释得最好："在今日的艺术及其评论中，*透明性*是最高级别的、最具解放性的，透明性意味着体验事物自身的光辉，事物成为自己的光辉"（13）。这种不应区分形式和内容、物体和含义的观念是现代主义

288

美学的核心，不仅仅是建筑领域，而且是所有艺术领域的核心。现代主义艺术的理想是：它无需阐释，因为无论其含义如何，都先天存在于作品的感官体验中；这是——再次引用桑塔格——"通过创造表面如此统一而洁净的艺术作品，其契机如此稍纵即逝，其处理如此直接，以致于作品可以成为……就是它自己"（11）。其他人用不同名字称呼这一特性：美国雕塑家罗伯特·莫里斯（Robert Morris）称之为"表现"（presentness, 1978），唐纳德·贾德（Donald Judd）称之为"直接"（directness）。

在建筑学中，一直有一种强烈的倾向认为精致的材料是实现这种被桑塔格称为"透明"——"自发光"——特质的天然手段。早期的例子是密斯·凡·德·罗在1933年为回答"没有镜面玻璃，混凝土会怎样？钢又怎样？"这个问题时，写道：

玻璃表皮，玻璃墙自身赋予结构骨架毫不含糊的建造形象，并确保其建筑术上的可能性…如今墙是什么、开口是什么、地面是什么、天花是什么变得再次清晰。营造的简单、建构方法的清晰和材料的纯粹反映出原初美的光亮。（Neumeyer, 314）

类似的假设以为密斯·凡·德·罗最近在玻璃方面取得的成就奠定了基础。

意义的透明性通常是相对于其相反的"不透明性"来表达的——如安东尼·维德勒所指出的，很多字面上透明的建筑大部分时间都重回到了这种状况。[2] 在（各个意义上）摒弃透明性的后现代主义之后，维德勒看到了现代主义新方法出现的迹象，接受其技术和理念遗产，而试图质

OMA为法国国家图书馆竞赛提交的不同模型——既是透明的，也是实体的，巴黎，OMA，1989年。建筑看起来透明还是不透明的不确定，取决于一天中的时刻和天气情况，这可能引发焦虑；与现代主义的透明的目的根本南辕北辙。

疑其前提。作为这方面的一个例子，他认为OMA1989年参加法国国家图书馆竞赛的方案——一个玻璃方块中间悬着形状不固定的实体——可被视作"同时也是对透明性及其复杂评判的确认"（221）。通过有时半透明的外部（取决于天气和光线条件），不可能确切地分辨在其中不同阿米巴虫形状的实体是什么。这种不可能会让主体陷入一种焦虑和疏离状态，这在维德勒看来就是"异样"（uncanny）的预兆。因此，在维德勒的文章中，有一种观点认为"透明性"有可能导致现代主义先驱意想不到的美学效果。

1. 'Transparency: Literal and Phenomenal'，第一部分，（首版于1963）in Rowe, *Mathematicofthe Ideal Villa*, 1982, 159–183；第二部分，（首版于1971），in Ockman（ed.），*Architecture Culture*, 1993, 206–225.
2. 参见Vidler, *The Architectural Uncanny*, 1992, 'Transparency', 216–235.

真实（Truth）

……追求真实必须是建筑师的指路明灯。奥托·瓦格纳，1896，83

现代建筑的意义只能来自它自身有机比例的活力与结果。它对自己必须是真实的，具有逻辑上的透明性，未被谎言或琐屑之事玷污。瓦尔特·格罗皮乌斯，1935，82

建筑是对真实的追求。路易斯·康，1968—沃尔曼（Wurman），28

1. 现代主义及之后的真实

正如这些来自现代主义历史中不同时刻的评论所提示的，"真实"不可否认是建筑的现代主义中的重要概念。然而"真实"本身并非现代主义的概念，因为它既不是现代主义者的发明，现代主义者也没有赋予它任何重要的新涵义；作为建筑中的批判性范畴，"真实"是18世纪晚期与19世纪的创造，而现代主义者只不过重复了它在19世纪盛期所获得的各种意义。尽管从大多数过于简化的角度，通常认为现代主义者与后现代主义者之间的主要区别是接受还是拒绝"真实"，但我们不能因此将"真实"视为现代主义的决定性观念。最近批判性理论中对"真实"的攻击并不只是针对现代主义，而是针对整个西方的思想传统；而在建筑中被攻击的"真实"，并非20世纪现代主义的特定概念，而是继承自早先那些世纪。虽然我们应该从概述20世纪现代主义者运用"真实"的各种含义开始，并描述后来针对"真实"的攻击的主要特点，但与建筑相关的

对"真实"最有趣的争论都在18和19世纪，因此这部分内容占据了开篇的大多数篇幅。

现代主义建筑师和评论家使用的"真实"主要有三种含义，尽管三者间的区分并非总是很清晰：路易斯·康的评论可以指向任何一种，或者说三者皆是。首先，"表现的真实"（expressive truth），一个作品的感觉忠实于它的内在本质，或它的制作者的精神：这是格罗皮乌斯想说的意思。第二，"结构的真实"，期望作品的外观与它的结构体系一致，并符合制作它的材料的性质。例如，1955年，在思考什么可能构成当下普遍的建筑语言时，工程师奥韦·奥雅纳（Ove Arup）说："我能找到达成共识的最近途径，是一个被经常表达的信念，即在我们这个新技术时代，建筑的重生必定来自结构的真实表现"（19）。第三，"历史的真实"，要求一个作品必须属于它的时代，忠实于艺术里所达到的历史发展阶段。例如，这是密斯·凡·德·罗在他1924年的一篇文章"建筑艺术与时代意志"中表达的意思，其中他写道：

希腊的神庙，罗马的巴西利卡和中世纪的教堂作为整个时代而不是单个建筑师的创造，对我们意义非凡……它们是它们时代的纯粹表现。他们真正的意义在于它们是它们的时代的象征……我们的功利主义房屋只有真正体现了它们的时代才配称为建筑。（Johnson，*Mies*，186）

历史的真实，如人们所预期的，在现代主义历史学家的作品中特别明显，他们的工作是证明现代建筑确实是历史注定。因此，希格弗莱德·吉迪恩在1928年的著作《法国建造，钢铁建筑，钢筋混凝土建筑》（*Building in France，Building in Iron，Building in Ferro-Concrete*）的开头，宣称"我们看到，如今被我们描述为'新'的建筑，是整个世纪发展的一部分"（86）。同样的关注也出现在尼古拉斯·佩夫斯纳的著作中，并在他1936年的

《现代运动的先驱》中表现得很明显。而且在他著名的46卷本《英国建筑》中，一般来说都选择可以体现历史真实性的建筑；对于那些缺乏这种品质的建筑，他或者忽略，或者如果规模或知名度使之无法被排除，他就加以谴责——例如，位于诺丁汉，建于1927—1929年的新巴洛克式市政厅（Council House），他认为与同时代的斯德哥尔摩市政厅（Stockholm Town Hall）相比相形见绌，他评价道："它的爱奥尼亚柱状装饰并不比室内装饰更有灵感或真实"（1951，130）。所有这三种真实感，表现的、结构的以及历史的，都在19世纪发展起来的，它们的发展过程将在下面进行更全面的讨论。

对"真实"的攻击成为1960年代以后批评的主要特点，首先来自文学批评。尽管在建筑中对"真实"的抵制无疑已经很明显，但房屋的经济性使之难以被放弃，而对真实的拒绝在很大程度上是将文学阅读中发展起来的理论运用于建筑。尽管有少数可简要说明的重要例外。首先是罗伯特·文丘里的写作。在他1966年的《建筑的复杂性与矛盾性》中，文丘里写道："我更喜欢不一致的与模糊的要素，而不是直接与清晰的"（16）。他的热情针对的是巴洛克建筑的模糊性，将之与现代建筑的单一性加以对比；《建筑的复杂性与矛盾性》并没有过多攻击"真实"，更多的是对古老的巴洛克思想的回归，即真实可与欺瞒共存。在《向拉斯韦加斯学习》（1972）中，文丘里与斯科特·布朗更加直接的反对"真实性"，但这里抨击的是与建筑价值相关的道德标准的不恰当。就像他们评论保罗·鲁道夫设计的公寓一样，"我们对柯劳福德庄园（Crawford Manor）及其所代表的建筑的批评并非道德的，也不关心所谓的建筑中的诚实或实质与形象本身的一致性……我们并不批评柯劳福德庄园的'不诚实'，而是它与现在毫不相关"（101）。大约同一时期，"历史的真实"观念也受到了仔细审察。有两篇文章

尤其突出。查尔斯·詹克斯的"作为神话的历史"，其中他对吉迪恩、佩夫斯纳以及其他给予现代主义以合法性的观点提出异议，认为现代建筑的历史应向多样化的诠释开放，他们都同样是虚构的，因此都不真实。大卫·沃特金的《建筑中的道德》（Morality in Architecture，1977），是对现代主义历史学家给予现代主义以道德权威之企图的更广的抨击；其观点主要基于卡尔·波普尔反黑格尔的《历史主义的贫困》（1957）。

然而，对于"真实"的攻击主要来自建筑之外。这些攻击，是1960年代以后法国文学理论的产物，它们是反结构主义理论中的一部分。结构主义文学批评，以索绪尔的符号学理论为基础，接受了能指与所指间的截然区分，并极大的挑战了传统文学批评所认为的文学作品具有确定意义。这个理论在罗兰·巴特早期论文选集《神话学》（Mythologies）中非常明显，对文学批评生产"真相"（truths）的能力进行了辩论。这一观点直接针对现代主义设计的一个好的例子出现在让·鲍德里亚的《符号的政治经济学批判》（For a Critique of the Political Economy of the Sign，1972）中：

总而言之，包豪斯的公式是：每一个形式和每一个物体都有一个目标，决定性的所指（signified）——它的功能。这就是语言学所说的外延层（level of denotation）。包豪斯宣称应严格隔离这个核心，这个外延层——剩下的都是外衣，内涵的地狱：残余、过剩、累赘、偏离、装饰、无用。拙劣的作品。有指示的（功能性）的物是美的，被包含的（寄生的）是丑的。更好的是：有指示的（客观的）是真实，被包含的是虚假（意识形态的）。事实上，在客观性概念的背后，整个有关真实的形而上与道德观念都危如累卵。

如今这一外延的前提条件正在瓦解。最终我们开始看到……它是武断的，不仅仅是人为的方法，而且是形而上的无稽之

谈。不存在对象的真实，而外延也不过是最美丽的内涵。（1981，196）

但是对于鲍德里亚、巴特和其他人，索绪尔的假设中有一处令人不满，即所有的符号总是有确定的所指。法国结构主义评论家圈子对必然指向最终先验所指日益不满；部分受到反理性主义的乔治·巴塔耶，以及一个世纪前尼采对"真实"的抨击的启发［具体见《善恶的彼岸》（*Beyond Good and Evil*）的第一部分］，他们开始寻求描述读者与文本关系的其他方式。在巴特这里，他的评论经历了标志性的转折，他的兴趣从认为作品结构产生意义，转向主体自身的体验与对语言的占有，即他们用来阅读作品的语言，并将阅读行为视为获得身份的过程。巴特如此描述关于读者与文本关系的新观点：

和我爱的人在一起并思考其他：这是我最好的想法，如何最好地发明我的工作所必需的东西。就像对于文本：如果它无法被直接领会，就会在我心中引起最佳的愉悦；如果，阅读它时，我被牵着不断寻找和倾听其他。（1973，24）

这种向主体的转变终结了作品本身能够产生"真实"的观念。正如巴特所说，"批评不是翻译，而是委婉的说法。它不能声称重新发现了作品的'本质'，因为这个本质是主体自身，也就是一种缺席"（1966，87）。

第一个，也许仍然是最成功的，在非理性与欲望的驱使下，试图将这一新批评理论引入建筑思想的人是伯纳德·屈米。[1] 在写于1970年代的一系列论文中，他在建筑作品的客观自然，与建筑内在的主体呈现之间划出了界限。在"建筑的悖论"（The Architectural Paradox，1975）一文中，他将很多人对建筑的不满归因于可以理性认知的"构想空间"（conceived space）与来自身体体验的"知觉空间"（perceived space）之间的差异，以及很难将两者联系在一起。如屈米所说，问题在于：

建筑由两种互相依赖又互相排斥的方

柯劳福德庄园，纽黑文，保罗·鲁道夫，1962—1966年。被文丘里和斯科特·布朗批评不符合它自诩的"诚实"的道德观。

面组成。确实，建筑构成了体验的现实，而这现实阻碍了整体视野的形成。建筑也构成绝对真实的抽象，而这真实妨碍了感觉的获得。我们不能同时体验与思考所体验之物。（48）

屈米解决悖论的答案来自巴塔耶和巴特，即放弃理性与真实，支持将感官愉悦与理性连接在一起的情欲的、感觉的、"体验空间"。

将后结构主义者的拒绝"真实"与建筑结合的另一个尝试来自彼得·艾森曼与雅克·德里达合作的拉维莱特项目，被称为"合唱作品"（*Choral Works*）。在这里，德里达的观念，即把语言视为意义之无尽游戏，被转化为物质的作品。

它的石材与金属结构，层层叠叠……放入"柏拉图式"母体（*chora*）的黑暗洞穴中……"合唱作品"的真相，*lyre*（里尔琴）或*layer*（层）所说的、做的和给予的，不是真相：它不是呈现的，再现的，总体的；它从未展示自身……因为所有这些意义和形式的层次，可见的与不可见的层次，彼此延伸，彼此在对方的上面或下面，后面或前面，但它们之间联系的真相从未被建立，从未在任何意义上稳定。它总是引起另一些要被说出的——在比喻意义上——而不是被说出的东西。一言蔽之，它使你躺下/扯谎（lie）。这个作品的真实存在于这一平躺/谎言（lying）①的力量。（344）

在这个精心计算过的非理性中，我们看到，如艾森曼早先所描述的，证明了"将建筑与它形而上的中心分离的努力"（1987，181）。

另一个削弱西方思想中对真实的把握的主要尝试来自让·鲍德里亚的模仿理论。在后结构主义的新马克思主义版本中，鲍德里亚认为先进的资本主义社会的疏离，部分原因在于将商品通过模拟，转换为交换单位。现代社会的特点更多涉及商品符号，例如广告影像，而不是商品本身；在这种情况下，不可能将商品与它的模拟物区分开。如鲍德里亚所说，"模拟物从来不是掩盖真相之物——它就是真相，掩盖了一无所有。模拟物是真实的"（1983，1）。模拟物既不是真的也不是假的："试图恢复模拟物背后的真实，这始终是个虚假的问题"（1983，48）。这些观点从未直接运用于建筑，尽管它们与建筑的情形有明显关联，建筑是同时涉及图像生产与建筑物生产的实践。

必须抵抗结构主义与后结构主义对"真实"造成的损害，要抵抗这种观点——人们与世界的关系并非通过与事物的联系，而是通过符号与图像。由于建筑作品的物质性，以及建筑与"文本"不可忽视的差异，建筑为这一反攻提供了独特的关注点。最近关于艺术品中内在本质真实之存在的论点是各式各样的，但都来自现象学。人们抨击西方思想在可见与不可见的世界间划分界限，一个由感觉获知，另一个由思想获知。如法国哲学家莫里斯·梅洛-庞蒂所说，"感觉官能不需任

何解释者就可互相转换，也不要思想的介入就可互相理解"（235）。因此世界并不是互相独立而被知晓的存在，世界中物体的意义不能与它们给予感官的体验分开。这一观点的某些建筑含义由包括阿尔伯托·佩雷斯·戈麦兹和路易丝·佩尔蒂埃（Louise Pelletier）的学者提出。

一个完全不同的历史观点提出，建筑中"真实"的崩塌是美学的兴起，以及相比于美学和科学在古代和中世纪的统一，美学从科学中分离的结果。在此可以发现建筑的核心问题是它不再有能力承担先验的真实。艺术从科学实践中分离的结果，如哲学家汉斯·伽达默尔（Hans Gadamer）所说，"取代艺术与自然互相补充的是，一如既往，它们被作为外在与实质形成对立"（74）。作为这一"美学分化"的后果，艺术品，不再能获得科学意义上的"真实"，它的目标只能是愉悦感官。佩雷斯·戈麦兹的著作《建筑和现代科学的危机》，以及特别是建筑理论家达利博·维斯利1985年的一篇文章，考察了这一问题的含义。后者明显倾向于建筑的"真实"的可能性——尽管他对当下可达成的程度表示怀疑。对维斯利而言，现代主义者所希冀的（以及后来所描述的）建筑的"真实"是错误的，部分的真实或是来自现代科学或是来自现代美学。虽然体现绝对、超越的真实在艺术还未与科学分化时曾经是可能的，但这被17世纪以来实证主义科学方法的发展所终结。维斯利总结他自己的观点说，他的目的是显示"艺术，在象征性的再现中蕴含的对现实真实的揭示，如何不同于美学的再现，它是作为感官愉悦的源泉被创造和体验"（32）。维斯利反对文艺复兴以后的世界的虚假真实，他解释道："通过积极意义上的真实，我理解艺术品（建筑）揭示现实存在——

293

---

① 这段中的lyre，layer，lie，lying都有着一些文字的游戏在里面，包括字形和寓意，如lyre和layer；一语双关，如lie和lying。——校者注

人类状况——的真实的能力，但同时也具有将之保留在作品中作为象征再现的能力"（38，n.65）。维斯利批评了现代科学错误地认为它能够穷尽对自然的解释，以及艺术未能成功生产比美好的形式更多的东西，使他烦恼的是人们期望"用美学或科学的虚构完全取代建筑的实在，而且通过操纵虚构，相信我们正在操纵甚至创造实在本身"（32）。维斯利认为改造真实的最好期望是通过理解经由建筑历史证明的持续的原则——尽管他悲观地认识到之前20年的此类尝试只不过导致了对前工业城市的乡愁，以及其他各种对历史的错误借用。所有这些尝试的失败之处都在于错误的相信建筑革新可以仅仅通过操纵"形式"来达成。

尽管后结构主义对"真实"的攻击使得对这个词的讨论少于40年前——那时它被谈论并使之得到更谨慎的对待——但显然它并没有被取代，因而确实存在着一种可能，即通过这些现象学的阅读，它也许仍能回归，但在建筑的语言工具中占据不同的地位。

2. 文艺复兴艺术理论中的"真实"：对自然的模仿

文艺复兴的新柏拉图主义以"真实"来评价艺术的品质，尤其将艺术忠实再现自然理念的程度作为评价标准。诗歌与戏剧，被亚里士多德和贺拉斯视为在这方面最为忠实，被当成较高的艺术，文艺复兴艺术理论的一个主要话题就是致力于证明绘画与雕塑这样的视觉艺术具有同样的再现自然理念的能力。[2]建筑，不是再现的艺术，与其他艺术相比在这个方面不具有优势，而它的从业者的反复关注证明它也渴望达到再现的真实。这并非仅仅是无意义的哲学上的推测，而是影响了他们的生活与社会地位；因为较为近期的建筑与房屋的社会分化，即部分地在于建筑师能够证明他们所做的是"自由的"而非"机械的"艺术。[3]然而，建筑是诗歌与绘画那

样的再现艺术，这并非显而易见，因为，如果它是再现，那它再现了什么？这里维特鲁威成了救星，因为在一个简洁的段落里，他将多立克和爱奥尼柱式的装饰描述为按照早期木结构房屋的样子而做，并声称这决定了它们的排布方式。因此对于希腊人，维特鲁威写道，"那些不是真实存在的事物（他们认为）就不能在模仿中得到正确对待。因为通过准确适应从自然中推断出的真正法则，他们使一切都适合于他们作品的完美，并认可通过论证他们能展现的事物，以遵循现实的方法"（第四书，第二章，§§5-6）。不管维特鲁威是什么意思，对于16至18世纪的建筑思想家，这足以使建筑成为与真实再现自然有关的艺术，可与诗歌和绘画相提并论。从16世纪到18世纪中期，无论何时建筑的写作者提到"真实"，他们的意思总是对建筑的自然范本的真实再现。因此帕拉第奥在1570年列出建筑的恶习，谴责一切偏离自然之物，因为自然提供了"建筑真实的、善的以及美的方法"（第一书，第二十章）。

特别值得注意的是，整个16世纪和17世纪，建筑评论家都毫无困难地将建筑的虚假与它声称的真实协调在一起。文艺复兴与巴洛克建筑师充分意识到建筑创造了人工的现实，而且在很大程度上使事物看上去不同于它们自身，他们不认为这与建筑应该具有的真实性有冲突。只是到18世纪后半期，建筑可以同时是欺骗的与真实的艺术这种观点才被瓦解，并且被视为不可接受的悖论。个中原因，如我们将看到的，在于"真实"的重新定义。在17世纪 294 直到18世纪，人们理所当然地认为，不论是一般意义上艺术的愉悦，还是特定意义上建筑的愉悦都来自它的欺骗能力。因此建筑师瓜里诺·瓜里尼（Guarino Guarini）在1686年写道："建筑，尽管它依赖数学，却是阿谀奉承的艺术，其中感官不想被理性厌恶"（10-11）。如果艺术的首要目标是愉悦感官，如17世纪后期和18世纪早

期的理论通常所认为的那样，调整现实使之适合这个目标也是艺术的责任。因此，比如贝尼尼认为对建筑师而言，最重要的事情之一是"有一双评估对立之物（contrapposti）的好眼，以使事物并不仅仅以他们自身的样子而显现，而是应当与它周围的事物相联系以改变它们的外表"（Fréart de Chantelou，139）。举一个18世纪，且随后产生了相当大影响的例子，我们可以援引埃德蒙·伯克的《论崇高与美的观念起源的哲学考察》（1757），其中伯克认为，为了达到崇高的效果，看上去的大小总是比实际大小重要："真正的艺术家应当不吝于欺骗观众……任何艺术作品都不可能是伟大的，除非它欺骗观众"（76）。

然而，大约在18世纪中叶，建筑既是真实的也是虚假的艺术这一观点开始瓦解，最终导致评价其中一个的时候总是会损害另一个。尽管有些建筑理论家，尤其是奎特雷米尔·德·昆西，试图维护两者的统一，反对新的而且更绝对的真实概念，他们的战斗注定是失败的。真实与虚假共存的巴洛克观点消亡的原因完全来自建筑外部。

这首先与17世纪和18世纪思想的另一个分支的发展有关。17世纪的"科学革命"——伽利略（Galileo），牛顿（Newton），威廉·哈维，还有其他人的发现——来自于否定古人所说的自然世界，寻求以直接观察和理性运用为基础的解释的愿望。假如说这导致了科学的进步，那建筑中不也应该有相同的态度——而不是局限在对古人的顺从中，建筑不也应该基于来自理性的原则吗？这正是卡洛·洛都利使用的类比，如我们马上就会看到的，他是发展出新的建筑的真实观念的第一个人。他说，我们不会坚持忠实于希波克拉底（Hippocrates）和盖伦（Galen），而是会追随威廉·哈维及其他人的医学新发现，因此在建筑中，我们同样应当追随我们的理性而不是古代的传统和维特鲁威令人怀疑的权威。[4]尽管这个论点对于并非自然

科学的建筑有点似是而非，但它确实非常有吸引力。

导致对忠实于自然不满的第二个原因来自哲学的发展。美学和伦理学直到18世纪后半期才被视为两种不同的知识。在柏拉图和亚里士多德那里，以及之后所有的西方哲学中，美和真实必须是和谐共存，甚至是可以互换的概念，18世纪早期沙夫茨伯里伯爵重复了这个观点，他通常被认为是现代美学哲学的奠基者："世界上最自然的美是诚实与道德的真实。因为一切美都是真"（241）。18世纪的艺术写作中充满了类似的论述。只有在康德的《判断力批判》（1790）中，美学才决定性的从道德和伦理学中分离，作为独立的知识分支而被建立起来。从康德以来，按照真实来谈论美成了哲学的禁忌，即使大多数艺术的写作者对康德哲学的细节始终一无所知，结果是使真实成了更为严格的概念。尽管捍卫道德与美学的边界时有许多疏漏，[5]但无疑"真实"已经成为比以往更为专门的范畴，而且也不再能与艺术的欺骗和平相处。

3. 结构的真实

对建筑作为欺骗的艺术这一观点的最初挑战，几乎同时于1750年代来自两个不同的来源，在意大利是卡洛·洛都利，在法国则来自洛吉耶神父。

卡洛·洛都利（1690—1761）是圣方济各会的修士，一生大部分时间生活在威尼斯。他的名声"建筑的苏格拉底"来自他明显具有挑衅性的教学；但是他没有出版任何著作，而且他的论文在他死后都毁掉了，我们只能通过二手材料了解他的思想：弗朗西斯科·阿尔加洛蒂的《建筑之上的智慧》（Saggio Sopral' Architettura，1753）和安德烈·梅莫的《洛都利建筑的要素》。两者呈现了洛都利思想的两种极其不同的描述：一般认为梅莫的记述比阿尔加洛蒂的可靠，后者的论文不仅非常短，而且对洛都利抱有偏见。然而两者都

圣辛多内小教堂（CapelladellaS.Sindone）的穹顶室内，瓜里诺·瓜里尼，都灵，1667—1690年。"感官不想被理性所厌恶"：巴洛克建筑师认为建筑的真实性和欺骗能力之间没有矛盾。

同意"真实"对于洛都利的重要性："除了真实没有其他目标，他会仔细阐述和展示它的一切不同方面和伪装，他意图从建筑中清除空洞的话语和诡辩者的谬误，就像苏格拉底（Socrates）对哲学所做的那样"（Algarotti，34）；梅莫列举了洛都利的一句格言"建筑美只能从真实中产生"（Memmo，第二卷，59）。对于洛都利，真实是他在建筑中所见到的两种主要恶习的解毒剂，一方面是任意性（像波罗米尼（Borromini）），除了自己的规则不理会任何其他规则；另一方面是对古代权威不加

批判的顺从。洛都利自己的理性原则建立在将建筑二分为"功能"和"再现"的基础上，或者换句话说，在房屋结构的、静态的属性与它的材料，以及眼睛所见之物之间做出区分。[6]梅莫暗示"真实"是功能与再现的统一；但在洛都利对真实的用法中还有一种更特定的含义，即关于材料。洛都利认为由建筑装饰而来的形式应当遵循构成它们的材料的内在本质：总体而言，这是对维特鲁威的木构细节变形为石构建筑的教条，以及巴洛克技巧的直接攻击。（喜爱隐喻的）洛都利认为：

如果没有真实，内在的美不会被承认。有时候他会说水晶，无论有多少个琢面，当它被放置在真正切割过的钻石旁时，只会被视为好的模仿；女子的脸颊不会被认为红润美丽，如果它的颜色只是来自脂粉；人们不会把明知是人工制作的假发称为漂亮，但会认为模仿了一头可爱假发的道具是好看的等。这样来想象建筑，他认为赋予大理石以木材的外表就和将钱用在糟糕的地方一样……为何我们从不询问如果给予大理石以真实的、它自己的科学形式，它是不是能同样或者更加令人愉悦呢，这样变形之物无法为智慧的眼睛所察觉。(Memmo，第二卷，81-82)

由洛都利而来的观点是，建筑若要真实，它的装饰必须与建造它们的材料一致。

18世纪中期，另一个对建筑的真实有理论贡献的是洛吉耶的《建筑随笔》，最初于1753年出版。洛吉耶和洛都利一样，想去除建筑中巴洛克的过度，建立基于理性的普遍原则。事实上，洛吉耶的原则取决于什么是"自然"，也就是说只有符合原始棚屋的建造逻辑，他才会使用建筑的"真实"这个词（他的教堂方案是"完全自然而真实的"，1756，104）。然而，洛吉耶的"自然的"与洛都利的"真实"相去并不远，如我们将看到的，以至于意大利作家弗朗西斯科·米利吉亚混淆了两者。米利吉亚（1725—1798），一位多产的建筑著作家，从各种不同的来源获取材料；他的书被广泛阅读，有好几个版本，被翻译成法语、西班牙语和英语。事实上是米利吉亚，而不是阿尔加洛蒂或梅莫，是名不见经传的洛都利的主要宣传者，也多亏米利吉亚，洛都利的真实观念才得以流传。但是米利吉亚并不是有原创力，也不是有系统性的作家，他毫不犹豫的把来自不同作者的想法结合在一起。因而我们在下文中会发现洛吉耶和洛都利的混合：

永远不要做不必要，或没有好的理由的事。理由必须来自原始自然的小木屋以及对它的分析，小木屋已经产生了模仿的工艺和文明的建筑。这是指导艺术家工作，和评论家考察作品的标准。一切都应建立在真实的或逼真基础上。那些不能被正的和在现实中维持的就不能被认可……（1785，xxvii）

是在米利吉亚的另一本书《观看的艺术》（L'Arte di Vedere）中——该书被翻成法语和西班牙语——我们看到关于18世纪结构的真实观念的最清晰的论述（尽管没有使用这个词本身）。下面的翻译来自法文版，不是最初的意大利文（在某些细节上与法文版不同），其中理由稍后会变得明显。

建筑建立在需求的基础上，它遵循：第一，它的美必须借用来自这同样需求的特性；第二，装饰必须出于这构筑物的内在天性，也来自它对装饰的可能需求。不应在建筑上看到无用的，以及并非建筑必要组成部分的东西；第三，一切可见之物必须是为了某个目的；第四，不允许存在无法被善的理由证明的东西；第五，这些理由必须是明显的，因为明显可见的部分是美的主要组成；建筑只有来自需求的美；这需求是明确的和不证自明的，它从不出现在复杂精致的工作中，且被矫揉造作的装饰所厌恶。

那些希望学习观察建筑的人必须始终回到这些不容置疑的、永恒的、普遍的和坚定的原则，这些都来自理性和建筑的内在本质。你应当对每一部分提问，你是谁？你如何完成你的工作？你是否以某种方式对用途或坚固做出贡献？你是否比另一个可能处于你的位置的部分更能满足功能？（1797—1798，75）

阻碍洛都利和米利吉亚提出令人信服的结构真实观点的，还有最后一道坎，维护建筑可以既真实又虚假的巴洛克思想。法国建筑理论家奎特雷米尔·德·昆西1780年代提出的才华横溢的观点，因其独创性值得重述，尽管它没有成功地维护旧的"真实"观念，以对抗新意义的侵入。

简而言之，奎特雷米尔做了前人没有尝试过的事，他对建筑的真实与虚假共存的悖论做了理性陈述。奎特雷米尔认为他的前辈都犯了一个错误，假定建筑的"自然"范本是原始木构棚屋本身；反之，奎特雷米尔说，"自然"只是再现物质对象，包括木构棚屋的理想概念。建筑对自然的模仿不是将木构细节复制成石构，而是将自然的理念转换到石材中，木构细节只是恰好表现了这种理念。[7]于是希腊建筑是真实的（因为它真实的展示了对理念的转换），同时也是虚构的，因为模仿和对它的欣赏需要想象。这使奎特雷米尔能够驳斥洛都利的要求，石材必须只复制石材，并提出对木构棚屋的模仿既是现实也是虚幻。他继续说道：

> 让我们对此加以明确，人们是通过这种愉快的欺骗来享受建筑中模仿的愉悦。没有这种欺骗，那种陪伴着一切艺术及其魅力的愉悦就没有立足之地。这种半欺骗的愉悦，使人受到虚构小说和诗歌的喜爱，使他更喜欢伪装的而不是赤裸裸的真实。我们喜欢在艺术中发现谎言，尽管不该有很多；这是我们心甘情愿接受的欺骗，因为只要我们愿意它就可以持续，因为我们总是能够从中醒悟。人类像害怕谎言一样害怕真实：他喜欢被引诱但不要迷失。正是基于人类灵魂的这一点，艺术，那些友好而诚实的骗子，建立了它们的帝国。取悦君主的熟练的奉承者，他们知道谈论真实与谈论谎言冒一样的风险。他们的技巧在于总是既接近真实也接近谎言。（Architecture，1788，115）

然而，尽管非常机智，奎特雷米尔的观点没有什么结果。在19世纪早期的欧洲建筑师中，由洛都利提出，经米利吉亚传播的结构真实的原则变得越来越普及。因此，普鲁士建筑师卡尔·弗里德里希·辛克尔（Karl Friedrich Schinkel）大约在写于1825年并未发表的《教科书》（Lehrbuch）的一段文字中，认为结构为建筑师提供了真实："建筑是构筑物。在建筑中一切都必须真实，任何对结构的伪装或隐瞒都是错的。正确的任务是将构筑的每一部分都做得漂亮并与它的特性一致"（1979，115）。同样，关于材料，辛克尔以非常接近洛都利的意义写道："任何以特定材料充分完美建造之物必然有它自己的明确特性，不能用另一种材料以同样的方式合理完成"（1979，114-115）。令人有所启发的是辛克尔1826年访问约翰·索恩爵士在伦敦的家时的轻蔑反应——"到处是琐碎的伪装"（1993，114）。将结构真实的新术语引入英语的是奥古斯都·威尔比·诺斯摩尔·普金，他的《尖拱或基督教建筑的真实原则》（1841），名称中就指出了它的论述背景。普金著作的双重重要性在于，他不仅仅在英语世界中引入了结构真实的概念，这一概念于18世纪末在法国和意大利发展起来；而且正是普金首先将哥特建筑与结构真实联系在一起。在《真实原则》一书的最开始，普金设定了两个原则："首先，一个建筑物中对便利，建造或得体不必要的部分都不应该体现在特征上；其次，一切装饰应该包括对建筑物必要结构的加强（enrichment）"。然后他又加了两条补充原则："在纯粹建筑中最小的细节也应当有意义或服务于某个目的；即使是结构本身也应当随所用的材料而变化，设计必须适应所用的材料。"我们将注意到这些原则与米利吉亚在前文引用的来自《观看的艺术》的段落极其相似，很可能普金是从米利吉亚著作的法文版中获得结构真实的观念的。有了这些原则，普金毫无困难的将真实的建筑与虚假的区分开。中世纪的建筑在各方面都最好的满足了普金的原则，尽管最吸引他的是他所认为的宗教的诚实。

基督教建筑的严肃性反对一切欺骗。我们永远不应该让一座矗立在上帝面前的建筑看起来比人工建造的更好。这些只是浮华尘世的权宜之计，只适用于靠华丽谎言而生活的人，比如演员、江湖骗子、庸

298

普金，"真实的尺度"，封底，来自《对比》（*Contrast*），1836年。普金的生动图像——19世纪与14世纪被放在真实的天平上衡量，并发现19世纪缺少真实——使"真实"一词在英语建筑词汇中通用。

医，诸如此类。没有什么比让一座教堂在世人眼中显得富丽堂皇，但却充满诡计和谎言更令人厌恶的了，而这些都逃不过上帝探询一切的眼睛。（1853 ed.，再版于1969，38）

就像普金对哥特式建筑的真实证明，他也必须说到他那个时代的虚假建筑。比如，城堡状的乡间住宅。

我们发现侍卫房既无武器也没有侍卫；除了仆人没人经过出击口（sally-ports）的外面，也从来没有军人出来；城堡主楼中除了客厅、闺房和优雅的居室再无其他；瞭望塔是女仆的卧室，男管家在棱堡中清洗他的盘子：一切都只是伪装，整个房屋是构想拙劣的谎言。（49）

普金强烈谴责纳什（Nash）、雷普顿和索恩提出的如画哥特式建筑的虚假，然而这一观点并不仅仅针对他们的结构虚假：这也是一种道德的观点，它将社会的腐败与其采用虚假建筑联系在一起。在借由美学观点建立道德观点中，普金犯了康德已经判断为不利的错误——但这是一个被普金后继者不断重复并有重大影响的错误，其中就有约翰·拉斯金和威廉·莫里斯。

莫里斯在考察这一哲学混淆时直言不讳：对他来说，艺术不能与政治、道德或宗教分开——"在这些关于原则的重要问题中真实是合一的，只有在正式著作中才能被决定性的拆分"（*Works*，第二十二卷，47）。

如果说有一个名字将永远与结构真实的原则联系在一起，那就是法国建筑师维奥莱-勒-迪克（1814—1879）。在维奥莱-勒-迪克浩繁的写作中，我们发现了迄今最引人入胜的结构的真实理论，并被历史的真实观念强化。维奥莱-勒-迪克对结构方法的理解部分来自英国考古学家罗伯特·威利斯，他的《论中世纪建筑》（*Remarks on the Architecture of Middle Ages*，1835）和论文"拱券构造研究"（On the Construction of Vaults，1841）提供了比普金好得多的对结构体系的观察分析。（威利斯从未在真实的意义上描述结构，而且对普金的命名持批评态度，他认为普金的说法是缺乏根据与误导的）[8] 维奥莱-勒-迪克的观点在*Entretiens sur l'architecture*（1863）中表达得最明确，翻译成英文后叫 *Lectures on Architecture*（《建筑学讲义》，1877）。整个想法，他在前言中解释道，并不是推动一个高于其他的体系或风格，而是获得"真实的知识"（第一卷，7）。19世纪建筑的失败在于忽视真实性原则，即"形式与需求及建造手段相结合"（第一卷，447）。就维奥莱-勒-迪克所关心的：

在建筑中……有两种不可缺少的模式都必须遵循真实。和内容计划有关的我们必须真实，和建造过程有关的我们必须真实。和内容计划有关的真实就是要确切的、严谨的满足个案的要求。和建造过程有关的真实就是根据材料的品质与属性运用材料。被认为纯粹属于艺术的种种问题，对称和外部形式，与这些主导原则相比仅仅是次要的。（第一卷，448）

在第十讲中，维奥莱-勒-迪克详尽而仔细地阐述了建筑的真实，但可以说他真正目的是要以"真实"取代传统的建

普金，对哥特式复兴别墅的讽刺漫画，源自《真实原则》，1843年。"这个房屋的一面是垛口式的矮护墙、有炮眼的堡垒，一切都表现出一种强有力的防御，房屋拐角处也有一个通向主要房间的保护地带，一整队兵马也许能穿过它冲入大厦的正中心！"普金用"真实"使如画显得荒谬。

筑"原则"，比如对称和比例，这些其实都被品位所控制。与被称为建筑法则的武断的美学标准相比，他提出了"基于几何和计算的定律，以及对静力学原理的良好观察，能自然地产生真实的表达，——真诚"（第一卷，480）。维奥莱-勒-迪克的思想能如此具有影响力部分源于他论述的详尽——尽管维奥莱-勒-迪克相信哥特式是最纯粹的结构真实，他的《讲义》和《建筑类典》也充分讨论了希腊、罗马和其他建筑。维奥莱-勒-迪克强调自己观点时的确信与清晰，使他获得了他的前辈威利斯从未享有的名气，而《讲义》被翻成英文确保他在英语世界得到广泛阅读；19世纪的两种顶尖建筑杂志，乔治·戈德温（George Godwin）编辑的《建造者》（*The Builder*），和阿道夫·朗斯（Adolphe Lance）编辑的《建筑百科全书》（*Encyclopedic d'Architecture*），都是他的支持者。但令维奥莱-勒-迪克的观点特别具有吸引力的是他们与铁和钢筋混凝土技术发展间的联系；正是奥古斯特·佩雷、弗雷西内（Freyssinet）和其他人在预制混凝土中对此观点的运用，才带来了这些观点在1920年代法国和意大利的现代主义建筑师中的影响力。[9]奥古斯特·佩雷一生都在维奥莱-勒-迪克的意义上使用"真实"来说明形式与结构方式间的结合：他

在1948年说道："只有真实的壮丽才能使建筑获得美。一切都有义务和责任去承担或抵抗，这是真实。"

4. 表现的真实

"真实"作为建筑本质的表现，或它的建造者精神的表现，这个含义是18世纪晚期德国浪漫主义运动的创造。首先对此作精彩阐述的是年轻歌德充满热情的论文"论德意志建筑艺术"（1772）。歌德在斯特拉斯堡大教堂的体验使他拒绝接受洛吉耶——"那个轻佻的法国人"——对建筑起源的论述："其中没有结论可以浸入真实的领域：都漂浮在思想体系的空气中"。在斯特拉斯堡大教堂，歌德看到了石匠埃尔温·冯·施泰因巴赫天才的表现，而正是这一点赋予了建筑以真实。建筑的起源，歌德认为，并不在于任何理想的原始棚屋，而是在人类与生俱来创造象征形式的愿望：如他所说，一旦人的生存有了保障，"他就会四处摸索寻找能注入他精神的物质"。正是这种精神，埃尔温·冯·施泰因巴赫的天性的表现创造了歌德在斯特拉斯堡大教堂所见到的象征的形式——"这里矗立着他的作品：站在此处，体会最深刻的真实与比例的美，从强壮粗鲁的德国精神中，从被教皇缠绕的*中世纪*的困境与悲观中，喷薄而出。"

歌德的论文涉及所有思想，并未对其中某一种有特别的逻辑。他渴望找到建筑诚实于自然的更好的表述，他从接受后维特鲁威的想法开始，即建筑是对自然或原始构造的模仿——尽管不是垂直树干加上部屋顶，他提出最初的房屋是"两根顶端交叉的杆在一边，两根在另一边，一根杆穿过去作为脊"。通过这一点他把哥特建筑写成可与自然形式相比，只是到结尾他提出完全独创的想法，即建筑中的真实实际上意味着对建造者精神的真实表现。

1790年，康德的《判断力批判》的出现，引起对"真实"作为美学范畴的怀疑，对歌德及其他德国浪漫主义者提出的

斯特拉斯堡大教堂，19世纪早期雕刻。"行至此以领悟最深刻的真实"：对歌德来说，对它的建造者精神的最直接表现即斯特拉斯堡的"真实性"。

艺术诠释产生了一些压力。为了克服这个问题，歌德的朋友弗里德里希·席勒在《论人的审美教育》中区分了两种不真实，"美的表象"和"逻辑的表象"。席勒认为"赋予第一种表现以价值并不能损害真实，因为人们不会处于用它取代真实的危险之中"（193）。然后他继续解释说没有必要认为"有美学表象的对象必然缺乏现实性；我们的判断不应考虑现实性；因为当它确实考虑了现实的时候，就不再是审美判断"（199）。通过把审美与道德分开，席勒保持了艺术中的真实观念。

席勒的区分对英国评论家约翰·拉斯金是重要的，拉斯金无疑是建筑领域"表现的真实"的最伟大的阐述者。首先是在《建筑七灯》（1849）的第五章《生命之灯》中，然后是在《威尼斯之石》第二卷《哥特的本质》中，拉斯金发展了他的观点，关于建筑物展示他们建造者精神与性格的方式，他们的品质如何存在于"知性生命的生动表现中，这在生命产生时就已

孕育"（1849，第五章，§I）；但是拉斯金从未使用"真实"这个词描述这种属性，总是喜欢用"生命"或"鲜活的建筑"。拉斯金在《生命之灯》和稍后《哥特的本质》中推进的原则，经常被评论者引用为"表现的真实"，拉斯金在这种语境中避免使用"真实"一词，可能是因为这个词到1850年的时候已经有太强烈的结构理性主义的意味。然而，在"真实之灯"中，拉斯金确实提出了一个观点，表面上重组了普金关于真实的学说——拉斯金定义的欺骗是"提示了某种并非真正的结构或支撑方式"；"表面的涂绘表现了某种并非真正使用的材料"；第三"使用铸造或机器制造的任何装饰"（§VI）——但有趣的是他立刻认可前两种情况中虚构是允许的。这就是席勒的"美的表象"，对拉斯金来说"当思想被暗示不可能弄错事物的真实本性，用相反的印象去影响它，不管多么明显，对于想象都不会是虚假的，相反，是合理的吸引"（§VII）。拉斯金的许多读者，他们的头脑无疑都被太多的结构理性主义搞成了死脑筋，都错误的以为拉斯金是在提出结构真实的理论，而事实上正相反，他是在主张结构欺骗的合理性，如果它能在观看者头脑中引起审美反应。[10]认为拉斯金的"真实"观念与普金的一样是普遍的误解：例如，建筑师托马斯·格雷厄姆·杰克逊（T. G. Jackson）在他的《回忆录》（Recollections）中提到"对真实的热情，就像拉斯金极力主张的，使我在泰特先生的牧师住宅中暴露砖制的梁托……使之裸露如围绕房间的檐口"（89）；在20世纪初的作家，如杰弗里·斯科特和特里斯坦·爱德华兹，日渐增多的对拉斯金的攻击中，同样的误解也是很明显。可能因为拉斯金理论中潜在的困扰，即通过欺骗中的愉悦获得审美真实，当1854年他在《建筑与绘画讲演录》（Lectures on Architecture and Painting）前两讲的附录中总结他的建筑思想的时候，完全没有提到"真实"，而是强调哥特建筑作为"工

国家农民银行（National Farmers' Bank），奥瓦通纳，明尼苏达州，路易斯·沙利文，1906—1908年。"你看到的每一座建筑都是一个你没看见的人的图像"：路易斯·沙利文是一个对表达真实充满狂热的人。

匠自由精神"之表现的特质。

在所有19世纪的建筑师中，使用"表现的真实"最直白的，可能是美国人路易斯·沙利文。通过爱默生以及在芝加哥所受的教育，他很熟悉德国浪漫主义思想，建筑是个人与社会的外在表现这一观点在沙利文的写作中反复出现。例如，在《随谈录》（1901—1902）第三讲：*"你所见到的每一座建筑物都是某个你未曾见过的人的形象（image）。人是实在的，房屋是他的产物"*。他继续道，"如果我们想知道在我们令人沮丧的建筑中为何某些东西是那种样子，我们必须去看人；因为整体来说，我们的建筑只不过是巨大的屏幕，它背后是我们所有人的整体"（24）。美国建筑中"真实"建筑的缺少——他为此不断责备他的听众——对沙利文来说，"是你心中缺少真诚的情感"（1906，188）。但是和沙利文相信"真实的"建筑意味着表现的真实一样，他也确实在结构的意义上理解"真实的"，他在《理念自传》（*Autobiography of an Idea*）的一节中描述他对这另一个"真实"观念的醒悟（249–250）。既在表现的也在结构的意义上解释真实，这个倾向在19世纪美国建筑师中十分引人注目。特别有趣的是莱奥波德·艾德茨的评论，他的奥地利出身使他对德国唯心主义思想很熟悉，但他在美国建筑实践中是维奥莱-勒-迪克的热情追随者。但艾德茨很清楚他仅仅把结构的真实视为部

分有效，因为"建筑处理的是思想，仅仅是思想。在结构的构成中，它试图描述结构的精神，并非仅仅帮助满足它的使用者的物质需求"（226）。路易斯·沙利文，及年轻的弗兰克·劳埃德·赖特，也和艾德茨及他之前的沙利文一样，习惯性的将表现的与结构的真实捏合在一起。

5. 历史的真实

在19世纪变得流行的第三种意义的"真实"，同样来自18世纪晚期的德国。这 一观点有两个来源——温克尔曼对古代艺术的研究；以及特别是由赫尔德和黑格尔发展起来的观点，历史总体来说并非一系列随机的事件，而是遵循可由理性揭示的计划。温克尔曼认为希腊艺术风格的发展，是从简单，到崇高，最终衰落；认为艺术遵循独特发展模式的这一思想为黑格尔所接受，尤其是运用于整个艺术史中。如黑格尔所说，

每一种艺术都有其在艺术上达到完美发展的繁荣期，前此有一个准备期，后此有一个衰落期。因为艺术作品全部都是精神产品，像自然界产品那样，不可能一步就达到完美，而是要经过开始、进展、完成和终结，要经过抽苗、开花和枯谢。（*Aesthetics*，614）

建筑，与其他艺术一样，有一个如黑格尔所说的从象征到古典，然后再到浪漫的阶段。不用深入黑格尔的这一主题也很清楚的是，任何不顺应它所属的历史阶段之独特性的作品，不仅有可能被评判为非历史的，而且，自从黑格尔赋予艺术揭示隐藏于历史过程中之真相的能力，它也可能被认为是不真实的（*Aesthetics*，7-8）。19世纪的建筑作家发明了各种历史真实的版本——其中就有普金和维奥莱-勒-迪克，他们都因为某些原则被历史所认可而赞成它们并为之辩论。但是最充分使用历史的真实的建筑作家是詹姆斯·福格森，第一部英语建筑通史的作者。在他的第一本著作《艺术美的真实原则的历史

圣热纳维夫图书馆室内，巴黎，亨利·拉布鲁斯特，1838—1850年。圣热纳维夫图书馆是詹姆斯·福格森认为的19世纪满足"真实"要求的少数建筑物之一。

考察》（1849）中，福格森抨击了复制："任何民族，在任何时代或任何国家，要有任何成就，或是擅长科学或是擅长艺术，唯一的途径是通过经验的积累以持续进步，永远不要向后看或试图复制"（1849，162）。福格森认为直到16世纪这些原则仍被真正把握，但自那以后就丢失了，复制变得普遍。从历史上看，19世纪的建筑是失败的：

真实的艺术规则不适用于我们的艺术……民族的历史忽视了美的真正形式，而且只在追求最普通功利的言论时最热切，那些因此而满足的人，就像猴子，不理解自己正在做什么，或为什么要做，不理解如此运用自己智力的人，以这粗糙的材料用我们一半的手段精心制作了什么。（1849，182）

随后，福格森进一步发展了他的"真实建筑"的概念，最终把所有的建筑分成要么真实，要么虚假。在1850年给《建造者》杂志的一封信中，福格森将自己与哥特式复兴拉开了距离："普金先生强烈坚持他的建筑的真实性。我完全承认他在模仿者中是最真实的；但是按照我的定义，艺术的真实包含对使用者的需要与情感的再现"（第八卷，148）。在此，福格森借用了表现的真实——它从未远离历史的真实。但是在他世界建筑史——《现代建筑风格史》（*History of the Modern Styles of Architecture*，1862）中只讨论文艺复兴以后建筑的第三卷里，福格森最直接应用了历史的真实。该书的导言，它应当是这个时期有关真实的专题论文中最出色的一篇，以这样的论述开始"也许说自大革命以来在欧洲没有完美真实的建筑并不算过分"（2）。真实的建筑，如他之前的定义，"布局以最直接的方式满足它们为之而设计的人的要求"（1）。在世界建筑中，只有埃及、希腊、罗马和哥特是真实的。因此，令人吃惊的是，事实上福格森接下来

几乎把这一卷的500多页都用在了虚假的
建筑上——希望，正如福格森说的：

也许能引导人们意识到现代建筑所依
据的原则是多么虚假和错误，并且相反，
如果我们只是满足于追随已经在世界各国
和各个时代已经导向完美的路径，成功是
多么容易。（x）

一些罕见的改革后真实建筑的例子
引人注目：巴黎的圣吉纳维夫图书馆
（Bibliotheque Sainte Genevieve）"向人们
承诺常识再一次被认为与建筑艺术是兼
容的"（229）；以及伦敦的国王十字车站
（King's Cross Station），"从外表上看，这
种设计的优点是完全真实的"。

维奥莱–勒–迪克在第十讲的开始对
于历史的真实提出的迫切疑问——"难道
19世纪注定没有自己的建筑就要结束？"
（第一卷，446）——是困扰了19世纪许多
建筑师的问题；而且它对于早期现代主义

建筑师同样重要，对他们中的许多人来说
这是他们整个实践的合法性的保证。

1. 见Martin，'Interdisciplinary Transpositions: Bernard Tscbumi's Architectural Theory'，1998。
2. 见Lee，*UtPicturaPoesis*，1967。
3. 完整的有关艺术分类的争论参见Kristeller。
4. Memmo，*Elementid'architetturaLodoliana*，vol. 2，1834，86–87。
5. 最近的一次试图加强边界安全性的尝试，参见Scruton，*The Aesthetics of Architecture*，1979，164–65. 238–239。
6. 有关Lodoli对这两个术语用法的说明，参见Rykwert，*The First Moderns*，1980，324。
7. 见 Lavin，*Quatremère de Quincy and the Invention of a Modern Language of Architecture*，1992，102–113。
8. 见Buchanan，'Robert Willis'，博士学位论文，1995。
9. 见Banham，*Theory and Design in the First Machine Age*，1960，chapters 1–3。
10. 如，Pevsner，*Ruskin and Viollet-le-Duc*，1970，将Ruskin对真实原则的限制条件称为"魔术把戏"（sleight of hand，16）

类型（Type）

建筑学的历史表明，类型的发展对建筑体系至关重要。克里斯蒂安·诺伯格-舒尔兹，1963，207

最终，我们可以说，类型是建筑的本质，是最接近建筑本质的。阿尔多·罗西，1966；1982，41

304　　几乎没有学科不得益于"类型"这个概念，建筑学也不例外。在建筑学中，最常见的类型划分方式有两种，一种是按照使用方式——如教堂、监狱、银行、机场等；另一种是按照形态特征，如室内为长厅形的建筑、集中式布局的建筑、带院子的建筑，隔间相互联通或相互分离的建筑等等。尽管我们将会看到，人们发明的分类系统不止这些，但大多数围绕"类型"的争论一直关注的是，功能类型与形态类型在多大程度上相对应。

　　根据使用将建筑分成宗教建筑、世俗建筑、剧院、私人住宅和防御工事，是自古代起古典建筑体系固有的一种基本分类方式。18世纪中叶，法国建筑作家和教育家雅克-弗朗索瓦·布隆代尔在其著作《建筑学教程》中列出了一份比以前长的多的建筑种类清单（一共有64种），这奠定了他的建筑体系的基础。一直有一种说法，布隆代尔的类型分类是现代功能分类系统的起源，但这种看法有点误导性。首先，布隆代尔并没有称它们为"类型"（type），而是"体例"（genres），这表明了他的体系的文学基础。其次，他列举所有这些建筑种类的目的主要在于为每一种建筑确定合适的"特征"。尽管如此，自18世纪晚期起，基于使用目的的建筑物的类型学分

类一直被不断使用，最近的一个例子是尼古拉斯·佩夫斯纳的《建筑类型史》（*A History of Building Types*，1976），书中的"类型"都是对使用方式的描述。

　　形态分类的起源通常追溯到法国教育家、作家让-尼古拉斯-路易·迪朗在《课程概要》（1802—1805）中提出的建筑教育体系。书中，迪朗提供了各种在不考虑使用的前提下，不同建筑形式组合的技法——尽管在第二卷中，迪朗向他的学生展示了如何使这些形式适用于有着不同使用目的的建筑任务书，他随着布隆代尔，没有称之为"类型"，而仍是"体例"（genres）。

　　有关建筑类型和类型学的文献非常庞大，尤其是作为过去30年建筑发展的一项成果。[1]本词条在这里所提供的，是对建筑中使用这一概念的不同*目的*的一个简要的探询，而不是试图去挂一漏万地——情况难免如此——概括建筑师所给予"类型"的所有含义。

1. *维护建筑即模仿自然的理念*

　　在18世纪，将建筑视为一种模仿"自然"的艺术，是当时建筑思想的核心，也是宣称建筑是与"机械"艺术相对的"人文"艺术的核心。而从18世纪中叶起，这种建筑的模仿论开始受到挑战，尤其是卡洛·洛都利的理性主义观点，正是为了捍卫模仿论，法国建筑思想家奎特雷米尔·德·昆西发展出了他著名的颇具独创性的模仿理论。奎特雷米尔认为，建筑不是直白地模仿自然，而只能是通过隐喻的方式，因此每个人都知道模仿之物是虚构的，即便知道其可能的"自然"的真实参照。正是为了解释建筑在"自然"中参照了什么，德·昆西提出了"类型"的概念。305在他现在经常被引用的《方法论百科全书》（*Encyclopédie Méthodique*）中的"类型"里，德·昆西对"类型"和"模型"（model）做了如下的区分：

　　"类型"一词所表达的不太是用以完

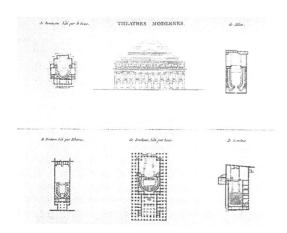
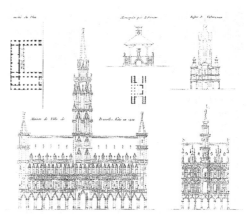

让-尼古拉斯-路易·迪朗，剧场和市场大厅，来自《古今各类大型建筑汇编与对比》（1801年）。迪朗创造了第一个基于使用的建筑的系统比较；跟着布隆代尔，他将这些描述为"体例"（genres）。

全复制或模仿的事物的形象，而更多的是自身应作为模型法则的某个要素的观念……而模型，如在艺术的实践操作中所理解的那样，是一种应该按原样被复制的对象；相反，类型所指的对象是人们可以跟着它来构想艺术作品，而无需彼此相似。模型中的一切都是精确和给定的；而类型中的一切都多少有些模糊不清。（148）

然后，德·昆西进一步解释了为什么"类型"对建筑如此必要："凡事皆有先例。在任何种类（genres）中，没有什么是无中生有的，这一点也必定适用于所有的人类发明"。但奎特雷米尔十分小心的强调，"类型"并不是原始小屋、帐篷或是洞穴，这些已经被之前的学者断定为起源的建筑——这些都是"模型"；而"类型"是（以木建筑为例）"曾在每个国家都采用过的，影响木材使用的那种组合方式"（149），或换句话说，即是被周围环境修正的过程。对于"类型"——"事物最初的原因，它既无法控制也不能提供完全相像的主题或方式"，和"模型"——"完整的事物，它与形式的相像密切相关"，两者的区别至为关键，因为正是这种区别使奎特雷米尔提出建筑尽管没有复制自然，却是在模仿自然。

奎特雷米尔·德·昆西在1780年代系统地阐述了他的"类型"理论，它也是那个时代建筑争论的产物；然而，百科全书中关于"类型"的条目直到1825年才出版，在此之后，德·昆西思想隐含的意义才逐渐被接受，且主要是通过德国建筑师和建筑理论家戈特弗里德·森佩尔。但对于如此困扰奎特雷米尔的问题——证明建筑虽没有复制自然却依然模仿自然，森佩尔毫不关心。对于谙熟歌德的艺术为"第二自然"的理论的森佩尔来说，他更乐意接受的是，建筑在其成型的过程中或许与自然类似，但又完全独立于自然。不过，森佩尔同样对建筑的起源感兴趣，和奎特雷米尔一样，认为"没有什么可以无中生有"。尽管对德·昆西这个问题的分析兴味十足，但森佩尔对德·昆西思想中强烈的唯心主义特征持批判态度，并希望，在不失去奎特雷米尔的"类型"作为一种共通的理念的力量的同时，赋予其更强烈的身份特征和更多的实质内容，以使它可以对建筑师有更实际的用途。森佩尔的优势在于，在他开始对这些问题感兴趣的1830年代，自然科学的发展已可以提供比德·昆西那时更复杂精妙的对于"自然"和"类型"的解释。正是通过从他所掌握的动植物形态学知识的直接类推，森佩尔提出了他的建筑类型的理论。在1843年的

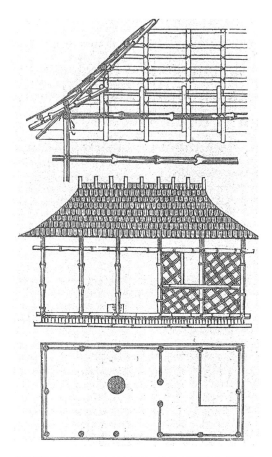

戈特弗里德·森佩尔，加勒比棚屋，来自《风格》杂志第2卷，1863年。森佩尔认为，建筑的"类型"可以通过建造过程中涉及的四个主要过程的每一个的潜在可能性来理解——砌平台、架屋顶、筑墙体和起炉灶——他以在1851年世界博览会上看到的西印第安竹构棚屋为示例来说明。

一封写给他未来出版商的信中，森佩尔写道："正如〔自然界中〕万物发展并可以以最简单的原型形式予以解释一样，正如自然在其无限的多样性中，其基本理念是简单而稀少的……以同样的方式，我对自己说，我的艺术作品也基于某些标准形式，并受原始观念的制约，但允许出现无限多样的现象"（*The Four Elements ect.*, 170）。他用以专指"原型形式"的术语在*Urformen*，*Normalformen*，*Urkieim*和*Urmotiven*之间游移——这些词都取自歌德的动植物形态学理论，但是当1853年在伦敦用英语做讲座时，他使用的词是"类型"：他说，工业艺术作品，"就像自然的物品一样，以为数不多的一些基本理念联

系在一起，而类型中包含着这些理念最简单的表达"（1853，8）[2]。根据德·昆西在其百科全书条目中关于"类型"的文章中的建议，即木造的"类型"是"影响木材使用的那种组合方式"，森佩尔提出建筑的"类型"可以通过建造的四个主要过程的潜在可能性来理解：砌平台（石工），架屋顶（木工），起炉灶（制陶），筑墙体（编织）。"这个平面"，森佩尔解释道，"应该清晰的表明物件和形式来自原始的动机〔*Urmiotiven*〕，而风格则随着环境而改变"（*The Four Elements etc.*, 132–133）（森佩尔在建筑中确定的"类型"数量为4，和他经常提及其系统的生物学家居维叶在动物界中提出的数量一致，这也许不是个巧合）。作为这四个原始动机存在的实物证明，森佩尔提及的例子是他在1851年世界博览会上见到的"加勒比棚屋"；尽管森佩尔强调这个棚屋与建筑没有任何共通之处，因为在棚屋中，这四个原始动机是分别处理的，从没企望将它们融合成一个有表现力的整体，但是它却使每一个原始动机或"类型"异常清晰。森佩尔分类体系的价值在于，将"类型"保持为一个通用概念，并在赋予其确定性和实践应用性的同时，不让它与"模型"相混淆。

2. 作为抵制大众文化的一种手段

从1911年起，德意志制造联盟中的一个争论的主要话题就是*Typisierung*——这个词在过去被翻译为"标准化"，但根据现在的共识，译为"类型"更恰当。[3]德制联盟的争论始于穆特修斯在1911年的演讲"我们立于何处？"，在这个演讲中，他抨击当时艺术中的风格式的个人主义倾向为"骇人听闻"。与此相对，"在所有的艺术形式中，建筑是最易于趋向类型〔*typisch*〕的一种，正因为如此，它能真正达成它的目标"（50）。穆特修斯在1914年于科隆召开的德意志建造联盟大会上再次提出了这个话题，在列出德制联盟的十

项政策时，他如下描述了最初的两条：

（1）建筑，以及与建筑相关的德意志制造联盟活动涉及的整个领域，都在向类型［Typisierung］推进，且唯有通过类型［Typisierung］，建筑才能找回普世的意义，这曾是和谐文化时代建筑的特色。

（2）类型［Typisierung］，被理解为一种利益集中化的产物，将可能独自发展出一种放之四海而皆准的有效且持久的高雅品位。（1914，28）

尽管当时也存在一种观点，认为产品的标准化，以亨利·福特的方式，能带来生产的节省，并因此提升德国的经济竞争力。这当然是经济学家和管理专家们的看法，穆特修斯及德制联盟的其他成员最关心的似乎不是这个。对他们来说，"类型"是为由时尚潮流、个人主义和*道德失范*所统治的大众消费的混乱世界，带来秩序的一种手段。就这一点来说，在类似的讨论中，"类型"所持有的立场非常接近于"形式"。德意志制造联盟的成员之一、企业家卡尔·施密特（Karl Schmidt），在1914年德制联盟的争论之后写到，"对我来说，类型的意义无非是以秩序代替无序和规训的缺失"（摘自Schwartz，127）；或者如评论家罗伯特·布伦纳（Robert Brener）指出的，"类型的概念成为了一种以无法逃避的严苛……阻止一切随意形式的力量"（摘自Schwartz，127）。彼得·贝伦斯为德国通用电气公司（AEG）设计的产品被作为"类型"的参照，并非毫无意义。

虽然在1914年之前，这些有关"类型"争论最直接的关注点一直是商品设计，但1920年以后，它们便迅速扩展至建筑领域。在德国之外，关于这个主题最著名的阐述当属勒·柯布西耶的《今日的装饰艺术》（*Decorative Art of Today*，1925），书中，被称为"物-型"（objets-type）或者"型-物"（type-objects）的钢质办公桌、文件柜、旅行箱等的示例，提供了一种理性的选择，以针对家具陈设制造商所

彼得·贝伦斯，水壶，来自AEG1912年的产品目录。"类型的概念成为一种阻止一切随意形式的力量"：彼得·贝伦斯为AEG设计的产品被作为"类型"的参照。

表露出的"这些年趋向近乎纵欲的装饰狂潮"（96）。柯布西耶写道："我们只有将［形成型-物的］方法用于我们的公寓，装饰艺术才能找到真正的方向：类型-家具和建筑"（77）。勒·柯布西耶发展出的建筑"类型"，如雪铁龙住宅和新精神馆，都服务于同一个目的：将资产阶级个人主义的混乱无序提炼成一种理性、有序的存在。在这个语境中，"类型"是一种保护文明、抵抗资本主义及其代言人——时尚——所造成的文化价值瓦解的手段。

3. 实现"连续性"

1960年前后，由意大利开始，"类型"再次进入到建筑学的话语中——安东尼·维德勒称其为"第三类型学"。[4] 事后看来，在这场"第三类型学"的思潮中可能有两股相当不同的推动力，一股与特别意大利的"连续性"的争论有关，另一股则与英美关于"意义"（meaning）的长期思考有关。尽管谈论"类型"的很多人经常兼具了这两种动机，但为了历史分析的需要，有益的方法是将两者分开讨论。

"连续性"的议题最早由《卡萨贝拉》杂志的编辑埃内斯托·罗杰斯在1950年代后期提出，一部分是对正统现代主义的批判，一部分是解决独特的意大利困境的一种方式。在有关"连续性"的争论中产生了三个相互关联的概念："历史"、"文 308

勒·柯布西耶，批量生产的工匠住宅图，1924年，来自《勒·柯布西耶全集第一卷》（*L'Oeuvre complète*, vol. 1）。"类型建筑"——解决受资本主义和时尚狂热威胁的文化蜕变的手段。

脉"和"类型"，它们都成为了1970年代和1980年代建筑话语的关键术语。这些讨论里"类型"的特殊之处，使其与早前的"类型"观相分别的地方在于，如维德勒所指出的，是对"城市作为都市类型学的发生地"的强调（1977，3）。类型学成为了描述建筑和其所形成的城市之间关系的一种手段，并因此成为展示单体建筑如何显现集体和城市发展的历史过程的一个方式；它也是表明无论从空间、社会还是历史的角度考量，"建筑事件"都不只是四片墙和一个屋顶，而是作为整个都市现象的一部分而存在的一种途径。

正是在威尼斯大学教授建筑的萨维利奥·穆拉托里的一本著作中，这种"类型"的概念第一次被刊印出来。穆拉托里的《威尼斯的都市运作史研究》（*Studi per una Operante Storia Urbana di Venezia*，1960），以1950年开始的工作为基础，研究的是威尼斯的建筑用地和开放空间的形态学；穆拉托里认为他所认定的"类型"的重要意义在于，它使人们可以以具体的方式展现城市进程的各个方面——扩张，环境氛围（*milieu*）、阶级——这些历史地理学家先前只能抽象谈论的内容。到穆拉托里的书问世时，其他人似乎也正从相似的角度谈论"类型"，其中包括建筑师卡洛·艾莫尼诺（Carllo Aymonino），维托里奥·格雷戈蒂和阿尔多·罗西。虽然存在分歧，尤其是在那些把类型学从根本上只作为一种都市分析方法的人，与那些以

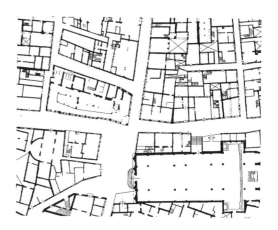

萨维利奥·穆拉托里，圣巴托洛梅奥区（Quartiere S. Bartolomeo）地图，威尼斯（局部），来自《威尼斯的都市运作史研究》，第一卷，1959年。

阿尔多·罗西为代表的将其视为建筑学的一个普遍性理论的人之间，但他们都承认类型学作为一种工具，在描述建筑与城市的关系，及在建成世界的物质现实中建立连续性所具有的价值。在各种各样的类型学论述中，阿尔多·罗西在《城市建筑学》中提出的观点可能是最著名的，至少在意大利之外，迄今都是最有影响力的。

对罗西来说，"类型"服务于两个明确的目的：首先，它提供了一种脱离被赋予的功能独立思考城市建筑的工具——并因此提供了一种对正统现代主义建筑的批判；其次，不管它们曾经有过多少种使用方式，某些建筑形式和街道肌理一直在城市历史中延续下来的事实，可以看作是"类型"的显现，也是镌刻了城市历史"永恒性"的无法约减的元素（1982，

309

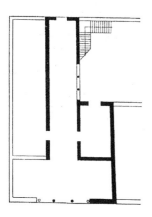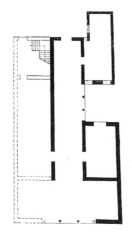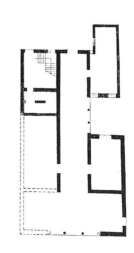

萨维利奥·穆拉托里，威尼斯运河上的巴里兹住宅（Casa Barizza）在12、15和18世纪的平面。在战后的意大利，"类型"成为了一种描述单体建筑与城市关系的方式。穆拉托里的开创性研究详尽地展现了威尼斯许多单体建筑的逐步发展，及城市作为一个整体如何由数量有限的经历史演化而来的"类型"所组成。

35-41）。正是从"类型"的概念出发，罗西随后发展出了他的"类比"（analogies）观，他的"类比建筑学"（analogical architecture），根据这一理论，整个城市可以通过一幢单独的建筑来体现；因此，罗西在描述他在美国的经历时评论道："在新英格兰的村庄……不论大小，一幢建筑仿佛就构成了那个城市或村庄"（1981，76）。从穆拉托里的研究开始，这一观点尤其令意大利建筑师着迷。

4. 对意义的求索

到了1960年代，抱怨现代主义抽离了建筑的意义已成为一种十分普遍的声音。尽管第一代现代建筑师这样做本是一片好心——以此来去除建筑传统上带有的社会阶级的标记——其结果最终造成了1960年代著名的"意义危机"（the crisis of meaning）。这个议问题无疑成为了罗西《城市建筑学》的一个潜台词，但是因为罗西在其职业生涯中对整个这个问题刻意保持着一种模棱两可的态度，他从没直接阐述过它。然而，在米兰建筑圈的另一位成员维托里奥·格雷戈蒂同样出版于1966年的著作《建筑的领域》中，有着对指代（signification）和意义（meaning）问题更为直接的关注。格雷戈蒂指出现代建筑的"语义危机"（semantic crisis）部分地与类型学有关。他提到18世纪晚期的建筑师，尤其是勒杜这些人，都是用他们为都市场景中公共建筑设计的方案，以格雷戈蒂的话说，"试图去掌控类型的语义问题"，奠定了"都市语义学的可能性"（100）。建筑上的现代主义摒弃了所有的指代系统，因而引爆了"类型的语义危机"——"建筑能否具有与其他交流方式一样高效的传递讯息的力量的危机"（101）。解决这一问题有两个补救方法，一个是"类型"的再认识，另一个是将"文脉"[境脉（ambiente）]的构型（configuration）作为建筑的一部分。这种认为"类型"中——不论是发现新的类型还是恢复已有的类型——蕴含着解决现代建筑意义缺失的方式的观点，成为1960年代意大利建筑争论的重要组成部分。在1960年代末和1970年代初，当英语世界开始注意到意大利的"类型"话语时，正是这个方面而不是"连续性"的理论更多的引起了建筑师和评论家的兴趣。对推动新的"类型"理论的传播有特别贡献的历史学家和评论家安东尼·维德勒，特别在写1977年的文章中着重强调"类型"是产生意义的方式，例如去创造一个"可理解的城市体验"（1977，4）。评论家艾伦·科洪也在1989年的文章中提出，"类型"提供了结构主义作为一种"意义"理论可以被转译到建筑中的方式。

正如语言总是先于一群或一个说话者而存在一样，建筑体系也先于一个特定的时期或建筑师而存在。恰恰是通过以前形

式的延续，建筑体系才能传达意义。这些形式，或类型，都会在历史上的任何时期与交付给建筑的各种任务相互作用，形成整个体系。（1989，247–248）

或者，再举一个例子，当德米特里·波菲里奥斯（一位在普林斯顿学习过的希腊建筑师）从类型学的角度讨论阿尔瓦·阿尔托的作品时，就是为了强调它们都具有语义上的意义，"通过利用那些已

   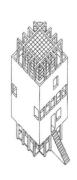

经在使用且社会认可的图像学类型所产生的丰富的联想……阿尔托获得了语言终极的诗意：它的多义性（多层次的指代；丰富的第二和第三层意义）"（1979，144）。

克里斯蒂安·诺伯格–舒尔兹在本词条最开始引用的那句话中指出，"类型"，以其各种不同的表现，一直在不断地为建筑师提供一种更新其学科的方式。尽管这千真万确，但这项探询告诉我们的是，"类型"的力量总是在它与其他一些概念的对立中体现出来。尽管"类型"看上去是最纯粹的理念范畴，一个绝对的真理——至少在建筑的用法中，如果曾经有过的话，但它在实践中的吸引力不太在于自身内容的固有力量，而更多地是作为抵制各种其他观念的一种手段的价值。唯一"纯粹"的类型理论，是戈特弗里德·森佩尔提出的，但建筑师们发现它几乎没有任何实践价值；

另一方面，作为结构理性主义、大众消费、功能主义、或是意义缺失的对立面，"类型"和"类型学"，正如米查·班迪尼（Micha Bandini）所说的，"几乎成了具有魔性的词，仅仅通过它们言语的表述便能产生隐藏的含义"（1984，73）。

1. "类型"的有用且普遍性的讨论：Vidler，' The Idea of Type'，1977；Moneo，'On Typology'，1978；Bandini，'Typology as Form of Convention'，1984。
2. 有关Semper的用语，参见Semper，*The Four Elements*，1989，introduction by Mallgrave andHerrman，23，30；Rykwert，'Semper and the Conception of Style'，1976。森佩尔谙熟歌德从博物学家亚历历山大·洪堡的*Cosmos*（1843）中获得的类型理论（见Mallgrave，1985，75）。
3. 参见Schwartz，*The Werkbund*，1996，238 n.213，和Anderson对Muthesius的介绍，*Style-Architecture and Building-Art*，1902，30。对"类型"作为一种抵抗资本主义对文化侵害的工具的讨论来自Schwartz，121～146.
4. Vidler，'The Third Typology'，1977，pp.1–4。

（292页上图）阿尔多·罗西，类比城市（*Citta Analogica*）图，1976年。"类型是一个常量，它存在于建筑的所有领域中"：罗西着迷于通过一栋单体建筑再现整个城市的诗意的可能性。

（292–293页下图）奥斯瓦尔德·马蒂亚斯·翁格斯，"基于一个固定网格的独立住宅的类型学"，1982年。"类型"似乎提供了一种将意义重新融入建筑的方式。

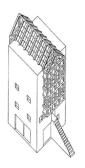
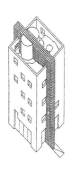

用户（User）

"用户"是现代主义话语典范中最后出现的术语之一。大约1950年之前它还不为人知，到了1950年代晚期和1960年代已经传播广泛了；在1980年代进入衰落，到了1990年代再度流行，但与之前它在现代主义时期一贯的含义已有所不同。这个词最早兴起之时恰逢西欧国家在 1945年后开始施行国家福利政策，它的首度流行应解释为与此相关。

"用户"在建筑学中的含义十分清楚：被预期要入住建筑作品的人或者人们。但是选择"用户"而不是"居住者"、"住户"或者"客户"隐含了处于不利地位或者被剥夺权利的意思——特暗指通常不能参与制定建筑设计任务书的那些人。此外，"用户"总是一个未知的人——从这个角度讲也是虚构人物，一个没有具体身份的抽象。"用户"并不容忍被赋予特质的尝试：一旦"用户"具有某种身份，或者某个职业、阶层、性别、生活于历史某刻，作为一个归类，它就开始崩塌。被剥夺抽象的一般性后，其价值分崩离析；或者其优点在于允许讨论一栋建筑人们的入住情况而抑制住其实存在于他们之间的种种不同。将他们简单地称作"用户"就将他们或者他们的亚群之间的种种不一致、不墨守成规的特殊之处全都剥得精光，给了他们一个同质的——且虚构的——统一体。正是抽象的此一趋势使得法国哲学家亨利·列斐伏尔对这个字眼产生了疑虑。在《空间生产》（1974）中，他写道："'用户'［*usager*］一词的含义有点含糊不定——并且略微可疑。'什么的用户？'大家会想……用户的空间是用来*居住*的——而不是被用来*表现*的（或者用来*被构想*的）"（342）。在列斐伏尔看来，"用户"这个范畴是一个特别的工具，被现代社会用来（通过将其转化为一种智性的抽象）剥夺其成员空间的居住经验，以达到一种更为反讽的境地，使这个空间的居住者也被抽象，抽象到甚至无法认出身处其中的自己（93）。列斐伏尔的评述是最早一批对"用户"进行攻击的，但对列斐伏尔来说"使用"或者"用户"也绝非全然负面概念——他的最终愿望确实在于看到用户们重获欣赏和占有空间的手段。如他自己所说，"为侵占，为使用，……*反抗交换和垄断*"（368）。*使用*能够统一空间实践以对抗使之分散的各种力量："*使用*对应于这些教条主义坚持分裂的各种要素之间的统一与协作"（369）。

类似的关于抗衡功能决定论的"使用"的解放力的观点可以在荷兰建筑师赫曼·赫兹伯格自1960年代早期以来的一些文章中看到。"用户"是赫兹伯格文章里反复出现的字眼，他显然视建筑学的整个目的在于让"用户变成住户"（1991，28），为"用户们创造……自主决定如何使用各个部分、各个空间的自由"（1967；1991，171）。在赫兹伯格看来，衡量一个建筑师成功的标准是空间的使用方法、吸引的活动的多样性，以及提供给创造重新解读的机会。赫兹伯格用语言来类比描述这一过程："在形式与使用及其体验之间存在着共识和个体解读，这两者之间的关系如同语言与言说"（1991，92）。

不过，直到1990年代，用户的这种特别的正面含义才通行开来。那时，对于"用户"产生兴趣最普遍的原因是其可作为推进设计的信息来源。1960年代早期围绕"用户"研究的种种兴奋和积极参与在现在看来就有些难以理解了。英国学校建筑师亨利·斯温（Henry Swain）1961年曾宣称"发展有助于我们分析建筑用户需求的技艺是我们专业最紧迫的任务"（508）。斯温不用传统的"客户"或者"居民"，而是选择了"用户"一词可能有至少三个目的。首

三联公寓室内，老年之家，阿姆斯特丹，赫曼·赫兹伯格，
1964—1974年。"为用户们"创造"……自主决定如何使用各
个部分、各个空间的自由。"对赫兹伯格来说，"用户"是建筑
师作品成败的终极标尺。

先，斯温跟很多其他建筑师一样，相信分析用户需求会引发新的建筑解决之道——创造出脱离依靠传统建筑设计成规与公式的真正的"现代"建筑。"用户"会提供多种材料，让建筑有最终实现其潜能的可能。这种对于结果充满自信的特点源自英国住房部与当地政府1961年颁布的《今日及明天的住宅》（*Homes for Today and Tomorrow of* 1961，通常被称做"帕克·莫里斯报告"）对于"用户需求"（尽管没有用"用户"一词）的研究。该研究为确定政府补贴住宅标准提出了新的依据。在这份报告中，作者对之前法定的最小房间尺寸持反对意见，认为它会产生墨守成规的住宅布置，无论在设计上还是使用上都没有给灵活性留多少余地。取代最小房间尺寸，他们依据"整体看待一栋住宅预期居住者的需求"，提出了整个住宅的最小尺寸，并阐述了他们的基本原理：

解决设计问题的这种方法始于一个对于这些不同活动及其在社会、家庭和个人生活中的相对重要性的清晰认识，并且评价在空间、氛围、效率、舒适、家具和设备等方面促成这些活动所需的条件。方法是灵活的，质疑了那些被广泛接受的假设，诸如分配同样面积给睡眠、更衣和卫生需求以及其他需求的总和，或者房子一般应该有两层而不是一层、一层半、两层半或者三层。此方法也是间接的。布局和房间是结果，而不是设计的起点；在由基地、结构可能性和造价提供的各种限制和机会的范围内，可以从满足需求的各种方式之间的关系中产生出布局；在需求和满足需求的过程中房间逐渐成型——房间是思索的结果，而不是对既往的复制。(4)

这段文字的惊人之处——和在"用户"研究中广泛兴趣的全部特征——在于对关注人的活动和需求会产生非传统的建筑的确信；以"从……中产生"和"在……中成型"为特点的语意模糊，以及这些关于用户的信息究竟如何能影响建筑实践。

第二，对于"用户"一词的选择可以被理解为是对功能范式的拓展——如果说

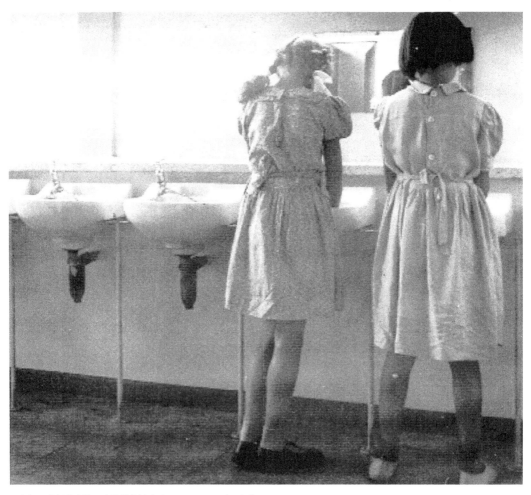

卫生间，小绿巷小学，克诺斯莱绿地（Croxley Green），哈特福德郡，1949年。"用户"在大卫·梅德为小学校特别设计的小尺寸洗手盆中洗手。战后大量出现的这个词，主要目的是用来描述那些福利国家的建筑项目所服务的人群。

建筑与社会行为之间存在某种关系，那就有必要用一个字眼去代表建筑被认为应该成就的那些人。"用户"这个字眼满足这一需求，一如既往地为功能主义的公式提供了第二个变量。"用户"一词，因此可以被视为是功能主义模型的结果——而且，它的一些不足来自于功能主义模型的缺陷。

"用户"的第三个目的在于在专业倍受青睐时期，维护建筑师们的信仰体系。二战结束后的20年间，西欧国家福利社会不断成长，美国也有了福利政策。在这一政治体系内，因为无需通过引发任何大的财富所有者的再分配就可以稳定劳资关系，建筑被各西欧政府广泛用做其策略的

一个重要组成部分。这不仅仅是供应新学校、新住宅和新医院的问题，而是以一种让这些建筑的使用者相信他们与社会其他成员具有"平等的社会价值"[1]的方式提供。这一任务落在了建筑师肩上，在执行此任务的过程中，建筑师被赋予非比寻常的自由，去创造能够引发——在冥顽的社会差别面前——作为平等社会一员的感觉。对于公共建筑项目的建筑师来说，有必要让自己以及公众相信实际委托建筑设计的"客户"并非官僚机构或者选出的委员会，而是这些建筑未来的使用者。尽管这些人基本上一如既往仍不为建筑师们所知，建筑师服务社会公益的专业主张有赖于显示出这些新学校和新住宅的真正受益

者正是这些建筑最终的使用者。"用户"以及分析范围广泛的"用户研究"让建筑师们相信尽管他们被政府或者政府部委雇佣，他们真正服务的对象是建筑的未来使用者。[2]通过让"用户"优先，可以声称在福利社会民主之中，那些对使权力被剥夺者获得"平等的社会价值"的种种期待正在成为现实。因而，可以说1950年代和1960年代的"用户"的目的，部分是为了满足建筑师们自己的信仰系统，使他们为弱势阶级工作的声言合法化，尽管他们实际上为国家工作；部分是让建筑学在福利社会的民主中保持其特别和特殊的位置，因其服务提供了一个社会正向社会和经济平等飞速转变的表象，虽然社会差别实际依然如故。

1980年代，公共建筑委托项目的减少导致对"用户"和"用户需求"兴趣的下降。不仅"用户"对于建筑师不再有价值，而且，随着建筑师社会权限的下降，"用户"成为一个切实的威胁，个人化不受控制的混乱让建筑师的意图受挫。

对"用户"一词让人不满的另一原因可能是：如此描述人们与建筑作品之间的关系并不妥当，人就没法说"使用"一件雕塑作品。但对建筑学而言，仍然找不到更好的词取而代之，最近有一本书为这个词平反，"它比居住者、住户、居民更恰当，因为它既暗示出正面行动，也暗示了可能的误用"（Hill，1998，3）。到1990年代末，"用户"失去了早先不利和被剥夺权利的含义，成为建筑师评论自身实践的一种手段。在列斐伏尔的《空间生产》一书中，"使用"和"用户"出现在两种相反的意义上；列斐伏尔的第二个，解放意义，在1960年代末也被赫兹伯格所用，现在似乎取代了之前福利国家背景下产生的感觉。

315

1. 此语最早见于政治理论家T H. Marshall 1950年的文章。参见Forty，1995，28。
2. 参见Lipman，'The Architectural Belief System'，1968，对此矛盾做了有趣的讨论。

Dates in brackets are of original publication; where a second date is given after a semi-colon, it refers to the date of the edition quoted here, or of the edition from which the translation quoted here was made.

Titles of foreign works are given in English when a published translation exists, and in their original language when no translation exists.

Aalto, A., 'The Humanising of Architecture', *Architectural Forum*, vol. 73, Dec. 1940, pp. 505–6

Addison, J., *The Spectator*, in *The Works of Joseph Addison*, six vols, ed. R. Hurd, G. Bell and Sons, London, 1902

Adler, D., 'Influence of Steel Construction and of Plate Glass upon the Development of the Modern Style', *Inland Architect*, vol. 28, November 1896, pp. 34–37 (quoted in Johnson, *Theory of Architecture*, p. 304)

Adorno, T., and Horkheimer, M., *Dialectic of the Enlightenment* (1947), trans. J. Cumming, Herder and Herder, New York, 1972

Alberti, L.-B., *De Re Aedificatoria* (*c.* 1450), trans. J. Leoni, as *Ten Books on Architecture* (1726), London, 1775; and trans. J. Rykwert, N. Leach and R. Tavernor, *On the Art of Building in Ten Books*, MIT Press, Cambridge, MA and London, 1988 (citations from this edition unless indicated otherwise)

Alexander, C., *Notes on the Synthesis of Form*, Harvard University Press, Cambridge, MA, 1964

———, Ishikawa, S., and Silverstein, M., *A Pattern Language: Towns, Buildings, Construction*, Oxford University Press, New York, 1977

Algarotti, F., 'Saggio Sopra l'Architettura' (1756), in Algarotti, *Saggi*, Laterza e Figli, Bari, 1963, pp. 31–52

Alison, A., *Essays on the Nature and Principles of Taste* (1790), A. Constable and Co., Edinburgh, 1825

Allen Brooks, H., *Writings on Wright*, MIT Press, Cambridge MA , 1981

Alsop, W., 'Speculations on Cedric Price Architects' Inter-Action Centre', *Architectural Design*, vol. 47, nos 7–8, 1977, pp. 483–86

Ambasz, E. (ed.), *Italy: The New Domestic Landscape, Achievement and Problems of Italian Design*, Museum of Modern Art, New York, 1972

Anderson, S., '*Sachlichkeit* and Modernity, or Realist Architecture', in Mallgrave (ed.), *Otto Wagner*, 1993, pp. 323–60

Andrew, D. S., *Louis Sullivan and the Polemics of Modern Architecture*, University of Illinois Press, Urbana and Chicago, 1985

Antoni, C., *From History to Sociology* (1940), trans. H. White, Merlin Press, London, 1962

Arendt, H., *The Human Condition* (1958), Doubleday, New York, 1959

Argan, G.C., 'Roma Interotta', *Architectural Design*, vol. 49, nos 3–4, 1979, p. 37

Aristotle, *The Basic Works of Aristotle*, ed. R. McKeon, Random House, New York, 1941

Arup, O., 'Modern architecture: the structural fallacy', *The Listener*, 7 July 1955; reprinted *Arup Journal*, vol. 20, no. 1, Spring 1985, pp. 19–21

Ashton, D., *Picasso on Art*, Thames and Hudson, London, 1972

Bachelard, G., *The Poetics of Space* (1958), trans. M. Jolas, Beacon Press, Boston, 1969

Bacon, E., *Design of Cities* (1967), revised edition, Thames and Hudson, London, 1978

Baltard, L. P., *Architectonographie des Prisons*, Paris, 1829 (quoted Evans, 1982, p. 208)

Bandini, M., 'Typology as a Form of Convention', *AA Files*, no. 6, 1984, pp. 73–82

Banham, R., 'The New Brutalism', *Architectural Review*, vol. 118, December 1955, pp. 354–59 (reprinted *A Critic Writes*, pp. 7–15)

———, *Theory and Design in the First Machine Age*, Architectural Press, London, 1960

———, *The Architecture of the Well-Tempered Environment*, Architectural Press, London, 1969

———, *A Critic Writes. Essays by Reyner Banham*, selected by M. Banham, P. Barker, S. Lyall, C. Price, University of California Press, Berkeley, Los Angeles and London, 1996

Barbaro, D.: Vitruvius, *I Dieci Libri dell'Archittetura*, tradotti e commentati da Daniele Barbaro (1556; 1567), facsimile edition, ed. M. Tafuri, Edizioni Il Polifilo, Milan, 1987

Barthes, R.: *A Roland Barthes Reader*, ed. S. Sontag, Vintage, London, 1993

———, 'Myth Today' (1956), in *A Roland Barthes Reader*, pp. 93–149

———, *Mythologies* (1957), trans. A. Lavers, Vintage Books, London, 1993

———, 'The Structuralist Activity' (1963), in *Critical Essays*, trans. R. Howard, Northwestern University Press, Evanston, 1972, pp. 213–20

———, 'The Eiffel Tower' (1964), in *A Roland Barthes Reader*, pp. 236–50

———, *Criticism and Truth* (1966), trans. K. P. Keuneman, University of Minnesota Press, Minneapolis, 1987

———, *The Fashion System* (1967), trans. M. Ward and R. Howard, University of California Press, Berkeley and Los Angeles, 1990

———, 'Semiology and the Urban' (1967b), in Leach (ed.), *Rethinking Architecture*, pp. 166–72

———, *The Pleasure of the Text* (1973), trans. R. Miller, Blackwell, Oxford, 1990

Bataille, G., 'Formless' (1929), in *Visions of Excess, Selected Writings 1927–1939*, trans. A. Stoekl, University of Minnesota Press, Minneapolis, 1985, p. 31

Baudelaire, C., *The Painter of Modern Life and Other Essays*, trans. J. Mayne, Phaidon Press, London, 1964

Baudrillard, J., *For a Critique of the Political Economy of the Sign* (1972), trans. C. Levin, Telos Press, St Louis, MO, 1981.

———, *Simulations*, trans. P. Foss, P. Patton, P. Beitchman, Semiotext(e), New York, 1983

Baxendall, M., *Patterns of Intention. On the Historical Explanation of Pictures*, Yale University Press, New Haven and London, 1985

Behne, A., 'Art, Craft, Technology' (1922), trans. C. C. Collins, in F. Dal Co, *Figures of Architecture and Thought*, pp. 324–38

———, *The Modern Functional Building* (1926), trans. M. Robinson, Getty Research Institute, Santa Monica, CA, 1996

Behrendt, W. C., *Modern Building*, Martin Hopkinson, London, 1938

Behrens, P., 'Art and Technology' (1910), in T. Buddensieg (ed.) *Industriekultur. Peter Behrens and the AEG*, trans. I. Boyd Whyte, MIT Press, Cambridge, MA, 1984, pp. 212–19

Benjamin, W., *Illuminations*, trans. H. Zohn, Collins/Fontana, London, 1973

Benton, T., 'The Myth of Function', in P. Greenhalgh (ed.), *Modernism in Design*, Reaktion Books, London, 1990, pp. 41–52

———, Benton, C. and Sharp, D., *Form and Function. A Source Book for the History of Architecture and Design 1890–1939*, Crosby Lockwood Staples, London, 1975

Beresford Hope, A. J., *The Common Sense of Art*, London, 1858

Bergren, A., 'Dear Jennifer', *ANY*, vol. 1, no. 4, January/February 1994, pp. 12–15

Berkeley, G., *The Querist* (1735), in *The Works of George Berkeley Bishop of Cloyne*, ed. A. A. Luce and T. E. Jessop, vol. VI, 1953

Berlage, H. P., 'Thoughts on Style' (1905) and 'The Foundations and Development of Architecture' (1908), trans. I. Boyd Whyte and W. de Wit, *Hendrik Petrus Berlage: Thoughts on Style 1886–1908*, Santa Monica, CA, 1996, pp. 122–56, pp. 185–257

Blake, P., *The Master Builders*, Victor Gollancz, London, 1960

Bletter, R. H., 'Introduction' to A. Behne, *The Modern Functional Building*, 1996, pp. 1–83

Blomfield, R., *The Mistress Art*, Edward Arnold, London, 1908

Blondel, J.-F., *Architecture françoise ou recueil des plans, élévations, coupes et profiles*, vol. 1, Paris, 1752

———, *Cours d'architecture*, 4 vols, Paris, 1771–77

Blundell Jones, P., *Hugo Häring: the organic versus the geometric*, Axel Menges, Stuttgart and London, 1999

Boffrand, G., *Livre d'architecture*, Paris, 1745

Bonta, J. P., 'Reading and Writing about Architecture', *Design Book Review*, no. 18, 1990, pp. 13–16

Bötticher, C. G. W., 'The Principles of the Hellenic and Germanic Ways of Building with Regard to Their Present Application to Our Present Way of Building' (1846), in W. Herrmann, *In What Style Should We Build? The German Debate on Architectural Style*, Getty Center, Santa Monica CA, 1992, pp. 147–67

Boullée, E.-L., 'Architecture, Essay on Art' (*c.* 1790), in H. Rosenau, *Boullée and Visionary Architecture*, Academy Editions, London, and Harmony Books, New York, 1976

Boyer, M. C., *The City of Collective Memory. Its Historical Imagery and Architectural Entertainments*, MIT Press, Cambridge, MA and London, 1994

Brett, L., 'Detail on the South Bank', *Design*, no. 32, Aug. 1951, pp. 3–7

Broadbent, G., *Design in Architecture*, John Wiley and Sons, London, 1973

Buchanan, A. C., *Robert Willis and the Rise of Architectural History*, unpublished Ph.D thesis, University of London, 1995

Burckhardt, J., *Reflections on History* (1868–1871), trans. M. D. H., G. Allen and Unwin, London, 1943

Burgess, W., *The Builder*, vol. 19, 1861, p. 403

Burke, E., *A Philosophical Enquiry into the Origin of our Ideas of the Sublime and Beautiful* (1757; 1759), ed. J. T. Boulton, Basil Blackwell, Oxford, 1987

Burns, H., with L. Fairbairn and B. Boucher, *Andrea Palladio 1505–1580, The Portico and the Farmyard*, catalogue of exhibition at the Hayward Gallery, London, Arts Council of Great Britain, 1975

Carroll, L., *Alice's Adventures in Wonderland* (1865) and *Through the Looking Glass* (1872), Penguin Books, Harmondsworth, Middlesex, 1962

Carter, P., 'Mies van der Rohe', *Architectural Design*, vol. 31, March 1961, pp. 95–121

Chambers, Sir W., *A Treatise on the Decorative Part of Civil Architecture* (1759; 1791), Priestley and Weale, London, 1825

———, *A Dissertation on Oriental Gardening*, London, 1772

Chermayeff, S., and Alexander, C., *Community and Privacy* (1963), Penguin Books, Harmondsworth, Middlesex, 1966

Ching, F. D. K., *Architecture Form, Space and Order*, van Nostrand Reinhold, New York, 1979

Choisy, A., *Le Histoire d'Architecture*, 2 vols., Gauthier-Villars, Paris, 1899

Chomsky, N., *Cartesian Linguistics*, Harper and Row, New York and London, 1966

CIAM (Congrès International d'Architecture Moderne), 'La Sarraz Declaration' (1928), in Conrads, *Programmes and Manifestoes*, pp. 109–13

Cockerell, C. R.: Royal Academy Lectures on Architecture, reported in *The Athenaeum*, vol. VI, 1843

Coleridge, S. T., *Biographia Literaria* (1817), 2 vols, ed. J. Shawcross, Oxford, 1907

———, *Lectures and Notes on Shakspere*, ed. T. Ashe, G. Bell, London, 1908

Collins, G. R. and C. C., 'Monumentality: a Critical

Matter in Modern Architecture', *Harvard Architectural Review*, no. IV, Spring 1984, pp. 14–35

Collins, P., *Concrete*, Faber and Faber, London, 1959

——, *Changing Ideals in Modern Architecture 1750–1950*, Faber and Faber, London, 1965

——, 'The Linguistic Analogy', in *Language in Architecture*, ed. J. Meunier, Proceedings of the 68th Annual General Meeting of the Association of Collegiate Schools of Architecture, Washington, D.C., 1980, pp. 3–7

Colquhoun, A., 'Plateau Beaubourg' (1977), in *Essays in Architectural Criticism*, MIT Press, Cambridge, MA and London, 1981, pp. 110–19

——, *Modernity and the Classical Tradition*, MIT Press, Cambridge MA and London, 1989

Connerton, P., *How Societies Remember*, Cambridge University Press, Cambridge, 1989

Conrads, U. (ed.), *Programmes and Manifestoes on Twentieth Century Architecture*, Lund Humphries, London, 1970

Constant, 'The Great Game to Come' (1959), in L. Andreotti and X. Costa (eds), *Theory of the Dérive and other situationist writings on the city*, Museu d'Art Contemporani, Barcelona, 1996, pp. 62–63 (also in Ockman, ed., *Architecture Culture*, pp. 314–15)

Cook, P. and Parry, E., 'Architecture and Drawing: Editing and Refinement', *Architects' Journal*, vol. 186, 16/23 December 1987, pp. 40–45

Cox, A., 'Highpoint II', *Focus*, no. 2, 1938, pp. 76–79

Crinson. M. and Lubbock, J., *Architecture: Art or Profession?*, Manchester University Press, Manchester and London, 1994

Curtis, W., *Denys Lasdun: architecture, city, landscape*, Phaidon, London, 1994

Cuvier, G., *Recherches sur les Ossemens Fossiles*, 4 vols, 'Discours préliminaire', vol. 1, Paris, 1812 (trans. by R. Kerr as *Essay on the Theory of the Earth*, Edinburgh and London, 1813)

Dal Co, F., *Figures of Architecture and Thought, German Architecture Culture 1880–1920*, trans. S. Sartarelli, Rizzoli, New York, 1990

Daly, C., 'Reform Club', *Révue Générale d'Architecture et des Travaux Publics*, vol. XV, 1857, pp. 342–48

de Certeau, M., *The Practice of Everyday Life*, trans. S. Rendall, University of California Press, Berkeley, Los Angeles, London, 1984

Denari, N.: Peter Zellner, 'Interview with Neil Denari', *Transition*, no. 41, 1993

Derrida, J., *Writing and Difference*, trans. A. Bass, Routledge, London, 1978

——, 'Structure, Sign and Play in the Discourse of the Human Sciences', 1966, in *Writing and Difference*, pp. 278–93

——, 'Why Peter Eisenman Writes Such Good Books', *Threshold*, vol. 4, Spring 1988, pp. 99–105; reprinted Leach (ed.), *Rethinking Architecture*, pp. 336–47 (source quoted here)

Descartes, R.: *The Philosophical Writings of Descartes*, vol. 1, trans. J. Cottingham, R. Stoothoff and J. Murdoch, Cambridge University Press, 1985

Doordan, D. P., *Building Modern Italy, Italian Architecture 1914–1936*, Princeton Architectural Press, New York, 1988

Dorfles, G., *Simbolo, Communicazione, Consumo* (1959), excerpt trans. as 'Structuralism and Semiology in Architecture', in C. Jencks and G. Baird (eds), *Meaning in Architecture*, Barrie and Rockliff: The Cresset Press, London, 1969, pp. 39–49

Durand, J. N. L., *Précis des leçons d'Architecture données à l'École polytechnique*, 2 vols (1802–5), Paris, 1819

Eco, U., 'Function and Sign: the Semiotics of Architecture' (1986), in Leach (ed.), *Rethinking Architecture*, pp. 182–202

Edwards, T., *Good and Bad Manners in Architecture* (1924), Tiranti, London, 1946

Egbert, D. D., *The Beaux Arts Tradition in French Architecture*, Princeton University Press, Princeton, NJ, 1980

Eidlitz, L., *The Nature and Function of Art, More Especially of Architecture*, Sampson Low, London, 1881

Eisenman, P., 'From Object to Relationship II: Giuseppe Terragni Casa Giuliani Frigerio', *Perspecta* 13/14, 1971, pp. 36–61

——, 'House I 1967', in *Five Architects: Eisenman Graves, Gwathmey, Hejduk, Meier*, Oxford University Press, New York, 1975, pp. 15–17

——, *House X*, Rizzoli, New York, 1982

Eliot, T. S., 'Tradition and the Individual Talent' (1917), in T. S. Eliot, *Points of View*, Faber and Faber, London, 1941, pp. 23–34

Ellis, C., 'Prouvé's People's Palace', *Architectural Review*, vol. 177, May 1985, pp. 40–48

Elmes, J., 'On the Analogy Between Language and Architecture', *Annals of the Fine Arts*, vol. 5, 1820, pp. 242–83

Emerson, R. W., 'Nature' (1836), 'The American Scholar' (1837), in *Selected Essays*, Penguin Books, New York and London, 1985

——, *Journals*, 10 vols, Houghton Mifflin Co., Boston and New York, 1909–14

Endell, A., 'Möglichkeit und Ziele einer neuen Architektur', *Deutsche Kunst und Dekoration*, vol. 1, 1897–98, quoted in Mallgrave, Introduction to O. Wagner, *Modern Architecture*, p. 44

——, *Die Schönheit der grossen Stadt*, Stuttgart, 1908

Ettlinger, L. D., 'On Science, Industry and Art, Some Theories of Gottfried Semper', *Architectural Review*, vol. 136, July 1964, pp. 57–60

Evans, R., *The Fabrication of Virtue. English Prison Architecture 1750–1840*, Cambridge University Press, 1982

——, 'In front of lines that leave nothing behind', *AA Files*, no. 6, 1984, pp. 89–96

——, 'Postcards from Reality', *AA Files*, no. 6, 1984, pp. 109–11

——, 'Translations from Drawing to Building', *AA Files*, no. 12, 1986, pp. 3–18

——, *The Projective Cast. Architecture and its Three Geometries*, MIT Press, Cambridge, MA, and London, 1995

Evelyn, J.: *The Diary of John Evelyn*, ed. E. S. de Beer, Oxford University Press, London, 1959

Farmer, J., *Green Shift, Towards a Green Sensibility in Architecture*, Butterworth-Heinemann, Oxford,

1996

Fergusson, J., *An Historical Inquiry into the True Principles of Beauty in Art, more especially with reference to Architecture*, London, 1849

——, *A History of the Modern Styles*, London, 1862

Fiedler, C., 'Observations on the Nature and History of Architecture' (1878), in Mallgrave and Ikonomou, *Empathy, Form and Space*, pp. 126–46

Filarete (Antonio di Piero Averlino), *Treatise on Architecture* (before 1465), trans. J. R. Spencer, 2 vols, Yale University Press, New Haven and London, 1965

Fink, K. J., *Goethe's History of Science*, Cambridge University Press, 1991

Ford, H., *My Life and Work*, Heinemann, London, 1922

Forty, A., 'Being or Nothingness: Private Experience and Public Architecture in Post-War Britain', *Architectural History*, vol. 38, 1995, pp. 25–35

——, 'Masculine, Feminine or Neuter?', in K. Rüedi, S. Wigglesworth and D. McCorquodale (eds), *Desiring Practices. Architecture Gender and the Interdisciplinary*, Black Dog Publishing Ltd., London, 1996, pp. 140–55

——, '"Spatial Mechanics": Scientific Metaphors in Architecture', in P. Galison and E. Thompson (eds), *The Architecture of Science*, MIT Press, Cambridge, MA, and London, 1999, pp. 213–31

Foucault, M., *The Order of Things* (1966), Routledge, London, 1992

——, 'Of Other Spaces: Utopias and Heterotopias' (1967), in Leach, *Rethinking Architecture*, pp. 350–56; and Ockman, *Architecture Culture*, pp. 420–26

Frampton, K., 'Stirling in Context', *RIBA Journal*, vol. 83, March 1976, pp. 102–4

Frankl, P., *Principles of Architectural History* (1914), trans. J. F. O'Gorman, MIT Press, Cambridge, MA, and London, 1968

Fréart de Chambray, R., *A Parallel of the Antient Architecture with the Modern … To which is added An Account of Architects and Architecture by John Evelyn Esq.* (1650), trans. J. Evelyn, London, 1664

Fréart de Chantelou, P., *Diary of the Cavaliere Bernini's Visit to France* (1665), ed. A. Blunt, trans. M. Corbett, Princeton University Press, 1985

Freud, S., *Civilization and its Discontents*, trans. J. Riviere, ed. J. Strachey, Hogarth Press, London, 1969

Gadamer, H., *Truth and Method*, New York, 1975

Gage, J., *Goethe on Art*, Scolar Press, London, 1980

Garnier, C., *Le Théâtre*, Paris, 1871

Ghirardo, D., *Architecture after Modernism*, Thames and Hudson, London, 1996

Giedion, S., *Building in France Building in Iron Building in Ferro-Concrete* (1928), trans. J. Duncan Berry, Getty Center, Santa Monica, CA, 1995

——, *Space, Time and Architecture* (1941), 9th printing, Oxford University Press, London, 1952

Gillis, J. R. (ed.), *Commemorations, The Politics of National Identity*, Princeton University Press, Princeton, NJ, 1994

Ginzburg, M., *Style and Epoch* (1924), trans. A. Senkevitch, MIT Press, Cambridge MA and London, 1982

——, 'Constructivism as a Method of Laboratory and Teaching Work', *SA* 1927, no. 6: in C. Cooke ed., *Russian Avant Garde Art and Architecture*, Academy Editions and Architectural Design, London, 1983, p. 43

Girouard, M., *Life in the English Country House*, Yale University Press, New Haven and London, 1978

Goethe, J. W. von, 'On German Architecture' (1772), trans. N. Pevsner and G.Grigson, *Architectural Review*, vol. 98, Dec. 1945, pp. 155–59. There are less poetic translations by J. Gage, *Goethe on Art*, pp. 103–12; and in *Goethe The Collected Works*, vol. 3, trans. E. and E. H. von Nardroff, Princeton University Press, Princeton, NJ, 1986, pp. 3–14.

——, *Italian Journey* (1816–17), trans. R. R. Heitner (vol. 6 in *Goethe: The Collected Works*), Princeton University Press, Princeton, NJ, 1989

Göller, A., *Zur Aesthetik der Architektur*, 1887

——, 'What is the Cause of Perpetual Style Change in Architecture?' (1887), trans. Mallgrave and Ikonomou, *Empathy, Form and Space*, pp. 193–225

Goodman, N., *Languages of Art*, Harvester Press, Brighton (UK), 1981

Great Britain: Ministry of Housing and Local Government, *Homes for Today and Tomorrow* (Parker Morris Report), HMSO, London, 1961

Greenberg, C., 'Modernist Painting' (1960), in Harrison and Wood (eds), *Art in Theory*, pp. 754–60

Greenough, H., *Form and Function. Remarks on Art, Design, and Architecture*, selected and edited by H. A. Small, University of California Press, Berkeley and Los Angeles, 1958

Gregotti, V., *Le territoire de l'architecture* (1966), French trans. from Italian by V. Hugo, L'Équerre, Paris, 1982

Groák, S., *The Idea of Building*, E. and F. N. Spon, London, 1992

Gropius, W., 'Programme for the Establishment of a Company for the Provision of Housing on Aesthetically Consistent Principles' (1910), in Benton, Benton and Sharp, *Form and Function*, pp. 188–90

——, 'The Theory and Organisation of the Bauhaus' (1923) in Benton, Benton and Sharp, *Form and Function*, pp. 119–27

——, 'Principles of Bauhaus Production' (1926), in Conrads, *Programmes and Manifestoes*, pp. 95–97

——, *The New Architecture and the Bauhaus* (1935), Faber and Faber, London, 1965

——, 'Blueprint of an Architect's Education' (1939), in *The Scope of Total Architecture*, George Allen and Unwin, London, 1956

——, 'Eight Steps toward a Solid Architecture' (1954), reprinted in Ockman (ed.), *Architecture Culture*, pp. 177–80

Guadet, J., *Éléments et Théories d'Architecture*, Paris, 1902

Guarini, G., *Architettura Civile* (written 1686, published 1737), Gregg, London, 1964

Guillerme, J., 'The Idea of Architectural Language: a Critical Enquiry', *Oppositions*, no. 10, 1977, pp. 21–26

Hagan, S., 'The Good, the Bad and the Juggled: the

New Ethics of Building Materials', *The Journal of Architecture*, vol. 3, no. 2, 1998, pp. 107–15

Halbwachs, M., *The Collective Memory* (1950), trans. F. J. and V. Y. Ditter, Harper and Row, New York, 1980

Hare, N., 'Peter Foggo' (obituary), *The Guardian*, 17 July 1993, p. 30

Häring, H., 'Approaches to Form' (1925), in Benton, Benton and Sharp, *Form and Function*, pp. 103–5

Harris, E. and Savage, N., *British Architectural Books and Writers 1556–1785*, Cambridge University Press, 1990

Harris, J. and Higgott, G., *Inigo Jones Complete Architectural Drawings*, The Drawing Center, New York, 1989

Harrison, C. and Wood, P. (eds), *Art in Theory 1900–1990*, Blackwell, Oxford, 1992

Harvey, Sir W., 'The Movement of the Heart and Blood in Animals' (1635), in Sir William Harvey, *The Circulation of the Blood and Other Writings*, translated by Kenneth J. Franklin, Dent, London, 1963

Hawksmoor, N., letter to Lord Carlisle, 5 October 1732, *Walpole Society*, vol. XIX, 1930–31, p. 132

Hayden, D., *The Power of Place. Urban Landscapes as Public History*, MIT Press, Cambridge, MA, and London, 1995

Hegel, G. W. F., *Aesthetics*, trans. T. M. Knox, 2 vols, Oxford University Press, 1975

Heidegger, M., *Being and Time* (1927), trans. J. Macquarrie and E. Robinson, Blackwell, Oxford, 1962

———, 'Building Dwelling Thinking' (1951), in *Martin Heidegger: Basic Writings*, ed. D. F. Krell, Routledge, London, 1993, pp. 347–63. Also reprinted in Leach, *Rethinking Architecture*, pp. 100–9

Herder, J. G. von, *Treatise on the Origin of Language* (1772), trans., London, 1827

Herrmann, W., *Laugier and Eighteenth Century French Theory*, Zwemmer, London, 1962

———, *The Theory of Claude Perrault*, A. Zwemmer, London, 1973

———, *Gottfried Semper: in search of architecture*, MIT Press, Cambridge, MA, and London, 1984

Hertzberger, H., 'Flexibility and Polyvalency', *Forum*, vol. 16, no. 2, February–March 1962, pp. 115–18; abstracted in *Ekistics*, April 1963, pp. 238–39; and partly reprinted in Hertzberger, *Lessons for Students in Architecture*, pp. 146–47

———, 'Identity' (1967), partly reprinted in Hertzberger, *Lessons for Students in Architecture*, pp. 170–71

———, 'Architecture for People', *A+U*, March 1977, pp. 124–46

———, *Lessons for Students in Architecture*, Uitgeverij 010 Publishers, Rotterdam, 1991

———, interview in L. Hallows, MSc Report, University College London, 1995

Higgott, G., '"Varying with reason": Inigo Jones's theory of design', *Architectural History*, vol. 35, 1992, pp. 51–77

Hildebrand, A., 'The Problem of Form in the Fine Arts' (1893), in Mallgrave and Ikonomou, *Empathy, Form and Space*, pp. 227–79

Hill, J. (ed.), *Occupying Architecture*, Routledge, London, 1998

Hill, R., *Designs and their Consequences*, Yale University Press, New Haven and London, 1999

Hillier, B., *Space is the Machine*, Cambridge University Press, Cambridge, 1996

———, and Hanson, J., *The Social Logic of Space*, Cambridge University Press, Cambridge, 1984

Hitchcock, H.-R. and Johnson, P., *The International Style* (1932), Norton, New York, 1966

Hofstadter, A. and Kuhns, R., *Philosophies of Art and Beauty. Selected Readings in Aesthetics from Plato to Heidegger* (1964), University of Chicago Press, Chicago and London, 1976

Horace, 'On the Art of Poetry', in Aristotle/Horace/Longinus, *Classical Literary Criticism*, trans. T. S. Dorsch, Penguin Books, London, 1965

Huet, B., 'Formalisme–Réalisme', *Architecture d'Aujourdhui*, vol. 190, April 1977, pp. 35–36

Hugo, V., *Notre Dame of Paris* (1831; 1832), trans. J. Sturrock, Penguin Books, London, 1978

Humboldt, W. von, *On Language, The Diversity of Human Language-Structure and its Influence on the Mental Development of Mankind* (1836), trans. P. Heath, Cambridge University Press, 1988

Hume, D., 'Of the Standard of Taste' (1757), in D. Hume, *Selected Essays*, Oxford University Press, 1993, pp. 133–54

Hunt, J. D. and Willis, P., *The Genius of the Place, The English Landscape Garden 1620–1820*, MIT Press, Cambridge, MA, and London, 1988

Iversen, M., 'Saussure versus Peirce: Models for a Semiotics of Visual Arts', in A. L. Rees and F. Borzello (eds), *The New Art History*, Camden Press, London, 1986, pp. 82–94

Jackson, T. G., *Recollections of Sir Thomas Graham Jackson*, ed. B. H. Jackson, Oxford University Press, 1950

Jacobs, J., *The Death and Life of Great American Cities* (1961), Penguin Books, Harmondsworth, 1974

Jakobson, R., 'Two Aspects of Language and Two Types of Aphasic Disturbances' (1956), in *Selected Writings*, vol. 3, 'Word and Language', Mouton, The Hague and Paris, 1971, pp. 239–59

Jencks, C., 'History as Myth', in C. Jencks and G. Baird (eds), *Meaning in Architecture*, Barrie and Rockliff, The Cresset Press, London, 1969, pp. 245–66

Jencks, C., *The Language of Post-Modern Architecture*, 1978

Johnson, P., *Mies van der Rohe*, Museum of Modern Art, New York, 1947

———, 'The Seven Crutches of Modern Architecture', *Perspecta*, no. 3, 1955, pp. 40–44; reprinted in Ockman (ed.), *Architecture Culture*, pp. 190–92

Johnson, P.-A., *The Theory of Architecture. Concepts, Themes, and Practices*, Van Nostrand Reinhold, New York, 1994

Kahn, A., 'Overlooking: A Look at How we Look at Site or... site as "discrete object" of desire', in K. Rüedi, S. Wigglesworth and D. McCorquodale (eds), *Desiring Practices. Architecture Gender and the Interdisciplinary*, Black Dog Publishing Ltd, London, 1996, pp. 174–85

Kahn, L., 'Order is', *Zodiac* no. 8, Milan, June 1961, p. 20; reprinted in Conrads, *Programmes and Manifestoes*, pp. 169–70

———: A. Latour (ed.), *Louis I. Kahn: Writings, Lectures, Interviews*, Rizzoli, New York, 1991

Kames, Lord, *Elements of Criticism* (1762), 9th ed., 2 vols, Edinburgh, 1817

Kant, I., *Critique of Pure Reason* (1781), trans. N. Kemp Smith, Macmillan, London, 1929

———, *The Critique of Judgment* (1790), trans. J. C. Meredith, Clarendon Press, Oxford, 1952

Kerr, R., 'English Architecture Thirty Years Hence' (1884), in Pevsner, *Some Architectural Writers*, pp. 291–314

Kiesler, F., 'Manifesto' (1925), in Benton, Benton and Sharp, *Form and Function*, pp. 105–6

———, 'Magical Architecture' (1947), in Conrads, *Programmes and Manifestoes*, pp. 150–51

Koolhaas, R., *Delirious New York* (1978), 010 Publishers, Rotterdam, 1994

———, and Mau, B., *S,M,L,XL*, 010 Publishers, Rotterdam, 1995

Korn, A., 'Analytical and Utopian Architecture' (1923), in Conrads, *Programmes and Manifestoes*, pp. 76–77

———, *Glass in Modern Architecture* (1929), excerpts in Benton, Benton and Sharp, *Form and Function*, pp. 170–71

Kristeller, P. O., 'The Modern System of the Arts', *Journal of the History of Ideas*, vol. 12, 1951, pp. 496–527, and vol. 13, 1952, pp. 17–46; reprinted in P. O. Kristeller, *Renaissance Thought and the Arts*, Princeton University Press, Princeton, NJ, 1990, pp. 163–227

Lane, B. M., *Architecture and Politics in Germany 1918–1945*, Harvard University Press, Cambridge, MA, 1968

Lasdun, D., 'An Architect's Approach to Architecture', *RIBA Journal*, vol. 72, April 1965, pp. 184–95

———, interview on video shown at Royal Academy, London, 1997

Laugier, M.-A., *An Essay on Architecture* (1753; 1755), trans. W. and A. Herrmann, Hennessey and Ingalls, Los Angeles, 1977. (Citations are not from this translation, but from the French edition, Paris, 1755, reprinted P. Mardaga, Brussels and Liège, 1979)

———, *Observations sur l'Architecture* (1765), P. Mardaga, Brussels and Liège, 1979

Lavin, S., *Quatremère de Quincy and the Invention of a Modern Language of Architecture*, MIT Press, Cambridge, MA, 1992

Leach, N. (ed.), *Rethinking Architecture. A Reader in Cultural Theory*, Routledge, London, 1997

Le Camus de Mézières, N., *The Genius of Architecture; or the Analogy of that Art with Our Sensations* (1780), trans. D. Britt, Getty Center, Santa Monica, CA, 1992

Le Corbusier, *Towards a New Architecture* (1923), trans. F. Etchells, Architectural Press, London, 1970

———, *The Decorative Art of Today* (1925), trans. J. Dunnett, Architectural Press, London, 1987

———, 'Standardisation cannot resolve an architectural difficulty' (1925a), *L'Almanach d'Architecture Moderne*, Crés, Paris, 1925, pp. 172–74; trans. in Benton, Benton and Sharp, *Form and Function*, p. 138

———, *Precisions on the Present State of Architecture and City Planning* (1930), trans. E. S. Aujame, MIT Press, Cambridge, MA, and London, 1991

Ledoux, C.-N., *L'Architecture considerée sous le rapport de l'art, des moeurs et de la législation*, Paris, 1804

Lee, R. W., *Ut Pictura Poesis the humanistic theory of painting*, Norton, New York, 1967

Lefebvre, H., *The Production of Space* (1974), trans. D. Nicholson-Smith, Blackwell, Oxford, 1991

Le Muet, P., *Manière de Bien Bastir* (1647), reprinted Gregg, London, 1972

Le Roy, J.-D., *Histoire de la disposition et des formes différents que les chrétiens ont données à leurs temples depuis le règne de Constantin le Grand à nos jours*, Paris, 1764

Lethaby, W. R., 'The Builder's Art and the Craftsman', in R. N. Shaw and T. G. Jackson, *Architecture, a Profession or an Art*, London, 1892

———, 'The Architecture of Adventure' (1910), in *Form in Civilization*, pp. 66–95

———, *Architecture, an Introduction to the History and Theory of the Art of Building* (1911; 1929), revised edition, Thornton Butterworth, London, 1935

———, *Form in Civilization* (1922), Oxford University Press, London, 1936

———, *Philip Webb and His Work* (1935), Raven Oak Press, London, 1979

Levine, N., 'The book and the building: Hugo's theory of architecture and Labrouste's Bibliothèque Ste-Geneviève', in R. Middleton (ed.), *The Beaux Arts and Nineteenth Century French Architecture*, Thames and Hudson, London, 1982, pp. 138–73

———, *The Architecture of Frank Lloyd Wright*, Princeton University Press, 1996

Lévi-Strauss, *Introduction to the Works of Marcel Mauss* (1950), trans. F. Baker, Routledge and Kegan Paul, London, 1987

———, *Tristes Tropiques* (1955), trans. J. and D. Weightman, Penguin Books, Harmondsworth, 1976

———, *Structural Anthropology*, trans. C. Jacobson and B. G. Schoepf, Basic Books, New York, 1963

Libeskind, D., *Countersign*, Academy editions, London, 1991

———, 'Libeskind on Berlin', *Building Design*, 8 April 1994, pp. 17–18

Lipman, A., 'The Architectural Belief System and Social Behaviour', *British Journal of Sociology*, vol. 20, no. 2, June 1969, pp. 190–204

Llewelyn Davies, R., 'The Education of an Architect', Inaugural lecture delivered at University College London, 1960, H. K. Lewis and Co., London, 1961

Loos, A., 'The Principle of Cladding' (1898) in *Spoken Into the Void. Collected Essays 1897–1900*, trans. J. O. Newman and J. H. Smith, MIT Press, Cambridge, MA, 1982, pp. 66–69

———, 'Ornament and Crime' (1908), in Conrads, *Programmes and Manifestoes*, pp. 19–24

———, 'Regarding Economy' (1924), trans. F. R.

Jones, in M. Risselada (ed.), *Raumplan versus Plan Libre*, Rizzoli, New York, 1988, pp. 137–41

Lotze, H., *Microcosmos: An Essay Concerning Man and his Relation to the World* (1856–64), trans. E. Hamilton and E. E. Constance Jones, Scribner and Welford, New York, 1886

Loudon, J. C., *Encyclopaedia of Cottage, Farm and Villa Architecture*, Longman, London, 1833

Lubbock, J., *The Tyranny of Taste*, Yale University Press, New Haven and London, 1995

Lukács, G., 'Realism in the Balance' (1938), trans. R. Livingstone, in E. Bloch, G. Lukács, B. Brecht, W. Benjamin, T. Adorno, *Aesthetics and Politics*, New Left Books, London, 1979, pp. 28–59

Lynch, K., *The Image of the City*, MIT Press, Cambridge MA and London, 1960

Magnus, R., *Goethe as a Scientist* (1906), trans. H. Norden, Henry Schuman, New York, 1949

Mallgrave, H. F., 'Gustav Klemm and Gottfried Semper: the Meeting of Ethnological and Architectural Theory, *RES: Journal of Anthropology and Aesthetics*, no. 9, Spring 1985, pp. 68–79

——, 'Schindler's Program of 1913', in L. March and J. Sheine (eds), *R. M. Schindler. Composition and Construction*, Academy, London, 1992, pp. 15–19

——, 'From Realism to *Sachlickeit*: the Polemics of Architectural Modernity in the 1890s', in Mallgrave (ed.), *Otto Wagner*, 1993, pp. 281–321

—— (ed.), *Otto Wagner, Reflections on the Raiment of Modernity*, Getty Center, Santa Monica, CA, 1993

——, *Gottfried Semper. Architect of the Nineteenth Century*, Yale University Press, New Haven and London, 1996

——, and Ikonomou, E., *Empathy, Form and Space. Problems in German Aesthetics 1873–1893*, Getty Center, Santa Monica, CA, 1994

Mandeville, B., *The Fable of the Bees* (1714), 2 vols, Clarendon Press, Oxford, 1966

Markus, T., *Buildings and Power*, Routledge, London, 1993

Martin, Leslie, 'An Architect's Approach to Architecture', *RIBA Journal*, vol. 74, May 1967, pp. 191–200

Martin, Louis, 'Interdisciplinary Transpositions: Bernard Tschumi's Architectural Theory', in A. Coles and A. Defert (eds), *The Anxiety of Interdisciplinarity*, BACKless Books, London, 1998, pp. 59–88

Maxwell, R., *Sweet Disorder and the Carefully Careless*, Princeton Architectural Press, New York, 1993

——, 'Sweet Disorder and the Carefully Careless' (1971), reprinted in *Sweet Disorder and the Carefully Careless*, pp. 21–30

Mayne, T., 'Connected Isolation', in Noever (ed.), *Architecture in Transition*, 1991, pp. 72–89

——: *Morphosis Buildings and Projects 1989–1992*, Rizzoli, New York, 1994

McDonough, T. F., 'Situationist Space', *October*, no. 67, 1994, pp. 59–77

McKean, J., *Learning from Segal*, Birkhauser Verlag, Basel, Boston and Berlin, 1989

Medd, D., 'Colour in Buildings', *The Builder*, vol. 176, 25 February 1949, pp. 251–52

Memmo, A., *Elementi d'Architettura Lodoliana* (vol. 1, 1780), 2 vols., Zara, 1834

Merleau-Ponty, M., *Phenomenology of Perception* (1945), trans. C. Smith, Routledge and Kegan Paul, London, 1962

Meyer, H., 'Building' (1928), in C. Schnaidt, *Hannes Meyer*, A. Niggli, Teufen, Switzerland, 1965, pp. 94–97; and in Conrads, *Programmes and Manifestoes*, pp. 117–20

Middleton, R., 'Soane's Spaces and the Matter of Fragmentation', in M. Richardson and M.-A. Stevens (eds), *John Soane Architect*, Royal Academy of Arts, London, 1999, pp. 26–37

Mies van der Rohe, L. All writings are reproduced and translated in Neumeyer, *The Artless Word*: this is the source quoted, unless otherwise stated.

Milizia, F., *Vite degli Architetti*, 1768

——, *Memorie delle Architetti Antichi e Moderni*, Parma, 1781

——, *Memorie degli Architetti* (4th ed.), Bassano, 1785

——, *L'Art de Voir dans les Beaux Arts*, Paris, Year VI (1797–98)

Mitchell, W. J., *Logic of Architecture: Design, Computation and Cognition*, MIT Press, Cambridge, MA, and London, 1990

Mitchell, W. J. T., *Iconology: Image, Text, Ideology*, University of Chicago Press, Chicago and London, 1986

——, *Picture Theory*, University of Chicago Press, Chicago and London, 1994

Moholy-Nagy, L., *The New Vision* (1929), 4th revised edition, trans. D. M. Hoffman, Geo. Wittenborn, New York, 1947

——, *Vision in Motion*, Paul Theobold, Chicago, 1947

Moneo, R., 'On Typology', *Oppositions*, no. 13, 1978, pp. 22–45

Moore, C., 'Charles Moore on Postmodernism', *Architectural Design*, vol. 47, no. 4, 1977, p. 255

Mordaunt Crook, J., *The Dilemma of Style, Architectural Ideas from the Picturesque to the Post-Modern*, John Murray, London, 1989

Morris, R., 'The Present Tense of Space' (1978), in R. Morris, *Continuous Project Altered Daily. The Writings of Robert Morris*, MIT Press, Cambridge, MA, and London, 1993, pp. 175–209

Morris, W., 'Architecture and History' (1884), in *Collected Works of William Morris*, vol. XXII, 1914, pp. 296–314

——, 'Gothic Architecture' (1889), in *William Morris Stories in Prose, Stories in Verse, Shorter Poem, Lectures and Essays*, ed. G. D. H. Cole, Nonesuch Press, London, 1948, pp. 475–93

——, 'Antiscrape' (1889b), in May Morris (ed.), *William Morris Artist Writer Socialist*, vol. 1, Blackwell, Oxford, 1936, pp. 146–57

——, 'News from Nowhere' (1890), in *William Morris Stories in Prose, Stories in Verse, Shorter Poem, Lectures and Essays*, ed. G. D. H. Cole, Nonesuch Press, London, 1948, pp. 3–197

——, 'The Woodcuts of Gothic Books' (1892), in May Morris (ed.), *William Morris Artist Writer Socialist*, vol. 1, Blackwell, Oxford, 1936, pp. 318–38

Mumford, L., 'Monumentalism, Symbolism and Style', *Architectural Review*, vol. 105, April 1949, pp. 173–80

———, 'East End Urbanity' (1953), in Mumford, *The Highway and the City*, pp. 26–34

———, 'Old Forms for New Towns' (1953), in Mumford, *The Highway and the City*, pp. 35–44

———, 'The Marseille "Folly"' (1957), in Mumford, *The Highway and the City*, pp. 68–81

———, *The Highway and the City*, Secker and Warburg, London, 1964

Munro, C. F., 'Semiotics, Aesthetics and Architecture', *British Journal of Aesthetics*, vol. 27, no. 2, 1987, pp. 115–28

Muratori, S., *Studi per una Operante Storia Urbana di Venezia*, 2 vols, Istituto Poligrafico dello Stato, Rome, 1960

Muthesius, H., *Style-Architecture and Building-Art: Transformations of Architecture in the Nineteenth Century and its Present Condition* (1902; 1903), trans. and Introduction by S. Anderson, Getty Center, Santa Monica, CA, 1994

———, *The English House* (1904, 2 vols), trans. J. Seligman, Crosby Lockwood Staples, London, 1979

———, 'Where do we Stand?' (1911); excerpts translated in Benton, Benton and Sharp, *Form and Function*, pp. 48–51; and Conrads, *Programmes*, pp. 26–27

———, 'Werkbund Theses' (1914), in Conrads, *Programmes and Manifestoes*, pp. 28–29

Nerdinger, W., 'From Bauhaus to Harvard: Walter Gropius and the Use of History', in G. Wright and J. Parks (eds), *The History of History in American Schools of Architecture 1865–1975*, Princeton Architectural Press, New York, 1990, pp. 89–98

Neumeyer, F., *The Artless Word. Mies van der Rohe on the Art of Building*, trans. M. Jarzombeck, MIT Press, Cambridge, MA, 1991

Nietzsche, F., *The Birth of Tragedy* (1872), trans. W. Kaufmann, Vintage Books, New York, 1967

———, 'On the Uses and Disadvantage of History for Life' (1874), trans. R. J. Hollingdale, in F. Nietzsche, *Untimely Meditations*, Cambridge University Press, Cambridge, 1983, pp. 57–123

———, *Beyond Good and Evil* (1886), trans. R. J. Hollingdale, Penguin Books, London, 1990

———, *The Will to Power* (1901), trans. W. Kaufmann and R. J. Hollingdale, Vintage Books, New York, 1968

Noever, P. (ed.), *Architecture in Transition*, Prestel-Verlag, Munich, 1991

Norberg-Schulz, C., *Intentions in Architecture*, Scandinavian University Books, Oslo, and Allen and Unwin, London, 1963

———, 'The Phenomenon of Place', *Architectural Association Quarterly*, vol. 8, no. 4, 1976, pp. 3–10. (Reprinted in C. Norberg-Schulz, *Genius Loci Towards a Phenomenology of Architecture*, Academy, London, 1980)

Nuffield Provincial Hospitals Trust, *Studies in the Functions and Design of Hospitals*, Oxford University Press, London, New York, Toronto, 1955

Ockman, J. (ed.), *Architecture Culture 1943–1968. A Documentary Anthology*, Rizzoli, New York, 1993

Olmo, C., 'Across the Texts: the Writings of Aldo Rossi', *Assemblage*, vol. 5, 1988, pp. 90–120

Onians, J., *Bearers of Meaning. The Classical Orders in Antiquity, the Middle Ages, and the Renaissance*, Cambridge University Press, Cambridge, 1988

Palladio, A., *The Four Books on Architecture* (1570), trans. I. Ware, London, 1738, facsimile edition Dover Publications, New York, 1965; and trans. R. Tavernor and R. Schofield, MIT Press, Cambridge, MA, and London, 1997

Panofsky, E., *Idea, a Concept in Art Theory* (1924), trans. J. J. S. Peake, University of South Carolina Press, Columbia, SC, 1968

Parker, B., *Modern Country Homes in England* (1912), ed. D. Hawkes, Cambridge University Press, 1986

Patetta, L., *L'Architettura in Italia 1919–1943. Le Polemiche*, clup, Milan, 1972

Patte, P., *Discours sur l'architecture*, Paris, 1754

———, *Mémoires sur les objets les plus importans de l'architecture*, Paris, 1769

Payne Knight, R., *An Analytical Enquiry into the Principles of Taste* (1805), 3rd ed., London, 1806

Pérez-Gomez, A., *Architecture and the Crisis of Modern Science*, MIT Press, Cambridge, MA, and London, 1983

———, and Pelletier, L., *Architectural Representation and the Perspective Hinge*, MIT Press, Cambridge, MA, and London, 1997

Perrault, C., *Ordonnance for the Five Kinds of Columns after the Method of the Ancients* (1683), trans. I. K. McEwen, Getty Center, Santa Monica, CA, 1983

Perret, A., 'M. Auguste Perret Visits the AA', *Architectural Association Journal*, vol. 63, May 1948, pp. 217–25; reprinted in *Architectural Association 125th Anniversary Special Commemorative Publication*, London, 1973, pp. 163–65

Pevsner, N., *Pioneers of the Modern Movement*, Faber, London, 1936

———, *An Enquiry into Industrial Art in England*, Cambridge University Press, 1937

———, *The Buildings of England: Nottinghamshire*, Penguin Books, Harmondsworth, Middlesex, 1951

———, 'Modern Architecture and the Historian or the Return of Historicism', *RIBA Journal*, vol. 68, no. 6, April 1961, pp. 230–40

———, *Some Architectural Writers of the Nineteenth Century*, Clarendon Press, Oxford, 1972

———, and Nairn, I., *The Buildings of England: Surrey* (1962), Penguin Books, Harmondsworth, Middlesex, 1971

Picon, A., *French Architects and Engineers in the Age of Enlightenment* (1988), trans. M. Thom, Cambridge University Press, 1992

Piranesi, G. B., *Prima parte di architteture* (1743), text and trans. in *Giovanni Battista Piranesi Drawings and Etchings at Columbia University*, Columbia University, New York, 1972

Plato: *The Dialogues of Plato*, 3 vols, trans. B. Jowett, Clarendon Press, Oxford, 1953

———, *The Republic*, trans. H. D. F. Lee, Penguin Books, Harmondsworth, Middlesex, 1967

——, *Timaeus and Critias*, trans. H. D. F. Lee, Penguin Books, London, 1977

Podro, M., *The Critical Historians of Art*, Yale University Press, New Haven and London, 1982

Popper, K. R., *Conjectures and Refutations. The Growth of Scientific Knowledge* (1963), Routledge and Kegan Paul, London, 1969

Porphyrios, D., '"The Burst of Memory": An Essay on Alvar Aalto's Typological Conception of Design', *Architectural Design*, vol. 49, 1979, nos 5/6, pp. 143–48

Potts, A., *Flesh and the Ideal, Winckelmann and the Origins of Art History*, Yale University Press, New Haven and London, 1994

Pratt, Sir R.: R. T. Gunther (ed.), *The Architecture of Sir Roger Pratt*, Oxford University Press, 1928

Price, C., 'Fun Palace', *New Scientist*, vol. 22, 14 May 1964, p. 433

Price, U., *Essays on the Picturesque*, 3 vols, London, 1810, reprinted Gregg, Farnborough, Hampshire, 1971

Proust, M., *On Reading Ruskin*, trans. and ed. J. Autet, W. Burford and P. J. Wolfe, Yale University Press, New Haven and London, 1987

——, *In Search of Lost Time* (1922), vol. 1, *Swann's Way*, trans. C. K. Scott Moncrieff and T. Kilmartin, revised D. J. Enright, Vintage, London, 1996

Pugin, A. W., *The True Principles of Pointed or Christian Architecture*, Henry Bohn, London, 1841

Quatremère de Quincy, A.-C., 'Architecture' (1788), 'Character' (1788), 'Idea' (1801), 'Imitation' (1801), 'Type' (1825), *Encyclopédie Méthodique: Architecture*, 3 vols, Paris and Liège, 1788, 1801, 1825. Translations of excerpts of 'Architecture' and 'Character', and of 'Idea' and 'Imitation' in full by T. Hinchcliffe, *9H*, no. 7, 1985, pp. 27–39; of 'Type' by A. Vidler, *Oppositions*, no. 8, 1977, pp. 148–50

——, *De l'Architecture Égyptienne considerée dans son origine, ses principes et son goût, et comparée sous les mêmes rapports à l'architecture Grecque* (written 1785), Paris, 1803

Rabinow, P., *French Modern. Norms and Forms of the Social Environment*, University of Chicago Press, Chicago and London, 1989

Repton, H., *Sketches and Hints on Landscape Gardening* (1795), reprinted in J. C. Loudon, *The Landscape Gardening and Landscape Architecture of the late Humphry Repton Esq.*, London, 1840

Reynolds, Sir J., *Discourses on Art* (1778; 1797), ed. R. R. Wark, Yale University Press, New Haven and London, 1975

Richards, J. M., *An Introduction to Modern Architecture* (1940), Penguin Books, Harmondsworth, 1956

Richardson, M., *Sketches by Edwin Lutyens*, Academy Editions, London, 1994

Riegl, A. *Problems of Style* (1893), trans. E. Kain, Princeton University Press, 1992

——, *Late Roman Art and Industry* (1901), trans. R. Winkes, Giorgio Bretschneider Editore, Rome, 1985

Robbins, E., *Why Architects Draw*, MIT Press, Cambridge, MA, and London, 1994

Robertson, H., *Modern Architectural Design*, London, 1932

Rogers, E. N., 'Continuità', *Casabella Continuità*, no. 199, January 1954, pp. 2–3

——, 'Preexisting Conditions and Issues of Contemporary Building Practice' (1955), in Ockman (ed.), *Architecture Culture*, pp. 201–4

——, 'L'Architettura Moderna dopo la generazione dei Maestri', *Casabella Continuità*, no. 211, June–July 1956, pp. 1–5

——, *Gli Elementi del Fenomeno Architettonico* (1961), Guida editori, Naples, 1981

Rogers, R., *Cities for a Small Planet*, Faber and Faber, London, 1997

Rossi, A., *The Architecture of the City* (1966), trans. D. Ghirardo and J. Ockman, MIT Press, Cambridge, MA, and London, 1982

——, 'Une Education Réaliste', *Architecture d'Aujourdhui*, Avril 1977, p. 39

——, *A Scientific Autobiography*, trans. L. Venuti, MIT Press, Cambridge, MA, and London, 1981

——, 'Interview by Antonio de Bonis', *Architectural Design*, vol. 52, nos 1–2, 1982, pp. 13–17

Rowe, C., 'The Mathematics of the Ideal Villa' (1947), in *The Mathematics of the Ideal Villa and Other Essays*, 1982, pp. 1–27

——, 'Character and Composition; Some Vicissitudes of Architectural Vocabulary in the Nineteenth Century' (written 1953–54, first published 1974), in *The Mathematics of the Ideal Villa and Other Essays*, 1982, pp. 59–87

——, 'La Tourette' (1961), in *The Mathematics of the Ideal Villa and Other Essays*, 1982, pp. 185–203

——, *The Mathematics of the Ideal Villa and Other Essays*, MIT Press, Cambridge, MA, and London, 1982

——, 'James Stirling: a Highly Personal and Very Disjointed Memoir', in *James Stirling Buildings and Projects*, ed. P. Arwell and T. Bickford, 1984

——, *As I was Saying. Recollections and Miscellaneous Essays*, 3 vols, ed. A. Carragone, MIT Press, Cambridge, MA, and London, 1996

——, and Koetter, F., 'Collage City', *Architectural Review*, vol. 158, August 1975, pp. 66–91; revised and expanded as *Collage City*, MIT Press, Cambridge, MA, and London, 1978

——, and Slutsky, R., 'Transparency: Literal and Phenomenal': Part 1 (1963) in Rowe, *Mathematics of the Ideal Villa and Other Essays*, 1982, pp. 159–83; Part 2 (1971), in Ockman (ed.), *Architecture Culture*, 1993, pp. 206–25

Rowe, P. G., *Civic Realism*, MIT Press, Cambridge, MA, and London, 1997

Ruskin, J., *The Seven Lamps of Architecture*, London, 1849

——, 'The Nature of Gothic', in *The Stones of Venice*, vol. 2, chap. 2, London, 1853

——, *The Two Paths*, Smith Elder and Co., London, 1859

Rykwert, J., 'The Necessity of Artifice' (1971), reprinted in *The Necessity of Artifice*, Academy Editions, London, 1982, pp. 58–59

——, *On Adam's House in Paradise*, Museum of Modern Art, New York, 1972

——, 'Lodolí on Function and Representation',

Architectural Review, vol. 161, July 1976; reprinted in *The Necessity of Artifice*, pp. 115–21

———, 'Semper and the Conception of Style' (1976), in *The Necessity of Artifice*, pp. 122–130

———, *The First Moderns*, MIT Press, Cambridge, MA, and London, 1980.

———, *The Necessity of Artifice*, Academy Editions, London, 1982

———, *The Dancing Column On Order in Architecture*, MIT Press, Cambridge, MA, and London, 1996

Saarinen, E., *Eero Saarinen on His Work*, ed. A. B. Saarinen, Yale University Press, New Haven and London, 1968

Sant'Elia, A., and Marinetti, F. T., 'Manifesto of Futurist Architecture' (1914), in Conrads, *Programmes and Manifestoes*, pp. 34–38

Saussure, F. de, *Course in General Linguistics* (1915), trans. W. Baskin, Fontana, London, 1978

Scammozzi, V., *L'Idea della Architettura Universale*, Venice, 1615

Schelling, F. W. J., *The Philosophy of Art* (1859), trans. D. W. Scott, University of Minnesota Press, Minneapolis and London, 1989

Schiller, F., *On the Aesthetic Education of Man* (1795), trans. and ed. E. M. Wilkinson and L. A. Willoughby, Clarendon Press, Oxford, 1967

Schindler, R. M., 'Modern Architecture A Program' (1913), trans. H. F. Mallgrave, in L. March and J. Sheine (eds), *R. M. Schindler. Composition and Construction*, Academy, London, 1992, pp. 10–13. (A slightly different version of the text is translated in Benton, Benton and Sharp, *Form and Function*, pp. 113–15; for the German original of this version, see A. Sarnitz, *R. M. Schindler Architekt 1887–1953*, Academie der Bildenden Kunst, Wien, 1986)

———, 'Space Architecture' (1934), in Benton, Benton and Sharp, *Form and Function*, pp. 183–85

Schinkel, K. F., *Das architektonische Lehrbuch*, ed. G. Peschken, Deutscher Kunstverlag, Berlin, 1979

———, *The English Journey*, ed. D. Bindman and G. Riemann, trans. F. Gayna Walls, Yale University Press, New Haven and London, 1993

Schlegel, A. W., *A Course of Lectures on Dramatic Art and Literature* (1809–11), trans. J. Black, Henry Bohn, London, 1846

Schmarsow, A., 'The Essence of Achitectural Creation' (1893), in Mallgrave and Ikonomou, *Empathy, Form and Space*, pp. 281–97

Schopenhauer, A., *The World as Will and Idea* (1818), trans. R. B. Haldane and J. Kemp, 3 vols, 8th ed., n.d

Schumacher, T., 'Contextualism: Urban Ideals and Deformations', *Casabella*, no. 359/60, 1971, pp. 79–86

Schuyler, M., *American Architecture and Other Writings* (2 vols), ed. W. H. Jordy and R. Coe, The Belknap Press of Harvard University Press, Cambridge, MA, 1961

———, 'Modern Architecture' (1894), in *American Architecture and Other Writings*, vol. 1, pp. 99–118

———, 'A Great American Architect: Leopold Eidlitz' (1908), in *American Architecture and Other Writings*, vol. 1, pp. 136–87

Schwartz, F. J., *The Werkbund. Design Theory and Mass Culture before the First World War*, Yale University Press, New Haven and London, 1996

Schwarzer, M. W., 'The Emergence of Architectural Space: August Schmarsow's Theory of Raumgestaltung', *Assemblage* no. 15, 1991, pp. 50–61

Scott, G., *The Architecture of Humanism* (1914), Architectural Press, London, 1980

Scott, Sir G. G., *Remarks on Secular and Domestic Architecture, Present and Future*, London, 1857

Scruton, R., *The Aesthetics of Architecture*, Methuen, London, 1979

Scully, V., *Modern Architecture* (1961), Studio Vista, London, 1968

Segal, W.: *Architects' Journal*, vol. 187, 4 May 1988 (special issue on Walter Segal)

Semper, G., *Der Stil in den technischen und tektonischen Künsten oder praktische Aesthetik*, 2 vols, Frankfurt, 1860, 1863

———, *The Four Elements of Architecture and Other Writings*, trans. and introduction by H. F. Mallgrave and W. Herrmann, Cambridge University Press, 1989 (includes translation of part of *Der Stil*)

———, 'London Lecture of November 11, 1853', *RES: Journal of Anthropology and Aesthetics*, no. 6, Autumn 1983, pp. 5–31

———, '"On Architectural Symbols", London Lecture of autumn 1854', *RES: Journal of Anthropology and Aesthetics*, no. 9, 1985, pp. 61–67

Semper, H., *Gottfried Semper: Ein Bild seines Lebens und Wirkens*, Berlin, 1880

Sennett, R., *The Uses of Disorder. Personal Identity and City Life* (1970), Allen Lane The Penguin Press, London, 1971

Serlio: *Sebastiano Serlio on Architecture*, vol. 1, Books I–V of *Tutte l'opere d'architettura et prospectiva* (1537–1551), trans. V. Hart and P. Hicks, Yale University Press, New Haven and London, 1996

Seyssel, G. de, *Monarchie de France*, 1515 (quoted Thomson, *Renaissance Architecture*, p. 32)

Shaftesbury, 3rd Earl of (A. Ashley Cooper), *The Moralists*, 1709, excerpt reprinted in J. Dixon Hunt and P. Willis, *The Genius of the Place*, 1988, pp. 122–24

———, *Characteristics of Men, Manners, Opinions, Times* (1711), excerpt in Hofstadter and Kuhns, *Philosophies of Art and Beauty*, pp. 241–66

Shane, G., 'Contextualism', *Architectural Design*, vol. 46, Nov. 1976, pp. 676–79

Shepheard, P., *What is Architecture? An Essay on Landscapes, Buildings and Machines*, MIT Press, Cambridge, MA, and London, 1994

Shute, J., *The First and Chief Groundes of Architecture*, London, 1563

Simmel, G., *On Individuality and Social Forms*, Selected Writings ed. D. N. Levine, University of Chicago Press, Chicago and London, 1971

Sitte, C., *City Planning According to Artistic Principles* (1889), in G. R. and C. C. Collins, *Camillo Sitte: The Birth of Modern City Planning*, Rizzoli, New York, 1986

Smith, L. P., 'The Schlesinger and Mayer Building', *Architectural Record*, vol. 16, no. 1, July 1904, pp.

53–60

Smith, N., *Uneven Development*, Blackwell, Oxford, 1984

Smithson, A. (ed.), *Team X out of CIAM*, 1982

——, and P., 'The Built World – Urban Reidentification', *Architectural Design*, vol. 25, June 1955, pp. 185–88

——, 'Cluster City', *Architectural Review*, vol. 122, November 1957, pp. 333–36

——, 'The "As Found" and the "Found"', in D. Robbins (ed.), *The Independent Group: Postwar Britain and the Aesthetics of Plenty*, MIT Press, Cambridge, MA, and London, 1990, pp. 201–2

Soane, Sir J., 'Royal Academy Lectures' (1810–19), in D. Watkin, *Sir John Soane. Enlightenment Thought and the Royal Academy Lectures*, Cambridge University Press, 1996

Sontag, S., 'Against Interpretation' (1964) in S. Sontag, *Against Interpretation* (1966), Vintage, London, 1994, pp. 3–14

Soper, K., *What is Nature? Culture, Politics and the Non-Human*, Blackwell, Oxford, 1995

Sorkin, M., *Exquisite Corpse. Writings on Buildings*, Verso, London and New York, 1991

Souligné, M. de, *A Comparison Between Rome in Its Glory as to the Extent and Populousness of it and London as at Present*, 2nd ed., London, 1709

Spencer, H., *The Study of Sociology*, Henry S. King, London, 1873

——, *The Principles of Sociology*, vol. 1, Williams and Norgate, London and Edinburgh, 1876

Steadman, P., *The Evolution of Designs. Biological analogy in architecture and the applied arts*, Cambridge University Press, 1979

Stern, R., *New Directions in American Architecture*, Studio Vista, London, 1969

——, 'At the Edge of Post-Modernism', *Architectural Design*, vol. 47, no. 4, 1977, pp. 275, 286

Stirling, J.: *James Stirling, Buildings and Projects*, ed. P. Arnell and T. Bickford, Architectural Press, London, 1984

——, *Writings on Architecture*, ed. R. Maxwell, Skira, Milan, 1998

Streiter, R., 'Das deutsche Kunstgewerbe und die english-amkerikanische Bewegung' (1896), quoted in Mallgrave, 1993, p. 294

——, 'Aus München' (1896b), quoted in Anderson, 1993, p. 339

Sullivan, L. H., 'Kindergarten Chats' (1901; 1918), in *Kindergarten Chats and Other Writings*, Wittenborn Art Books, New York, 1976

——, 'Inspiration' (1886) and 'What is Architecture?' (1906), in Louis Sullivan, *The Public Papers*, ed. R. Twombly, University of Chicago Press, 1977, pp. 174–196

—— (1924a) *The Autobiography of an Idea* (1924), Dover Publications, New York, 1956

—— (1924b) *A System of Architectural Ornament according with a Philosophy of Man's Powers*, New York, 1924

Summers, D., 'Form and Gender', in N. Bryson, M.-A. Holly and K. Moxey (eds), *Visual Culture. Images and Interpretations*, Hanover, New Hampshire, 1994

Summerson, J., *The Classical Language of Architecture* (1963), Thames and Hudson, London, 1980

Swain, H., 'Building for People', *Journal of the Royal Institute of British Architects*, vol. 68, Nov. 1961, pp. 508–10

Swenarton, M., *Artisans and Architects, The Ruskinian Tradition in Architectural Thought*, Macmillan, Basingstoke, 1989

Swift, J., *Gulliver's Travels* (1726), Clarendon Press, Oxford, 1928

Switzer, S., *Ichnographia Rustica*, 3 vols., 1718 and 1742; excerpts in Hunt and Willis, *The Genius of the Place*, 1988, pp. 152–63

Szambien, W., *Symétrie Goût Caractère: Théorie et Terminologie de l'Architecture à l'Age Classique*, Picard, Paris, 1986

Tafuri, M., *Theories and History of Architecture* (1968; 1976), trans. G. Verrecchia, Granada Publishing, London, 1980

——, *History of Italian Architecture, 1944–1985*, trans. J. Levine, MIT Press, Cambridge MA and London, 1989

——, and Dal Co, F., *Modern Architecture* (1976), trans. R. E. Wolf, Harry N. Abrams, New York, 1979

Taut, B., *Die neue Baukunst in Europa und Amerika*, Stuttgart, 1929. (trans. as *Modern Architecture*, The Studio, London, 1929)

Teige, K., 'Mundaneum' (1929), trans. L. and E. Holovsky, *Oppositions*, no. 4, 1975, pp. 83–91

Teut, A., 'Editorial', *Daidalos*, no.1, 1981, pp. 13–14

Thomson, D., *Renaissance Architecture. Critics, Patrons, Luxury*, Manchester University Press, 1993

Thompson, D'Arcy W., *On Growth and Form* (1917), abridged edn, ed. J. T. Bonner, Cambridge University Press, Cambridge, 1961

Tönnies, F., *Community and Association* (1887), trans. C. P. Loomis (1940), Routledge and Kegan Paul, London, 1955

Trésor de la Langue Française, Paris, Éditions du Centre National de la Recherche Scientifique, 1977

Tschumi, B., *Architecture and Disjunction*, MIT Press, Cambridge, MA, and London, 1996.

——, 'The Architectural Paradox' (1975), in *Architecture and Disjunction*, pp. 27–51

——, 'Architecture and Transgression' (1976), in *Architecture and Disjunction*, pp. 65–78

——, 'The Pleasure of Architecture' (1977), in *Architecture and Disjunction*, pp. 81–96

——, 'Architecture and Limits' (1980–81), in *Architecture and Disjunction*, pp. 101–18

——, *Manhattan Transcripts*, Academy editions, London, 1981

——, 'Illustrated Index. Themes from the Manhattan Manuscripts', *AA Files*, no. 4, 1983, pp. 65–74

——, 'La Case Vide', *AA Files*, no. 12, 1986, p. 66

——, 'Disjunctions' (1987), in *Architecture and Disjunction*, pp. 207–13

——, 'Six Concepts' (1991), in *Architecture and Disjunction*, pp. 226–59

——, *Architecture in/of Motion*, NAI, Rotterdam, 1997

Ungers, O. M., *Architecture as Theme*, Electa, Milan,

1982
Unwin, R., *Town Planning in Practice*, Fisher Unwin, London, 1909
Ure, A., *The Philosophy of Manufactures*, Charles Knight, London, 1835

van Brunt, H., *Architecture and Society, Selected Essays of Henry van Brunt*, ed. W. A. Coles, Belknap Press of Harvard University Press, Cambridge, MA, 1960
van de Ven, C., *Space in Architecture* (1977), Van Gorcum, Assen/Maastricht, 3rd edition, 1987
van Eyck, A., 'The Medicine of Reciprocity Tentatively Illustrated', *Forum*, vol. 15, 1961, nos 6–7, pp. 237–38
——, 'A Step towards a Configurative Discipline', *Forum*, vol. 16, 1962, no. 2, pp. 81–89
Vasari, G., *Le vite de più eccelenti pittori, scultori ed architetti* (1550; 1568), ed. G. Milanesi, 9 vols, Florence, 1878
——, *The Lives of the Artists*, a selection, trans. G. Bull, Penguin Books, Harmondsworth, 1965
Venturi, R., *Complexity and Contradiction in Architecture* (1966), Architectural Press, London, 1977
——, Scott Brown, D., and Izenour, S., *Learning from Las Vegas* (1972; 1977), MIT Press, Cambridge, MA, and London, 1982
Vesely, D., 'Architecture and the Conflict of

Representation', *AA Files*, no. 8, 1985, pp. 21–38
——, 'Architecture and the Poetics of Representation', *Daidalos*, no. 25, Sept. 1987, pp. 25–36
Vidler, A., 'The Third Typology', *Oppositions*, no. 7, 1977, pp. 1–4
——, 'The Idea of Type: the Transformation of the Academic Ideal 1750–1830', *Oppositions*, no. 8, 1977, pp. 95–115
——, *Claude-Nicolas Ledoux*, MIT Press, Cambridge, MA, and London, 1990
——, *The Architectural Uncanny. Essays in the Modern Unhomely*, MIT Press, Cambridge, MA, and London, 1992
Viel, C.F., *Principes de l'ordonnance et de composition des bâtiments*, Paris, 1797
Viollet-le-Duc, E.-E., *Dictionnaire raisonné de l'architecture française* (10 vols, 1854–1868); selected entries in *The Foundations of Architecture*, trans. K.D. Whitehead, George Brazilier, New York, 1990
——, *Lectures on Architecture*, 2 vols (1863 and 1872), trans. B. Bucknall (1877 and 1881), Dover Publications, New York, 1987
Vischer, R., 'On the Optical Sense of Form: a Contribution to Aesthetics' (1873), in Mallgrave and Ikonomou, *Empathy, Form and Space*, pp. 89–123
Vitruvius, *De Architectura*, trans. F. Granger, Loeb Classical Library, Harvard University Press, Cambridge, MA, and William Heinemann, London, 1970

Wagner, O., *Sketches, Projects and Executed Buildings* (1890), ed. P. Haiko, London, 1987
——, *Modern Architecture* (1896; 1902), trans. H. F. Mallgrave, Getty Center, Santa Monica, CA,

1988
Walpole, H., *The History of the Modern Taste in Gardening*, 1771
Watkin, D., *Morality and Architecture*, Clarendon Press, Oxford, 1977
——, *Sir John Soane, Enlightenment Thought and the Royal Academy Lectures*, Cambridge University Press, Cambridge, 1996
Weeks, J., 'Indeterminate Architecture', *Transactions of the Bartlett Society*, vol. 2, 1963–4, pp. 85–106
Whately, T., *Observations on Modern Gardening*, Dublin, 1770; excerpts in Hunt and Willis, *The Genius of the Place*, pp. 37–38, 301–7
White, H., *Metahistory, The Historical Imagination in Nineteenth Century Europe* (1973), Johns Hopkins University Press, Baltimore and London, 1975
Willett, J., *The New Sobriety, Art and Politics in the Weimar Period, 1917–1933*, Thames and Hudson, London, 1978
Williams, R., *Keywords A Vocabulary of Culture and Society* (1976), revised edition, Fontana Press, London, 1989
Willis, R., *Remarks on the Architecture of the Middle Ages, especially of Italy*, Cambridge, 1835
——, 'On the Construction of Vaults in the Middle Ages', *Transactions of the Institute of British Architects*, vol. 2, 1842, pp. 1–69
Winckelmann, J. J., *On the Imitation of the Painting and Sculpture of the Greeks* (1755), trans. H. Fuseli, in G. Schiff (ed.), *German Essays on Art History*, Continuum, New York, 1988, pp. 1–17
——, *The History of Ancient Art* (1764; 1776), trans. G. H. Lodge, London, 1850
Wölfflin, H., 'Prolegomena to the Psychology of Architecture' (1886), in Mallgrave and Ikonomou,

Empathy, Form and Space, pp. 149–90
——, *Renaissance and Baroque* (1888), trans. K. Simon, Collins, London, 1984
——, *Principles of Art History* (1915; 1929), trans. M. D. Hottinger, Dover Publications, New York, 1950.
Woods, L., 'Neil Denari's Philosophical Machines', *A+U*, March 1991, pp. 43–44
Worringer, W., *Abstraction and Empathy* (1908), trans. M. Bullock, International Universities Press, New York, 1953
Wotton, Sir H., *The Elements of Architecture*, London, 1624
Wurman, R. S., *What Will Be Has Always Been: The Words of Louis I. Kahn*, Access Press and Rizzoli, New York, 1986
Wright, Frank Lloyd, *Collected Writings*, 4 vols., ed. B. B. Pfeiffer, Rizzoli, New York, 1992–94

Yates, F., *The Art of Memory*, Routledge, London, 1966

Zhdanov, A., 'Speech to the Congress of Soviet Writers' (1934), in C. Harrison and P. Wood, *Art in Theory*, pp. 409–12

索引

---

① 本索引中的数字均指原书页码——译者注

拿大，市政厅（琼斯和柯克兰）120, *121*

Mitchell, William J. 米切尔，威廉·约翰 80

model 模型 305, 306

Modern movement 现代运动 203

modernism 现代主义 13, 19-27, 44, 53-54, 56, 59, 61, 66, 74, 78, 80, 100, 104-5, 110, 132, 135, 136, 140, 143, 144, 149, 153, 159, 161, 163, 165, 167, 181, 186, 187, 190, 192, 193, 198-99, 201, 203, 206, 212, 213, 215, 218, 219, 220, 237, 240, 244, 249, 250, 254, 256, 258, 259, 265, 286, 299, 309; history and 历史和现代主义 198-99

Moholy-Nagy, Lázló 莫霍利-纳吉, 拉兹洛 13, 20, 266, 267, *267*, 268, 286, 287

Mollet, André 莫莱, 安德烈 227

Mondrian, Piet 蒙德里安, 皮耶 287

Monte Grappa, memorial 格拉巴山, 纪念碑 215

Monumentality 纪念碑性 112-13, 117n

Moore, Charles 穆尔, 查尔斯 240

Morphosis 墨菲斯建筑事务所 248; Morphosis, CDLT House, Silverlake, California 墨菲斯, CDLT 住宅, 银湖, 加利福尼亚州 35, *36*

Morris, Robert 莫里斯, 罗伯特 288

Morris, William 莫里斯, 威廉 74, 75, 103, 104, 138, 198, 199, 212, 253, 298

movement, as aspect of aesthetic perception 运动, 作为美学感知方面的 55-58, 92-93, 95, 194, 231, 259, 260, 261, 262

multifunctionality 复合功能性 148, 193

Mumford, Lewis 芒福德, 刘易斯 103, 112-14

Munich, Atelier Elvira (Endell) 慕尼黑, 艾薇拉工作室（恩德尔）263; Residenz, theatre (Cuvilliés) 慕尼黑王宫, 剧院（屈维利埃）*182*, 183

Muratori, Saverio 穆拉托里, 萨维利奥 308, 309; map of Quartiere S. Bartolomeo, Venice 圣巴托洛梅奥区地图, 威尼斯 308; plan of Casa Barizza on the Grand Canal 威尼斯运河上的巴里兹住宅平面 *309*

Musée Social group 社会博物馆团体 192

Mussolini, Benito 墨索里尼, 贝尼托 54

Muthesius, Herman 穆特修斯, 赫尔曼 181, 161-63, 180-81, 184, 249, 253, 307

Nash, John 纳什, 约翰 298

natural history 博物学 281

nature 自然220-39, 241, 293; art as a second nature 艺术作为一种第二自然230-34; as a construct of the viewer's perception 作为一种作为观看者的知觉构建228-30; as ecosystem, and the critique of capitalism 作为生态系统, 对资本主义的批判238-39; as freedom 作为自由227; as the antidote to culture 作为"文化"解毒剂234-36; as source of beauty in architecture 作为作为建筑美之源泉220; environmentalism 环境保护主义238-39, 239n; imitation of 对自然的模仿223-26, 239, 297, 303n, 304; invoked to justify artistic licence 被援引来证明人工技艺的合法性226-27; the origin of architecture 建筑的起源221-23, 239n; the rejection of 对自然地拒绝236-38

neo-classicism 新古典主义 251

neo-Liberty revival 新自由主义复兴 205n

neo-Platonism 新柏拉图主义 31-33, 138, 151, 153, 220, 293

neoplasticists 新形式主义者 237

Neubirnau, Lake Constance 诺伊比尔纳教堂, 康斯坦茨湖 181

Neue Sachlichkeit 新客观主义 181

Neues Bauen 新建造派 104, 105, 107, 108, 217

Neumann, Balthassar 纽曼, 巴塔萨 34

Neumayer, Fritz 纽迈耶, 弗里茨 255, 266, 280

New Architecture (Germany): see Neus Bauen 新建筑（德国）: 参见新建造派

New Criticism movement 新批评运动 134

New Haven, Central Fire Station (Carlin) 纽黑文, 中央消防站（卡林）169; Crawford Manor (Rudolph) 柯劳福德庄园（鲁道夫）290, *291*

New Objectivity see *Neue Sachlichkeit* 新客观主义参见新客观主义（Neue Sachlichkeit）

New Towns, British 新市镇, 英国 113

New York, CBS building (Saarinen) 纽约, CBS大楼（沙里宁）249; Guggenheim Museum (Wright) 古根海姆博物馆（赖特）135; Lerner Center, Columbia University (Tschumi) 学习中心, 哥伦比亚大学（屈米）95

Nietzsche, Friedrich 尼采, 弗里德里希 198-99, 205n, 212, 236, 255, 258-59, 268, 275; Apollonian and Dionysian instincts 太阳神和酒神本能 259, 262, 291

Nieuwenhuys, Constant see Constant 纽文华, 康斯坦特参见康斯坦特

Nîmes, Carré d'Art (Foster) 尼姆, 加里艺术中心（福斯特）286; Maison Carrée 卡雷别墅（福斯特）251, *251*

Norberg-Schulz, Christian 诺伯舒兹, 克里斯蒂安 120, 142, 271, 304, 311

Nottingham, Council House 诺丁汉, 市政厅 290

Nouvel, Jean 努维尔, 让 35, 286; Institut du Monde Arabe, Paris 阿拉伯世界研究中心, 巴黎 *287*

novecento group 二十世纪艺术小组 199

Oldenburg, Class 欧登伯格, 克拉斯 269

Olmo, Carlo 奥尔莫, 卡洛 218

OMA, competition entry for the French National Library, Paris OMA, 法国国家图书馆竞赛, 巴黎 135, 288, *288*

Onians, John 奥尼恩斯, 约翰 30, 43-44

Orange 奥兰治 206

order 秩序19, 22, 61, 85n, 173, 240-48, 285; and the attainment of beauty 和美的实现240-41; as a representation of the ranks of society 作为一种社会等级的再现241-42; counteracting the disorder of cities 抵抗城市的混乱243-48; social 社会的242-43; the avoidance of chaos 对混乱的避免242-43

orders, classical 柱式, 古典 42, 44, 44-45, 45, 48, 240, 241, 241, 293

organic 有机的 20, 103, 108, 159, 160, 177, 234, 282

ornament 装饰 104, 159, 175, 252, 301; form as resistance to 作为抵抗装饰的形式 161

Osnabrück 奥斯纳布吕克 205

Ostend, Kursaal 奥斯坦德, 游乐场 180

Owatonna, Minnesota, National Farmer's Bank (Sullivan) 奥瓦通纳, 明尼苏达州, 国家农民银行（沙利文）*301*

Oxford, Museum (Deane and Woodward) 牛津, 博物馆（迪恩和伍德沃德）234, *235*

Ozenfant, Amadée 奥占方, 阿梅德 288

Paestum 帕埃斯图姆 231

Palermo, Palazzo Gangi 巴勒莫, 甘吉宫 *250*

Palladio, Andrea 帕拉第奥, 安德烈25-26, 136, 137, 153, 293; Porta de Leoni, Verona 狮子门, 维罗纳*30*; Villa Godi, Lugo di Vicenza 高迪别墅, 卢戈迪维琴察*153*; Villa Malcontenta (Foscari), Mira, Venice 马尔肯坦达别墅（弗斯卡利）, 米拉, 威尼斯27; Villa Rotonda 圆厅别墅25; Palazzo Porto Festa, Vicenza 波尔图节庆宫, 维琴察*32*; Temple of Antonius Pius and Faustina 安托尼努斯和法乌斯提那神庙*32*

Panarèthéon (Ledoux) 贤德祠（勒杜）*122*

Panofsky, Erwin 潘诺夫斯基, 欧文 153

Panopticon (Bentham) 圆形监狱（边沁）191, 192, 243

Paris 巴黎226, 243, 244, 245, 284; Bibliothèque Sainte Geneviève (Labrouste) 圣日内维耶图书馆（拉布鲁斯特）02-3, 303; boulevard Voltaire and boulevard Richard-Lenoir 伏尔泰大街和勒努瓦大街汇合处245; Centre Pompidou 蓬皮杜艺术中心 147, 171, 286; Eiffel Tower 埃菲尔铁塔 180; Halle au Blé (Le Camus de Mézières) 谷物交易大厅（勒·加缪·德·梅济耶尔）226, 229; Hôtel de Beauvais (Le Pautre) 博韦酒店（勒博特尔）135; Hôtel de Soubise (Boffrand) 苏比斯府邸（博弗朗）49, 49; Institut du Monde Arabe (Nouvel, Lezens, Soria and Architecture Studio) 阿拉伯世界研究中心（努维尔, 勒岑斯, 索里亚和法国AS建筑工作室）287; Maison du Peuple,

译后记

本篇译后记的目的有两个，一是对本书翻译工作做一个简要说明，另一个是向慷慨帮助过这项工作的人致以谢意。

《词语与建筑物》的翻译是一个漫长的过程。从2009年启动这一计划，2010年就相关议题举办"AS当代建筑理论论坛"第一次国际研讨会"词语、建筑物、图"，其作者阿德里安·福蒂（Adrian Forty）与会并分享其研究，到交稿，这项工作进行了8年，比原计划多出了一倍还多。尽管造成拖延的原因很多，本书翻译的难度不得不说是其中之一。在这期间的某些时候，我甚至觉得这是一项永远无法完结的工作。事实上，2013年，全书的初稿已基本完成，2015年，全书的校对也已做的差不多。然而，每次阅读之前的翻译，总会发现尚未落实的地方，理解的差异，和不同的译法；甚至对于如何翻译，什么才是这本书恰当的翻译方式，也曾使我感到犹疑和踌躇。尽管原著读起来平实清晰，但阿德里安依然有语言在节奏和风格上的追求。最终，翻译设立的基本原则是总体上倾向直译，以"信"为先，以通畅明晰为主要目标。由不同译者完成的各章节不求行文风格的完全统一，但求原则目标的一致。

《词语与建筑物》最直白地说，是一本关于现代主义建筑语汇的历史及范畴构建的书，也是极少地、系统地论述词语在建筑学这门知识中所起的作用的著作。如果你愿意，这本书的第一部分和第二部分既可以分开看——甚至各章节可以彼此独立，也可以相互应证地读。很多人可能会更倾向于前者，这也是为什么此书被誉为"字典"的原因。不过，同样值得注意的是，这也是一本关于现代主义建筑（且不只于此）的书：从概念构筑的角度，论述现代主义建筑如何构建自己的知识及知识特点的理论历史著作，以及对现代主义的强大、带来的可能性、革命性、局限与失败的一个中肯可靠的历史评述。如果将第二部分看成是一系列案例的话，那么第一部分就是其理论基础。而建筑话语在抽象/精神世界、物质世界和感知世界之间如何游走、转换、获得成功、遭遇失败本身，即是建筑学的知识问题甚至是某种困境，其中涉及的言语语言与建筑物、图、图像等的关系，自身功能及来源的转变，不仅是历史问题，也是建筑学知识构筑的基本问题，和对何为建筑（architecture）的观念的反应。因此，本书博大的容量，独特的视角，丰厚的历史资料，准确的脉络把握和精深的理论功力，都使之不仅仅是一本工具书。它既是一种理解和重构现代主义的方式，也提供了一种重构历史和知识，理解建筑学的路径，书中涉及的诸般议题，也有更广泛的讨论价值和反思意义。由此来看，兼具了工具性、理论性和历史性的《词语与建筑物》，确是一个可以从多个角度、不同层面、以多种方式来阅读的读本。

从译者的角度看，《词语与建筑物》是一本以英文写作的、有关欧洲各种语言——主要是意大利语、德语、法语、拉丁语和英语——的建筑概念间相互传递、转译、误译和重塑的历史的书。不仅如此，本书的内容也不只限于建筑学，还涉及哲学、美学、社会学、语言学、人类学、文学等人文学科，生物学、数学等科学学科，以及如18世纪法国园艺学这样专门的实践和理论知识。尽管书中主要讨论的是现代主义的建筑语汇，但这些词语的历史，上可追溯到古希腊的柏拉图，下可落至1999年出版的罗宾·米德尔顿对约翰·索恩爵士的建筑分析，以及理查德·希尔对美学分析和建筑学关系的考查。简单地说，出版于2000年的这本书，既有历史的纵深也有当下的观照，无论在语言的复杂度，还是在知识的广度和深度，以及概念和语境的准确把握上，都颇具挑战性。当这一切与中文翻译相遇，其中的错综复杂、歧义转换更是俯首皆是。然而，这何尝不是一个机会，在尽力去理解欧美语境中建筑知识建构的同时，帮助我们反观中文语境中建筑话语的构建和概念形成的方式、特点，所得与所失。

和很多书一样，这本书的翻译是集体合作的成果。正是因为诸多同仁和朋友无私的支持和参与，才有了本书现在的呈现。感谢所有的译者，他们认真严谨的工作是本译本完成和质量的基础与保证。感谢所有参与了本书校阅的同仁，他们不仅是译文最初的查阅者，也推动了本书的完成与完善，其中特别感谢邵星宇在过去三年里耐心且有效率的工作，为本书的及时付印在校对、统稿、格式整理，乃至版式与封面设计中所付出的劳动；丁绍恒对词条"特征"的翻译提出的建议。此外，本书成文也有赖诸多同仁施以的援手：感谢王骏阳教授慷慨应允使用他未发表的译文；感谢黄全乐博士和徐好好博士分别为书中涉及的法语和意大利语的翻译提供的不厌其烦的咨询与帮助；感谢Mark Campbell博士、李士桥教授、夏铸九教授和张旭先生为书中部分内容的耐心解惑与翻译建议；以及本书的日文译者坂牛卓教授分享的翻译经验。最后感谢中国建筑工业出版社程素荣编辑对翻译进度的容忍和鞭策，戚琳琳编辑对出版整个系列读本抱有的诚意和花费的心力，以及黄居正主编和孙炼女士对整个计划给予的支持和帮助。

如果以现在的我想当年，不一定有勇气选择这本书来翻译，但我依然感谢当年的"莽撞"，才有了时间消磨中享受的乐趣：学习的满足、思维的启迪。显然，由于译校者水平所限，错误之处在所难免，诚请各位读者不吝指正，以待有可能的机会时予以修正。于我而言，更有趣的是将翻译看成是一个开放的过程，现在的版本只是现阶段力所能及的结果。它更像提供了一个基础，一个未来的同好者一起讨论、争论的对象，一个出发的起点。

李华于南京
2017年7月盛夏

著作权合同登记图字：01-2010-5591号

图书在版编目（CIP）数据

词语与建筑物：现代建筑的语汇 /（英）福蒂著；李华等译. —
北京：中国建筑工业出版社，2017.11（2022.7重印）
（AS当代建筑理论论坛系列读本）
ISBN 978-7-112-21481-5

Ⅰ.①词… Ⅱ.①福… ②李… Ⅲ.①建筑理论 Ⅳ.①TU-0

中国版本图书馆CIP数据核字（2017）第272931号

责任编辑：程素荣
封面设计：邵星宇
版式设计：刘筱丹
责任校对：王　瑞　张　颖

本书系国家自然科学重点基金项目（52038007）资助

AS当代建筑理论论坛系列读本

词语与建筑物：现代建筑的语汇
［英］阿德里安·福蒂　著
李华　武昕　诸葛净　等译

＊

中国建筑工业出版社出版、发行（北京海淀三里河路9号）
各地新华书店、建筑书店经销
北京锋尚制版有限公司制版
北京建筑工业印刷厂印刷

＊

开本：880毫米×1230毫米　1/16　印张：21¼　字数：408千字
2018年2月第一版　2022年7月第二次印刷
定价：**88.00**元
ISBN 978-7-112-21481-5
　　（38431）

WORDS AND BUILDINGS
A Vocabulary of Modern Architecture

词语与建筑物
现代建筑的语汇